黑龙江省优秀学术著作出版资助项目

# Gauss, Euler, Lagrange 和 Legendre 的遗产
## ——把整数表示成平方和

● 冯贝叶　著

U0094497

哈爾濱工業大學出版社
HARBIN INSTITUTE OF TECHNOLOGY PRESS

# 内 容 简 介

本书的主题是讨论什么样的整数 $n$ 可以表示成两个、三个或四个整数的平方和. 如果 $n$ 可以做这样的表示，又如何将 $n$ 具体表示成所说的形式以及这种表示方法的数目是多少. 这是一个吸引了几代数学家的问题，而这个问题的推广和类比占据了今天的数论的中心地位. 本书共 9 章，包括：问题的陈述和历史简述，把正整数表示成两个整数的平方和，把正整数表示成四个整数的平方和，二次形，把正整数表示成三个整数的平方和，Gauss 的遗产，Liouville 方法，三平和定理的数的几何证法，超几何级数与椭圆模函数方法.

本书适合数学爱好者和相关专业学生参考阅读.

## 图书在版编目(CIP)数据

Gauss，Euler，Lagrange 和 Legendre 的遗产：把整数表示成平方和/冯贝叶著. —哈尔滨：哈尔滨工业大学出版社，2023.1
ISBN 978 - 7 - 5767 - 0195 - 1

Ⅰ.①G…  Ⅱ.①冯…  Ⅲ.①整数
Ⅳ.①O121.1

中国版本图书馆 CIP 数据核字(2022)第 117055 号

策划编辑　刘培杰　张永芹
责任编辑　王勇钢
封面设计　孙茵艾
出版发行　哈尔滨工业大学出版社
社　　址　哈尔滨市南岗区复华四道街 10 号　邮编 150006
传　　真　0451－86414749
网　　址　http://hitpress.hit.edu.cn
印　　刷　哈尔滨博奇印刷有限公司
开　　本　787 mm×960 mm　1/16　印张 30.25　字数 324 千字
版　　次　2023 年 1 月第 1 版　2023 年 1 月第 1 次印刷
书　　号　ISBN 978 - 7 - 5767 - 0195 - 1
定　　价　78.00 元

　　本书可看成是作者所写的另两本书《Gauss 的遗产——从等式到同余式》和《Euclid 的遗产——从整数到 Euclid 环》的续集. 之所以将本书的内容集中起来再写成一本书是由于：一方面, 本书的主题具有一定的独立性和兴趣, 值得提供给读者参考；另一方面就是这些材料的内容非常丰富, 也不得不单独构成一本书, 如果放在前两本书中, 那篇幅就太大了.

　　本书的主题是讨论什么样的整数 $n$ 可以表示成两个、三个或四个整数的平方和. 如果 $n$ 可以做这样的表示, 又如何将 $n$ 具体表示成所说的形式以及这种表示方法的数目是多少. 这是一个吸引了几代数学家的问题, 而这个问题的推广和类比占据了今天的数论的中心地位. 当作者整理这些材料和回顾当年的数学大师是如何解决它们时, 就深深地被大师们的卓越才能所吸引, 如同在品尝一杯美酒时, 被美酒的甘洌香醇所陶醉而感到一种极大的愉快. 相信读者在阅读本书时, 也会有这种感觉.

1

本书在证明有关的结果时,并不是都按今天的教科书中所采用的通行和标准的证法进行的,也许这些证法出于系统性和简明性的考虑是有道理的,但在作者看来,遵循大师们当初解决问题的原始轨迹逐步展开将是更有吸引力的.当看到这些材料时,你不得不赞叹大师们的才能和解决这些问题的不易.

　　就比如说 Euler,他曾长时间思考如何把一个数表示成三平方和与四平方和的问题,但却未解决,最后被 Lagrange 和 Gauss 所解决,但是 Euler 在探索这些问题时所得出的一些结果(一系列的有限和无穷乘积的恒等式)至今仍是数论中的宝贵遗产而一直被引用,同时他的一些思考至今仍闪耀着灿烂的星光.

　　解决二平方和问题的起点通常是介绍下面的所谓的 Euler 恒等式

$$(a^2 + b^2)(c^2 + d^2) = (ac + bd)^2 + (ad - bc)^2$$
$$= (ac - bd)^2 + (ad + bc)^2$$

发现这个恒等式本身便需要一定的天分,想一想如果你不知道这个恒等式,是否能独立地发现它便可体会.其实,这个恒等式要是凭空想出来,还真有一定的难度,但如果你使用复数,那么从复数的乘法等式

$$(a + bi)(c + di) = (ac - bd) + (ad + bc)i$$

出发,然后在两边取模,便不难得出上述恒等式.这个复数是由 Gauss 首先发现并使用的,Gauss 要比 Euler 年轻整 70 岁,但是看来 Euler 还是赶上使用复数了,有一个著名的以 Euler 命名的恒等式

$$e^{i\pi} = -1$$

中便出现了复数.Euler 当初是如何发现上面那个二平方和恒等式的,是否是通过复数发现的,我们已无法得

知了.

  如果说,发现上面的恒等式虽然需要一定的天分,但还不足以太使你感到惊叹时,那么当你看到它的一系列推广时,你恐怕就不会无动于衷了.首先的推广是从二平方和到四平方和

$$(x_1^2 + x_2^2 + x_3^2 + x_4^2)(y_1^2 + y_2^2 + y_3^2 + y_4^2)$$
$$= (x_1 y_1 + x_2 y_2 + x_3 y_3 + x_4 y_4)^2 +$$
$$\quad (x_1 y_2 - x_2 y_1 + x_3 y_4 - x_4 y_3)^2 +$$
$$\quad (x_1 y_3 - x_3 y_1 + x_4 y_2 - x_2 y_4)^2 +$$
$$\quad (x_1 y_4 - x_4 y_1 + x_2 y_3 - x_3 y_2)^2$$

这个恒等式,你要是能凭空想出来,那就有点不可想象了.不过仿照上面的从复数的乘法恒等式出发得出二平方和恒等式那样,如果使用四元数那还是可以解释的,但是在你不知道四元数之前,发现这个恒等式便不容易.有了复数和四元数做榜样,以后又产生了八元数,那得出以下的八平方和恒等式就是水到渠成了

$$(a_1^2 + a_2^2 + a_3^2 + a_4^2 + a_5^2 + a_6^2 + a_7^2 + a_8^2) \cdot$$
$$(b_1^2 + b_2^2 + b_3^2 + b_4^2 + b_5^2 + b_6^2 + b_7^2 + b_8^2)$$
$$= (a_1 b_1 + a_2 b_2 + a_3 b_3 + a_4 b_4 + a_5 b_5 + a_6 b_6 + a_7 b_7 +$$
$$a_8 b_8)^2 + (a_1 b_2 - a_2 b_1 - a_3 b_4 + a_4 b_3 - a_5 b_6 +$$
$$a_6 b_5 - a_7 b_8 + a_8 b_7)^2 + (a_1 b_3 + a_2 b_4 - a_3 b_1 -$$
$$a_4 b_2 + a_5 b_7 - a_6 b_8 - a_7 b_5 + a_8 b_6)^2 + (a_1 b_4 -$$
$$a_2 b_3 + a_3 b_2 - a_4 b_1 - a_5 b_8 - a_6 b_7 + a_7 b_6 + a_8 b_5)^2 +$$
$$(a_1 b_5 + a_2 b_6 - a_3 b_7 + a_4 b_8 - a_5 b_1 - a_6 b_2 + a_7 b_3 -$$
$$a_8 b_4)^2 + (a_1 b_6 - a_2 b_5 + a_3 b_8 + a_4 b_7 + a_5 b_2 - a_6 b_1 -$$
$$a_7 b_4 - a_8 b_3)^2 + (a_1 b_7 + a_2 b_8 + a_3 b_5 - a_4 b_6 - a_5 b_3 +$$
$$a_6 b_4 - a_7 b_1 - a_8 b_2)^2 + (a_1 b_8 - a_2 b_7 - a_3 b_6 - a_4 b_5 +$$
$$a_5 b_4 + a_6 b_3 + a_7 b_2 - a_8 b_1)^2$$

接着是在 Pell 方程中出现的另一种二平方和恒等式的推广

$$(x_1x_2 - \Delta y_1y_2)^2 + \Delta(x_1y_2 + y_1x_2)^2$$
$$= (x_1^2 + \Delta y_1^2)(x_2^2 + \Delta y_2^2)$$

以及在 Gauss 的类群理论中出现的如下恒等式

$$(a_1x_1^2 + 2bx_1y_1 + a_2cy_1^2)(a_2x_2^2 + 2bx_2y_2 + a_1cy_2^2)$$
$$= a_1a_2x^2 + 2bxy + cy^2$$

其中 $x = x_1x_2 - cy_1y_2$,$y = a_1x_1y_2 + a_2x_2y_1 + 2by_1y_2$.

最后还有以 Euler 的名字命名的下面的无穷乘积恒等式

$$\prod_{i=1}^{\infty}(1 - x^i) = 1 + \sum_{k=1}^{\infty}(-1)^k(x^{(3k^2-k)/2} + x^{(3k^2+k)/2})$$

我们再来看看大师们当年的某些思考,即正文中包含的下面一系列引理.

**引理 2.1.4** 设 $n,p$ 都是两个整数的平方和,且 $p$ 是素数,$p \mid n$,则 $m = \dfrac{n}{p}$ 也是两个整数的平方和.

**引理 2.1.5** 设 $n$ 是一个可以表示成两个整数的平方和的正整数,$m$ 是一个不能表示成两个整数的平方和的正整数,且 $m \mid n$,则 $\dfrac{n}{m}$ 必有一个不能表示成两个整数的平方和的素因子.

**引理 2.1.6** 设 $(a,b) = 1$,则 $a^2 + b^2$ 的所有正的因子都能表示成两个整数的平方和.

**引理 2.1.7** 设 $(a,b) = 1$,则 $a^2 + b^2$ 没有 $4k + 3$ 型的素因子.

**引理 2.1.8** 设 $n$ 是一个整数,并设 $p$ 是 $n^2 + 1$ 的奇的素因子,则 $p \equiv 1 \pmod 4$.

**引理 2.1.9** 如果正整数 $h,k,n$ 满足 $n^2 + 1 = hk$,

则存在整数 $x_1,x_2,y_1,y_2$ 使得

$$h = x_1^2 + y_1^2, k = x_2^2 + y_2^2, n = x_1x_2 + y_1y_2$$

**引理 2.1.10** 形如 $4k+1$ 的素数可表示成两个整数的平方和.

这些引理当中的每一个,请你自己试着去证明一下,你就会发现都绝非易事,因而当你再去看看大师们当年是如何证明的时,便不由得加以赞叹,甚至叫绝.所以我愿意把这些大师们的思想的火花介绍给读者一起分享.在证明了上述的一系列引理后,就可顺利地得出下面的关于二平方和的主要结果了.

**定理 2.1.1** 设 $n$ 是一个正整数,$n = d^2m$,其中 $m$ 不含平方因子(即一个可写成整数的平方的因子),则 $n$ 可表示成两个整数的平方和的充分必要条件是 $m$ 没有形如 $4k+3$ 的素因子.

本书在内容选择上的宗旨是尽可能地采用初等的材料和方法而不考虑篇幅和证明的长度.可以说,这一目的在第 2 章和第 3 章中是实现了.但是本书的重点是介绍三平方和定理,这一定理的证明要比二平方和定理和四平方和定理难得多.也许,这是由于对于三平方和来说,并没有类似于二平方和与四平方和中的那种 Euler 公式,也就是说,两个三平方和数的乘积不一定还是这种数(而两个二平方和数的乘积和四平方和数的乘积却仍然是二平方和与四平方和).比如

$$3 = 1^2 + 1^2 + 1^2 \text{ 和 } 21 = 1^2 + 2^2 + 4^2$$

都是三平方和数,但是它们的乘积 $63 \equiv 7(\mathrm{mod}\ 8)$ 却不是一个三平方和数(也就是说,不可能把 63 表示成三个整数的平方和,理由见本书第 5 章.).不过尽管对三平方和来说,一般并不成立类似于 Euler 恒等式那

5

样的结果,但是 Euler 在探索此问题时,仍然发现了一些有趣的恒等式,比如一个三平方和数的平方仍然是一个三平方和数,即成立下面的恒等式

$$( p^2 + q^2 + r^2 )^2$$
$$= p^4 + q^4 + r^4 + 2p^2q^2 + 2p^2r^2 + 2q^2r^2$$
$$= (p^4 + q^4 + r^4 + 2p^2q^2 - 2p^2r^2 - 2q^2r^2) + 4p^2r^2 + 4q^2r^2$$
$$= (p^2 + q^2 - r^2)^2 + (2pr)^2 + (2qr)^2$$

对于三平方和定理,我们给出了五种证明.第一种是最通常的证法,即采用二次型的理论,这部分的内容也是初等的,但是在最后的证明中,需要应用一个称为等差数列中存在无穷多个素数的 Dirichlet 定理这样并不初等的结果.第二种是应用 Gauss 类群,属群以及歧义类的计数理论,这一方法可以避免使用 Dirichlet 定理,但涉及的概念和方法虽然初等,但却比较高深(这意思就是不是那么容易理解).第三种是 Liouville 方法,这一方法是完全初等的,而且是非常好理解的(这里的好理解是指能看懂,但是你自己想到这种证法却不容易),但是证明比较长.第五种是采用数的几何中的 Minkowski 定理,是所有证法中最短的一种,但是也需要用到 Dirichlet 定理,除此之外,它的其他部分也是完全初等的.最后一种是超几何级数与椭圆模函数方法,这种方法的原理其实是很清楚的,不过需要熟练掌握超几何级数与椭圆模函数的各种性质和计算,一旦掌握了这两点,剩下的事就是单纯的计算.

此外,本书中对 Pell 方程的课题加入了比较丰富的材料,但是由于本书没有介绍连分数的理论,所以对如何得出最小解的连分数算法没有进行介绍,但在《Gauss 的遗产 —— 从等式到同余式》和《Euclid 的遗

产 —— 从整数到 Euclid 环》这两本书中做了介绍,所以读者可以把本书与那两本书互相对照参考,作为一套书来看.

如果读者能喜爱这本书,并能被书中的问题所吸引,那便是对作者最大的安慰了.我希望如此,并祝愿读者阅读愉快.如书中有任何疏漏、不当之处也希望读者告知(e-mail 地址为 fby@amss.ac.cn).

冯贝叶

2020 年 4 月

于北京

1

4

# 问题的陈述和历史简述

第

1

章

　　把整数表示为 $k$ 次幂的和是一个吸引了几代数学家的问题,而这个问题的推广和类比占据了今天的数论的重要(加性数论)地位.

　　在本书中,我们限于研究把一个正整数表示为两个、三个和四个整数的平方和问题(也可称为二平方和、三平方和和四平方和问题). 把一个整数表示为平方和的问题可以叙述如下:

　　(1)给了一个正整数 $n$,研究什么样的整数可以表示成 $k$ 个整数的平方和?

　　(2)如果一个正整数可以表示成上述形式,那么有多少种表示方法?

　　把一个整数表示成 $k$ 个整数的平方和的问题可以更一般地用二次型的术语叙述.

给了一个整系数的有 $k$ 个变量 $x_1,\cdots,x_k$ 的二次型 $Q$,设 $N_Q$ 是 $Q$ 的能取到的值的集合,那么上面的两个表示问题可以一般地叙述如下:

(1′) 给了一个二次型 $Q$,确定 $N_Q$;

(2′) 给了 $Q$ 和 $n\in N_Q$,确定用 $Q$ 表示 $n$ 的数目,也就是确定向量 $(a_1,\cdots,a_k)\in\mathbb{Z}^k$ 的数目,其中 $Q(a_1,\cdots,a_k)=n$.

这些问题的另外的等价形式可以叙述如下:

(1″) 给了一个有 $k$ 个变量的二次型 $Q$ 和一个整数 $n$,确定不定方程 $Q(x_1,\cdots,x_k)=n$ 是否有解?

(2″) 给了一个 $Q$ 和一个可表示的整数 $n$,确定不定方程 $Q(x_1,\cdots,x_k)=n$ 的解的数目.

在本书中,我们只限于关注 $k=2,3$ 或 $4$ 的情况.在第 2 章和第 3 章中,我们将完全解决 $k=2$ 和 $k=4$ 时的表示数的两个问题.对 $k=3$ 的情况,我们将给出一个可表示为三个平方和的数的特征,并且将不加证明地给出表示方法的公式,由于其证明已超出了本书的范围.

在我们继续进行研究之前,我们首先做以下几点说明:

(1) 术语"平方"指一个整数(正整数,0 或负整数)的平方;

(2) 称一个正整数的两种表示方法是本质上相同的,如果它们的差别仅是加数的次序或符号,否则称它们是本质上不同的.例如

$$5=2^2+1^2=(-2)^2+(-1)^2$$

$$= (-2)^2 + 1^2 = 2^2 + (-1)^2$$
$$= 1^2 + 2^2 = (-1)^2 + (-2)^2$$
$$= 1^2 + (-2)^2 = (-1)^2 + 2^2$$

是把 5 表示成平方和的 8 种方法,也是把 5 表示成平方和的方法的数目的总数,然而它们之间的差别仅仅是次序和符号,因此本质上都是相同的. 换句话说,$5 = 1^2 + 2^2$ 是 5 的唯一的本质上不同的表示方法或者把 5 表示成平方和的本质上不同的方法只有一种.

(3)如果一个正整数可表示成 $k$ 个整数的平方和,则对任意 $m \geqslant k$,它就可以表示成 $m$ 个整数的平方和(只需补充足够的 0 的平方即可).

我们将在第 3 章表明使得任何正整数都可表示成 $k$ 个整数的平方和的最小的 $k$ 等于 4,也就是说,任何一个正整数都可表示成 4 个整数的平方和,因此使得任何正整数都可表示成 $k$ 个整数的平方和的最小的数就是 4. 这是一个称为 Waring(华林)问题的著名问题的特殊情况. Waring 在 1770 年首先提出了这个问题:

设 $r > 1$ 是一个正整数,是否存在一个正整数 $k$,使得每个正整数 $n$ 都可表示成 $k$ 个整数的 $r$ 次幂之和? 也就是说,不定方程 $n = x_1^r + x_2^r + \cdots + x_k^r$ 是否对所有的 $n > 0$ 都有解?

把一个正整数表示成 $k$ 个整数的幂之和的问题已经有了很长的研究历史. 在下面的简短的历史性介绍中,我们将对把正整数表示成平方和的研究历史做一个简短的速描. 关于这一问题的早期的研究历史,读者可参考 Dickson(迪克森)的著名的三卷本数论史

（文献［10］）和较近期的 A. Weil（A. 威尔）的书（文献［11］）.

将整数表示为两个、三个和四个整数的平方和的问题可以追溯到 Diophantus（丢番图）的时代．尽管 Diophantus 知道并做出了几个关于二平方和问题的陈述,但 Girard（吉拉德,1625）和 Fermat（费马）在几年后,首先认识到这个问题,并陈述了正整数 $n$ 可表示为二平方和的正确的充分必要条件. Fermat 还知道如何确定把一个给定的数用适当的形式表示成二平方和的方式的数目. 他说,他可以用无穷递降法证明每个形如 $4n+1$ 的素数都是两个整数的平方和. Euler 在经历了 7 年的艰苦努力之后,才于 1749 年首次成功地给出了完整的证明.

Diophantus 指出 $8m+7$ 形式的数都不是三个平方数的和,这是一个 Descartes（笛卡儿）很容易验证的事实. Fermat 最终给出了完整的证明,并陈述了一个数可表示为三平方和的正确的条件,即当且仅当一个数不是 $4^n(8m+7)$ 形式的整数时,它才是三个整数的平方和. Euler 和 Lagrange（拉格朗日）为了证明这个定理尝试了很多年,但是他们两人都没有找到适用于所有情况的证明. 1798 年,Legendre（勒让德）给出了这个定理的复杂证明. 最终在 1801 年,Gauss（高斯）给出了完整的证明,这基于他的适用于广泛情况的二次型理论中更困难的结果. 他还得出了一个把一个正整数表示成三平方和的本质上不同的方法的数目公式. 此后也已经出现了各种其他的证明,但是这些方法都

不能用初等的和简单的方式加以叙述.

一些历史学家认为,每个自然数都可以表示为四平方和这一事实是亚历山大的 Diophantus 最先知道的,因为他用两种方式把 5,13 和 30 表示为四平方和,而没有对表示成四平方和提出任何条件.而他对把一个数表示成二平方和与三平方和给出了必要条件.因此,Bachet(巴切特)和 Fermat 认为 Diophantus 知道一种把每个正整数表示成四平方和的美妙理论. Bachet 对小于或等于 325 的正整数验证了这一结论. Girard 于 1625 年叙述了这个定理,而 Fermat 宣称他已用无穷递降法证明了这个定理. Euler 对这个定理认真注意了 40 多年.直到二十年后他才开始研究这一定理,并发表了有关这一定理的一些重要事实.第一个证明是由 Lagrange 在 1772 年发表的,他对 Euler 后来的论文功不可没. 第二年,Euler 发表了一个比 Lagrange 简单得多的证明,这一证明一直被引用至今.

# 把正整数表示成两个整数的平方和

## 2.1　把一个正整数表示成两个整数的平方和

在这一章中,我们讨论 $k=2$ 的情况,即把一个正整数表示成两个整数的平方和的问题. 在这种情况下,表示整数的两个问题是:

(1) 找出一个正整数 $n$ 可表示成两个整数的平方和的充分必要条件. 也就是说,我们试图刻画 Diophantus 方程 $Q(x,y) = x^2 + y^2 = n$ 的解的集合 $N_Q$ 的特征.

(2) 设 $N_Q = \{n : x^2 + y^2 = n$ 有解$\}$,对 $n \in N_Q$,确定 $x^2 + y^2 = n$ 的解的数目 $r_2(n)$,其中 $r_2(n)$ 表示解的总数(不必是本质上不同的).

确定哪些正整数可表示为两个整数的平方和是一个非常古老的问题. 在 Diophantus 的《算术》一书中有几个与此问题有关的陈述, 但是它们的确切含义还不清楚(文献[39]). Girard 最先说出了整数 $n$ 可表示为两个整数的平方和的正确的充分必要条件, 但似乎没有证据表明 Girard 证明了他的陈述. 我们所知道的第一个证明是 Euler(欧拉)在 1749 年发表的, 见文献[39].

在证明这一章的主要结果之前, 我们先证明一些预备性的引理. 首先, 我们排除某些不能表示为两个整数的平方和的数.

**引理 2.1.1** 任何形如 $4m+3$ 的正整数都不可能表示成两个整数的平方和.

**证明** 首先注意, 如果 $x$ 是一个偶数, 则 $x^2 \equiv 0(\bmod 4)$, 而如果 $x$ 是一个奇数, 则 $x^2 \equiv 1(\bmod 4)$, 因此两个整数的平方和在模 4 下只可能同余于 $0+0$, $0+1$ 或者 $1+1$, 即 $x^2+y^2 \equiv 0,1$ 或 $2(\bmod 4)$. 这就证明了任何形如 $4m+3$ 的正整数都不可能表示成两个整数的平方和.

**引理 2.1.2** 如果两个正整数都可以表示成两个整数的平方和, 则它们的乘积仍是两个整数的平方和. 如果正整数 $n$ 可以分解成一些因子的乘积, 其中每个因子都是两个整数的平方和, 则 $n$ 是两个整数的平方和.

**证明** 这可以从下面的 Euler 恒等式立即得出
$$(a^2+b^2)(c^2+d^2) = (ac+bd)^2 + (ad-bc)^2$$

7

$$= (ac - bd)^2 + (ad + bc)^2$$

这个引理还告诉我们,如果一个正整数是两个正整数的乘积,其中每个正整数都是两个整数的平方和,则它至少可用两种本质上不同的方法表示成两个整数的平方和.例如由于

$$5 = 2^2 + 1^2, 13 = 3^2 + 2^2$$

因此

$$65 = 5 \cdot 13 = (2^2 + 1^2)(3^2 + 2^2)$$

$$= (2 \cdot 3 + 1 \cdot 2)^2 + (2 \cdot 2 - 1 \cdot 3)^2 = 8^2 + 1^2$$

$$= (2 \cdot 3 - 1 \cdot 2)^2 + (2 \cdot 2 + 1 \cdot 3)^2 = 4^2 + 7^2$$

**引理 2.1.3** 如果正整数 $n$ 可以分解成一些因子的乘积,其中每个因子都是两个整数的平方和,则 $n$ 是两个整数的平方和.

**证明** 反复应用引理 2.1.2 即可.

**习题 2.1.1** 证明正整数 $n$ 可表示成两个整数的平方和的充分必要条件是 $2n$ 也可表示成两个整数的平方和.

**引理 2.1.4** 设 $n, p$ 都是两个整数的平方和,且 $p$ 是素数,$p \mid n$,则 $m = \dfrac{n}{p}$ 也是两个整数的平方和.

**证明** 设 $n = a^2 + b^2, p = c^2 + d^2$,则

$$(c^2 + d^2) \mid (a^2 + b^2)$$

由于

$$(cb - ad)(cb + ad) = c^2(a^2 + b^2) - a^2(c^2 + d^2)$$

因此

$$p \mid (cb - ad)(cb + ad)$$

8

由于 $p$ 是素数,所以

$$p \mid (cb - ad) \text{ 或 } p \mid (cb + ad)$$

如果 $p \mid (cb - ad)$,则由于

$$(a^2 + b^2)(c^2 + d^2) = (ac + bd)^2 + (ad - bc)^2$$

所以 $p \mid (ac + bd)^2$,因而 $p \mid (ac + bd)$. 在上面的等式两边同除以 $(c^2 + d^2)^2$ 就得出

$$m = \frac{n}{p} = \frac{a^2 + b^2}{c^2 + d^2} = \left(\frac{ac + bd}{p}\right)^2 + \left(\frac{ad - bc}{p}\right)^2$$

如果 $p \mid (cb + ad)$,则同理可证 $m$ 是两个整数的平方和.

这就证明了 $m = \dfrac{n}{p}$ 也是两个整数的平方和.

**引理 2.1.5** 设 $n$ 是一个可以表示成两个整数的平方和的正整数,$m$ 是一个不能表示成两个整数的平方和的正整数,且 $m \mid n$,则 $\dfrac{n}{m}$ 必有一个不能表示成两个整数的平方和的素因子.

**证明** 设 $\dfrac{n}{m}$ 的素因子标准分解式为 $\dfrac{n}{m} = p_1 \cdots p_r$,则 $n = m p_1 \cdots p_r$. 假设 $p_1, \cdots, p_r$ 都能表示成两个整数的平方和,那么由于 $n$ 是一个可以表示成两个整数的平方和的正整数,$p_1, \cdots, p_r$ 都是素数,所以由引理 2.1.4 就得出

$$\frac{n}{p_1}, \frac{n}{p_1 p_2}, \cdots, m = \frac{n}{p_1 p_2 \cdots p_r}$$

都是两个整数的平方和,这与 $m$ 是一个不能表示成两个整数的平方和的正整数的条件矛盾. 这就证明了

$p_1,\cdots,p_r$ 之中必有某一个不能表示成两个整数的平方和，即 $\dfrac{n}{m}$ 必有一个不能表示成两个整数的平方和的素因子．

**引理 2.1.6** 设 $(a,b)=1$，则 $a^2+b^2$ 的所有正的因子都能表示成两个整数的平方和．

**证明** 如果 $a^2+b^2$ 有一个正的因子 $k$，它不能表示成两个整数的平方和，则不妨设 $k$ 是具有以下性质 E 的最小的正整数：$k$ 是形如 $x^2+y^2$ 的正整数的正的因子，其中 $(x,y)=1$，并且 $k$ 本身不是 $x^2+y^2$ 型的正整数．

设 $a=mk\pm u,b=nk\pm v$，其中 $|u|\leqslant\dfrac{k}{2}$，$|v|\leqslant\dfrac{k}{2}$，于是

$$a^2+b^2=m^2k^2\pm2mku+u^2+n^2k^2\pm2nkv+v^2$$
$$=Ak+(u^2+v^2)$$

这说明 $k\mid(u^2+v^2)$，于是可设 $u^2+v^2=hk$，但是

$$hk=u^2+v^2\leqslant\left(\frac{k}{2}\right)^2+\left(\frac{k}{2}\right)^2=\frac{k^2}{2}$$

因而 $h\leqslant\dfrac{k}{2}<k$．下面我们不妨设 $(u,v)=1$．如果

$$(u,v)=d>1$$

那么必有 $(d,k)=1$，不然可设

$$d'=(d,k)>1$$

于是 $d'\mid d\mid u,d'\mid d\mid v,d'\mid k$．因此可设

$$u=u'd',v=v'd',k=k'd'$$

于是

$$a = mk'd' \pm u'd', b = nk'd' \pm v'd'$$

这说明 $d' \mid a, d' \mid b, d' > 1$,这与 $(a,b) = 1$ 矛盾.

把 $u = u'd', v = v'd', k = k'd'$ 代入 $u^2 + v^2 = hk$ 就得出

$$u'^2 + v'^2 = hk'$$

其中 $(u', v') = 1, k'$ 不是形如 $x^2 + y^2$ 的正整数(否则 $k$ 将也是形如 $x^2 + y^2$ 的正整数,这与假设矛盾).因此我们不妨设 $(u, v) = 1$.

由于 $k$ 不是形如 $x^2 + y^2$ 的正整数,所以根据引理 2.1.5,就得出 $h = \dfrac{u^2 + v^2}{k}$ 有一个因子 $w$ 也不是形如 $x^2 + y^2$ 的正整数,这说明 $w$ 也具有性质 E.

但是 $w \leqslant h < k$,这与 $k$ 是具有性质 E 的最小的正整数的假设矛盾,因此 $k$ 必可表示成两个整数的平方和.

**引理 2.1.7** 设 $(a,b) = 1$,则 $a^2 + b^2$ 没有 $4k+3$ 型的素因子.

**证明** 由引理 2.1.1 和引理 2.1.6 即得.

**引理 2.1.8** 设 $n$ 是一个整数,并设 $p$ 是 $n^2 + 1$ 的奇的素因子,则 $p \equiv 1 \pmod 4$.

**证明** 由引理 2.1.7 即得.

**引理 2.1.9** 如果正整数 $h, k, n$ 满足 $n^2 + 1 = hk$,则存在整数 $x_1, x_2, y_1, y_2$ 使得

$$h = x_1^2 + y_1^2, k = x_2^2 + y_2^2, n = x_1 x_2 + y_1 y_2$$

引理 2.1.9 显然是引理 2.1.6 的一个直接推论,但是由于引理 2.1.9 中的平方和只有一个变量,因此

11

就有一种特殊的证法,这就使它具有一种独立的兴趣.

我们使用数学归纳法来证明这一引理,毕竟它比证明引理 2.1.6 时所用的无穷递降法更为读者所熟悉.

**证明**    不妨设 $h \leqslant k$,对 $n$ 做归纳法.

当 $n=1$ 时,$h=1,k=2$. 这时 $h=0^2+1^2,k=1^2+1^2,n=0 \cdot 1+1 \cdot 1$.

当 $n=2$ 时,$h=1,k=5$. 这时 $h=0^2+1^2,k=1^2+2^2,n=0 \cdot 1+1 \cdot 2$.

所以,要证的命题对 $n=1,2$ 成立. 现在假设命题对小于 $n$ 的正整数成立,其中 $n \geqslant 2$. 对正整数 $n$,由于 $hk=n^2+1,h \leqslant k$,所以

$$k \geqslant n+1$$
$$h=\frac{n^2+1}{k} \leqslant \frac{n^2+1}{n+1} < \frac{n^2+n}{n+1}=n$$

令 $k=n+s,h=n-t$,其中 $s,t$ 都是正整数. 由于

$$hk=n^2+1$$

所以

$$(n-t)(n+s)=n^2+1$$
$$ns-ts-tn=1$$
$$(n-t)(s-t)=t^2+1$$

由于 $n-t=h>0$,所以 $s-t>0,t<n$. 因此由归纳法假设可知存在整数 $u_1,u_2,v_1,v_2$ 使得

$$n-t=u_1^2+v_1^2$$
$$s-t=u_2^2+v_2^2$$
$$t=u_1u_2+v_1v_2$$

12

因此

$$h = n - t = u_1^2 + v_1^2$$

$$k = n + s = (n - t) + (s - t) + 2t$$

$$= (u_1 + u_2)^2 + (v_1 + v_2)^2$$

$$n = (n - t) + t$$

$$= u_1(u_1 + u_2) + v_1(v_1 + v_2)$$

令

$$x_1 = u_1, y_1 = v_1, x_2 = u_1 + u_2, y_2 = v_1 + v_2$$

则

$$h = x_1^2 + y_1^2, k = x_2^2 + y_2^2$$

$$n = x_1 x_2 + y_1 y_2, hk = n^2 + 1$$

其中，$x_1, x_2, y_1, y_2$ 都是整数.

这就说明命题对正整数 $n$ 成立. 因此由数学归纳法就证明了命题对所有的正整数成立，因而引理得证.

**引理 2.1.10** 形如 $4k+1$ 的素数可表示成两个整数的平方和.

**证明** 设素数 $p = 4k+1$，则 $1, 2, \cdots, p-1 = 4k$ 都与 $p$ 互素，因此 $1^{4k} = 1, 2^{4k}, \cdots, (p-1)^{4k} = (4k)^{4k}$ 也都与 $p$ 互素，因而根据 Fermat 小定理可得

$$p \mid (a^p - 1) \text{ 或 } p \mid (a^{4k} - 1)$$

其中，$a = 1, 2, \cdots, p-1$，这表示

$$a^{4k} = mp + 1$$

即 $1, 2^{4k}, \cdots, (4k)^{4k}$ 除以 $p$ 所得的余数都是 1，因此 $p$ 整除它们的两两之差

$$2^{4k} - 1, 3^{4k} - 2^{4k}, \cdots, (4k)^{4k} - (4k-1)^{4k}$$

这些差可分解为

$$x^{4k} - y^{4k} = (x^{2k} + y^{2k})(x^{2k} - y^{2k})$$

其中,$y = 1,2^{4k},\cdots,(4k-1)^{4k}$,$x = y + 1$.

由于 $p$ 是素数,它必能整除这两个因子之一(以下称它们为"和因子"和"差因子").因此或者 $p$ 能整除某一个"和因子",或者 $p$ 不能整除任何"和因子",因此它能整除所有的 $4k-1$ 个"差因子".下面我们证明 $p$ 不可能整除所有的 $4k-1$ 个"差因子".

假设不然,设 $p$ 能整除所有的 $4k-1$ 个"差因子"

$$2^{2k} - 1,3^{2k} - 2^{2k},\cdots,(4k)^{4k} - (4k-1)^{4k}$$

因此它也能整除 $4k-2$ 个一阶差、$4k-3$ 个二阶差 ……由于数列 $1^k,2^k,3^k,\cdots$ 的第 $k$ 阶差都等于 $k!$(参见文献[2]的 1.5 节),于是第 $2k$ 阶差都等于 $(2k)!$ ,这就得出 $p \mid (2k)!$,但是 $p = 4k+1$ 显然不可能整除 $(2k)!$,矛盾.所得的矛盾说明 $p$ 必能整除某一个"和因子",因此根据引理 2.1.3,2.1.4,2.1.6,就得出 $p$ 能表示成两个整数的平方和(由于 $x$ 和 $y$ 的差是 1,因此它们互素).这就证明了 $p$ 一定能表示为两个整数的平方和.

我们现在把引理 2.1.10 改进得更精确些.

**引理 2.1.11** 设 $p$ 是一个奇素数,那么方程

$$x^2 \equiv -1 (\bmod p)$$

有解的充分必要条件是

$$p \equiv 1 (\bmod 4)$$

并且在有解时仅有的两个解是

$$x = \pm \left(\frac{p-1}{2}\right)!$$

**证明** (充分性)假设 $x^2 \equiv -1 (\bmod p)$ 有解,因

14

此有整数 $x$ 使得 $x^2 \equiv -1 (\mathrm{mod}\ p)$，那么

$$(x^2)^{\frac{p-1}{2}} \equiv x^{p-1} \equiv 1 (\mathrm{mod}\ p)$$

因此

$$(-1)^{\frac{p-1}{2}} \equiv 1 (\mathrm{mod}\ p)$$

但是

$$(-1)^{\frac{p-1}{2}} = \begin{cases} 1 & \text{如果 } p \equiv 1 (\mathrm{mod}\ 4) \\ -1 & \text{如果 } p \equiv 3 (\mathrm{mod}\ 4) \end{cases}$$

因此必须有 $p \equiv 1 (\mathrm{mod}\ 4)$.

（必要性）（Lagrange）假设 $p \equiv 1 (\mathrm{mod}\ 4)$，那么由于在模 $p$ 下

$$p-1 \equiv -1, p-2 \equiv -2, \cdots, p-(p-1) \equiv -(p-1)$$

因此

$$-1 \equiv (p-1)! \equiv (-1)(-2)\cdots(-(p-1))$$

$$\equiv ((-1)(-(p-1)))((-2)(-(p-2))) \cdot \cdots \cdot$$

$$\left( \left( -\frac{p-1}{2} \right) \left( -\left( p - \frac{p-1}{2} \right) \right) \right)$$

$$\equiv (-1 \cdot 1)(-2 \cdot 2)\cdots\left( -\frac{p-1}{2} \cdot \frac{p-1}{2} \right)$$

$$\equiv (-1)^{\frac{p-1}{2}} \left( \left( \frac{p-1}{2} \right)! \right)^2$$

$$\equiv \left( \left( \frac{p-1}{2} \right)! \right)^2$$

由此即得二次同余式 $x^2 \equiv -1 (\mathrm{mod}\ p)$ 的解是

$$x \equiv \pm \left( \frac{p-1}{2} \right)!$$

现在我们来证明这一章的主要结果：

**定理 2.1.1**　设 $n$ 是一个正整数，$n = d^2 m$，其中 $m$ 不含平方因子（即一个可写成整数的平方的因子），则

15

$n$ 可表示成两个整数的平方和的充分必要条件是 $m$ 没有形如 $4k+3$ 形的素因子.

**证明** （充分性）把 $m$ 分解成素因子标准分解式，则其中所有素因子的幂指数都是 1，并且没有形如 $4k+3$ 形的素因子. 设 $p$ 是 $m$ 的任意一个素因子，则 $p=2$ 或是奇素数. 由于 $m$ 没有形如 $4k+3$ 形的素因子，所以 $m$ 的奇素因子全部都是形如 $4k+1$ 形的. 2 显然可以表示成两个整数的平方和，由引理 2.1.10 可知，$m$ 的所有奇素因子也都可以表示成两个整数的平方和，因此根据引理 2.1.3 就得出 $m$ 是两个整数的平方和，因而 $n$ 也是两个整数的平方和.

（必要性）设 $m$ 是两个整数的平方和，即设

$$m=a^2+b^2$$

则必有 $(a,b)=1$. 否则可设 $(a,b)=d>1$，于是有

$$a=da_1,b=db_1$$

因此

$$m=d^2(a_1^2+b_1^2)$$

这与 $m$ 不含平方因子矛盾. 因此由引理 2.1.7 就得出 $m$ 没有形如 $4k+3$ 形的素因子.

定理 2.1.1 等价于下面的定理.

**定理 2.1.2** 正整数 $n$ 可表示为两个整数的平方和的充分必要条件是在它的素因子标准分解式中不含幂指数为奇数的形如 $4k+3$ 的因子，即正整数 $n=\prod p_i^{\alpha_i}$ 仅当对每个 $4k+3$ 形的 $p_i$，$\alpha_i$ 是偶数时才能表示为两个整数的平方和.

作为定理 2.1.2 的一个解释，我们注意 3 不能表

示为两个整数的平方和,但是 $90 = 3^2 + 9^2$ 可以,而 $90$ 的素因子标准分解式为 $90 = 2 \cdot 3^2 \cdot 5$.

## 2.2　把一个正整数 $n$ 表示成两个整数的平方和的方法的数目

在本节中,我们将找到好几个把一个正整数 $n$ 表示成两个整数的平方和的方式的数目的公式. 首先,我们将求出 $n$ 的不是本质上不同的表示方式的数目. 然后我们求出那种恰具有一个本质上不同的表示成两个整数的平方和的正整数. 回忆一下,如果 $n$ 的两个表示形式仅仅在于求和的顺序或加项的符号上不同,则我们认为它们是本质上相同的,否则我们将认为它们是本质上不同的. 对于不定方程 $x^2 + y^2 = n$ 而言,考虑它的本质上不同的解就表示我们认为它的解

$$(x_0, y_0), (y_0, x_0), (-x_0, y_0), (y_0, -x_0)$$
$$(x_0, -y_0), (-y_0, x_0), (-x_0, -y_0), (-y_0, -x_0)$$

都只是 $n$ 的平方和表示的一种方式.

首先,我们定义不定方程的本原解的概念.

**定义 2.2.1**　称 $\boldsymbol{x}^* = (x_1^*, x_2^*, \cdots, x_k^*)$ 是不定方程 $P(x_1, x_2, \cdots, x_k) = 0$ 的一组本原解,如果 $P(x_1^*, x_2^*, \cdots, x_k^*) = 0$ 且 $x_1^*, x_2^*, \cdots, x_k^*$ 是两两互素的,即 $(x_1^*, x_2^*, \cdots, x_k^*) = 1$. (注意,在 $(x_1^*, x_2^*, \cdots, x_k^*) = 1$ 中 $(x_1^*, x_2^*, \cdots, x_k^*)$ 表示 $x_1^*, x_2^*, \cdots, x_k^*$ 的最大公因数,而在 $\boldsymbol{x}^* = (x_1^*, x_2^*, \cdots, x_k^*)$ 中 $(x_1^*, x_2^*, \cdots, x_k^*)$ 表示以 $x_1^*, x_2^*, \cdots, x_k^*$ 为分量的向量.)

在解决此问题之前,我们将表明只须考虑本原的表示就够了. 设 $Q(x_1,x_2,\cdots,x_k)$ 是一个二次型. 又设 $R_Q(n)$ 是不定方程为 $Q(x_1,x_2,\cdots,x_k)=n$ 的本原解的数目,$r_Q(n)$ 表示解的总数(本原和非本原的),则我们有:

**定理 2.2.1**   $r_Q(n)=\sum\limits_{d^2\mid n}R_Q\left(\dfrac{n}{d^2}\right)$.

**证明**   设 $s=(s_1,s_2,\cdots,s_k)$ 是方程 $Q(x_1,x_2,\cdots,x_k)=n$ 的任何一个本原解,设 $d$ 是 $s_1,s_2,\cdots,s_k$ 的最大公因数,即 $d=(s_1,s_2,\cdots,s_k)$(注意,这里的 $(s_1,s_2,\cdots,s_k)$ 表示 $s_1,s_2,\cdots,s_k$ 的最大公因数而前面的 $(s_1,s_2,\cdots,s_k)$ 表示以 $s_1,s_2,\cdots,s_k$ 为分量的向量.),则我们可以设 $ds_i=ds_i'$,$i=1,2,\cdots,k$,其中 $(s_1',s_2',\cdots,s_k')=1$. 因而 $d^2\mid n$,因此我们可设 $n=d^2m$,其中 $m$ 是一个正整数并且 $Q(s_1',s_2',\cdots,s_k')=m$. 这表示 $s'=(s_1',s_2',\cdots,s_k')$ 是 $Q(x_1,x_2,\cdots,x_k)=m$ 的一个本原解.

因而当 $d$ 遍历 $n$ 的所有使得 $d^2\mid n$ 的因数时,$Q(x_1,x_2,\cdots,x_k)=n$ 的所有的解都可从 $Q(x_1,x_2,\cdots,x_k)=\dfrac{n}{d^2}$ 的本原解得出. 因此,我们就有

$$r_Q(n)=\sum_{d^2\mid n}R_Q\left(\frac{n}{d^2}\right)$$

我们的下一个目标是求出方程 $x^2+y^2=n$ 的本原解的数目,其中 $n$ 是一个任意的正整数. 为此我们需要用到下面的引理:

**引理 2.2.1**   设 $n$ 是一个任意的正整数,则二次同余式 $x^2\equiv-1\pmod{n}$ 的解的数目 $N(n)$ 由下式

18

给出

$$N(n) = \begin{cases} 0 & \text{如果 } 4 \mid n \text{ 或者 } n \text{ 有一个形} \\ & \text{如 } 4k+3 \text{ 的素因子} \\ 2^s & \text{如果 } 4 \nmid n, n \text{ 没有形如 } 4k+3 \\ & \text{的素因子,并且 } s \text{ 是 } n \text{ 的不同的} \\ & \text{奇素因子的数目} \end{cases}$$

**证明** 对 $n=1$,命题成立(解的数目是 1). 对 $n>1$,设 $n = 2^{a_0} p_1^{a_1} \cdots p_r^{a_r}$ 是 $n$ 的标准素因子分解式. 那么 $x^2 \equiv -1 (\bmod n)$ 的解数就等于一组同余式方程

$$x^2 \equiv -1 (\bmod 2^{a_0})$$
$$x^2 \equiv -1 (\bmod p_1^{a_1})$$
$$\vdots$$
$$x^2 \equiv -1 (\bmod p_r^{a_r})$$

的解数的乘积. 同时我们又有 $x^2 \equiv -1 (\bmod p)$ 是可解的充分必要条件是 $p=2$ 或 $p$ 是一个 $4k+1$ 形式的奇素数. 在 $p=2$ 的情况下,方程 $x^2 \equiv -1 (\bmod 2)$ 有一个解,因此命题成立. 在 $p$ 是一个 $4k+1$ 形式的奇素数的情况下,方程 $x^2 \equiv -1 (\bmod p)$ 有两个互相不同余的解,因此命题也成立.

**引理 2.2.2** 设 $n>1$ 使得同余式

$$q^2 \equiv -1 (\bmod n)$$

有解,则存在唯一的正整数 $x, y$,使得 $(x, y)=1$ 且

$$x^2 + y^2 = n, y \equiv qx (\bmod n)$$

为了证明这个引理,我们需要使用下面的 Dirichlet(狄利克雷)逼近定理(可参见文献[2]第七章或文献[4]第 7 章.)

19

**定理 2.2.2** 任给实数 $\eta \geqslant 1$ 和 $\xi$，则存在分数 $\dfrac{a}{b}$，$(a,b)=1, 0<b\leqslant \eta$ 使得

$$\left| \xi - \frac{a}{b} \right| < \frac{1}{b\eta}$$

**引理 2.2.2 的证明** 在定理 2.2.2 中令 $\eta=\sqrt{n}$ 和 $\xi=-\dfrac{q}{n}$，则存在两个整数 $a$ 和 $b$ 满足 $(a,b)=1, 0<b\leqslant \sqrt{n}$，且 $\left|-\dfrac{q}{n}-\dfrac{a}{b}\right| < \dfrac{1}{b\sqrt{n}}$. 设 $qb+na=c$，则

$$|c|=|qb+na|<\sqrt{n}$$

并且 $c\equiv qb(\bmod n)$. 考虑同余式

$$b^2+c^2\equiv b^2+q^2b^2\equiv(1+q^2)b^2\equiv 0(\bmod n)$$

（由于 $q$ 满足同余式 $q^2\equiv -1(\bmod n)$.）因而 $b^2+c^2\geqslant n$，但是由于 $0<b\leqslant\sqrt{n}$ 以及 $|c|<\sqrt{n}$，所以又有 $b^2+c^2<n+n=2n$，联合 $b^2+c^2\equiv 0(\bmod n)$ 就得出 $b^2+c^2\leqslant n$，因此 $b^2+c^2=n$. 此外，由于

$$n=b^2+c^2=b^2+(qb+na)^2$$
$$=b^2(1+q^2)+2qnba+n^2a^2$$

这蕴含

$$1=\frac{1+q^2}{n}b^2+qba+qba+na^2$$
$$=ub+a(qb+na)$$
$$=ub+ac$$

其中

$$u=\frac{1+q^2}{n}b+qa$$

所以我们还有 $(b,c)=1$.

现在我们可以得出 $c \neq 0$,否则将有 $b^2 = n > 1$ 以及 $(b,c) > 1$.

当 $c > 0$ 时,我们选 $x = b, y = c$ 即可得出引理的结论;当 $c < 0$ 时,我们可选 $x = -c, y = b$,由于

$$n = (-c)^2 + b^2, -c > 0, b > 0, (-c,b) = 1$$

以及 $b \equiv -q^2 b \equiv -qc \pmod{n}$.

为证明唯一性,我们假设有两对正整数 $(x',y')$ 和 $(x'',y'')$ 都满足引理的条件和结论,那么我们就有

$$n = x'^2 + y'^2, \ n = x''^2 + y''^2$$

因此

$$n^2 = (x'^2 + y'^2)(x''^2 + y''^2)$$
$$= (x'x'' + y'y'')(x'y'' - x''y')$$

注意

$$x'x'' + y'y'' \equiv x'x'' + qx'qx''$$
$$\equiv (1 + q^2)x'x''$$
$$\equiv 0 \pmod{n}$$

但是由于

$$x'x'' + y'y'' > 0$$

所以我们有

$$x'x'' + y'y'' = n \ \text{和} \ x'y'' - x''y' = 0$$

由于

$$x'n = x'(x'x'' + y'y'') - y'(x'y'' - x''y')$$
$$= x''(x'^2 + y'^2) = x''n$$

所以就有 $x' = x''$ 以及 $y' = y''$.

**定理 2.2.3** $x^2 + y^2 = n$ 的本原解的数目 $R_2(n) =$

$4N(n)$,其中 $N(n)$ 是同余式方程 $z^2 \equiv -1 \pmod{n}$ 的解数.

**证明** 当 $n=1$ 时,$x^2+y^2=1$ 的本原解的数目是 $4$,即 $1=(\pm 1)^2+0^2$ 和 $1=0^2+(\pm 1)^2$,而 $N(1)=1$,所以 $R_2(1)=4N(1)$,命题成立.

当 $n>1$ 时,如果 $x'$ 和 $y'$ 是 $x^2+y^2=n$ 的本原解,那么由于 $(x',y')=1$,所以必须有 $x' \neq 0$ 和 $y' \neq 0$. 因此 $x^2+y^2=n$ 的本原解的总数必须是正的本原解的 $4$ 倍.

由引理 2.2.2 可知,对每个满足 $q^2 \equiv -1 \pmod{n}$ 的 $q$,存在唯一的正整数 $x>0,y>0$ 使得 $(x,y)=1$,$x^2+y^2=n$ 并且 $y \equiv qx \pmod{n}$. 反过来,对方程 $x^2+y^2=n$ 的每个使得 $x>0,y>0,(x,y)=1$ 的解都恰产生一个 $q^2 \equiv -1 \pmod{n}$ 的解 $q$,并使得

$$y \equiv qx \pmod{n}$$

为了证明反过来的命题成立,注意由 $(x,y)=1$ 可以得出 $(x,n)=1$.因此线性同余式 $y \equiv qx \pmod{n}$ 对 $q$ 来说有唯一的解

$$0 \equiv n \equiv x^2+y^2 \equiv x^2+q^2x^2 \equiv (1+q^2)x^2 \pmod{n}$$

因此

$$0 \equiv 1+q^2 \pmod{n}$$

**推论 2.2.1** $x^2+y^2=n$ 的解的总数由公式

$$r_2(n)=4\sum_{d^2 \mid n} N\left(\frac{n}{d^2}\right)$$

给出.

**推论 2.2.2** 每个 $4k+1$ 形的素数 $p$ 都可用 $8$ 种

方式表示成两个整数的平方和.

**证明**　由于 $p$ 是一个素数,因此 $4 \nmid p$,并且 $x^2 + y^2 = p$ 的每个解都是本原的,因此由引理 2.2.1,可知 $N(p) = 2$. 因而 $r_2(p) = 8$.

推论 2.2.2 表明每个 $4k+1$ 形的素数 $p$ 都只能用一种本质上不同的方式表示成两个整数的平方和,由于它的 8 个解都可通过改变其中任意一个解的符号或交换这个解中 $x,y$ 的次序而得出,这也就是说每个 $4k+1$ 形的素数 $p$ 只能用唯一的本质上不同的方式表示成两个整数的平方和,或对任何 $4k+1$ 形的素数 $p$,不定方程 $x^2 + y^2 = p$ 都恰有一个本质上不同的解.

为了证明这一节的主要结果,我们需要一些辅助的引理. 首先我们定义下面的数论函数.

**定义 2.2.2**　定义数论函数 $\chi(n)$ 如下

$$\chi(n) = \begin{cases} 0 & \text{如果 } n \equiv 0 (\bmod 2) \\ 1 & \text{如果 } n \equiv 1 (\bmod 4) \\ -1 & \text{如果 } n \equiv 3 (\bmod 4) \end{cases}$$

这个函数称为模 4 的非主特征函数. 我们容易证明下面的引理.

**引理 2.2.3**

$(1) \chi(n) = \begin{cases} 0 & \text{如果 } 2 \mid n \\ (-1)^{\frac{n-1}{2}} & \text{如果 } 2 \nmid n \end{cases}$;

(2) 如果 $n_1 \equiv n_2 (\bmod 4)$,那么 $\chi(n_1) = \chi(n_2)$;

(3) 对任何正整数 $n_1, n_2$ 成立

$$\chi(n_1 n_2) = \chi(n_1) \chi(n_2)$$

也就是说,$\chi(n)$ 是完全积性函数.

23

**证明**　（1）根据定义显然就有,如果 $2 \mid n$,那么 $\chi(n)=0$. 如果 $2 \nmid n$,那么 $n$ 是奇数,因此 $n$ 必是 $4k+1$ 形式的数或 $4k+3$ 形式的数. 根据定义,如果 $n=4k+1$,那么就有

$$\chi(n)=1=(-1)^{2k}=(-1)^{\frac{n-1}{2}}$$

如果 $n=4k+3$,那么就有

$$\chi(n)=-1=(-1)^{2k+1}=(-1)^{\frac{n-1}{2}}$$

这就证明了(1).

（2）分以下三种情况证明:

①$n_1 \equiv 0(\bmod 2)$,那么 $n_1=2k$,由

$$n_1 \equiv n_2(\bmod 4)$$

得出 $n_1-n_2=4m$,因此

$$n_2=n_1-4m=2k-4m=2(k-2m)$$

所以 $n_2 \equiv 0(\bmod 2)$,因而

$$\chi(n_1)=\chi(n_2)=0$$

② 假设 $n_1 \equiv 1(\bmod 4)$,则由于

$$n_2 \equiv n_1(\bmod 4)$$

所以 $n_2 \equiv 1(\bmod 4)$,因而有

$$\chi(n_1)=\chi(n_2)=1$$

③ 假设 $n_1 \equiv 3(\bmod 4)$,则由于

$$n_2 \equiv n_1(\bmod 4)$$

所以 $n_2 \equiv 3(\bmod 4)$,因而有

$$\chi(n_1)=\chi(n_2)=-1$$

这就证明了(2).

（3）分以下三种情况证明:

①$2 \mid n_1$,并且 $2 \mid n_2$,那么根据定义就有

$$\chi(n_1 n_2) = \chi(n_1) = \chi(n_2) = 0$$

因此就有

$$\chi(n_1 n_2) = \chi(n_1)\chi(n_2) = 0$$

②$n_1$ 和 $n_2$ 中一个是奇数，一个是偶数，那么不妨设 $n_1$ 是偶数，$n_2$ 是奇数，于是 $n_1 n_2$ 是偶数，因而根据定义就有

$$\chi(n_1 n_2) = \chi(n_1) = 0$$
$$\chi(n_2) = \pm 1$$

那么显然就有

$$\chi(n_1 n_2) = \chi(n_1)\chi(n_2) = 0$$

③$n_1$ 和 $n_2$ 都是奇数，那么又分三种情况：

$n_1 \equiv 1(\bmod 4), n_2 \equiv 1(\bmod 4)$，那么

$$n_1 n_2 \equiv 1(\bmod 4)$$

因此

$$\chi(n_1 n_2) = \chi(n_1) = \chi(n_2) = 1$$

因而

$$\chi(n_1 n_2) = \chi(n_1)\chi(n_2) = 1$$

$n_1$ 和 $n_2$ 中一个 $\equiv 1(\bmod 4)$，另一个 $\equiv 3(\bmod 4)$，那么不妨设

$$n_1 \equiv 1(\bmod 4)$$
$$n_2 \equiv 3(\bmod 4)$$

于是

$$n_1 n_2 \equiv 3(\bmod 4)$$

因此

$$\chi(n_1 n_2) = -1$$
$$\chi(n_1) = 1$$

25

$$\chi(n_2) = -1$$

因而

$$\chi(n_1 n_2) = \chi(n_1)\chi(n_2) = -1$$

$$n_1 \equiv 3(\operatorname{mod} 4), n_2 \equiv 3(\operatorname{mod} 4)$$

那么

$$n_1 n_2 \equiv 1(\operatorname{mod} 4)$$

因此

$$\chi(n_1 n_2) = 1, \chi(n_1) = -1, \chi(n_2) = -1$$

因而

$$\chi(n_1 n_2) = \chi(n_1)\chi(n_2) = 1$$

这就证明了 ③.

**定义 2.2.3** 定义数论函数 $\delta(n)$ 如下

$$\delta(n) = \sum_{d \mid n} \chi(d)$$

其中 $d$ 遍历 $n$ 的所有的正因子.

$\delta(n)$ 称为 $\chi(n)$ 的 Möbius(麦比乌斯)变换,因此根据 Möbius 变换的一般理论,它也是积性函数.(关于 Möbius 变换的一般理论参见文献[2]第三章 §3.9 整数的函数(Ⅱ).)

设 $n = \prod_{i=1}^{r} p_i^{e_i}$ 是 $n$ 的标准素因子分解式,那么根据积性函数的一般理论(参见文献[2]第三章 §3.9 整数的函数(Ⅱ))就有

$$\delta(n) = \sum_{d \mid n} \chi(d)$$

$$= \prod_{i=1}^{r} (\chi(1) + \chi(p_i) + \chi(p_i^2) + \cdots + \chi(p_i^{e_i}))$$

$$= \prod_{i=1}^{r} (1 + \chi(p_i) + \chi(p_i^2) + \cdots + \chi(p_i^{e_i}))$$

利用函数 $\chi(n)$ 可把引理 2.2.1 重述如下：

**引理 2.2.4**　设 $N(n)$ 表示同余式方程

$$x^2 \equiv -1 (\bmod 4)$$

的解数，则

$$N(n) = \begin{cases} 0 & \text{如果 } 4 \mid n \\ \displaystyle\prod_{p \mid n} (1 + \chi(p)) & \text{如果 } 4 \nmid n \end{cases}$$

其中 $p$ 遍历 $n$ 的所有素因子.

**引理 2.2.5**　$r_2(n) = 4\delta(n) = 4\displaystyle\sum_{d \mid n} \chi(d).$

**证明**　从推论 2.2.1 和定理 2.2.1 可知方程 $x^2 + y^2 = n$ 的解的总数是

$$r_2(n) = 4\sum_{d^2 \mid n} N\left(\frac{n}{d^2}\right)$$

其中 $d$ 遍历 $n$ 的所有使得 $d^2 \mid n$ 的因子. 设 $\lambda(d) = 1$，如果 $d$ 是一个完全平方数，否则设 $\lambda(d) = 0$，则

$$r_2(n) = 4\sum_{d \mid n} N\left(\frac{n}{d}\right)\lambda(d)$$

显然 $\lambda(n)$ 是积性函数，并且由于 $N(n)$ 也是积性函数，所以 $\dfrac{r_2(n)}{4}$ 也是积性函数. 由于 $\delta(n)$ 也是积性函数，所以我们只须证明对任何素数 $p$ 和正整数 $e$ 成立 $r_2(p^e) = 4\delta(p^e)$ 即可.

如果 $2 \mid e$，那么

$$\frac{r_2(p^e)}{4} = \sum_{d \mid p^e} N\left(\frac{p^e}{d}\right)\lambda(d)$$

$$= N(p^e) + N(p^{e-2}) + \cdots + N(p^2) + N(1)$$

$$= \begin{cases} 0 + 0 + \cdots + 0 + 1 = 1 \\ \qquad \text{如果 } p = 2 \\ 0 + 0 + \cdots + 0 + 1 = 1 \\ \qquad \text{如果 } p \equiv 3 \pmod 4 \\ 2 + 2 + \cdots + 2 + 1 = 2 \cdot \dfrac{e}{2} + 1 = e + 1 \\ \qquad \text{如果 } p \equiv 1 \pmod 4 \end{cases}$$

如果 $2 \nmid e$,那么

$$\frac{r_2(p^e)}{4} = \sum_{d \mid p^e} N\left(\frac{p^e}{d}\right) \lambda(d)$$

$$= N(p^e) + N(p^{e-2}) + \cdots + N(p^2) + N(p)$$

$$= \begin{cases} 1 & \text{如果 } p = 2 \\ 0 & \text{如果 } p \equiv 3 \pmod 4 \\ e + 1 & \text{如果 } p \equiv 1 \pmod 4 \end{cases}$$

但另一方面,我们又有

$$\delta(p^e) = 1 + \chi(p) + \cdots + \chi(p^e)$$

$$= \begin{cases} 1 + 0 + 0 + \cdots + 0 = 1 \\ \qquad \text{如果 } p = 2 \\ 1 - 1 + 1 - \cdots + 1 = 1 \\ \qquad \text{如果 } p \equiv 3 \pmod 4, 2 \mid e \\ 1 - 1 + 1 - \cdots - 1 = 0 \\ \qquad \text{如果 } p \equiv 3 \pmod 4, 2 \nmid e \\ 1 + 1 + 1 + \cdots + 1 = e + 1 \\ \qquad \text{如果 } p \equiv 1 \pmod 4 \end{cases}$$

因此 $r_2(p^e) = 4\delta(p^e)$,因此就得出 $r_2(n) = 4\delta(n)$.

现在我们就可以证明这一节的主要结果了.

28

**定理 2.2.4** 设 $n \geqslant 1$ 具有如下因数分解式: $n = 2^a n_1 n_2$,其中 $n_1 = \prod_{p=4k+1} p^r$, $n_2 = \prod_{q=4k+3} q^s$,则

$$r_2(n) = \begin{cases} 0 & \text{如果在 } n_2 \text{ 中有任何一个因子的} \\ & \text{指数 } s \text{ 是奇数} \\ 4\tau(n_1) & \text{如果在 } n_2 \text{ 中所有的因子的} \\ & \text{指数 } s \text{ 是偶数} \end{cases}$$

其中 $\tau(n_1)$ 表示 $n_1$ 中的因子的数目.

**证明** 对 $n = 1$,命题显然成立. 现在,由于 $\dfrac{r_2(n)}{4}$ 和 $\tau(n_1)$ 都是积性的,所以我们只须对 $n = p^e$ 证明定理即可,其中 $p$ 是一个素数,而 $e \geqslant 1$.

我们有

$$\frac{r_2(p^e)}{4} = \begin{cases} 1 & \text{如果 } p = 2 \\ 1 & \text{如果 } p \equiv 3 \pmod 4, 2 \mid e \\ 0 & \text{如果 } p \equiv 3 \pmod 4, 2 \nmid e \\ e+1 & \text{如果 } p \equiv 1 \pmod 4 \end{cases}$$

因而

$$\frac{r_2(p^e)}{4} = \begin{cases} 0 & \text{如果 } p \equiv 3 \pmod 4, 2 \nmid e \\ \tau(p^e) & \text{如果 } p \equiv 1 \pmod 4 \\ 1 & \text{如果 } p = 2 \text{ 或者 } p \equiv 3 \pmod 4, 2 \mid e \end{cases}$$

这就证明了定理.

**推论 2.2.3** 设 $n = 2^a n_1 n_2$,其中

$$n_1 = \prod_{p=4k+1} p^r, \quad n_2 = \prod_{q=4k+3} q^s$$

则

$$r_2(n) = \begin{cases} 4\tau(n_1) & \text{如果 } n_2 \text{ 是一个完全平方数} \\ 0 & \text{如果 } n_2 \text{ 不是一个完全平方数} \end{cases}$$

**例 2.2.1** $30=2 \cdot 3 \cdot 5, r_2(30)=0$,由于 3 不是完全平方数

$90=2 \cdot 3^2 \cdot 5, r_2(90)=4\tau(n_1)=4\tau(5)=4 \cdot 2=8$

90 的二平方和表示法为

$$90=3^2+9^2=(-3)^2+9^2=3^2+(-9)^2$$
$$=(-3)^2+(-9)^2=9^2+3^2$$
$$=(-9)^2+3^2=9^2+(-3)^2$$
$$=(-9)^2+(-3)^2$$

定理 2.2.4 有时会用另一种形式叙述.

我们首先定义以下概念:

**定义 2.2.4** 用 $d(n)$ 表示正整数 $n$ 的正的因子的数目,而用 $d_k(n)$ 表示 $n$ 的使得 $d \equiv k(\bmod 4)$ 的正的因子的数目.用 $r_k(n)$ 表示把 $n$ 表示成 $k$ 个整数的平方和的方法的数目.

特别,$d_1(n)$ 表示 $n$ 的形如 $4k+1$ 形的正的因子的数目;

$d_3(n)$ 表示 $n$ 的形如 $4k+3$ 形的正的因子的数目;

$r_2(n)$ 表示把 $n$ 表示成两个整数的平方和的方法的数目;

$r_3(n)$ 表示把 $n$ 表示成三个整数的平方和的方法的数目;

$r_4(n)$ 表示把 $n$ 表示成四个整数的平方和的方法的数目.

下面我们先来研究算数函数 $d_1(n)$ 和 $d_3(n)$,它们都不是积性函数,例如 $d_1(3)=d_1(7)=1$(3 和 7 的正的因数分别是 1,3 和 1,7,其中只有 1 才是 $4k+1$ 形的正

的因子),但是 $d_1(21)=2$(21 的正的因数是 $1,3,7,21$,其中 1 和 21 都是 $4k+1$ 形的正的因子).同样 $d_3(3)=d_3(7)=1$,但是 $d_3(21)=2$.但是它们有以下的一些有趣的性质.

**引理 2.2.6** 设 $(a,b)=1$,则:

① $d_1(ab)=d_1(a)d_1(b)+d_3(a)d_3(b)$;

② $d_3(ab)=d_1(a)d_3(b)+d_3(a)d_1(b)$.

**证明** $ab$ 的每个因子除了次序之外都可用唯一的方式表示成 $d=AB$ 的形式,其中 $A\mid a$,并且 $B\mid b$.

$d\equiv 1(\bmod\ 4)$ 的充分必要条件是

$$A\equiv B\equiv 1(\bmod\ 4)$$

或

$$A\equiv B\equiv 3(\bmod\ 4)$$

$d\equiv 3(\bmod\ 4)$ 的充分必要条件是

$$A\equiv 1(\bmod\ 4),B\equiv 3(\bmod\ 4)$$

或

$$A\equiv 3(\bmod\ 4),B\equiv 1(\bmod\ 4)$$

根据 $d_1(ab),d_1(a),d_1(b),d_3(a),d_3(b)$ 的意义和计数的乘法原理和加法原理就得出:

$(1)d_1(ab)=d_1(a)d_1(b)+d_3(a)d_3(b)$.

同理可以得出:

$(2)d_3(ab)=d_1(a)d_3(b)+d_3(a)d_1(b)$

**引理 2.2.7** 设 $n=2^\alpha n_1 n_2$,其中 $n_1$ 只含有 $p=4k+1$ 形的素数,$n_2$ 只含有 $q=4k+3$ 形的素数,则:

$(1)d_1(n)=d_1(n_1 n_2)$;

$(2)d_3(n)=d_3(n_1 n_2)$.

31

**证明**　由引理 2.2.6 就得出:

$(1)d_1(n)=d_1(2^a n_1 n_2)$

$\qquad\qquad =d_1(2^a)d_1(n_1 n_2)+d_3(2^a)d_3(n_1 n_2)$

$\qquad\qquad =1 \cdot d_1(n_1 n_2)+0 \cdot d_3(n_1 n_2)$

$\qquad\qquad =d_1(n_1 n_2)$

$(2)d_3(n)=d_3(2^a n_1 n_2)$

$\qquad\qquad =d_1(2^a)d_3(n_1 n_2)+d_3(2^a)d_1(n_1 n_2)$

$\qquad\qquad =1 \cdot d_3(n_1 n_2)+0 \cdot d_1(n_1 n_2)$

$\qquad\qquad =d_3(n_1 n_2)$

**引理 2.2.8**　设 $F(n)=d_1(n)-d_3(n)$,则 $F(n)$ 是积性函数.

**证明**　设 $(a,b)=1$,那么

$F(ab)=d_1(ab)-d_3(ab)$

$\qquad =[d_1(a)d_1(b)+d_3(a)d_3(b)]-$

$\qquad\quad [d_1(a)d_3(b)+d_3(a)d_1(b)]$

$\qquad =[d_1(a)d_1(b)-d_3(a)d_1(b)]+$

$\qquad\quad [d_3(a)d_3(b)-d_1(a)d_3(b)]$

$\qquad =d_1(b)[d_1(a)-d_3(a)]-$

$\qquad\quad d_3(b)[d_1(a)-d_3(a)]$

$\qquad =[d_1(a)-d_3(a)][d_1(b)-d_3(b)]$

$\qquad =F(a)F(b)$

**引理 2.2.9**　设

$$n=2^a n_1 n_2,F(n)=d_1(n)-d_3(n)$$

则:

$(1)F(2^a)=1$;

$(2)F(n_1)=d(n_1)$;

$$(3) F(n_2) = \begin{cases} 1 & \text{如果 } n_2 \text{ 是一个完全平方数} \\ 0 & \text{如果 } n_2 \text{ 不是一个完全平方数} \end{cases}.$$

**证明** (1) $F(2^a) = d_1(2^a) - d_3(2^a) = 1 - 0 = 1$;

(2) $F(n_1) = d_1(n_1) - d_3(n_1) = d(n_1) - 0 = d(n_1)$;

(3) 当 $n_2$ 是完全平方数时,可设 $n_2 = m_2^2$,其中 $m_2 = 4k + 3$,因而 $n_2 = 4m + 1$,那么由于 $n_2$ 的 $4k + 1$ 形的因子是 $1$,而 $n_2 = m_2^2$ 也是 $4k + 1$ 形的因子,所以 $d_1(n_2) = 2$,$n_2$ 的 $4k + 3$ 形的因子是 $m_2$,所以 $d_3(n_2) = 1$,因而

$$F(n_2) = d_1(n_2) - d_3(n_2) = 2 - 1 = 1$$

当 $n_2$ 不是完全平方数时,那么 $n_2$ 本身就是 $4k + 3$ 形的,因此 $n_2$ 的形如 $4k + 1$ 的因子是 $1$,而 $n_2$ 的形如 $4k + 3$ 的因子是 $n_2$,因而

$$F(n_2) = d_1(n_2) - d_3(n_2) = 1 - 1 = 0$$

**定理 2.2.5** $r_2(n) = 4(d_1(n) - d_3(n))$.

**证明** 设

$$n = 2^a n_1 n_2$$

$$F(n) = F(2^a n_1 n_2) = F(2^a) F(n_1) F(n_2) = d(n_1) F(n_2)$$

$$= \begin{cases} d(n_1) & \text{如果 } n_2 \text{ 是完全平方数} \\ 0 & \text{如果 } n_2 \text{ 不是完全平方数} \end{cases}$$

但是如果 $n_2$ 是一个完全平方数,那么把这个完全平方数提出去后,$n_1$ 的任一个正因子(它可以表示成两个非负整数的平方和)和其余的正因子的乘积(它们也可以表示成两个非负整数的平方和)的乘积就构成一种表示成平方和的方法. 再调换次序和符号,所有的表示法的数目就是这个数的 4 倍,所以

33

$$r_2(n) = \begin{cases} 4d(n_1) & \text{如果 } n_2 \text{ 是完全平方数} \\ 0 & \text{如果 } n_2 \text{ 不是完全平方数} \end{cases}$$

这就得出

$$r_2(n) = 4(d_1(n) - d_3(n))$$

从上面的定理可以立即得出下面的定理.

**定理 2.2.6**  $4k+1$ 形的素数 $p$ 只有一种本质上不同的分解成两个整数的平方和的方法,或如果素数 $p$ 是 $4k+1$ 形的,则不定方程 $x^2 + y^2 = p$ 的本质上不同的解是唯一的.

这个定理也可以不依赖于上面的定理单独证明如下:

**定理 2.2.7**  设 $0 < a < p$,其中 $p$ 是一个奇素数,则方程 $x^2 + ay^2 = p$ 的解必是互素的,且在有解时,本质上不同的解是唯一的.

**证明**  方程 $x^2 + ay^2 = p$ 的解(如果有)$(x_0, y_0)$ 显然必须是互素的,否则方程的左边将大于 $p$,因而方程 $x^2 + ay^2 = p$ 将不可能有解.

现设 $(x_1, y_1)$,$(x_2, y_2)$ 是方程 $x^2 + ay^2 = p$ 的两个不同的解.

用 $y_2^2$ 乘以等式 $x_1^2 + ay_1^2 = p$ 的两边,用 $y_1^2$ 乘以等式 $x_2^2 + ay_2^2 = p$ 的两边,并将所得的两个式子相减就得到

$$(x_1 y_2 - x_2 y_1)(x_1 y_2 + x_2 y_1) = p(y_2^2 - y_1^2)$$

因此必有 $p \mid x_1 y_2 - x_2 y_1$ 或者 $p \mid x_1 y_2 + x_2 y_1$. 又 $(x_1 y_2 - x_2 y_1) + (x_1 y_2 + x_2 y_1) = 2x_1 y_2$,如果 $p \mid 2x_1 y_2$,那么 $p \mid x_1 y_2$,因而 $p \mid x_1$ 或者 $p \mid y_2$. 无论发生

哪一种情况,由此都将得出方程 $x^2 + ay^2 = p$ 的左边将大于 $p$,因而方程 $x^2 + ay^2 = p$ 将不可能有解. 故 $p \nmid x_1 y_2$. 由于 $(x_1 y_2 - x_2 y_1) + (x_1 y_2 + x_2 y_1) = 2 x_1 y_2$,这就说明不可能同时成立关系式 $p \mid x_1 y_2 - x_2 y_1$ 和 $p \mid x_1 y_2 + x_2 y_1$. 也就是说只可能发生两种情况:或者 $p \mid x_1 y_2 - x_2 y_1$,或者 $p \mid x_1 y_2 + x_2 y_1$,而且这两种情况之一必然会发生.

将等式 $x_1^2 + ay_1^2 = p$ 和等式 $x_2^2 + ay_2^2 = p$ 的两边相乘就得到

$$(x_1 x_2 + ay_1 y_2)^2 + a(x_1 y_2 - x_2 y_1)^2$$
$$= (x_1^2 + ay_1^2)(x_2^2 + ay_2^2) = p^2$$

以及

$$(x_1 x_2 - ay_1 y_2)^2 + a(x_1 y_2 + x_2 y_1)^2$$
$$= (x_1^2 + ay_1^2)(x_2^2 + ay_2^2) = p^2$$

以下分两种不同的情况来讨论.

(1)$a > 1$. 如果 $p \mid x_1 y_2 + x_2 y_1$,则由于 $x_1 y_2 + x_2 y_1 > 0$,因此 $x_1 y_2 + x_2 y_1 = np,n \geq 1$. 但由于 $(x_1 x_2 + ay_1 y_2)^2 + a(x_1 y_2 - x_2 y_1)^2 = p^2$ 及 $a > 1$,故这是不可能的. 因此只可能 $p \mid x_1 y_2 - x_2 y_1$,这时由等式 $(x_1 x_2 + ay_1 y_2)^2 + a(x_1 y_2 - x_2 y_1)^2 = p^2$ 及 $a > 1$ 得出 $x_1 y_2 - x_2 y_1 = 0$ 或 $\dfrac{x_1}{y_1} = \dfrac{x_2}{y_2}$. 而由于 $(x_1, y_1) = 1$,$(x_2, y_2) = 1$,因此必有 $x_1 = x_2$,$y_1 = y_2$.

(2)$a = 1$. 如果 $p \mid x_1 y_2 + x_2 y_1$,那么

$$x_1 y_2 + x_2 y_1 = p$$

因此由等式

$$(x_1 x_2 - a y_1 y_2)^2 + a(x_1 y_2 + x_2 y_1)^2 = p^2$$

得出

$$x_1 x_2 - y_1 y_2 = 0 \ \text{或} \frac{x_1}{y_1} = \frac{y_2}{x_2}$$

而由于

$$(x_1, y_1) = 1$$
$$(x_2, y_2) = 1$$

因此必有 $x_1 = y_2, y_1 = x_2$. 因此我们得到本质上相同的解.

如果 $p \mid x_1 y_2 - x_2 y_1$, 那么与(1)中的证明类似可以得出

$$x_1 y_2 - x_2 y_1 = 0 \ \text{或} \frac{x_1}{y_1} = \frac{x_2}{y_2}$$

而由于 $(x_1, y_1) = 1, (x_2, y_2) = 1$, 因此必有 $x_1 = x_2, y_1 = y_2$.

以下给出几个解释上述定理的例子.

**例 2.2.2** $n = 90 = 2 \cdot 3^2 \cdot 5$, 则 $n$ 的正的因子是 $1, 2, 3, 5, 6, 9, 10, 15, 18, 30, 45, 90$, 因此

$$d_1(90) = 4, d_3(90) = 2$$
$$r_2(90) = 4(d_1(90) - d_3(90)) = 4(4 - 2) = 8$$

**例 2.2.3** $n = 18 = 2 \cdot 3^2$, 则 $n$ 的正的因子是 $1, 2, 3, 6, 9, 18$, 因此

$$r_2(18) = 4(d_1(18) - d_3(18)) = 4(2 - 1) = 4$$
$$18 = 3^2 + 3^2 = (-3)^2 + 3^2$$
$$= 3^2 + (-3)^2$$
$$= (-3)^2 + (-3)^2$$

**例 2.2.4** $n = 30 = 2 \cdot 3 \cdot 5$, 则

$$r_2(30) = 4(d_1(30) - d_3(30)) = 4(2 - 2) = 0$$

# 把正整数表示成四个整数的平方和

### 3.1　把一个正整数表示成四个整数的平方和

在这一章中,我们讨论 $k=4$ 的情况,即把一个正整数表示成四个整数的平方和的情况. 在这种情况下,表示整数的两个问题是:

(1) 确定哪些正整数 $n$ 可表示成四个整数的平方和. 也就是说,我们试图刻画 Diophantus 方程

$$Q(x,y)=x^2+y^2+z^2+t^2=n$$

的解的集合 $N_Q$ 的特征.

(2) 设

$$N_Q=\{n:x^2+y^2+z^2+t^2=n \text{ 有解}\}$$

对 $n\in N_Q$,确定 $x^2+y^2+z^2+t^2=n$ 的解的数目 $r_4(n)$,其中 $r_4(n)$ 表示解的总数(不必是本质上不同的).

在这一章，我们将证明，每个正整数都是四个整数的平方和.

Girard 和 Fermat 指出，每个自然数都可以表示为至多四个自然数平方的和. 但是某些历史学家认为，亚历山大的 Diophantus 已经知道了这个事实，由于他对把一个整数表示成平方和没有提及任何需要满足的条件，但却指出只有某些类型的数字才可以表示成两个或三个整数的平方和. 我们确切知道的第一个证明是由 Lagrange 在 1770 年给出的.

解决问题（1）需要分好几步，首先我们证明下面的引理.

**引理 3.1.1**　如果两个正整数都可以表示成四个整数的平方和，则它们的乘积仍是四个整数的平方和. 如果正整数 $n$ 可以分解成一些因子的乘积，其中每个因子都是四个整数的平方和，则 $n$ 是四个整数的平方和.

**证明**　利用下面的 Euler 恒等式即可立即得出这一引理

$$(x_1^2 + x_2^2 + x_3^2 + x_4^2) \cdot (y_1^2 + y_2^2 + y_3^2 + y_4^2)$$
$$= (x_1 y_1 + x_2 y_2 + x_3 y_3 + x_4 y_4)^2 +$$
$$(x_1 y_2 - x_2 y_1 + x_3 y_4 - x_4 y_3)^2 +$$
$$(x_1 y_3 - x_3 y_1 + x_4 y_2 - x_2 y_4)^2 +$$
$$(x_1 y_4 - x_4 y_1 + x_2 y_3 - x_3 y_2)^2$$

容易用乘法直接验证上面的恒等式，它显然是引理 2.1.2 的推广，这一引理还可以推广到八个整数的平方和的情况（见文献［3］第 1 章 §1.6 复数的推广习

38

题）.

**例 3.1.1** 设

$$x = 7 = 2^2 + 1^2 + 1^2 + 1^2$$

$$y = 10 = 1^2 + 1^2 + 2^2 + 2^2$$

则

$$70 = x \cdot y = 7 \cdot 10$$

$$= (2^2 + 1^2 + 1^2 + 1^2)(1^2 + 1^2 + 2^2 + 2^2)$$

$$= (2 \cdot 1 + 1 \cdot 1 + 1 \cdot 2 + 1 \cdot 2)^2 +$$

$$(2 \cdot 1 - 1 \cdot 1 + 1 \cdot 2 - 1 \cdot 2)^2 +$$

$$(2 \cdot 2 - 1 \cdot 1 + 1 \cdot 1 - 1 \cdot 2)^2 +$$

$$(2 \cdot 2 - 1 \cdot 1 + 1 \cdot 2 - 1 \cdot 1)^2$$

$$= 7^2 + 1^2 + 2^2 + 4^2$$

**引理 3.1.2** 设 $p > 2$ 是一个素数,则存在整数 $m$ 满足 $1 \leqslant m < p$,使得 $mp$ 是四个整数的平方和

$$mp = x_1^2 + x_2^2 + x_3^2 + x_4^2$$

**证明** 考虑两个集合

$$A = \left\{ 0^2, 1^2, \cdots, \left( \frac{p-1}{2} \right)^2 \right\}$$

$$B = \left\{ -1 - 0^2, -1 - 1^2, \cdots, -1 - \left( \frac{p-1}{2} \right)^2 \right\}$$

首先,我们证明 $A$ 和 $B$ 中的元素在模 $p$ 下是两两不同余的. 先证明 $A$ 中的元素在模 $p$ 下是两两不同余的

$$x_1^2 \equiv x_2^2 (\bmod p),\text{其中 } 0 \leqslant x_1 < x_2 \leqslant \frac{p-1}{2}$$

这些条件蕴含

$$x_1^2 - x_2^2 \equiv 0 (\bmod p)$$

因而
$$p \mid (x_1 - x_2)(x_1 + x_2)$$

由于 $p$ 是一个素数,所以必有
$$p \mid (x_1 - x_2) \text{ 或 } p \mid (x_1 + x_2)$$

由于 $0 \leqslant x_1 < x_2 \leqslant \dfrac{p-1}{2}$,所以
$$0 \leqslant x_2 - x_1 \leqslant \frac{p-1}{2}$$

因此不可能有 $p \mid (x_1 - x_2)$,又由于
$$0 \leqslant x_1 + x_2 \leqslant p - 1$$

所以也不可能有 $p \mid (x_1 + x_2)$,这就导出矛盾,所得的矛盾就证明了 $A$ 中的元素在模 $p$ 下是两两不同余的.

同理可证 $B$ 中的元素在模 $p$ 下是两两不同余的.

现在注意,$A,B$ 中各共有 $\dfrac{p+1}{2}$ 个元素,因此 $A \bigcup B$ 中共有 $p+1$ 个元素. 但 $p$ 总共只有 $p$ 个同余类,因此 $A \bigcup B$ 中必有两个元素在模 $p$ 下同余,而且这两个元素必然一个在 $A$ 中,另一个在 $B$ 中. 不妨设 $x^2$ 在 $A$ 中,$-1-y^2$ 在 $B$ 中,于是就有
$$x^2 \equiv -1 - y^2 (\bmod p)$$
或
$$x^2 + y^2 + 1 \equiv 0 (\bmod p)$$

这蕴含
$$x^2 + y^2 + 1^2 + 0^2 = mp$$

其中 $m \geqslant 1$ 是某个整数.

另一方面,我们又有 $|x| < \dfrac{p}{2}$,$|y| < \dfrac{p}{2}$,所以

40

$$mp = x^2 + y^2 + 1^2 < \frac{p^2}{4} + \frac{p^2}{4} + 1 < p^2$$

因此 $m < p$. 联合上面的结果就得出 $1 \leqslant m < p$.

**例 3. 1. 2**    设 $p = 7$,并考虑方程

$$x_1^2 + x_2^2 + x_3^2 + x_4^2 = mp$$

则

$$A = \{0^2, 1^2, 2^2, 3^2\} = \{0, 1, 4, 9\}$$

显然 $A$ 中的元素在模 7 下是互相不同余的

$$B = \{-1 - 0^2, -1 - 1^2, -1 - 2^2, -1 - 3^2\}$$

$$= \{-1, -2, -5, -10\}$$

显然 $B$ 中的元素在模 7 下也是互相不同余的. 但是 $3^2 \equiv -1 - 2^2 (\bmod 7)$. 因此有

$$3^2 + 2^2 + 1 \equiv 0 (\bmod 7)$$

这蕴含

$$3^2 + 2^2 + 1^2 + 0^2 = 2 \cdot 7$$

注意 $1 \leqslant 2 < 7$.

**引理 3. 1. 3**    设 $p$ 是一个奇素数,且 $mp$ 可表示成四个整数的平方和,即

$$x^2 + y^2 + z^2 + w^2 = mp$$

其中 $1 < m < p$,则存在整数 $x_1, y_1, z_1, w_1$ 和整数 $M$ 使得

$$x_1^2 + y_1^2 + z_1^2 + w_1^2 = Mp$$

其中 $1 \leqslant M < m$.

**证明**    以下分两种情况证明:

(1)$m$ 是偶数. 那么这时 $x, y, z, w$ 或者都是偶数,或者都是奇数,或者是两奇两偶. 假设不然,则 $x, y, z,$

41

$w$ 只能是三偶一奇或者三奇一偶.

如果 $x,y,z,w$ 是三偶一奇,则不妨设 $x,y,z$ 是偶数,$w$ 是奇数,于是从

$$mp = x^2 + y^2 + z^2 + w^2$$

就得出

偶＝偶＋偶＋偶＋奇

显然这不可能.

如果 $x,y,z,w$ 是三奇一偶,则不妨设 $x,y,z$ 是奇数,$w$ 是偶数,于是从

$$mp = x^2 + y^2 + z^2 + w^2$$

就得出

偶＝奇＋奇＋奇＋偶

这同样不可能.所得的矛盾就证明了我们的断言.

现在假设 $x,y,z,w$ 或者都是偶数,或者都是奇数,或者 $x,y$ 是奇数,$z,w$ 是偶数,那么我们就有

$$\left(\frac{x+y}{2}\right)^2 + \left(\frac{x-y}{2}\right)^2 + \left(\frac{z+w}{2}\right)^2 + \left(\frac{z-w}{2}\right)^2 = \left(\frac{m}{2}\right)p$$

于是可取

$$x_1 = \frac{x+y}{2}, y_1 = \frac{x-y}{2}, z_1 = \frac{z+w}{2}$$

$$w_1 = \frac{z-w}{2}, M = \frac{m}{2}$$

这时 $1 \leqslant M = \frac{m}{2} < m$.

(2)$m$ 是奇数.这时我们使用具有最小绝对值的带余数除法就得到

$$x = am + r_1, y = bm + r_2, z = cm + r_3, w = dm + r_4$$

42

其中

$$\mid r_1 \mid < \frac{m}{2}, \mid r_2 \mid < \frac{m}{2}, \mid r_3 \mid < \frac{m}{2}, \mid r_4 \mid < \frac{m}{2}$$

把上述表达式代入所给的等式就得出

$$(am + r_1)^2 + (bm + r_2)^2 +$$
$$(cm + r_3)^2 + (dm + r_4)^2 = mp$$

由此可以得出

$$r_1^2 + r_2^2 + r_3^2 + r_4^2 + 2m(ar_1 + br_2 + cr_3 + dr_4) +$$
$$(a^2 + b^2 + c^2 + d^2)m^2 = mp$$

设

$$M = p - 2(ar_1 + br_2 + cr_3 + dr_4) -$$
$$(a^2 + b^2 + c^2 + d^2)m$$

则

$$r_1^2 + r_2^2 + r_3^2 + r_4^2 = mM$$

从上面的表达式显然可以看出 $M \geqslant 0$. 如果 $M = 0$,则

$$r_1 = r_2 = r_3 = r_4 = 0$$

因此 $m^2$ 将整除

$$x^2 + y^2 + z^2 + w^2 = mp$$

因而 $m \mid p$,这与 $p$ 是素数以及 $1 < m < p$ 的假设矛盾,因此必有 $M \geqslant 1$.

另一方面,我们又有

$$mM = r_1^2 + r_2^2 + r_3^2 + r_4^2 < 4\left(\frac{m^2}{4}\right) = m^2$$

因此 $M < m$. 联合上面的式子就得出 $1 \leqslant M < m$.

**定义 3.1.1** 称正整数 $k$ 具有性质 E,如果对奇素数 $p$,方程 $x^2 + y^2 + z^2 + w^2 = kp$ 有整数解,其中 $1 \leqslant k < p$.

下面我们证明,若 $m$ 是具有性质 E 的最小的正整数,则必有 $m = 1$.

**证明** 用反证法,假设不然,则必有 $m > 1$.

上面我们已得出了两个等式

$$r_1^2 + r_2^2 + r_3^2 + r_4^2 + 2m(ar_1 + br_2 + cr_3 + dr_4) + (a^2 + b^2 + c^2 + d^2)m^2 = mp$$

和

$$r_1^2 + r_2^2 + r_3^2 + r_4^2 = mM$$

由这两个式子就得出

$$Mm + 2m(ar_1 + br_2 + cr_3 + dr_4) + (a^2 + b^2 + c^2 + d^2)m^2 = mp$$

在上式两边都除以 $m$ 就得出

$$M + 2(ar_1 + br_2 + cr_3 + dr_4) + (a^2 + b^2 + c^2 + d^2)m = p$$

在上式两边都乘以 $M$ 就得出

$$M^2 + 2M(ar_1 + br_2 + cr_3 + dr_4) + (a^2 + b^2 + c^2 + d^2)Mm = Mp$$

把 $r_1^2 + r_2^2 + r_3^2 + r_4^2 = mM$ 代入上式就得出

$$M^2 + 2M(ar_1 + br_2 + cr_3 + dr_4) + (a^2 + b^2 + c^2 + d^2)(r_1^2 + r_2^2 + r_3^2 + r_4^2) = Mp$$

设

$$A = ar_1 + br_2 + cr_3 + dr_4$$
$$B = ar_2 - br_1 + cr_4 - dr_3$$
$$C = ar_3 - br_4 - cr_1 + dr_2$$
$$D = ar_4 + br_3 - cr_2 - dr_1$$

并利用引理 3.1.1 中的 Euler 恒等式就得出

$$x_1^2 + y_1^2 + z_1^2 + w_1^2 = Mp$$

其中

$$x_1 = M + A$$

$$y_1 = B$$

$$z_1 = C$$

$$w_1 = D$$

于是 $M$ 具有性质 E,但 $1 \leqslant M < m$,这与 $m$ 是具有性质 E 的最小的正整数的假设矛盾. 在两种情况中得出的矛盾就说明必须有 $m = 1$.

**例 3.1.3** ($m$ 是偶数)考虑方程

$$x^2 + y^2 + z^2 + w^2 = mp$$

其中 $m = 4$,并且 $p = 7$,则我们有

$$3^2 + 3^2 + 3^2 + 1^2 = 4 \cdot 7$$

$$x_1 = \frac{x+y}{2} = \frac{3+3}{2} = 3$$

$$y_1 = \frac{x-y}{2} = \frac{3-3}{2} = 0$$

$$z_1 = \frac{z+w}{2} = \frac{3+1}{2} = 2$$

$$w_1 = \frac{z-w}{2} = \frac{3-1}{2} = 1$$

以及

$$M = \frac{m}{2} = \frac{4}{2} = 2$$

因此有

$$x_1^2 + y_1^2 + z_1^2 + w_1^2 = 3^2 + 0^2 + 2^2 + 1^2 = 2 \cdot 7$$

再次应用这一引理就有

45

$$x_2 = \frac{3+1}{2} = 2$$

$$y_2 = \frac{3-1}{2} = 1$$

$$z_2 = \frac{0+2}{2} = 1$$

$$w_2 = \frac{0-2}{2} = -1$$

以及

$$M_1 = \frac{2}{2} = 1$$

因此有

$$x_2^2 + y_2^2 + z_2^2 + w_2^2 = 2^2 + 1^2 + 1^2 + (-1)^2 = 1 \cdot 7$$

**例 3.1.4** （$m$ 是奇数）考虑方程

$$x^2 + y^2 + z^2 + w^2 = mp$$

其中 $m = 3$，并且 $p = 7$.

我们有

$$3^2 + 2^2 + 2^2 + 2^2 = 3 \cdot 7$$

$$x = 3 = am + r_1 = 1 \cdot 3 + 0$$

$$y = 2 = bm + r_2 = 1 \cdot 3 + (-1)$$

$$z = 2 = cm + r_3 = 1 \cdot 3 + (-1)$$

$$w = 2 = dm + r_4 = 1 \cdot 3 + (-1)$$

以及

$$\begin{aligned}
M &= p - 2(ar_1 + br_2 + cr_3 + dr_4) - (a^2 + b^2 + c^2 + d^2)m \\
&= 7 - 2[1 \cdot 0 + 1 \cdot (-1) + 1 \cdot (-1) + 1 \cdot (-1)] - \\
&\quad [1^2 + 1^2 + 1^2 + 1^2] \cdot 3 \\
&= 7 - 2 \cdot (-3) - 12 = 1 \\
A &= ar_1 + br_2 + cr_3 + dr_4
\end{aligned}$$

46

$$= 1 \cdot 0 + 1 \cdot (-1) + 1 \cdot (-1) + 1 \cdot (-1)$$
$$= -3$$
$$B = ar_2 - br_1 + cr_4 - dr_3$$
$$= 1 \cdot (-1) - 1 \cdot 0 + 1 \cdot (-1) - 1 \cdot (-1)$$
$$= -1$$
$$C = ar_3 - br_4 - cr_1 + dr_2$$
$$= 1 \cdot (-1) - 1 \cdot (-1) - 1 \cdot 0 + 1 \cdot (-1)$$
$$= -1$$
$$D = ar_4 + br_3 - cr_2 - dr_1$$
$$= 1 \cdot (-1) + 1 \cdot (-1) - 1 \cdot (-1) - 1 \cdot 0$$
$$= -1$$

因此

$$x_1 = M + A = 1 - 3 = -2$$
$$y_1 = B = -1$$
$$z_1 = C = -1$$
$$w_1 = D = -1$$

所以我们有

$$x_1^2 + y_1^2 + z_1^2 + w_1^2 = (-2)^2 + (-1)^2 + (-1)^2 + (-1)^2$$
$$= 1 \cdot 7$$

**引理 3.1.4** 所有的素数都可表示成四个整数的平方和,即如果 $p$ 是一个素数,则必存在四个整数 $x_1$, $x_2,x_3,x_4$ 使得 $p = x_1^2 + x_2^2 + x_3^2 + x_4^2$.

**证明** 对 $p=2$,这是显然的,由于
$$2 = 1^2 + 1^2 + 0^2 + 0^2$$
所以以下设 $p > 2$ 或 $p$ 是一个奇素数. 我们将使用 Fermat 的无穷递降法来证明这一引理.

47

根据引理 3.1.2 可知,对每一个奇素数 $p$,必存在四个整数 $x,y,z,w$,使得

$$x^2 + y^2 + z^2 + w^2 = mp$$

其中 $1 \leqslant m < p$. 如果 $m > 1$,则我们可以通过有限次地应用引理 3.1.3 求出一个 $M_k = 1$ 而达到目的. 比如说,我们可以逐步求出 $M_1, M_2, \cdots, M_k = 1$,满足

$$p > m > M = M_1 > M_2 > \cdots > M_i > \cdots \geqslant 1$$

那么由于小于 $m$ 又大于或等于 1 的正整数是有限的,因此最后必然会有一个 $M_k = 1$,而这个 $M_k$ 将使得

$$x_k^2 + y_k^2 + z_k^2 + w_k^2 = M_k p = p$$

这就证明了引理(而且求这个 $M_k$ 的算法已经在引理 3.1.3 中给出了).

**定理 3.1.1**(Lagrange)　每个正整数都是四个整数的平方和.

**证明**　对 $n = 1$,我们有 $1 = 1^2 + 0^2 + 0^2 + 0^2$,因此定理成立. 对 $n > 1$,我们可以把 $n$ 分解成有限个素数的乘积 $n = p_1 \cdots p_r$(其中可以有重复),由于所有的素数都可以表示成四个整数的平方和(引理 3.1.4),所以根据引理 3.1.1 中的 Euler 恒等式就可以得出 $n$ 也是四个整数的平方和.

**例 3.1.5**　设 $n = 30 = 2 \cdot 3 \cdot 5$,其中 $2,3,5$ 都是素数,因此根据引理 3.1.4,它们都可以表示成四个整数的平方和

$$2 = 1^2 + 1^2 + 0^2 + 0^2$$
$$3 = 1^2 + 1^2 + 1^2 + 0^2$$
$$5 = 1^2 + 2^2 + 0^2 + 0^2$$

因此根据引理 3.1.1 可知 30 也是四个整数的平方和，实际上

$$30 = 1^2 + 2^2 + 3^2 + 4^2$$

对照第 2 章和第 3 章的内容可以看出，在把一个正整数表示成平方和的问题上，二平方和与四平方和问题的一个重大差别是每一个素数都可以表示成四个整数的平方和，但并不是每一个素数都可以表示成两个整数的平方和. 这个重大差别就决定了解决这两个问题时方法的重大差别. 就是说，在研究把一个正整数表示成两个整数的平方和时，你必须注意到这种情况的特殊性，找出适用于这种特殊情况的特有的方法. 在下一章，我们将看到在解决把一个正整数表示成三个整数的平方和时，又会出现新的特殊性，首先就是 Euler 恒等式在三维情况下并不成立，这就造成解决三平方和问题的难度大大提高，以至于至今也没有一种适用于所有情况的初等证法. 大部分证明方法都必须依赖于一个称为算数级数中素数分布的Dirichlet 定理的结果. 这个定理说：如果 $(a, d) = 1$，也就是正整数 $a$ 和 $d$ 互素，那么在等差数列 $a + dm$ 中包含无穷多个素数. 而这个定理到目前为止还不知道有初等的证明方法，这就造成了在平方和问题中，三平方和问题是难度最大的问题.

Lagrange 定理中允许平方和中出现 0，如果要求平方和中所有的数都是正整数，则 Lagrange 定理不再成立，也就是说，Lagrange 定理不可能改进为任何正整数都可表示成四个正整数的平方和. 事实上，利用

数学归纳法可以证明 $n=2 \cdot 4^a (a \geqslant 0)$ 不可能表示成四个正整数的平方和. 但是我们可以证明当 $n \geqslant 34$ 时, $n$ 必可表示成五个正整数的平方和. 证明的线索可见文献 [2] 第六章定理 6.7.7. 上面的例子表明这个结果中的 5 也是不可改进的.

## 3.2 把一个正整数表示成四个整数的平方和的方法的数目

在这一节中, 我们将求出把一个正整数表示成四个整数的平方和的方法的数目.

在下面, 符号 $u_1, u_2, u_3, u_4, h, m, a, \alpha, b, \beta, a_1, \alpha_1, b_1, \beta_1$ 均表示正的奇数.

**定理 3.2.1** 设 $A(u)$ 表示方程

$$4u = u_1^2 + u_2^2 + u_3^2 + u_4^2$$

的正解的数目, 则 $A(u) = \sigma(u)$, 其中 $\sigma(u) = \sum_{d \mid u} d$ 是 $u$ 的正的因数之和.

**证明** 我们证明所给方程的所有的解都可以通过用所有可能的方式把 $4u$ 分解成 $2h + 2m$, 然后再求方程 $u_1^2 + u_2^2 = 2h, u_3^2 + u_4^2 = 2m$ 的正解而得出.

为了验证上面的断言, 首先注意由于 $u_1, u_2$ 是正奇数, 所以我们有 $u_1 = 2k + 1, u_2 = 2l + 1$. 因此

$$u_1^2 + u_2^2 = (2k + 1)^2 + (2l + 1)^2$$

$$= 2(2k^2 + 2k + 2l^2 + 2l + 1) = 2h$$

其中 $h$ 是一个正奇数. 类似的, $u_3^2 + u_4^2 = 2m$, 其中 $m$ 是

50

一个正奇数. 因而如果 $\bar{u}_1,\bar{u}_2,\bar{u}_3,\bar{u}_4$ 是方程 $u_1^2+u_2^2+u_3^2+u_4^2=4u$ 的解,那么 $\bar{u}_1,\bar{u}_2$ 和 $\bar{u}_3,\bar{u}_4$ 就分别是方程 $u_1^2+u_2^2=2h$ 和方程 $u_3^2+u_4^2=2m$ 的解.

另一方面,如果 $h$ 是一个正奇数并且 $2h=u_1^2+u_2^2$,则 $u_1,u_2$ 必须都是正奇数. 显然 $u_1,u_2$ 一奇一偶的情况是不可能的,由于这样左边是偶数而右边是奇数将得出矛盾. 我们证明 $u_1,u_2$ 都是偶数的情况也是不可能的. 假设不然,则 $u_1=2v_1,u_2=2v_2$,因而

$$2h=4v_1^2+4v_2^2,h=2v_1^2+2v_2^2$$

由于左边是奇数而右边是偶数,我们又将得出矛盾,这就证明了 $u_1,u_2$ 必须都是正奇数.

类似的,如果 $m$ 是一个正奇数,并且 $2m=u_3^2+u_4^2$,则 $u_3,u_4$ 必须都是正奇数.

那样,我们就看出,为了求出 $4u$ 的所有表示成四个奇数的平方和的方法的数目,我们只须求出分解 $4u=2h+2m$ 的所有可能的方式,以及把 $2h$ 和 $2m$ 表示成平方和的数目即可,其中 $h,m$ 都是正奇数.

设 $U(n)$ 是 $n=x^2+y^2$ 的解数,则由引理 2.2.5 可知

$$\frac{U(n)}{4}=\sum_{d\mid n}\chi(d)$$

对 $u_1^2+u_2^2=2h$,有

$$\frac{U(2h)}{4}=\sum_{a\mid 2h}\chi(a)$$

对 $u_3^2+u_4^2=2m$,有

$$\frac{U(2m)}{4}=\sum_{b\mid 2m}\chi(b)$$

51

因此

$$A(u) = \sum_{2h+2m=4u} \frac{U(2h)}{4} \frac{U(2m)}{4}$$

$$= \sum_{h+m=2u} \sum_{a|2h} \chi(a) \sum_{b|2m} \chi(b)$$

$$= \sum_{h+m=2u} \sum_{a|h} \chi(a) \sum_{b|m} \chi(b)$$

$$= \sum_{h+m=2u} \left( \sum_{a|h,b|h} \chi(ab) \right)$$

由 $a \mid h$ 得出 $h = a\alpha$，由 $b \mid m$ 得出 $m = b\beta$，所以最后我们就得出

$$A(u) = \sum_{a\alpha+b\beta=2u} \chi(ab)$$

现在我们把上面的和式分成两部分，第一部分由 $a = b$ 的加数组成，第二部分由 $a \neq b$ 的加数组成.

当 $a = b$ 时，方程 $a\alpha + b\beta = 2u$ 成为

$$2\left( \frac{u}{a} \right) = \alpha + \beta$$

它共有 $\frac{u}{a}$ 个解 $(\alpha = 1,3,\cdots,2\left( \frac{u}{a} \right) - 1)$，$\alpha$ 确定后，$\beta$ 因此就随着确定了.

由于 $\chi(aa) = 1$，所以每个 $\frac{u}{a}$ 对解的贡献是 1，因而在这种情况下有

$$\sum_{a|u} \frac{u}{a} = \sum_{d|u} d = \sigma(u)$$

当 $a \neq b$ 时，我们将证明

$$\sum_{\substack{a\alpha+b\beta=2u \\ a>b}} \chi(ab) = 0$$

以及

$$\sum_{\substack{a\alpha+b\beta=2u \\ a<b}} \chi(ab) = 0$$

由于对称性,我们只须证明 $a>b$ 的情况即可.

为此,我们注意 $a\alpha+b\beta=2u$,$a>b$ 的解 $1-1$ 对应于四元组 $a,b,\alpha,\beta$,我们的目的是指定另一个四元组 $a_1,b_1,\alpha_1,\beta_1$ 与它配对并使得 $\chi(ab)+\chi(a_1b_1)=0$. 为达此目的,只要我们证明可构造一个满足以下性质的法则即可:

(1) 对每个正奇数组成的四元组 $a,b,\alpha,\beta$,我们可指定另一个四元组 $a_1,b_1,\alpha_1,\beta_1$ 使得 $a_1\alpha_1+b_1\beta_1=2u$,且 $a_1>b_1$;

(2) 对四元组 $a_1,b_1,\alpha_1,\beta_1$,这一法则指定的四元组就是原来的 $a,b,\alpha,\beta$;

(3) 这些配对的四元组必须满足

$$\chi(ab)+\chi(a_1b_1)=0$$

现在我们来叙述我们的法则.

设 $n=\left[\dfrac{b}{a-b}\right]$,其中 $[x]$ 表示小于或等于 $x$ 的最大整数. 又设

$$a_1=(n+2)\alpha+(n+1)\beta$$
$$\alpha_1=-na+(n+1)b$$
$$b_1=(n+1)\alpha+n\beta$$
$$\beta_1=(n+1)a-(n+2)b$$

我们证明这样构造出来的四元组 $a_1,b_1,\alpha_1,\beta_1$ 具有以下性质:

**性质 3.2.1**  $a_1,b_1,\alpha_1,\beta_1$ 都是奇数

$$a_1=(n+2)\alpha+(n+1)\beta$$

$$=n(\alpha+\beta)+2\alpha+\beta$$

$$=n \cdot 偶数 + 偶数 + 奇数$$

$$=奇数$$

$$\alpha_1 = -na + (n+1)b$$

$$=n(b-a)+b$$

$$=n \cdot 偶数 + 奇数$$

$$=奇数$$

$$b_1 = (n+1)\alpha + n\beta$$

$$=n(\alpha+\beta)+\alpha$$

$$=n \cdot 偶数 + 奇数$$

$$=奇数$$

$$\beta_1 = (n+1)a - (n+2)b$$

$$=(n+1)(a-b)-b$$

$$=(n+1) \cdot 偶数 - 奇数$$

$$=奇数$$

**性质 3.2.2**  $a_1,b_1,\alpha_1,\beta_1$ 都是正数.

$a_1 = (n+2)\alpha + (n+1)\beta$ 和 $b_1 = (n+1)\alpha + n\beta$ 显然是正数.

由于 $n = \left[\dfrac{b}{a-b}\right]$ 蕴含 $\dfrac{b}{a-b} \geqslant n$,所以

$$b \geqslant (a-b)n = an - bn$$

所以

$$\alpha_1 = -na + (n+1)b = b + nb - na \geqslant 0$$

但是由于 $\alpha_1$ 是一个奇数,不可能等于 0,所以 $\alpha_1 > 0$.

又 $n = \left[\dfrac{b}{a-b}\right]$ 蕴含

54

$$n + 1 > \frac{b}{a - b} \geqslant n$$

因此

$$(n + 1)(a - b) > b$$

因而

$$(n + 1)a - (n + 1)b > b$$

$$(n + 1)a - (n + 2)b = \beta_1 > 0$$

下面我们证明 $a_1\alpha_1 + b_1\beta_1 = 2u$. 实际上

$$a_1\alpha_1 + b_1\beta_1 = ((n + 2)\alpha + (n + 1)\beta)(- n a +$$
$$(n + 1)b) + ((n + 1)\alpha +$$
$$n\beta)((n + 1)a - (n + 2)b)$$
$$= - n(n + 2)a\alpha - n(n + 1)a\beta +$$
$$(n + 1)(n + 2)b\alpha + (n + 1)^2 b\beta +$$
$$(n + 1)^2 a\alpha + n(n + 1)a\beta -$$
$$(n + 1)(n + 2)b\alpha - n(n + 2)b\beta$$
$$= ((n + 1)^2 - n(n + 2))(a\alpha + b\beta)$$
$$= a\alpha + b\beta$$
$$= 2u$$

我们再证明 $a_1 > b_1$. 实际上

$$a_1 = (n + 2)\alpha + (n + 1)\beta > (n + 1)\alpha + n\beta = b_1$$

现在我们证明 $\left[\dfrac{b_1}{a_1 - b_1}\right] = n$. 实际上我们有

$$\left[\frac{b_1}{a_1 - b_1}\right] = \left[\frac{(n + 1)\alpha + n\beta}{(n + 2)\alpha + (n + 1)\beta - (n + 1)\alpha - n\beta}\right]$$
$$= \left[\frac{n(\alpha + \beta) + \alpha}{\alpha + \beta}\right]$$
$$= \left[n + \frac{\alpha}{\alpha + \beta}\right]$$

$$= n \quad (\text{由于 } 0 < \frac{\alpha}{\alpha + \beta} < 1)$$

下面我们证明,当我们按照这一法则从 $a_1, b_1, \alpha_1, \beta_1$ 出发构造新的四元组时,我们将重新得出原来的四元组 $a, b, \alpha, \beta$. 实际上,假设我们按照上述法则从 $a_1, b_1, \alpha_1, \beta_1$ 得出四元组 $a_2, b_2, \alpha_2, \beta_2$,那么(注意,下面的 $n$ 是按法则从 $a_1, b_1, \alpha_1, \beta_1$ 得出的,我们已经证明和从 $a, b, \alpha, \beta$ 得出的 $n$ 是一致的.)

$$\begin{aligned}
a_2 &= (n+2)\alpha_1 + (n+1)\beta_1 \\
&= (n+2)(-na + (n+1)b) + \\
&\quad (n+1)((n+1)a - (n+2)b) \\
&= -n(n+2)a + (n+2)(n+1)b + \\
&\quad (n+1)^2 a - (n+1)(n+2)b \\
&= ((n+1)^2 - n(n+2))a \\
&= a \\
\alpha_2 &= -na_1 + (n+1)b_1 \\
&= -n((n+2)\alpha + (n+1)\beta) + \\
&\quad (n+1)((n+1)\alpha + n\beta) \\
&= -n(n+2)\alpha - n(n+1)\beta + \\
&\quad (n+1)^2 \alpha + (n+1)n\beta \\
&= ((n+1)^2 - n(n+2))\alpha \\
&= \alpha \\
b_2 &= (n+1)\alpha_1 + n\beta_1 \\
&= (n+1)(-na + (n+1)b) + \\
&\quad n((n+1)a - (n+2)b) \\
&= -(n+1)na + (n+1)^2 b +
\end{aligned}$$

$$n(n+1)a - n(n+2)b$$
$$= ((n+1)^2 - n(n+2))b$$
$$= b$$
$$\beta_2 = (n+1)a_1 - (n+2)b_1$$
$$= (n+1)((n+2)\alpha + (n+1)\beta) -$$
$$(n+2)((n+1)\alpha + n\beta)$$
$$= (n+1)(n+2)\alpha + (n+1)^2\beta -$$
$$(n+2)(n+1)\alpha - (n+2)n\beta$$
$$= ((n+1)^2 - n(n+2))\beta$$
$$= \beta$$

最后我们证明

$$\chi(ab) + \chi(a_1 b_1) = 0$$

对奇数 $v$ 和 $w$，显然有

$$(v-1)(w-1) \equiv 0 (\mathrm{mod}\ 4)$$

所以

$$vw - v - w + 1 \equiv 0 (\mathrm{mod}\ 4)$$
$$vw \equiv v + w - 1 (\mathrm{mod}\ 4)$$

所以我们有

$$a\alpha \equiv a + \alpha - 1 (\mathrm{mod}\ 4)$$
$$b\beta \equiv b + \beta - 1 (\mathrm{mod}\ 4)$$
$$(a + \alpha - 1) + (b + \beta - 1) \equiv a\alpha + b\beta (\mathrm{mod}\ 4)$$
$$\equiv 2u (\mathrm{mod}\ 4)$$
$$\equiv 2 (\mathrm{mod}\ 4)$$

（注意 $u$ 是奇数）

所以

$$a + b + \alpha + \beta \equiv 0 (\mathrm{mod}\ 4)$$

$$ab + a_1 b_1 \equiv (a+b-1) + (a_1 + b_1 - 1) (\bmod 4)$$
$$\equiv (a+b-1) + ((n+2)\alpha + (n+1)\beta +$$
$$(n+1)\alpha + n\beta - 1)(\bmod 4)$$
$$\equiv a+b+n\alpha + 2\alpha + n\beta + \beta + n\alpha + \alpha +$$
$$n\beta + 2(\bmod 4)$$
$$\equiv 2n(\alpha + \beta) + a + b + \alpha + \beta + 2 + 2(\bmod 4)$$
$$\equiv 0(\bmod 4)$$

(在上面的式子里,由于 $\alpha$ 是奇数,所以有 $3\alpha + \beta \equiv \alpha + \beta + 2(\bmod 4)$ 以及 $-2 \equiv 2(\bmod 4)$).

从上面的式子和 $\chi(n)$ 的定义(定义 2.2.2)就可以得出

$$\chi(ab) = -\chi(a_1 b_1)$$

(注意 $ab$ 和 $a_1 b_1$ 都是奇数,因此如果

$$ab \equiv 1(\bmod 4)$$

则

$$a_1 b_1 \equiv -ab \equiv -1 \equiv 3(\bmod 4)$$

而如果

$$ab \equiv 3(\bmod 4)$$

则

$$a_1 b_1 \equiv -ab \equiv -3 \equiv 1(\bmod 4)$$

这就说明 $\chi(ab)$ 的符号总是和 $\chi(a_1 b_1)$ 的符号相反.)
这就证明了

$$A(u) = \sigma(u)$$

定理得证.

**推论 3.2.1** 设 $u$ 是一个奇的正整数,则把 $4u$ 表示成四个奇整数(正的或负的)的平方和的所有可能

58

的方法的数目是

$$V(4u) = 16\sigma(u)$$

**证明** 在前面的定理的证明中,我们已经看到,方程

$$4u = u_1^2 + u_2^2 + u_3^2 + u_4^2$$

的正奇数解的数目是

$$A(u) = \sum_{2h+2m=4u} \frac{U(2h)}{4} \frac{U(2m)}{4}$$

其中 $U(2h)$ 和 $U(2m)$ 分别是 $u_1^2 + u_2^2 = 2h$ 和 $u_3^2 + u_4^2 = 2m$ 的正解的数目.

现在,如果 $v = 2k+1$ 是一个正奇数,那么在方程 $2v = x^2 + y^2$ 中,$x, y$ 都必须是奇数. 假设不然,则可设 $x, y$ 都是偶数(显然它们不可能是一奇一偶的),$x = 2l, y = 2n$,因此 $x^2 + y^2 = 4(l^2 + n^2)$,但是 $2v = 4k+2$,由此就得出 $4(l^2 + n^2) = 4k+2$,这是不可能的. 所得的矛盾就证明了 $x, y$ 都必须是奇数.

因而 $2v = x^2 + y^2$ 的解的数目就等于 4 倍的正奇数解的数目. 因此

$$4u = u_1^2 + u_2^2 + u_3^2 + u_4^2$$

的奇数解的总数就是

$$\begin{aligned}
V(4u) &= \sum_{2h+2m=4u} 4\left(\frac{U(2h)}{4}\right) 4\left(\frac{U(2m)}{4}\right) \\
&= 16 \sum_{2h+2m=4u} \frac{U(2h)}{4} \frac{U(2m)}{4} \\
&= 16\sigma(u)
\end{aligned}$$

**定理 3.2.2** $r_4(2u) = 3r_4(u)$.

**证明** 考虑方程

$$2u = x_1^2 + x_2^2 + x_3^2 + x_4^2 \qquad (3.2.1)$$

则 $x_1, x_2, x_3, x_4$ 中必须是两奇两偶.

由于左边是偶数,所以显然,3 奇 1 偶和 3 偶 1 奇都是不可能的.下面我们证明它们也不可能都是偶数或都是奇数,因此只能是两奇两偶.

假设它们都是偶数,则由于 $u$ 是奇数,因此就得出

$$4k + 2 = 4\left(\left(\frac{x_1}{2}\right)^2 + \left(\frac{x_2}{2}\right)^2 + \left(\frac{x_3}{2}\right)^2 + \left(\frac{x_4}{2}\right)^2\right)$$

这是不可能的,矛盾.

假设它们都是奇数,则由于奇数的平方是 $8n + 1$ 形式的,所以我们得出

$$4k + 2 = 8\ell + 4$$

这同样是不可能的.

这就证明了 $x_1, x_2, x_3, x_4$ 中必须是两奇两偶.

因此方程

$$2u = x_1^2 + x_2^2 + x_3^2 + x_4^2$$

(其中 $x_1$ 和 $x_2$ 是偶数, $x_3$ 和 $x_4$ 是奇数)的解数是

$$\frac{r_4(2u)}{C_4^2} = \frac{1}{6} r_4(2u)$$

现在,再考虑方程

$$u = y_1^2 + y_2^2 + y_3^2 + y_4^2$$
$$y_1 + y_2 \equiv 0 \pmod 2 \qquad (3.2.2)$$
$$y_3 + y_4 \equiv 0 \pmod 2$$

我们证明:

**命题 3.2.1** 由方程(3.2.2)的任何一组解可以得出方程(3.2.1)的一组解.

**命题 3.2.2** 由方程(3.2.1)的任何一组解可以

60

得出方程(3.2.2)的一组解.

**命题 3.2.1 的证明**　设 $y_1,y_2,y_3,y_4$ 是方程 (3.2.2) 的解,又设

$$x_1 = y_1 + y_2$$
$$x_2 = y_1 - y_2$$
$$x_3 = y_3 + y_4$$
$$x_4 = y_3 - y_4$$

则

$$x_1^2 + x_2^2 + x_3^2 + x_4^2$$
$$= (y_1^2 + y_2^2 + 2y_1y_2) + (y_1^2 + y_2^2 - 2y_1y_2) +$$
$$(y_3^2 + y_4^2 + 2y_3y_4) + (y_3^2 + y_4^2 - 2y_3y_4)$$
$$= 2(y_1^2 + y_2^2 + y_3^2 + y_4^2)$$
$$= 2u$$

并且 $x_1 = y_1 + y_2 \equiv 0 \pmod 2$ 说明 $x_1$ 是偶数

$$x_2 = y_1 - y_2 \equiv y_1 + y_2 - 2y_2 \equiv 0 \pmod 2$$

说明 $x_2$ 也是偶数

$$x_3 = y_3 + y_4 \equiv 1 \pmod 2$$

说明 $x_3$ 是奇数

$$x_4 = y_3 - y_4 \equiv y_3 + y_4 - 2y_4 \equiv 1 \pmod 2$$

说明 $x_4$ 也是奇数.

**命题 3.2.2 的证明**　设 $x_1,x_2,x_3,x_4$ 是方程 (3.2.1) 的解.令

$$y_1 = \frac{x_1 + x_2}{2}$$

$$y_2 = \frac{x_1 - x_2}{2}$$

$$y_3 = \frac{x_3 + x_4}{2}$$

$$y_4 = \frac{x_3 - x_4}{2}$$

首先注意,由于 $x_1,x_2$ 都是偶数,$x_3,x_4$ 都是奇数,所以 $x_1 \pm x_2$,$x_3 \pm x_4$ 都是偶数,从而 $y_1,y_2,y_3,y_4$ 都是整数. 现在

$$y_1^2 + y_2^2 + y_3^2 + y_4^2$$

$$= \left(\frac{x_1 + x_2}{2}\right)^2 + \left(\frac{x_1 - x_2}{2}\right)^2 + \left(\frac{x_3 + x_4}{2}\right)^2 + \left(\frac{x_3 - x_4}{2}\right)^2$$

$$= \frac{1}{4}(2x_1^2 + 2x_2^2 + 2x_3^2 + 2x_4^2)$$

$$= \frac{1}{2}(x_1^2 + x_2^2 + x_3^2 + x_4^2)$$

$$= \frac{1}{2}(2u) = u$$

并且由于 $x_1,x_2$ 是偶数,$x_3,x_4$ 是奇数,所以

$$y_1 + y_2 = \frac{x_1 + x_2}{2} + \frac{x_1 - x_2}{2} = x_1 \equiv 0 (\bmod 2)$$

$$y_3 + y_4 = \frac{x_3 + x_4}{2} + \frac{x_3 - x_4}{2} = x_3 \equiv 0 (\bmod 2)$$

这样,我们就证明了在变换

$$x_1 = y_1 + y_2$$

$$x_2 = y_1 - y_2$$

$$x_3 = y_3 + y_4$$

$$x_4 = y_3 - y_4$$

下,方程(3.2.1)的解和方程(3.2.2)的解是 $1 - 1$ 对应的,因此 $\frac{1}{6}r_4(2u)$ 也是方程 $u = y_1^2 + y_2^2 + y_3^2 + y_4^2$ 的

解数,由于 $u$ 是奇数,所以 $u \equiv 1(\bmod 4)$ 或者 $u \equiv 3(\bmod 4)$.其逆变换是

$$y_1 = \frac{x_1 + x_2}{2}$$

$$y_2 = \frac{x_1 - x_2}{2}$$

$$y_3 = \frac{x_3 + x_4}{2}$$

$$y_4 = \frac{x_3 - x_4}{2}$$

当 $u \equiv 1(\bmod 4)$ 时,由于 $u$ 是奇数,所以 $y_k$ 不可能都是奇数或者都是偶数或者2奇2偶,因此只能是3奇1偶或者3偶1奇,但 $u \equiv 1(\bmod 4)$ 推出不可能是3奇1偶,因此在这种情况下只能有1个奇数,而条件 $y_1 + y_2 \equiv 0(\bmod 2)$,$y_3 + y_4 \equiv 1(\bmod 2)$ 表明,这个奇数只能是 $y_3$ 或 $y_4$.这时我们只能有一半的解数.

当 $u \equiv 3(\bmod 4)$ 时,易证不可能出现3偶1奇的情况,因此在这种情况下只能有1个偶数,而条件 $y_1 + y_2 \equiv 0(\bmod 2)$,$y_3 + y_4 \equiv 1(\bmod 2)$ 表明,这个偶数只能是 $y_3$ 或 $y_4$.这时我们仍只能有一半的解数.

因而,方程 $u = y_1^2 + y_2^2 + y_3^2 + y_4^2$ 在限制条件 $y_1 + y_2 \equiv 0(\bmod 2)$,$y_3 + y_4 \equiv 1(\bmod 2)$ 下的解的总数就是 $\frac{1}{2}r_4(u)$,其中 $r_4(u)$ 是上述方程在没有这些限制条件时的解的数目.所以,我们就得出

$$\frac{1}{6}r_4(2u) = \frac{1}{2}r_4(u)$$

或者

$$r_4(2u) = 3r_4(u)$$

**定理 3.2.3** $r_4(u) = 8\sigma(u)$, $r_4(2^h u) = 24\sigma(u)$, $h > 0$.

**证明** 对 $n > 0$, 我们有 $r_4(2n) = r_4(4n)$.

为此, 考虑方程

$$4n = x_1^2 + x_2^2 + x_3^2 + x_4^2 \qquad (3.2.3)$$

那么显然 $x_k$ 是 3 奇 1 偶或者 3 偶 1 奇都是不可能的, 我们证明 2 奇 2 偶也是不可能的, 否则我们将有

$$4n = 4k + 8m + 2$$

矛盾. 因此 $x_k$ 只能都是偶数或者都是奇数.

现在再考虑方程

$$2n = y_1^2 + y_2^2 + y_3^2 + y_4^2 \qquad (3.2.4)$$

我们证明下面两个命题:

**命题 3.2.3** 从方程 (3.2.4) 的任何一组解可以得出方程 (3.2.3) 的一组解.

**命题 3.2.4** 从方程 (3.2.3) 的任何一组解可以得出方程 (3.2.4) 的一组解.

**命题 3.2.3 的证明** 设 $y_1, y_2, y_3, y_4$ 是方程 (3.2.4) 的解, 又设

$$x_1 = y_1 + y_2$$
$$x_2 = y_1 - y_2$$
$$x_3 = y_3 + y_4$$
$$x_4 = y_3 - y_4$$

则

$$x_1^2 + x_2^2 + x_3^2 + x_4^2$$
$$= (y_1^2 + y_2^2 + 2y_1 y_2) + (y_1^2 + y_2^2 - 2y_1 y_2) +$$

64

$$(y_3^2 + y_4^2 + 2y_3 y_4) + (y_3^2 + y_4^2 - 2y_3 y_4)$$
$$= 2(y_1^2 + y_2^2 + y_3^2 + y_4^2)$$
$$= 2(2n) = 4n$$

**命题 3.2.4 的证明** 设 $x_1, x_2, x_3, x_4$ 是方程 (3.2.3) 的解，又设

$$y_1 = \frac{x_1 + x_2}{2}$$

$$y_2 = \frac{x_1 - x_2}{2}$$

$$y_3 = \frac{x_3 + x_4}{2}$$

$$y_4 = \frac{x_3 - x_4}{2}$$

首先注意，由于 $x_1, x_2, x_3, x_4$ 都是偶数或奇数，所以 $x_1 \pm x_2, x_3 \pm x_4$ 都是偶数，从而 $y_1, y_2, y_3, y_4$ 都是整数. 现在

$$y_1^2 + y_2^2 + y_3^2 + y_4^2$$
$$= \left(\frac{x_1 + x_2}{2}\right)^2 + \left(\frac{x_1 - x_2}{2}\right)^2 + \left(\frac{x_3 + x_4}{2}\right)^2 + \left(\frac{x_3 - x_4}{2}\right)^2$$
$$= \frac{1}{4}(2x_1^2 + 2x_2^2 + 2x_3^2 + 2x_4^2)$$
$$= \frac{1}{2}(x_1^2 + x_2^2 + x_3^2 + x_4^2)$$
$$= \frac{1}{2}(4n) = 2n$$

这样，我们就证明了在变换

$$x_1 = y_1 + y_2$$
$$x_2 = y_1 - y_2$$

65

$$x_3 = y_3 + y_4$$
$$x_4 = y_3 - y_4$$

下,方程(3.2.3)的解和方程(3.2.4)的解是 $1-1$ 对应的,因此

$$r_4(2n) = r_4(4n)$$

此外我们还有

$$r_4(4u) = 16\sigma(u) + r_4(u)$$

对方程 $4u = x_1^2 + x_2^2 + x_3^2 + x_4^2$ 来说,由于 $u$ 是奇数,所以易于证明 $x_k$ 不可能是 3 偶 1 奇或 3 奇 1 偶或 2 奇 2 偶,因此 $x_k$ 只能都是偶数或都是奇数.

如果所有的 $x_k$ 都是偶数,则这个方程等价于方程

$$u = z_1^2 + z_2^2 + z_3^2 + z_4^2$$

其中 $z_k = \dfrac{x_k}{2}$,因此 $x_k$ 都是偶数的解共有 $r_4(u)$ 组.

$x_k$ 都是奇数的解,根据推论 3.2.1,则共有 $16\sigma(u)$ 组.

因此根据计数的加法原理我们就得出

$$r_4(4u) = 16\sigma(u) + r_4(u)$$

到目前为止,我们已经得出了以下三个公式

$$r_4(2u) = 3r_4(u)$$
$$r_4(2n) = r_4(4n)$$
$$r_4(4u) = 16\sigma(u) + r_4(u)$$

由此即可得出

$$3r_4(u) = r_4(2u) = r_4(4u) = 16\sigma(u) + r_4(u)$$

因此有

$$2r_4(u) = 16\sigma(u)$$

$$r_4(u) = 8\sigma(u)$$

再从

$$r_4(2u) = 3r_4(u)$$

和

$$r_4(u) = 8\sigma(u)$$

就得出

$$r_4(2u) = 3r_4(u) = 3(8\sigma(u)) = 24\sigma(u)$$

这个定理就最后确定了把一个正整数 $n$ 表示成 4 个整数的平方和的数目,其法则是,当 $n$ 是奇数时,解数是 $n$ 的正因子之和的 8 倍,而当 $n$ 是偶数时,则解数是 $n$ 的正的奇数因子之和的 24 倍.即我们有下述的解数公式.

**定理 3.2.4**

$$r_4(n) = \begin{cases} 8\sigma(n) & \text{当 } n \text{ 是奇数时} \\ 24\sigma(u) & \text{当 } n \text{ 是偶数,且 } n = 2^h u \text{ 时} \\ & \text{其中 } u \text{ 是一个奇数} \end{cases}$$

**例 3.2.1** 考虑 $n = 7$,那么 $\sigma(7) = 1 + 7 = 8$. 由于 7 是奇数,所以我们有 $r_4(7) = 8\sigma(7) = 8 \cdot 8 = 64$.实际上

$$7 = 2^2 + 1^2 + 1^2 + 1^2$$

上面的加数共有 4 种不同的排列,在每种排列中每一个加数的符号有两种选法,因此共有 $2^4 = 16$ 种符号的选法,因而把 7 表示成 4 个整数的平方和的总数就是 $4 \cdot 16 = 64$ 种.

**例 3.2.2** 现在考虑 $n = 6 = 2 \cdot 3$,那么 $\sigma(3) = 1 + 3 = 4$,所以我们有

$$r_4(6) = 24\sigma(3) = 24 \cdot 4 = 96$$

67

实际上

$$6 = 2^2 + 1^2 + 1^2 + 0^2$$

上面的加数有 12 种不同的排列(注意,在上述 7 的正
加数的表示式中,只有两种不同的加数,而在 6 的正加
数的表示式中,有 3 种不同的加数),对每个非零的加
数,有两种符号的选择,因此共有 $2^3 = 8$ 种符号的选
择.因而把 6 表示成四个整数的平方和的总数就是 $8 \cdot 12 = 96$ 种.

# 二次型

## 4.1 引　　言

为了解决三平方和问题，我们首先在本章中研究二次型理论，因为这一理论与平方和问题有着密切的关系.

**定义 4.1.1**　称一个有 $n$ 个变量 $x_1$, $x_2, \cdots, x_n$，每个项都是二次，系数 $a_{ij}$ 为整数的齐次多项式

$$Q(x_1, x_2, \cdots, x_n) = \sum_{i,j=1}^{n} a_{ij} x_i x_j$$

为 $n$ 个变量的整二次型（简称为二次型）.

对所有的 $i, j = 1, \cdots, n$，取 $a_{ij} = a_{ji}$ 是方便的，这时，系数是对称的，因此二次型的形式就是

第

4

章

69

$$Q(x_1,x_2,\cdots,x_n)$$
$$=a_{11}x_1^2+2a_{12}x_1x_2+\cdots+2a_{1n}x_1x_n+$$
$$a_{22}x_2^2+\cdots+2a_{2n}x_2x_n+\cdots+$$
$$a_{nn}x_n^2$$

从上面这个表达式立即可以看出,可以把二次型写成一个矩阵的形式

$$Q(x_1,x_2,\cdots,x_n)=\boldsymbol{X}^{\mathrm{T}}\boldsymbol{A}\boldsymbol{X}$$

其中

$$\boldsymbol{X}=\begin{pmatrix}x_1\\x_2\\\vdots\\x_n\end{pmatrix}$$

$$\boldsymbol{A}=(a_{ij})_{n\times n}$$

是系数组成的对称矩阵. 称这个矩阵是二次型 $Q(x_1,\cdots,x_n)$ 的系数矩阵.

**注记 4.1.1** 在系数是对称的情况下,$Q(x_1,\cdots,x_n)$ 是整二次型的含义为 $a_{ii}$ 和 $2a_{ij}$,$i\neq j$ 都是整数.

**定义 4.1.2** 设 $Q(x_1,x_2,\cdots,x_n)=\boldsymbol{X}^{\mathrm{T}}\boldsymbol{A}\boldsymbol{X}$ 是一个二次型. 称 $\boldsymbol{A}$ 的秩是二次型 $Q$ 的秩,而把 $\boldsymbol{A}$ 的行列式称为二次型 $Q$ 的判别式,记为 $\Delta(Q)$.

现在设 $Q(x_1,x_2,\cdots,x_n)=\boldsymbol{X}^{\mathrm{T}}\boldsymbol{A}\boldsymbol{X}$ 是一个二次型. 为了化简二次型,我们经常需要把变量 $x_1,\cdots,x_n$ 换成另一组变量 $y_1,\cdots,y_n$,这样我们就会得出一个新的二次型 $Q_1(y_1,\cdots,y_n)=\boldsymbol{Y}^{\mathrm{T}}\boldsymbol{A}_1\boldsymbol{Y}$,我们自然要求 $Q_1$ 的系数也是整数. 首先,我们假设我们用一个线性变换

$$x_i = \sum_{j=1}^{n} c_{ij} y_j$$

把旧变量和新变量联系起来,其中 $\boldsymbol{C} = (c_{ij})_{n \times n}$ 是一个整数矩阵. 要求 $Q_1$ 的系数也是整数的一个必要条件(也是充分条件)是 $\det(\boldsymbol{C}) = \pm 1$.

**定义 4.1.3** 我们定义 $\mathbf{GL}_n(\mathbb{Z})$ 是 $\det \boldsymbol{g} = \pm 1$ 的 $n \times n$ 整数矩阵 $\boldsymbol{\gamma} = (\gamma_{ij})$ 组成的乘法群. $\mathbf{SL}_n(\mathbb{Z})$ 是 $\det(\boldsymbol{g}) = +1$ 的 $n \times n$ 整数矩阵 $\boldsymbol{\gamma} = (\gamma_{ij})$ 组成的乘法群.

显然 $\mathbf{SL}_n(\mathbb{Z})$ 是 $\mathbf{GL}_n(\mathbb{Z})$ 的子群.

如果 $\boldsymbol{\gamma} \in \mathbf{GL}_n(\mathbb{Z})$,利用矩阵符号可把上面的线性变换写成

$$\boldsymbol{X} = \boldsymbol{\gamma}^{\mathrm{T}} \boldsymbol{X}'$$

将其代入二次型 $Q(\boldsymbol{X})$ 就得到一个新的二次型

$$\begin{aligned} Q_1 &= Q(\boldsymbol{\gamma}^{\mathrm{T}} \boldsymbol{X}') \\ &= (\boldsymbol{\gamma}^{\mathrm{T}} \boldsymbol{X}')^{\mathrm{T}} \boldsymbol{A} (\boldsymbol{\gamma}^{\mathrm{T}} \boldsymbol{X}') \\ &= (\boldsymbol{X}')^{\mathrm{T}} (\boldsymbol{\gamma} \boldsymbol{A} \boldsymbol{\gamma}^{\mathrm{T}}) \boldsymbol{X}' \end{aligned}$$

所以 $Q_1$ 的矩阵就是 $\boldsymbol{\gamma} \boldsymbol{A} \boldsymbol{\gamma}^{\mathrm{T}}$.

**定义 4.1.4** 如果从一个二次型 $Q$ 通过线性变换 $\boldsymbol{X} = \boldsymbol{\gamma}^{\mathrm{T}} \boldsymbol{X}'$ 得出一个新的二次型 $Q_1$,其中 $\boldsymbol{\gamma} \in \mathbf{GL}_n(\mathbb{Z})$,则我们称二次型 $Q$ 和 $Q_1$ 是等价的,如果 $\boldsymbol{\gamma} \in \mathbf{SL}_n(\mathbb{Z})$,则我们称二次型 $Q$ 和 $Q_1$ 是真等价的,记为 $Q \sim Q_1$.

**例 4.1.1** 设 $a, c > 0, a \neq c$,则 $Q = ax^2 + 2bxy + cy^2$ 和 $Q_1 = ax^2 - 2bxy + cy^2$ 是等价的,但不是真等价的.

**证明** 设

71

$$\boldsymbol{\gamma} = \begin{bmatrix} 1 & 0 \\ 0 & -1 \end{bmatrix}$$

则

$$\boldsymbol{\gamma}^{\mathrm{T}} \boldsymbol{X} = \begin{bmatrix} 1 & 0 \\ 0 & -1 \end{bmatrix} \begin{bmatrix} x \\ y \end{bmatrix} = \begin{bmatrix} x \\ -y \end{bmatrix}$$

因此

$$Q = ax^2 + 2bx(-y) + c(-y)^2$$
$$= ax^2 - 2bxy + cy^2 = Q_1$$

由于 $\det \boldsymbol{\gamma} = -1$，所以 $Q$ 和 $Q_1$ 是等价的.

假如 $Q$ 和 $Q_1$ 是真等价的，则存在整数矩阵 $\boldsymbol{\gamma} = \begin{bmatrix} r & s \\ t & u \end{bmatrix}$ 使得 $ru - st = 1$，并且 $\boldsymbol{\gamma} Q = Q_1$，这就是说

$$\begin{cases} ar^2 + 2brt + ct^2 = a \\ 2b(ts + ru) = -2b \\ as^2 + 2bsu + cu^2 = c \end{cases}$$

由此可以得出 $ru + ts = -1, ru - st = 1$，因此 $ru = 0$，故 $ts = -1$，因而 $a = c$，这与 $a \neq c$ 矛盾，因此 $Q$ 和 $Q_1$ 不可能是真等价的.

**定理 4.1.1** 二次型的等价是一种等价关系.

**证明** 以真等价为例（等价可同理证明）.

（1）自反性：$Q \sim Q$.

设 $Q(x_1, x_2, \cdots, x_n) = \boldsymbol{X}^{\mathrm{T}} \boldsymbol{A} \boldsymbol{X}$，并设 $\boldsymbol{\gamma} = \boldsymbol{I}_n$ 是单位矩阵，则 $\boldsymbol{\gamma} \boldsymbol{A} \boldsymbol{\gamma}^{\mathrm{T}} = \boldsymbol{I}_n \boldsymbol{A} \boldsymbol{I}_n^{\mathrm{T}} = \boldsymbol{A}$，因此 $Q \sim Q$.

（2）对称性：如果 $Q \sim Q_1$，则 $Q_1 \sim Q$.

由于 $Q \sim Q_1$，所以存在 $\boldsymbol{\gamma} \in \mathbf{GL}_2(\mathbb{Z})$ 使得

$$Q_1 = \boldsymbol{\gamma} Q = Q(\boldsymbol{\gamma}^{\mathrm{T}} \boldsymbol{X}) = Q(\boldsymbol{X}_1)$$

那么由于 $\boldsymbol{\gamma}^{-1} \in \mathbf{GL}_2(Z)$

$$\boldsymbol{\gamma}^{-1} Q_1 = Q_1((\boldsymbol{\gamma}^{-1})^{\mathrm{T}} \boldsymbol{X}_1) = Q((\boldsymbol{\gamma}^{-1})^{\mathrm{T}} \boldsymbol{\gamma}^{\mathrm{T}} \boldsymbol{X}) = Q(\boldsymbol{X}) = Q$$

所以 $Q_1 \sim Q$.

（3）传递性：如果 $Q \sim Q_1$，并且 $Q_1 \sim Q_2$，则 $Q \sim Q_2$.

由于

$$Q \sim Q_1, Q_1 \sim Q_2$$

所以存在 $\boldsymbol{\gamma}_1, \boldsymbol{\gamma}_2 \in \mathbf{GL}_2(\mathbb{Z})$ 使得

$$Q_1 = \boldsymbol{\gamma}_1 Q = Q(\boldsymbol{\gamma}_1^{\mathrm{T}} \boldsymbol{X}) = Q(\boldsymbol{X}_1)$$

$$Q_2 = \boldsymbol{\gamma}_2 Q_1 = Q_1(\boldsymbol{\gamma}_2^{\mathrm{T}} \boldsymbol{X}_1) = Q(\boldsymbol{\gamma}_2^{\mathrm{T}} \boldsymbol{\gamma}_1^{\mathrm{T}} \boldsymbol{X}) = Q((\boldsymbol{\gamma}_1 \boldsymbol{\gamma}_2)^{\mathrm{T}} \boldsymbol{X})$$
$$= Q(\boldsymbol{X}_2)$$

由于 $\boldsymbol{\gamma}_1, \boldsymbol{\gamma}_2 \in \mathbf{GL}_2(\mathbb{Z})$，所以

$$(\boldsymbol{\gamma}_1 \boldsymbol{\gamma}_2)^{-1} = \boldsymbol{\gamma}_2^{-1} \boldsymbol{\gamma}_1^{-1} \in \mathbf{GL}_2(\mathbb{Z})$$

因而

$$(\boldsymbol{\gamma}_1 \boldsymbol{\gamma}_2)^{-1} Q_2(\boldsymbol{X}_2) = Q(((\boldsymbol{\gamma}_1 \boldsymbol{\gamma}_2)^{-1})^{\mathrm{T}} (\boldsymbol{\gamma}_1 \boldsymbol{\gamma}_2)^{\mathrm{T}} \boldsymbol{X}) = Q(\boldsymbol{X})$$

这就说明 $Q_2 \sim Q$，因而根据（2）已证的结果就有 $Q \sim Q_2$.

**定理 4.1.2** 如果 $Q$ 和 $Q_1$ 是等价的，则

$$\Delta(Q) = \Delta(Q_1)$$

**证明** 设 $Q = \boldsymbol{X}^{\mathrm{T}} \boldsymbol{A} \boldsymbol{X}$，$Q_1 = \boldsymbol{Y}^{\mathrm{T}} \boldsymbol{A}_1 \boldsymbol{Y}$. 由于 $Q$ 和 $Q_1$ 是等价的，所以存在 $\boldsymbol{\gamma} \in \mathbf{GL}_n(\mathbb{Z})$ 使得

$$\boldsymbol{A}_1 = \boldsymbol{\gamma} \boldsymbol{A} \boldsymbol{\gamma}^{\mathrm{T}}$$

由于 $\boldsymbol{\gamma} \in \mathbf{GL}_n(\mathbb{Z})$，所以

$$\det(\boldsymbol{\gamma}) = \det(\boldsymbol{\gamma}^{\mathrm{T}}) = \varepsilon$$

其中 $\varepsilon = \pm 1$，因而

$$\Delta(Q_1) = \det(\boldsymbol{A}_1) = \det(\boldsymbol{\gamma} \boldsymbol{A} \boldsymbol{\gamma}^{\mathrm{T}})$$

$$= \det(\boldsymbol{\gamma}) \det(\boldsymbol{A}) \det(\boldsymbol{\gamma}^{\mathrm{T}})$$

$$= \varepsilon \cdot \det(\boldsymbol{A}) \cdot \varepsilon$$

$$= \varepsilon^2 \det(\boldsymbol{A})$$

$$= \det(\boldsymbol{A})$$

$$= \Delta(Q)$$

**定义 4.1.5** 称一个二次型 $Q(x_1, \cdots, x_n)$ 可表示整数 $m$,如果存在整数 $x_1', \cdots, x_n'$,使得

$$Q(x_1', \cdots, x_n') = m$$

或如果不定方程 $Q(x_1, \cdots, x_n) = m$ 有整数解.

**定理 4.1.3** 如果 $Q \sim Q_1$,则 $Q$ 和 $Q_1$ 可表示同样的整数. 也就是说,如果 $Q \sim Q_1$,并且 $Q$ 可表示整数 $m$,则 $Q_1$ 也可表示整数 $m$.

**证明** 由于 $Q \sim Q_1$,所以可设 $Q = \boldsymbol{X}^{\mathrm{T}} \boldsymbol{A} \boldsymbol{X}$,$Q_1 = \boldsymbol{Y}^{\mathrm{T}} \boldsymbol{A}_1 \boldsymbol{Y}$,$\boldsymbol{A}_1 = \boldsymbol{\gamma} \boldsymbol{A} \boldsymbol{\gamma}^{\mathrm{T}}$,其中 $\boldsymbol{\gamma} \in \mathbf{GL}_n(\mathbb{Z})$.

又设 $Q$ 可表示整数 $m$,则存在整数 $x_1', \cdots, x_n'$,使得

$$Q(x_1', \cdots, x_n') = \boldsymbol{X'}^{\mathrm{T}} \boldsymbol{A} \boldsymbol{X'} = m$$

其中

$$\boldsymbol{X'} = \begin{pmatrix} x_1' \\ x_2' \\ \vdots \\ x_n' \end{pmatrix}$$

设 $\boldsymbol{Y'} = (\boldsymbol{\gamma}^{\mathrm{T}})^{-1} \boldsymbol{X'}$,则

$$Q_1(y_1', \cdots, y_n')$$

$$= (\boldsymbol{Y'})^{\mathrm{T}} \boldsymbol{A}_1 \boldsymbol{Y'}$$

$$= ((\boldsymbol{\gamma}^{\mathrm{T}})^{-1} \boldsymbol{X'})^{\mathrm{T}} \boldsymbol{\gamma} \boldsymbol{A} \boldsymbol{\gamma}^{\mathrm{T}} ((\boldsymbol{\gamma}^{\mathrm{T}})^{-1} \boldsymbol{X'})$$

$$= \boldsymbol{X}'^{\mathrm{T}} \boldsymbol{\gamma}^{-1} \boldsymbol{\gamma} \boldsymbol{A} \boldsymbol{\gamma}^{\mathrm{T}} (\boldsymbol{\gamma}^{\mathrm{T}})^{-1} \boldsymbol{X}' = \boldsymbol{X}'^{\mathrm{T}} \boldsymbol{\gamma}^{-1} \boldsymbol{\gamma} \boldsymbol{A} \boldsymbol{\gamma}^{\mathrm{T}} (\boldsymbol{\gamma}^{\mathrm{T}})^{-1} \boldsymbol{X}'$$
$$= \boldsymbol{X}'^{\mathrm{T}} \boldsymbol{A} \boldsymbol{X}'$$
$$= Q(x'_1, \cdots, x'_n) = m$$

**例 4.1.2**　设

$$Q(x_1, x_2) = x_1^2 + 2x_1 x_2 + x_2^2$$
$$Q_1(y_1, y_2) = 4y_1^2 + 4y_1 y_2 + y_2^2$$

那么

$$Q(x_1, x_2) = x_1^2 + 2x_1 x_2 + x_2^2$$
$$= \begin{bmatrix} x_1 \\ x_2 \end{bmatrix}^{\mathrm{T}} \begin{pmatrix} 1 & 1 \\ 1 & 1 \end{pmatrix} \begin{bmatrix} x_1 \\ x_2 \end{bmatrix}$$

又设

$$\boldsymbol{X} = \begin{bmatrix} x_1 \\ x_2 \end{bmatrix} = \begin{pmatrix} 1 & 0 \\ 1 & 1 \end{pmatrix} \begin{bmatrix} y_1 \\ y_2 \end{bmatrix}$$

那么 $x_1 = y_1, x_2 = y_1 + y_2$,因此

$$Q(y_1, y_2) = x_1^2 + 2x_1 x_2 + x_2^2$$
$$= y_1^2 + 2y_1(y_1 + y_2) + (y_1 + y_2)^2$$
$$= y_1^2 + 2y_1^2 + 2y_1 y_2 + y_1^2 + 2y_1 y_2 + y_2^2$$
$$= 4y_1^2 + 4y_1 y_2 + y_2^2$$

所以 $Q \sim Q_1$.

取 $x'_1 = 2, x'_2 = 3$,我们有

$$Q(2,3) = 2^2 + 2 \cdot 2 \cdot 3 + 3^2 = 25$$

因此 25 可被 $Q$ 表示. 取 $y'_1 = 2, y'_2 = 1$,则我们有

$$Q_1(2,1) = 4 \cdot 2^2 + 4 \cdot 2 \cdot 1 + 1^2 = 25$$

因此 25 也可被 $Q_1$ 表示.

**注记 4.1.2**　这个定理的逆定理并不成立. 有可能有两个二次型都可表示同一个整数,但它们并不真

等价(甚至并不等价).

**例 4.1.3** 设

$$Q(x_1,x_2)=x_1^2+161x_2^2$$

$$Q_1(y_1,y_2)=9y_1^2+2y_1y_2+18y_2^2$$

由于

$$Q(1,1)=Q_1(0,3)=162$$

所以 $Q$ 和 $Q_1$ 都可表示 162.但是 $Q$ 和 $Q_1$ 并不真等价
(等价).假设不然,有 $Q\sim Q_1$,则

$$Q=X^{\mathrm{T}}AX,Q_1=Y^{\mathrm{T}}A_1Y$$

其中

$$A=\begin{bmatrix}1&0\\0&161\end{bmatrix},\ A_1=\begin{bmatrix}9&1\\1&18\end{bmatrix}$$

同时存在整数矩阵 $\gamma=\begin{bmatrix}r&s\\t&u\end{bmatrix}\in\mathbf{SL}_2(\mathbb{Z})$ 使得

$$A_1=\gamma A\gamma^{\mathrm{T}}$$

那么由此即可得出

$$\begin{bmatrix}9&1\\1&18\end{bmatrix}=\begin{bmatrix}r&s\\t&u\end{bmatrix}\begin{bmatrix}1&0\\0&161\end{bmatrix}\begin{bmatrix}r&t\\s&u\end{bmatrix}$$

由此可得

$$r^2+161s^2=9 \qquad\qquad (4.1.1)$$

$$rt+161us=1 \qquad\qquad (4.1.2)$$

$$t^2+161u^2=18 \qquad\qquad (4.1.3)$$

以及

$$ru-st=1 \qquad\qquad (4.1.4)$$

如果 $st=0$,那么从(4.1.4)得出 $ru=1$,因此 $r=u=\varepsilon$,
其中 $\varepsilon=\pm1$,代入(4.1.1)得 $161s^2=8$,与 $s$ 是整数矛

盾,因此 $st \neq 0$. 如果 $ru = 0$,那么从(4.1.4)得出 $st = -1$,因此

$$s = -t = \varepsilon$$

代入(4.1.3)得 $161u^2 = 17$,与 $u$ 是整数矛盾,因此

$$ru \neq 0$$

这就说明 $r,s,t,u \neq 0$,因此从(4.1.1)和 $r,s,t,u \neq 0$ 都是整数就得出

$$9 = r^2 + 161s^2 \geqslant 161$$

矛盾.这就说明 $Q$ 和 $Q_1$ 不可能是真等价的.(把 $ru - st = 1$ 改成 $ru - st = -1$ 同样可得出矛盾,因此它们也不是等价的.)

**定义 4.1.6** 称二次型 $Q(x_1,\cdots,x_n)$ 是正定的,如果对所有的 $n$ — 元整数组

$$(x_1,\cdots,x_n) \neq (0,\cdots,0)$$

都有

$$Q(x_1,\cdots,x_n) > 0$$

称二次型 $Q(x_1,\cdots,x_n)$ 是负定的,如果对所有的 $n$ — 元整数组

$$(x_1,\cdots,x_n) \neq (0,\cdots,0)$$

都有

$$Q(x_1,\cdots,x_n) < 0$$

如果二次型 $Q(x_1,\cdots,x_n)$ 既不是正定的,也不是负定的,则称 $Q(x_1,\cdots,x_n)$ 是不定的.

**例 4.1.4** $Q(x,y) = x^2 + y^2$ 是正定的;

$Q(x,y) = -2x^2 - 2y^2$ 是负定的;

$Q(x,y) = x^2 - y^2$ 是不定的.

**定理 4.1.4** 设 $Q \sim Q_1$,则 $Q$ 是正(负)定的充分必要条件是 $Q_1$ 是正(负)定的.

**证明** 由于 $Q \sim Q_1$ 蕴含 $Q$ 和 $Q_1$ 表示同样的整数. 由此即可得出如果 $Q$ 是正(负)定的,则 $Q_1$ 也是正(负)定的.

## 4.2 正定二元二次型的化简

从这一节起,我们将主要关心二元二次型和三元二次型.一个二元二次型可以写成

$$Q(x,y) = ax^2 + 2bxy + cy^2$$

$Q$ 的判别式是

$$\Delta(Q) = \begin{vmatrix} a & b \\ b & c \end{vmatrix} = ac - b^2$$

注意:在这里二元二次型的判别式定义为它的矩阵的行列式,这与通常的对二次三项式的判别式的定义正好差了一个符号.

**定理 4.2.1** 二元二次型

$$Q(x,y) = ax^2 + 2bxy + cy^2$$

为正定的充分必要条件是 $a > 0$,并且

$$\Delta(Q) = ac - b^2 > 0$$

**证明** 我们考虑 $a$ 和 $\Delta(Q)$ 的所有可能的符号.

(1) 如果 $a \leqslant 0$,那么 $Q(1,0) = a \leqslant 0$,因此 $Q(x, y)$ 不是正定的.

(2) 如果 $a > 0$,并且 $\Delta(Q) \leqslant 0$,那么

78

$$Q(-b,a) = ab^2 - 2b^2a + ca^2$$
$$= -ab^2 + ca^2$$
$$= a(ac - b^2)$$
$$\leqslant 0$$

因此 $Q(x,y)$ 也不是正定的.

（3）如果 $a > 0$，并且 $\Delta(Q) > 0$，那么

$$aQ(x,y) = a(ax^2 + 2bxy + cy^2)$$
$$= a^2x^2 + 2abxy + acy^2$$
$$= (ax + by)^2 + (ac - b^2)y^2$$
$$= (ax + by)^2 + \Delta(Q)y^2$$
$$\geqslant 0$$

等号当且仅当 $ax + by = 0$，且 $y = 0$，即 $x = y = 0$ 时成立，因此 $Q(x,y)$ 是正定的.

在二次型的写法中，需要用 $X,X'$ 来记新老变量，如果变换多了，就需要使用很多符号，其实，这些变量不过是标记二次型的符号，真正决定二次型本质的是它们前面的系数. 因此，对二元二次型我们今后也经常使用下面的简化记法.

**定义 4.2.1**    定义 $[a,2b,c]$ 表示一个二元二次型

$$F(\boldsymbol{X}) = \boldsymbol{X}^{\mathrm{T}}\boldsymbol{A}\boldsymbol{X} = ax^2 + 2bxy + cy^2$$

其中

$$\boldsymbol{X} = \begin{bmatrix} x \\ y \end{bmatrix}, \boldsymbol{A} = \begin{bmatrix} a & b \\ b & c \end{bmatrix}$$

设 $\boldsymbol{\gamma} = \begin{bmatrix} r & s \\ t & u \end{bmatrix} \in \mathbf{GL}_2(\mathbb{Z})$，定义二次型 $\boldsymbol{\gamma}F$ 的意义为

$$\boldsymbol{\gamma}F = F(\boldsymbol{\gamma}^{\mathrm{T}}\boldsymbol{X}) = F(\boldsymbol{X}') = F'$$

79

因此 $\gamma F$ 就表示原来的二次型 $F$ 在变换

$$\boldsymbol{X} = \boldsymbol{\gamma}^{\mathrm{T}} \boldsymbol{X}' = \begin{bmatrix} rx + ty \\ sx + uy \end{bmatrix} = \begin{bmatrix} x' \\ y' \end{bmatrix}$$

下所得到的新的二次型 $F'$，即

$$F' = F'(\boldsymbol{X}')$$
$$= a(rx + ty)^2 + 2b(rx + ty) + c(sx + uy)^2$$

用矩阵的形式表示就是

$$\boldsymbol{A}' = \boldsymbol{\gamma} \boldsymbol{A} \boldsymbol{\gamma}^{\mathrm{T}}$$

这时，$F'$ 的简化形式就是 $[a', 2b', c']$，其中

$$\begin{cases} a' = ar^2 + 2brs + cs^2 = F(r,s) \\ b' = art + b(ts + ru) + csu \\ c' = at^2 + 2btu + cu^2 = F(t,u) \end{cases} \quad (4.2.1)$$

**定义 4.2.2** 如果 $2 \mid b \mid \leqslant a \leqslant c$，则称正定的二元二次型 $Q(x,y) = ax^2 + 2bxy + cy^2$ 是既约的.

**定理 4.2.2** （1）每个正定的整二次型都真等价于一个既约的二次型

$$F = ax^2 + 2bxy + cy^2$$

其中 $2 \mid b \mid \leqslant a \leqslant c$.

（2）如果 $2 \mid b \mid \leqslant a \leqslant c$，并且 $\Delta = ac - b^2 \geqslant 0$，则

$$0 < a \leqslant \sqrt{\frac{4\Delta}{3}}.$$

**证明** （1）设 $Q(x,y) = a_0 x^2 + 2b_0 xy + c_0 y^2$ 属于一个正定二次型的等价类. 设 $n$ 是可被这个等价类所表示的最小的正整数. 那么就存在两个整数 $r,t$ 使得

$$n = a_0 r^2 + 2b_0 rt + c_0 t^2$$

我们首先证明 $(r,t) = 1$，假设不然，则有 $(r,t) = d > 1$，

80

因此 $d^2 \mid n$,并且

$$\frac{n}{d^2} = a_0\left(\frac{r}{d}\right)^2 + 2b_0\left(\frac{r}{b}\right)\left(\frac{t}{d}\right) + c_0\left(\frac{t}{d}\right)^2$$

因此 $\frac{n}{d^2}$ 也可被这个二次型表示,但由于 $d > 1$,所以

$\frac{n}{d^2} < 1$,这与 $n$ 的最小性矛盾. 因此必须有 $(r,t) = 1$.

由于 $(r,t) = 1$,因此由 Bezout(贝祖)定理就得出,存在两个整数 $u,s$ 使得 $ru - st = 1$. 如果 $u_0, s_0$ 是 $ru - st = 1$ 的任意一组解,则 $ru - st = 1$ 的通解就是

$$u = u_0 + ht, s = s_0 + hr$$

其中 $h$ 是任意整数.

现在设 $\boldsymbol{X} = \begin{bmatrix} x \\ y \end{bmatrix}, \boldsymbol{X}' = \begin{bmatrix} x' \\ y' \end{bmatrix}, \boldsymbol{\gamma} = \begin{bmatrix} r & s \\ t & u \end{bmatrix}$,则 $\boldsymbol{\gamma} \in$

$\mathbf{SL}_2(\mathbb{Z})$. 对 $Q(x,y)$ 做变量替换

$$\boldsymbol{X} = \boldsymbol{\gamma}^\top \boldsymbol{X}'$$

我们就得到一个新的二次型

$$Q'(x',y') = \boldsymbol{X}'^\top(\boldsymbol{\gamma A \gamma}^\top)\boldsymbol{X}'$$

因此 $Q \sim Q'$. 设

$$Q'(x',y') = ax'^2 + 2bx'y' + cy'^2$$

则根据公式(4.2.1)就有

$$a = a_0 r^2 + 2b_0 rt + c_0 t^2 = n$$
$$b = s(2a_0 r + b_0 t) + u(b_0 r + 2c_0 t)$$
$$= (s_0 + hr)(2a_0 r + b_0 t) + (u_0 + ht)(b_0 r + 2c_0 t)$$
$$= s_0(2a_0 r + b_0 t) + u_0(b_0 r + 2c_0 t) +$$
$$\quad h(r(2a_0 r + b_0 t) + t(b_0 r + 2c_0 t)t)$$
$$= s_0(2a_0 r + b_0 t) + u_0(b_0 r + 2c_0 t) +$$

$$2h(a_0 r^2 + b_0 rt + c_0 t^2)$$
$$= s_0(2a_0 r + b_0 t) + u_0(b_0 r + 2c_0 t) + 2nh$$
$$c = a_0 s^2 + b_0 us + c_0 u^2$$
$$= a_0(s_0 + ht)^2 + b_0(u_0 + rt)(s_0 + ht) +$$
$$c_0(u_0 + rt)^2$$
$$= a_0 s_0^2 + b_0 s_0 u_0 + c_0 u_0^2 + h(s_0(2a_0 r + b_0 t) +$$
$$u_0(b_0 r + 2c_0 t) + hn)$$

由于 $b$ 可取模 $n$ 的剩余系中所有的值,所以选适当的 $h$,取模 $n$ 的最小绝对剩余系中的值就可使

$$|b| \leqslant \frac{n}{2} = \frac{a}{2}$$

这就得出 $2|b| \leqslant a$. 又由于 $c = Q'(0,1)$,$Q \sim Q'$,所以 $Q$ 可表示 $c$,由 $n$ 的最小性就得出 $a = n \leqslant c$,这就完成了定理的证明.

上面的证明中出现了可被这个等价类所表示的最小的正整数的概念,但是这个数是不知道的,因此只是一个存在性的证明,下面我们再给出一个构造性的证明,用它可实际算出所要求的既约形.

一个不满足 $2|b| \leqslant a \leqslant c$ 的正定整二次型 $F = ax^2 + 2bxy + cy^2$ 可以用以下的手续修改成一个真等价于它的二次型:如果 $c < a$,那么做变换

$$\boldsymbol{X} \to \begin{bmatrix} 0 & 1 \\ -1 & 0 \end{bmatrix} \boldsymbol{X}$$

其中 $\boldsymbol{X} = \begin{bmatrix} x \\ y \end{bmatrix}$,则

$$F \to \begin{bmatrix} 0 & 1 \\ -1 & 0 \end{bmatrix} F = cx^2 - 2bxy + ay^2$$

"交换"$x,y$的位置. 如果 $2\mid b\mid>a$,那么做变换

$$X \rightarrow \begin{bmatrix} 1 & n \\ 0 & 1 \end{bmatrix} X$$

则

$$F \rightarrow \begin{bmatrix} 1 & n \\ 0 & 1 \end{bmatrix} F = ax^2 + (2b+2an)xy + c'y^2$$

其中$n\in\mathbf{Z}$,并选择适当的$n$使得$\mid 2b+2an\mid\leqslant a$. 通过交替使用这两种变换,我们将得到一个整二元二次型的序列

$$F_n = a_n x^2 + b_n xy + c_n y^2$$

使得 $a_n \geqslant a_{n+1}$ 以及 $a_n > a_{n+2}$. 由于 $a_n$ 都是整数,因此这个序列必是有限的,由此即可得出我们所希望的关系

$$\mid 2b\mid\leqslant a\leqslant c$$

（2）由 $4a^2\leqslant 4ac = 4\Delta+4b^2\leqslant 4\Delta+a^2$ 可以得出

$a\leqslant\sqrt{\dfrac{4\Delta}{3}}$.

**定理 4.2.3**　对给定的$\Delta>0$,只有有限个真等价的判别式等于 $\Delta$ 的正定整二元二次型.

**证明**　由定理 4.2.2 的（2）可知判别式等于$\Delta$的正定整二元二次型真等价于一个既约二次型,其系数满足 $\mid 2b\mid\leqslant a\leqslant c$ 以及 $1\leqslant a\leqslant\sqrt{\dfrac{4\Delta}{3}}$,从而 $a$ 的取法是有限的,又由于 $\mid 2b\mid\leqslant a$,所以 $b$ 的取法也是有限的. $a,b,\Delta$ 取定后,$c$ 就完全确定了,因此判别式等于 $\Delta$ 的正定整二元二次型的个数是有限的. 而根据定理

4.2.2 的(1)可知至少存在一个那种二次型.

**定理 4.2.4** 判别式 $\Delta = 1$ 的正定二次型真等价于二次型 $Q'(x',y') = x'^2 + y'^2$.

**证明** 由定理 4.2.2 可知判别式等于 1 的正定二次型真等价于一个二次型,其中

$$0 \leqslant |\, 2b \,| \leqslant a \leqslant \sqrt{\frac{4\Delta}{3}} = \frac{2}{\sqrt{3}}$$

因此

$$0 \leqslant |\, b \,| \leqslant \frac{a}{2} \leqslant \frac{1}{\sqrt{3}}$$

由此就得出 $a=1, b=0, c=1$. 因而

$$Q'(x',y') = x'^2 + y'^2$$

**例 4.2.1** 用 $\mathbf{SL}_2(\mathbb{Z})$ 中的变换将

$$F = 4x^2 + 5xy + 3y^2$$

化成既约形.

**解** $\boldsymbol{T}_1 = \begin{bmatrix} 0 & 1 \\ -1 & 0 \end{bmatrix}$ 把 $F$ 化为

$$\boldsymbol{T}_1 F = F_1 = 3x^2 - 5xy + 4y^2$$

$\boldsymbol{T}_2 = \begin{bmatrix} 1 & 1 \\ 0 & 1 \end{bmatrix}$ 把 $F_1$ 化为

$$\boldsymbol{T}_2 F_1 = F_2 = 3x^2 + xy + 2y^2$$

$\boldsymbol{T}_3 = \begin{bmatrix} 0 & 1 \\ -1 & 0 \end{bmatrix}$ 把 $F_2$ 化为

$$\boldsymbol{T}_3 F_2 = F_3 = 2x^2 - xy + 3y^2$$

由于 $|-2| = 2 < 3$,所以

$$\boldsymbol{T} = \boldsymbol{T}_3 \boldsymbol{T}_2 \boldsymbol{T}_1 = \begin{bmatrix} -1 & 0 \\ 1 & -1 \end{bmatrix}$$

把 $F$ 化为了既约形

$$TF = 2x^2 - xy + 3y^2$$

## 4.3　三元二次型

三元二次型的定义是我们已知道的二元二次型的直接类似. 我们用 $\mathbf{GL}_3(\mathbb{Z})$ 表示行列式等于 $\pm 1$ 的元素是整数的 $3 \times 3$ 矩阵构成的群,用 $\mathbf{SL}_3(\mathbb{Z})$ 表示行列式等于 $1$ 的元素是整数的 $3 \times 3$ 矩阵构成的群.

**定义 4.3.1**　一个整三元二次型 $F$ 是一个系数是整数的 $2$ 次的三个变量的齐次多项式. $F = a_{11}x_1^2 + a_{22}x_2^2 + a_{33}x_3^2 + 2a_{12}x_1x_2 + 2a_{23}x_2x_3 + 2a_{13}x_1x_3$ 的矩阵 $\mathbf{M}(F)$ 是如下的 $3 \times 3$ 矩阵

$$\mathbf{M} = \begin{bmatrix} a_{11} & a_{12} & a_{13} \\ a_{12} & a_{22} & a_{23} \\ a_{13} & a_{23} & a_{33} \end{bmatrix} \tag{4.3.1}$$

一个三元二次型 $F$ 的行列式 $\Delta(F)$ 就是 $F$ 的矩阵 $\mathbf{M}(F)$ 的行列式.

**定义 4.3.2**　称两个三元二次型 $F$ 和 $G$ 是等价的,如果存在矩阵 $\boldsymbol{\gamma} \in \mathbf{GL}_3(\mathbb{Z})$ 使得

$$\boldsymbol{\gamma}F(x,y,z) = G(x,y,z)$$

(或者,等价地说使得 $\boldsymbol{\gamma}\mathbf{M}(F)\boldsymbol{\gamma}^{\mathrm{T}} = \mathbf{M}(G)$). 如果存在 $\boldsymbol{\gamma} \in \mathbf{SL}_3(\mathbb{Z})$ 使得

$$F((x,y,z)\boldsymbol{\gamma}) = G(x,y,z)$$

则称三元二次型 $F$ 和 $G$ 是真等价的.

85

**定理 4.3.1** 三元二次型 $Q(x_1, x_2, x_3) = a_{11}x_1^2 + a_{22}x_2^2 + a_{33}x_3^2 + 2a_{12}x_1x_2 + 2a_{23}x_2x_3 + 2a_{13}x_1x_3$ 是正定的充分必要条件是

$$a_{11} > 0$$

$$b = \begin{vmatrix} a_{11} & a_{12} \\ a_{12} & a_{22} \end{vmatrix} > 0$$

$$d = \Delta(Q) = \begin{vmatrix} a_{11} & a_{12} & a_{13} \\ a_{12} & a_{22} & a_{23} \\ a_{13} & a_{23} & a_{33} \end{vmatrix} > 0$$

同时成立.

此外,如果 $Q(x_1, x_2, x_3)$ 是正定的,则

$$a_{11}Q = (a_{11}x_1 + a_{12}x_2 + a_{13}x_3)^2 + K(x_2, x_3)$$

其中 $K(x_2, x_3)$ 是一个二元的正定二次型

$$K(x_2, x_3) = (a_{11}a_{22} - a_{12}^2)x_2^2 + (a_{11}a_{23} - a_{12}a_{13})x_2x_2 + (a_{11}a_{33} - a_{13}^2)x_3^2$$

**证明** 计算

$$K = a_{11}Q(x_1, x_2, x_3) - (a_{11}x_1 + a_{12}x_2 + a_{13}x_3)^2$$
$$= (a_{11}a_{22} - a_{12}^2)x_2^2 + (a_{11}a_{23} - a_{12}a_{13})x_2x_2 + (a_{11}a_{33} - a_{13}^2)x_3^2$$
$$= K(x_2, x_3)$$

所以 $K$ 是一个 $x_2, x_3$ 的二元二次型,且

$$a_{11}Q = (a_{11}x_1 + a_{12}x_2 + a_{13}x_3)^2 + K(x_2, x_3)$$

$$\Delta(K(x_2, x_3)) = \begin{vmatrix} a_{11}a_{22} - a_{12}^2 & a_{11}a_{23} - a_{12}a_{13} \\ a_{11}a_{23} - a_{12}a_{13} & a_{11}a_{33} - a_{13}^2 \end{vmatrix}$$
$$= (a_{11}a_{22} - a_{12}^2)(a_{11}a_{33} - a_{13}^2) \cdot (a_{11}a_{23} - a_{12}a_{13})^2$$

$$= a_{11} \Delta Q(x_1, x_2, x_3)$$

因此 $Q(x_1, x_2, x_3)$ 是正定的充分必要条件是 $K(x_2, x_3)$ 是正定的并且 $a_{11} > 0$.

显然如果 $a_{11} \leqslant 0$,则 $Q(1,0,0) = a_{11} \leqslant 0$,因此这时 $Q(x_1, x_2, x_3)$ 不可能是正定的.

现在如果 $a_{11} > 0$ 而 $K(x_2, x_3)$ 不是正定的,则存在不全为 0 的 $x_2', x_3'$ 使得 $K(x_2', x_3') \leqslant 0$,令

$$x_2'' = a_{11} x_2', \quad x_3'' = a_{11} x_3'$$

因此也有 $K(x_2'', x_3'')$. 令

$$x_1'' = -\frac{1}{a_{11}}(a_{12} x_2'' + a_{13} x_3'')$$

那么显然 $x_1''$ 是整数并且

$$a_{11} x_1'' + a_{12} x_2'' + a_{13} x_3'' = 0$$

因而我们有

$$a_{11} Q(x_1'', x_2'', x_3'') = 0^2 + K(x_2'', x_3'') \leqslant 0$$

这就得出

$$Q(x_1'', x_2'', x_3'') \leqslant 0$$

另一方面,如果 $K(x_2, x_3)$ 是正定的并且 $a_{11} > 0$,但是对某三个不全为 0 的 $\overline{x_1}, \overline{x_2}, \overline{x_3}$,有

$$Q(\overline{x_1}, \overline{x_2}, \overline{x_3}) \leqslant 0$$

那么由于

$$a_{11} Q(\overline{x_1}, \overline{x_2}, \overline{x_3}) = (a_{11}\overline{x_1} + a_{12}\overline{x_2} + a_{13}\overline{x_3})^2 +$$
$$K(\overline{x_2}, \overline{x_3})$$
$$\geqslant K(\overline{x_2}, \overline{x_3})$$

因此我们就有

$$K(\overline{x_2}, \overline{x_3}) \leqslant a_{11} Q(\overline{x_1}, \overline{x_2}, \overline{x_3}) \leqslant 0$$

由于 $K(\overline{x_2},\overline{x_3})$ 是正定的,所以 $K(\overline{x_2},\overline{x_3}) \geqslant 0$,这就得出 $\overline{x_2}=\overline{x_3}=0$ 以及 $a_{11}\overline{x_1}^2 \leqslant 0$,这蕴含 $\overline{x_1}=0$,这与 $\overline{x_1},\overline{x_2},\overline{x_3}$ 不全为 0 矛盾.

现在 $K(\overline{x_2},\overline{x_3})$ 是正定的充分必要条件是

$$b=a_{11}a_{22}-a_{12}^2>0$$

和

$$\Delta(K(x_2,x_3))>0$$

同时成立,但是

$$\Delta(K(x_2,x_3))=a_{11}\Delta(Q(x_1,x_2,x_3))$$

因而 $Q(x_1,x_2,x_3)$ 是正定的充分必要条件就是

$$a_{11}>0,b=a_{11}a_{22}-a_{12}^2>0$$

和

$$d=\Delta(Q(x_1,x_2,x_3))>0$$

同时成立.

**引理 4.3.1** 设 $\boldsymbol{C}=(c_{ij})_{n \times n}$ 是一个整数矩阵,$(c_{11},c_{21},c_{31})=1$,则可选择其他 6 个 $c_{ij}$ 使得

$$\det(\boldsymbol{C})=1$$

**证明** 设 $(c_{11},c_{21})=g$,则我们可选整数 $c_{12}$ 和 $c_{22}$ 使得

$$c_{11}c_{22}-c_{12}c_{21}=g$$

又由于 $(g,c_{31})=1$,所以又可选整数 $u$ 和 $v$ 使得

$$gu-c_{31}v=1$$

现在,设

$$\boldsymbol{C}=\begin{pmatrix} c_{11} & c_{12} & \left(\dfrac{c_{11}}{g}\right)v \\ c_{21} & c_{22} & \left(\dfrac{c_{21}}{g}\right)v \\ c_{31} & 0 & u \end{pmatrix}$$

则

$$\det(\boldsymbol{C}) = c_{11} c_{22} u + \frac{c_{12} c_{21} c_{31}}{g} v - \frac{c_{11} c_{22} c_{31}}{g} v - c_{12} c_{21} u$$

$$= -\frac{c_{31}(c_{11} c_{22} - c_{12} c_{21})}{g} v + (c_{11} c_{22} - c_{12} c_{21}) u$$

$$= gu - \frac{c_{31} g}{g} v$$

$$= gu - c_{31} v$$

$$= 1$$

**例 4.3.1** 设 $c_{11} = 2, c_{21} = 4, c_{31} = 5$，则

$$(c_{11}, c_{21}) = (2, 4) = 2 = g, (g, c_{31}) = (2, 5) = 1$$

为使得

$$c_{11} c_{22} - c_{12} c_{21} = g$$

就必须

$$2c_{22} - 4c_{12} = 2 \text{ 或 } c_{22} - 2c_{12} = 1$$

因此我们可选

$$c_{22} = 3, c_{12} = 1$$

为使得

$$gu - c_{31} v = 1$$

就必须

$$2u - 5v = 1$$

因此我们可选

$$u = 3, v = 1$$

因而

$$\boldsymbol{C} = \begin{pmatrix} 2 & 1 & 1 \\ 4 & 3 & 2 \\ 5 & 0 & 3 \end{pmatrix}$$

易于验证 $\det(\boldsymbol{C})=1$.

**定义 4.3.3** 称三元二次型

$$Q(x_1,x_2,x_3)=a_{11}x_1^2+a_{22}x_2^2+a_{33}x_3^2+2a_{12}x_1x_2+$$
$$2a_{23}x_2x_3+2a_{13}x_1x_3$$

是既约的，如果

$$0<a_{11}\leqslant\frac{4}{3}\sqrt[3]{d}, 2\mid a_{12}\mid\leqslant a_{11}, 2\mid a_{13}\mid\leqslant a_{11}$$

其中 $d=\Delta(Q)$ 是 $Q$ 的判别式.

**定理 4.3.2** 每一个正定三元二次型 $Q(x_1,x_2,x_3)$ 的等价类中都至少包含一个既约形式的三元二次型.

**证明** 设 $Q(x_1',x_2',x_3')=\sum\limits_{i,j=1}^{3}a_{ij}'x_i'x_j'$ 是这个等价类中的某个固定的三元二次型. 又设 $a$ 是 $Q$ 所能表示的最小的正整数. 因此存在三个整数 $c_{11},c_{21},c_{31}$ 使得 $Q(c_{11},c_{21},c_{31})=a$. 我们首先证明必有 $(c_{11},c_{21},c_{31})=1$. 假设不然，则可设 $(c_{11},c_{21},c_{31})=v>1$, 那么 $c=\dfrac{a}{v^2}<a$ 将也能被 $Q$ 表示，这与 $a$ 的最小性矛盾.

下面我们将求出一个三元二次型

$$Q_1(x_1,x_1,x_3)=\sum\limits_{i,j=1}^{3}a_{ij}x_ix_j$$

使得 $Q_1\sim Q$, 并且 $a_{11}=a$.

设 $Q_1$ 是对 $Q$ 做线性变换而得出的三元二次型，其中变换的矩阵是 $\boldsymbol{C}=(c_{kl})_{3\times3}$, 由于 $(c_{11},c_{21},c_{31})=1$, 所以我们可以按照引理 4.3.1 证明中的构造方法使得 $\det(\boldsymbol{C})=1$. 因此我们就有

$$a_{11} = Q_1(1,0,0) = Q(c_{11},c_{21},c_{31}) = a$$

下面,我们构造一个矩阵 $N$,其中

$$N = \begin{bmatrix} 1 & r & s \\ 0 & & \\ & B & \\ 0 & & \end{bmatrix}$$

其中 $r,s$ 是待定的整数,$B$ 是一个使得 $\det(B) = 1$ 的 $2 \times 2$ 矩阵,因此显然有 $\det(N) = 1$.

设

$$X = \begin{bmatrix} x_1 \\ x_2 \\ x_3 \end{bmatrix} = N \begin{bmatrix} y_1 \\ y_2 \\ y_3 \end{bmatrix} = NY$$

则有

$$Q_1(X) = Q_1(NY) = Q_2(Y)$$

因此

$$Q \sim Q_1 \sim Q_2$$

都在同一个类中.

设 $Q_2(y_1,y_2,y_3) = \sum_{i,j=1}^{3} b_{ij} y_i y_j$,其中 $b_{11} = a_{11}$. 从定理 4.3.3 可知

$$a_{11} Q_1(X) = (a_{11}x_1 + a_{12}x_2 + a_{13}x_3)^2 + K_1(x_2,x_3)$$

$$a_{12} Q_2(Y) = (b_{11}y_1 + b_{12}y_2 + b_{13}y_3)^2 + K_2(y_2,y_3)$$

其中 $K_1(x_2,x_3)$ 和 $K_2(y_2,y_3)$ 都是正定的.

由于 $N$ 把 $Q_1(x_1,x_2,x_3)$ 变换为 $Q_2(y_1,y_2,y_3)$,所以 $B$ 把 $K_1(x_2,x_3)$ 变换为 $K_2(y_2,y_3)$. 由定理4.3.3 可知 $K_2(y_2,y_3)$ 的判别式

$$\Delta(K_2(y_2,y_3)) = a_{11}d = b_{11}d$$

91

其中 $d=\Delta(Q_2(y_1,y_2,y_3))$ 并且 $y_2^2$ 的系数等于 $b_{11}b_{22}-b_{12}^2=b$. 正像我们在既约二元二次型的情况中所看到的那样,我们可使

$$b \leqslant \sqrt{\frac{4\Delta(K_2(y_2,y_3))}{3}} = \sqrt{\frac{4a_{11}d}{3}} = \sqrt{\frac{4b_{11}d}{3}}$$

此外,$b_{12}$ 和 $b_{13}$ 都是 $a_{11}$ 的线性形,其系数分别为 $r$ 和 $s$. 因此我们可使

$$|b_{ij}| \leqslant \frac{1}{2}a_{11} = \frac{1}{2}b_{11}, j=2,3$$

最后由于 $b_{22}=Q_2(0,1,0)$ 可被 $Q_2$ 表示,因此也可被 $Q$ 表示,所以由 $a_{11}$ 的最小性就得出

$$a_{11} \leqslant b_{22}$$

因而有

$$b_{11}^2 \leqslant b_{11}b_{22} = (b_{11}b_{22}-b_{12}^2) + b_{12}^2$$

$$\leqslant \sqrt{\frac{4b_{11}d}{3}} + \frac{1}{4}b_{11}^2$$

因而有

$$\frac{3}{4}b_{11}^2 \leqslant \frac{2}{\sqrt{3}}\sqrt{b_{11}d}$$

$$\frac{3\sqrt{3}}{8}b_{11}^{\frac{3}{2}} \leqslant \sqrt{d}$$

$$\frac{27}{64}b_{11}^3 \leqslant d$$

$$\frac{3}{4}b_{11} \leqslant \sqrt[3]{d}$$

$$a_{11} = b_{11} \leqslant \frac{4}{3}\sqrt[3]{d}$$

我们再证明一个与此类似的定理.

**定理 4.3.3** 任意判别式 $\Delta \neq 0$ 的整三元二次型都等价于一个如下的三元二次型

$$F(x,y,z) = ax^2 + by^2 + cz^2 + 2uxy + 2vyz + 2wxz$$

其中:

(1) $a \leqslant \sqrt{\dfrac{4 \mid u^2 - ab \mid}{3}}$ ;

(2) $4 \mid u^2 - ab \mid \leqslant \sqrt{\dfrac{64 \mid a\Delta \mid}{3}}$ ;

(3) $\mid a \mid \leqslant \dfrac{4}{3} \sqrt[3]{\mid \Delta \mid}$ .

**证明** 我们首先复习某些关于矩阵的余因子的结果.

设 $\boldsymbol{M}$ 是一个非异的 $3 \times 3$ 矩阵,因此 $\boldsymbol{M}$ 的行列式 $\Delta \neq 0$. 记 $\overline{\boldsymbol{M}}$ 是矩阵 $\boldsymbol{M}$ 的余因子矩阵. 等式 $\boldsymbol{M}\overline{\boldsymbol{M}}^{\mathrm{T}} = \Delta \boldsymbol{I}$ 说明 $\det(\overline{\boldsymbol{M}}) = \Delta^2$,因而 $\overline{\boldsymbol{M}}\overline{\overline{\boldsymbol{M}}}^{\mathrm{T}} = \Delta^2 \boldsymbol{I}$,由此得出 $\overline{\overline{\boldsymbol{M}}} = \Delta \boldsymbol{M}$. 最后注意,对矩阵取余因子矩阵是积性的,即对每一对非异的 $3 \times 3$ 矩阵 $\boldsymbol{M}$ 和 $\boldsymbol{N}$,矩阵 $\boldsymbol{MN}$ 的余因子矩阵是 $\overline{\boldsymbol{MN}}$.

我们首先说明不等式(1)和(2)之间是对称的.

设

$$\boldsymbol{M} = \begin{pmatrix} a & u & w \\ u & b & v \\ w & v & c \end{pmatrix}$$

$$\overline{\boldsymbol{M}} = \begin{pmatrix} A & U & W \\ U & B & V \\ W & V & C \end{pmatrix}$$

其中 $\overline{M}$ 是 $M$ 的余因子矩阵. 等式 $\overline{\overline{M}}=\Delta M$ 说明 $\Delta a = BC - V^2$, 由于 $C = ab - u^2$, 不等式(2) 和

$$| C | \leqslant \sqrt{\frac{4 \mid V^2 - BC \mid}{3}} \qquad (2')$$

是一回事.

最后注意, 设 $\boldsymbol{\gamma} = \mathbf{GL}_3(\mathbb{Z})$, 那么 $\boldsymbol{\gamma}\boldsymbol{M}\boldsymbol{\gamma}^{\mathrm{T}}$ 的余因子矩阵就等于 $\overline{\boldsymbol{\gamma}}\overline{\boldsymbol{M}}\overline{\boldsymbol{\gamma}}^{\mathrm{T}}$, 其中 $\overline{\boldsymbol{\gamma}} = \det(\boldsymbol{\gamma}) \cdot (\boldsymbol{\gamma}^{-1})^{\mathrm{T}} \in \mathbf{GL}_3(\mathbb{Z})$.

设 $F_0$ 是一个判别式等于 $\Delta \neq 0$ 的整三元二次型, 其矩阵为 $\boldsymbol{M}_0$. 我们像上面一样, 用带下标的小写和大写的字母分别表示 $\boldsymbol{M}_0$ 和 $\overline{\boldsymbol{M}}_0$ 的元素. 以下我们经常用 $[a, 2b, c]$ 来代表二次型 $F = ax^2 + 2bxy + cy^2$. 如果不等式(1) 对 $M_0$ 不成立, 那么根据定理 4.2.2, 我们可选择 $\boldsymbol{\theta} \in \mathbf{GL}_2(\mathbb{Z})$ 使得 $\boldsymbol{\theta}[a_0, 2u_0, b_0] = [a_1, 2u_1, b_1]$ 满足

$$| a_1 | \leqslant \sqrt{\frac{\mid 4u_1^2 - 4a_1b_1 \mid}{3}} \leqslant \sqrt{\frac{\mid 4u_0^2 - 4a_0b_0 \mid}{3}} < | a_0 |$$

令

$$\boldsymbol{\gamma}_1 = \begin{pmatrix} & & 0 \\ & \boldsymbol{\theta} & 0 \\ 0 & 0 & 1 \end{pmatrix} \in \mathbf{GL}_3(\mathbb{Z})$$

并设 $\boldsymbol{M}_1 = \boldsymbol{\gamma}_1\boldsymbol{M}_0\boldsymbol{\gamma}_1^{\mathrm{T}}$. 容易看出 $C_1 = C_0$.

如果不等式(2') 对 $\overline{\boldsymbol{M}}_1$ 不成立, 那么类似地, 我们可选择 $\boldsymbol{\theta} \in \mathbf{SL}_2(\mathbb{Z})$ 使得 $\boldsymbol{\theta}[B_1, 2V_1, C_1] = [B_2, 2V_2, C_2]$ 满足

$$| C_2 | \leqslant \sqrt{\frac{\mid 4V_2^2 - 4B_2C_2 \mid}{3}} < | C_1 |$$

设

$$\boldsymbol{\gamma}_2 = \begin{bmatrix} 1 & 0 & 0 \\ 0 & & \\ 0 & & \boldsymbol{\theta} \end{bmatrix} \in \mathbf{GL}_3(\mathbb{Z})$$

以及 $\boldsymbol{M}_2 = \overline{\boldsymbol{\gamma}_2 \boldsymbol{M}_1 \boldsymbol{\gamma}_2^{\mathrm{T}}}$，因此 $\overline{\boldsymbol{M}}_2 = \boldsymbol{\gamma}_2 \overline{\boldsymbol{M}}_1 \boldsymbol{\gamma}_2^{\mathrm{T}}$，显然 $a_2 = a_1$. 以交替的顺序迭代前两段的两个过程以构造一个序列 $\boldsymbol{M}_0, \boldsymbol{M}_1, \boldsymbol{M}_2, \boldsymbol{M}_3, \cdots$，如果 $\boldsymbol{M}_i$ 使得不等式 $(1)$ 或 $(2')$ 中之一不成立，则这个序列就可以继续到 $\boldsymbol{M}_{i+1}$. 我们已经知道

$$|a_0| > |a_1| = |a_2| > |a_3| = \cdots \geqslant 0$$

和

$$|C_0| = |C_1| > |C_2| = |C_3| > \cdots \geqslant 0$$

由于 $a_i$ 和 $C_i$ 是整数，所以以上的序列必须在某个矩阵 $\boldsymbol{M}$ 处终止，其中 $\boldsymbol{M}$ 同时满足不等式 $(1)$ 和 $(2')$. 矩阵为 $\boldsymbol{M}$ 的形式 $F$ 等价于 $F_0$ 并且同时满足不等式 $(1)$ 和 $(2)$.

从不等式 $(1)$ 和 $(2)$ 直接就得出不等式

$$|a| \leqslant \frac{4}{3} \sqrt[3]{|\Delta|}$$

**定理 4.3.4** 所有判别式 $\Delta = 1$ 的正定三元二次型 $Q(x_1, x_2, x_3)$ 都真等价于三元二次型 $Q_1(y_1, y_2, y_3) = y_1^2 + y_2^2 + y_3^2$（即一个三平方和）.

**证明** 由定理 4.3.2 可知，所给的三元二次型等价于一个三元二次型，其中

$$0 < a_{11} \leqslant \frac{4}{3} \sqrt[3]{d}, 2 |a_{12}| \leqslant a_{11}, 2 |a_{13}| \leqslant a_{11}$$

由此即可得出

$$0 < a_{11} \leqslant \frac{4}{3}, 2 \mid a_{12} \mid \leqslant a_{11}, 2 \mid a_{13} \mid \leqslant a_{11}$$

因而 $a_{11} = 1$.

因此这个等价类包含三元二次型

$$Q(x_1, x_2, x_3) = x_1^2 + a_{22}x_2^2 + 2a_{23}x_2x_3 + a_{33}x_3^2$$
$$= x_1^2 + K(x_2, x_3)$$

其中 $K(x_2, x_3) = a_{22}x_2^2 + 2a_{23}x_2x_3 + a_{33}x_3^2$ 是正定的并且判别式等于1.因此根据定理4.2.3就得出通过适当的变换

$$\boldsymbol{B} = \begin{bmatrix} t & u \\ v & w \end{bmatrix}, \det(\boldsymbol{B}) = 1$$

就可使 $K(x_2, x_3)$ 变成 $K'(y_2, y_3) = y_2^2 + y_3^2$.因而变换

$$\begin{bmatrix} 1 & 0 & 0 \\ 0 & t & u \\ 0 & v & w \end{bmatrix}$$

就把 $Q(x_1, x_2, x_3)$ 变成了

$$Q_1(y_1, y_2, y_3) = y_1^2 + y_2^2 + y_3^2$$

**注记 4.3.1**　如果去掉"正定"的条件,则定理的结论不成立,例如可以验证三元二次型 $2xz - y^2$ 的判别式也等于1.但可以证明判别式等于1的整三元二次型只可能等价于这两种三元二次型之一.

**定理 4.3.5**　所有判别式 $\Delta = -\frac{1}{4}$ 的整三元二次型 $Q(x, y, z)$ 都等价于三元二次型

$$Q(x, y, z) = y^2 - xz$$

**证明**　由定理4.3.3可知判别式 $\Delta = -\frac{1}{4}$ 的整三

元二次型 $Q(x,y,z)$ 都等价于一个三元二次型

$$F(x,y,z) = ax^2 + by^2 + cz^2 + 2uxy + 2vyz + 2wxz$$

其中

$$|a| \leqslant \frac{4}{3}\sqrt[3]{|\Delta|} = \frac{4}{3}\sqrt[3]{\frac{1}{4}} = 0.839\ 9\cdots$$

以及

$$4|u^2 - ab| \leqslant \sqrt{\frac{64|a\Delta|}{3}}$$

由此即可得出 $a=0, u=0$. 因此其矩阵为

$$\boldsymbol{M} = \begin{pmatrix} 0 & 0 & w \\ 0 & b & v \\ w & v & c \end{pmatrix}$$

设

$$\boldsymbol{\gamma} = \begin{pmatrix} 1 & 0 & 0 \\ \alpha & 1 & 0 \\ \beta & 0 & 1 \end{pmatrix} \in \mathbf{SL}_3(\mathbb{Z})$$

又设

$$\boldsymbol{M}_1 = \boldsymbol{\gamma}\boldsymbol{M}\boldsymbol{\gamma}^{\mathrm{T}} \begin{pmatrix} 0 & 0 & w \\ 0 & b & \alpha w + v \\ w & \alpha w + v & 2\beta w + c \end{pmatrix}$$

由于 $\det(\boldsymbol{M}_1) = -bw^2 = -\dfrac{1}{4}$，所以 $b=1, w=\pm\dfrac{1}{2}$. 选

择合适的 $\alpha, \beta$，则可使

$$\boldsymbol{M}_1 = \begin{pmatrix} 0 & 0 & \pm\dfrac{1}{2} \\ 0 & 1 & 0 \\ \pm\dfrac{1}{2} & 0 & 0 \end{pmatrix}$$

97

如果 $w=-\dfrac{1}{2}$，则三元二次型已化为我们想要的形式

$y^2-xz$，如果 $w=\dfrac{1}{2}$，则三元二次型化为 $y^2+xz$ 的形

式，再做变换 $\boldsymbol{X}=\begin{pmatrix}1 & 0 & 0\\0 & 1 & 0\\0 & 0 & -1\end{pmatrix}\boldsymbol{Y}$，即可把 $y^2+xz$ 化为

$y^2-xz$ 的形式.

# 把正整数表示成三个整数的平方和

## 5.1 引　　言

　　在这一章中，我们将考虑把一个正整数表示为三个整数的平方和的问题. 与把一个正整数表示为两个整数的平方和和四个整数的平方和的问题不同，把一个正整数表示为三个整数的平方和的问题是一个更为困难的问题. 这个问题之所以困难，也许是在于，对于三个整数的平方和来说，并没有类似于二平方和与四平方和中的那种 Euler 公式，也就是说，两个三平方和的乘积不一定还是这种数（而两个二平方和数的乘积和两个四平方和数的乘积却仍然是一个二平方和数与四平方和数）. 比如

$$3 = 1^2 + 1^2 + 1^2 \text{ 和 } 21 = 1^2 + 2^2 + 4^2$$

都是三平方和数,但是它们的乘积 $63 \equiv 7 (\bmod 8)$ 却不是一个三平方和数.(那就是说,不可能把 63 表示成三个整数的平方和,理由见下文)不过尽管对三平方和问题来说,一般并不成立类似于 Euler 恒等式那样的结果,Euler 在探索此问题时,仍然发现了一些有趣的恒等式,比如一个三平方和数的平方仍然是一个三平方和数.即成立下面的恒等式

$$(p^2 + q^2 + r^2)^2$$
$$= p^4 + q^4 + r^4 + 2p^2q^2 + 2p^2r^2 + 2q^2r^2$$
$$= (p^4 + q^4 + r^4 + 2p^2q^2 - 2p^2r^2 - 2q^2r^2) + 4p^2r^2 + 4q^2r^2$$
$$= (p^2 + q^2 - r^2)^2 + (2pr)^2 + (2qr)^2$$

与此相关的两个问题是:

(1) 哪些正整数 $n$ 可以表示成三个整数的平方和?

(2) 求出把正整数 $n$ 表示成三个整数的平方和的方法的数目 $r_3(n)$ 的公式.

我们将只解决第一个问题.对于第二个问题,由于解决的方法超出了本书以初等方法解决问题的既定方针,所以我们将只给出表示方法数目的公式.

Diophantus 曾宣称,为了使方程 $x_1^2 + x_2^2 + x_3^2 = n$ 有解,$n$ 必须不等于 $24k + 7$.后来 Bachet 发现这个条件是不充分的并又补充了一个条件.最终是 Fermat 成功地给出了正确的条件.在 1936 年,Fermat 说没有任何形式为 $8k + 7$ 的正整数可以表示成三个整数的平

方和.

Legendre 在 1798 年首先企图证明所有不是 $4^h(8k+7)$ 形式的正整数都可表示成三个整数的平方和. 1801 年 Gauss 对此命题给出了完整的证明并得出了把一个正整数表示成三个整数的平方和的本原解的解数公式. Gauss 的证明依赖于他的内容广阔的二次型理论中的更难的结果. 现在,各种其他的证明也已出现,但是没有一种是能适应全部情况的初等的和简单的证明. 本章将在不加证明的承认等差数列中素数分布的 Dirichlet 定理的前提下证明三个整数的平方和定理. 并对一些特殊情况给出初等证明. 等差数列中素数分布的 Dirichlet 定理是说:如果 $(a,d)=1$,也就是正整数 $a$ 和 $d$ 互素,那么在等差数列 $a+dm$ 中必包含无穷多个素数. 其证明可参看文献[6] 第 X 章或文献[3] 第七章.

首先我们叙述这一章的主要定理.

**主要定理:正整数 $n$ 是三个整数的平方和的充分必要条件是 $n$ 不是形式为 $4^h(8k+7)$ 的正整数,其中 $h,k$ 都是非负整数.**

下面我们先说明这个条件是必要的.

**定理 5.1.1**    如果 $n=x_1^2+x_2^2+x_3^2$,则 $n$ 不可能是 $4^h(8k+7)$ 形式的正整数,其中 $h,k \geqslant 0$.

**证明**    设 $n$ 是可表示为三个整数的平方和的最小的正整数. 那么我们有 $n=a^2+b^2+c^2$,其中 $a,b,c$ 都是整数.

以下我们分四种情况证明.

情况 $1:a,b,c$ 中有一个是奇数,不妨设它是 $a$,则

$$n = a^2 + b^2 + c^2$$
$$= (2k_1 + 1)^2 + (2k_2)^2 + (2k_3)^2$$
$$= 4(k_1^2 + k_1 + k_2^2 + k_3^2) + 1$$

因此 $n$ 不可能是 $4^h(8k+7)$ 形式的正整数.

情况 $2:a,b,c$ 中有两个是奇数,不妨设它们是 $a$, $b$,则

$$n = a^2 + b^2 + c^2$$
$$= (2k_1 + 1)^2 + (2k_2 + 1)^2 + (2k_3)^2$$
$$= 4(k_1^2 + k_1 + k_2^2 + k_2 + k_3^2) + 2$$

这时 $n$ 也不可能是 $4^h(8k+7)$ 形式的正整数.

情况 $3:a,b,c$ 都是奇数,则

$$n = a^2 + b^2 + c^2$$
$$= (2k_1 + 1)^2 + (2k_2 + 1)^2 + (2k_3 + 1)^2$$
$$= 4(k_1^2 + k_1 + k_2^2 + k_2 + k_3^2 + k_3) + 3$$

这时 $n$ 仍不可能是 $4^h(8k+7)$ 形式的正整数.

情况 $4:a,b,c$ 都是偶数. $n$ 是可表示为三个整数的平方和的最小的整数,则

$$n = 4a_1^2 + 4b_1^2 + 4c_1^2$$

因此

$$\frac{n}{4} = a_1^2 + b_1^2 + c_1^2$$

由于 $\frac{n}{4} < n$,所以这与 $n$ 的最小性矛盾.

我们已经证明了,没有一个形如 $4^h(8k+7)$ 形式的正整数可以表示成三个整数的平方和,其中 $h,k \geqslant 0$.不过主要定理的充分条件,即所有不是形式为

$4^h(8k+7)$ 的正整数 $n$ 都可表示成三个整数的平方和的证明则要更困难些. 这在很大程度上是由于在三平方和问题的情况下, 已不再有类似于我们在第 2 章和第 3 章都使用过的 Euler 恒等式这样的结果.

为了证明充分性, 我们必须利用某些有关二次型的基本事实.

## 5.2 把正整数表示成三个整数的平方和

现在我们叙述本节的主要定理如下:

**定理 5.2.1** 设 $n=4^a n_1$, $4 \nmid n_1$, 如果 $n_1$ 不是形如 $8b+7$ 形式的数, 其中 $a \geqslant 0, b \geqslant 0$, 则 $n$ 是三个整数的平方和.

为了证明这个定理, 我们需要用到下面的 Dirichlet 定理. 但由于这个定理的证明超出了本书的范围, 所以我们不准备证明它. 证明可参见文献[6]第 $\mathbb{X}$ 章, 文献[7]第七章或文献[12].

Dirichlet 定理: 如果 $(k,m)=1$, 那么在等差数列 $kr+m(r=0,1,\cdots)$ 中含有无穷多个素数.

**定理 5.2.1 的证明** 根据定理的假设, 我们只须考虑 $n \not\equiv 0(\bmod 4)$ 的情况即可, 而这等价于 $n \not\equiv 0$, $4(\bmod 8)$. 也就是, 我们可排除下列情况(这时定理已成立或可化为以下证明中的标准情况)

$$n \equiv 0(\bmod 4), 即 n=4k=\{0,4,8,\cdots\}$$
$$n \equiv 0(\bmod 8), 即 n=8k=\{0,8,16,\cdots\}$$

103

$n \equiv 4 (\bmod 8)$,即 $n = 8k + 4 = \{4, 12, 20, \cdots\}$

当 $n \equiv 7 (\bmod 8)$ 时,我们在定理 4.1.1 中已经证明过 $n$ 不可能是三个整数的平方和,因此我们也排除这种情况. 因此我们以下只须考虑 $n \equiv 1, 2, 3, 5, 6 (\bmod 8)$ 的情况即可.

我们证明的思想是首先证明在上述每种情况下,$n$ 都可以用一个三元二次型 $Q = \sum_{i,j=1}^{3} a_{ij} x_i x_j$ 表示出来,其中 $Q$ 的判别式等于 1.

然后利用推论 4.3.4(判别式 $d_3 = 1$ 的正定三元二次型 $Q(x_1, x_2, x_3)$ 等价于一个三个整数的平方和)即可得出定理的结论.

我们将求出下面的 9 个数 $a_{11}, a_{12}, a_{13}, a_{22}, a_{23}, a_{33}, x_1, x_2, x_3$,并要求它们满足下面的 4 个条件:

(1)$n = a_{11} x_1^2 + 2a_{12} x_1 x_2 + 2a_{13} x_1 x_3 + a_{22} x_2^2 + 2a_{23} x_2 x_3 + a_{33} x_3^2$.

(2)$a_{11} > 0$.

(3)$\boldsymbol{b} = \begin{vmatrix} a_{11} & a_{12} \\ a_{21} & a_{22} \end{vmatrix} = a_{11} a_{22} - a_{12}^2 > 0, a_{12} = a_{21}$.

(4)$\boldsymbol{d} = \begin{vmatrix} a_{11} & a_{12} & a_{13} \\ a_{21} & a_{22} & a_{23} \\ a_{31} & a_{32} & a_{33} \end{vmatrix} = 1$,其中 $a_{ij} = a_{ji}, i \neq j$.

设 $a_{13} = 1, a_{23} = 0, a_{33} = n$,那么 $Q$ 就可写成

$$Q = a_{11} x_1^2 + 2a_{12} x_1 x_2 + 2x_1 x_3 + a_{22} x_2^2 + n x_3^2$$

这时 $Q(0, 0, 1) = n$,因此条件(1)已满足. 还有三个未知数 $a_{11}, a_{12}, a_{22}$ 必须满足下面的条件:

① $a_{11} > 0$.

② $\boldsymbol{b} = \begin{bmatrix} a_{11} & a_{12} \\ a_{21} & a_{22} \end{bmatrix} = a_{11}a_{22} - a_{12}^2 > 0, a_{12} = a_{21}$.

③ $\boldsymbol{d} = \begin{bmatrix} a_{11} & a_{12} & 1 \\ a_{21} & a_{22} & 0 \\ 1 & 0 & n \end{bmatrix} = (a_{11}a_{22} - a_{12}^2)n - a_{22} =$

$bn - a_{22} = 1$.

上式蕴含 $a_{22} = bn - 1$.

我们首先证明条件 ② 和 ③ 蕴含条件 ①,因此条件 ① 不必独立考虑,可以取消.

由于 $1 = 1^2 + 0^2 + 0^2$,所以以下不妨设 $n \geqslant 2$,由于 $b$ 是正整数,因而就得出

$$a_{22} = bn - 1 \geqslant 2n - b > 0$$

$$a_{11}a_{22} = a_{12}^2 + b \geqslant b > 0$$

这就得出 $a_{11} > 0$.

下面我们需要选择一个整数 $b$ 使得 $a_{11} = \dfrac{a_{12}^2 + b}{a_{22}}$

是一个整数. 这等价于

$$a_{11} \mid (a_{12}^2 + b)$$

或

$$a_{12}^2 \equiv -b \pmod{a_{22}}$$

因此

$$a_{12}^2 \equiv -b \pmod{bn - 1}$$

其中 $a_{12}$ 是一个任意的整数. 因此我们需要找一个是模 $a_{22}$ 的二次剩余的 $-b$. 解决这个问题的最简单的办法是选一个 $b$ 使得

$nb-1=p$, 其中 $p$ 是一个素数, 并且 $\left[\dfrac{-b}{p}\right]=1$

我们分 $n$ 是偶数和奇数两种情况讨论.

情况 1: $n$ 是偶数, 也就是 $n \equiv 2,6 \pmod 8$. 我们证明这时

$$(4n, n-1)=1$$

由于

$$(4n, n-1)=(4n-4(n-1), n-1)=(4, n-1)$$

所以只要证明 $(4, n-1)=1$ 即可. 这也就是要证明存在两个整数 $x, y$, 使得

$$4x+(n-1)y=1$$

对 $n \equiv 2 \pmod 8$, 我们有 $n=8k+2$, 因此

$$4x+(8k+1)y=1$$

因而我们只要取 $x=-2k, y=1$ 即可.

对 $n \equiv 6 \pmod 8$, 我们有 $n=8k+6$, 因此

$$4x+(8k+5)y=1$$

因而我们只要取 $x=-(2k+1), y=1$ 即可. 这样, 我们就证明了 $(4n, n-1)=1$.

于是根据 Dirichlet 定理可知, 存在整数 $m$ 使得 $4nm+n-1=p$, 其中 $p$ 是一个素数.

现在我们取 $b=4m+1$, 这表示 $b \equiv 1 \pmod 4$, 这时

$$p=4nm+n-1=(4m+1)n-1=bn-1$$

我们证

$$p \equiv 1 \pmod 4$$

对 $n \equiv 2 \pmod 8$

$$p = (4m + 1)(8k + 2) - 1$$
$$= 32mk + 8m + 8k + 2 - 1$$
$$= 4t + 1$$
$$\equiv 1(\mathrm{mod}\ 4)$$

对 $n \equiv 6(\mathrm{mod}\ 8)$

$$p = (4m + 1)(8k + 6) - 1$$
$$= 32mk + 24m + 8k + 6 - 1$$
$$= 32mk + 24m + 8k + 4 + 1$$
$$= 4r + 1$$
$$\equiv 1(\mathrm{mod}\ 4)$$

因而我们有

$$b \equiv p \equiv 1(\mathrm{mod}\ 4)$$

此外还有

$$\left(\frac{-b}{p}\right) = \left(\frac{-1 \cdot b}{p}\right) = \left(\frac{-1}{p}\right)\left(\frac{b}{p}\right)$$
$$= (-1)^{\frac{p-1}{2}}\left(\frac{b}{p}\right)$$
$$= \left(\frac{b}{p}\right)$$

以及

$$(b,p) = (nb - p,p) = (1,p) = 1$$

因此

$$\left(\frac{b}{p}\right) = (-1)^{\frac{p-1}{2}\frac{b-1}{2}}\left(\frac{p}{b}\right)$$
$$= \left(\frac{p}{b}\right)$$

107

$$= \begin{bmatrix} bn-1 \\ b \end{bmatrix}$$

$$= \begin{bmatrix} -1 \\ b \end{bmatrix} \quad (\text{由于 } bn-1 \equiv -1 (\bmod b))$$

$$= (-1)^{\frac{b-1}{2}}$$

$$= 1$$

这就说明方程

$$x^2 \equiv -b (\bmod p)$$

有解,设这个解是 $a_{12}$,由于 $a_{22} = bn - 1 = p$,这就说明

$$a_{12}^2 \equiv -b (\bmod a_{22})$$

从而 $a_{11} = \dfrac{b + a_{12}^2}{a_{22}}$ 是一个整数.

情况 $2$:$n$ 是奇数. 这时 $n \equiv 1,3,5 (\bmod 8)$.

我们首先定义一个常数 $c$ 如下

$$c = \begin{cases} 1 & \text{如果 } n \equiv 3 (\bmod 8) \\ 3 & \text{如果 } n \equiv 1,5 (\bmod 8) \end{cases}$$

那么容易验证对所有满足 $n \equiv 1,3,5 (\bmod 8)$ 的 $n$ 都

有 $\dfrac{cn-1}{2}$ 是奇数. 我们证明

$$\left( 4n, \frac{cn-1}{2} \right) = 1$$

当 $n \equiv 3 (\bmod 8)$ 时,我们有 $n = 8k + 3$,这时

$$\left( 4n, \frac{cn-1}{2} \right) = (4(8k+3), 4k+1)$$

$$= (32k+12, 4k+1)$$

$$= ((32k+12) - 8(4k+1), 4k+1)$$

$$= (4, 4k+1)$$

$$= (4,1)$$
$$= 1$$

因此命题成立.

当 $n \equiv 1 \pmod 8$ 时,我们有 $n = 8k+1$,这时

$$\left(4n, \frac{cn-1}{2}\right) = (4(8k+1), 12k+1)$$
$$= (32k+4, 12k+1)$$
$$= (3(32k+4) - 8(12k+1), 12k+1)$$
$$= (4, 12k+1)$$
$$= (4,1)$$
$$= 1$$

因此这时命题也成立.

当 $n \equiv 5 \pmod 8$ 时,我们有 $n = 8k+5$,这时

$$\left(4n, \frac{cn-1}{2}\right) = (4(8k+5), 12k+7)$$
$$= (32k+20, 12k+7)$$
$$= (3(32k+20) - 8(12k+7), 12k+7)$$
$$= (4, 12k+7)$$
$$= (4,7)$$
$$= 1$$

因此这时命题仍然成立. 这样,我们就证明了对所有满足 $n \equiv 1,3,5 \pmod 8$ 的 $n$ 都有

$$\left(4n, \frac{cn-1}{2}\right) = 1$$

于是根据 Dirichlet 定理可知,存在一个素数

$$p = 4nv + \frac{cn-1}{2}$$

109

因而有

$$2p = (8v + c)n - 1$$

现在我们取 $b = 8v + c$，那么我们有

$$b > 0, 2p = bn - 1$$

当 $n \equiv 1 (\mathrm{mod}\ 8)$ 时

$$b \equiv 3 (\mathrm{mod}\ 8), p \equiv 1 (\mathrm{mod}\ 4)$$

当 $n \equiv 3 (\mathrm{mod}\ 8)$ 时

$$b \equiv 1 (\mathrm{mod}\ 8), p \equiv 1 (\mathrm{mod}\ 4)$$

当 $n \equiv 5 (\mathrm{mod}\ 8)$ 时

$$b \equiv 3 (\mathrm{mod}\ 8), p \equiv 3 (\mathrm{mod}\ 4)$$

因此当 $n \equiv 1, 5 (\mathrm{mod}\ 8)$ 时

$$\begin{bmatrix} -2 \\ b \end{bmatrix} = \begin{bmatrix} -1 \\ b \end{bmatrix} \begin{bmatrix} 2 \\ b \end{bmatrix} = 1(-1)^{\frac{(8v+3)^2-1}{8}} = 1 \cdot 1 = 1$$

当 $n \equiv 3 (\mathrm{mod}\ 8)$ 时

$$\begin{bmatrix} -2 \\ b \end{bmatrix} = \begin{bmatrix} -1 \\ b \end{bmatrix} \begin{bmatrix} 2 \\ b \end{bmatrix} = 1(-1)^{\frac{(8v+1)^2-1}{8}} = 1 \cdot 1 = 1$$

这就得出，对所有的 $n \equiv 1, 3, 5 (\mathrm{mod}\ 8)$ 有

$$\begin{bmatrix} -2 \\ b \end{bmatrix} = 1$$

当 $n \equiv 1 (\mathrm{mod}\ 8)$ 时，我们有

$$\begin{bmatrix} -b \\ p \end{bmatrix} = \begin{bmatrix} -(8v + 3) \\ p \end{bmatrix}$$

$$= \begin{bmatrix} -1 \\ p \end{bmatrix} \begin{bmatrix} 8v + 3 \\ p \end{bmatrix}$$

$$= (-1)^{\frac{p-1}{2}} \begin{bmatrix} 8v + 3 \\ p \end{bmatrix}$$

$$= \begin{pmatrix} 8v+3 \\ p \end{pmatrix}$$

$$= (-1)^{\frac{8v+3-1}{2} \cdot \frac{p-1}{2}} \begin{pmatrix} p \\ 8v+3 \end{pmatrix}$$

$$= (-1)^{2k(4v+1)} \begin{pmatrix} p \\ 8v+3 \end{pmatrix}$$

$$= \begin{pmatrix} p \\ b \end{pmatrix}$$

当 $n \equiv 3 \pmod 8$ 时,我们有

$$\begin{pmatrix} -b \\ p \end{pmatrix} = \begin{pmatrix} -(8v+1) \\ p \end{pmatrix}$$

$$= \begin{pmatrix} -1 \\ p \end{pmatrix} \begin{pmatrix} 8v+1 \\ p \end{pmatrix}$$

$$= (-1)^{\frac{p-1}{2}} \begin{pmatrix} 8v+1 \\ p \end{pmatrix}$$

$$= \begin{pmatrix} 8v+1 \\ p \end{pmatrix}$$

$$= (-1)^{\frac{8v+1-1}{2} \cdot \frac{p-1}{2}} \begin{pmatrix} p \\ 8v+1 \end{pmatrix}$$

$$= (-1)^{2k(4v)} \begin{pmatrix} p \\ 8v+1 \end{pmatrix}$$

$$= \begin{pmatrix} p \\ b \end{pmatrix}$$

当 $n \equiv 5 \pmod 8$ 时,我们有

$$\begin{pmatrix} -b \\ p \end{pmatrix} = \begin{pmatrix} -(8v+3) \\ p \end{pmatrix}$$

$$= \begin{bmatrix} -1 \\ p \end{bmatrix} \begin{bmatrix} 8v+3 \\ p \end{bmatrix}$$

$$= (-1)^{\frac{p-1}{2}} \begin{bmatrix} 8v+3 \\ p \end{bmatrix}$$

$$= \begin{bmatrix} 8v+3 \\ p \end{bmatrix}$$

$$= (-1)^{\frac{8v+3-1}{2} \frac{p-1}{2}} \begin{bmatrix} p \\ 8v+3 \end{bmatrix}$$

$$= (-1)^{(2k+1)(4v+1)} \begin{bmatrix} p \\ 8v+1 \end{bmatrix}$$

$$= \begin{bmatrix} p \\ b \end{bmatrix}$$

因此就得出对所有的 $n \equiv 1,3,5 \pmod 8$ 有

$$\begin{bmatrix} -b \\ p \end{bmatrix} = \begin{bmatrix} p \\ b \end{bmatrix} = \begin{bmatrix} p \\ b \end{bmatrix} \begin{bmatrix} -2 \\ b \end{bmatrix}$$

$$= \begin{bmatrix} -2p \\ b \end{bmatrix} = \begin{bmatrix} 1-bn \\ b \end{bmatrix}$$

$$= \begin{bmatrix} 1 \\ b \end{bmatrix} = 1 \quad (由于 1-bn \equiv 1 \pmod b)$$

这就说明 $-b$ 是模 $p$ 的平方剩余,这表示存在一个整数 $u$ 使得

$$-b \equiv u^2 \pmod p$$

由于也有

$$-b \equiv 1^2 \pmod 2$$

因此 $-b$ 是模 $2p$ 的平方剩余.这说明方程

$$-b \equiv x^2 \pmod{2p}$$

有解,用 $a_{12}$ 表示这个方程的一个解,由于 $a_{22}=2p$,这就说明

$$a_{12}^2 \equiv - b(\bmod a_{22})$$

因此 $a_{22} \mid (a_{12}^2 + b)$,最后就得出

$$a_{11} = \frac{a_{12}^2 + b}{a_{22}}$$

是一个整数.

综合以上两种情况就完成了证明.

**例 5.2.1**  设 $n=18$,则 $n \equiv 2(\bmod 8)$.

选 $m$ 使得 $4 \cdot 18m+(18-1)=p$ 是一个素数. 我们看出,只要选 $m=0$ 就可使 $p=17$ 是个素数. 因此可令

$$a_{22}=p=17$$

$$b=\frac{p+1}{n}=\frac{17+1}{18}=1$$

我们再选一个 $x^2 \equiv -1(\bmod 17)$ 的最小解作为 $a_{12}$,因而可令 $a_{12}=4$. 这样我们就得出

$$a_{11} = \frac{a_{12}^2 + b}{a_{22}} = \frac{4^2+1}{17} = 1$$

现在我们就求出了一个可表示 18 并且判别式等于 1 的正定的三元二次型

$$Q=x_1^2 + 8x_1x_2 + 2x_1x_3 + 17x_2^2 + 18x_3^2$$

可以验证,我们确实有

$$Q(0,0,1)=18$$

$$a_{11}=1>0$$

$$b=\begin{vmatrix} 1 & 4 \\ 4 & 17 \end{vmatrix}=1>0$$

$$d = \begin{vmatrix} 1 & 4 & 1 \\ 4 & 17 & 0 \\ 1 & 0 & 8 \end{vmatrix} = 1$$

为了做出变换,我们配平方

$$Q = (x_1 + 4x_2 + x_3)^2 + x_2^2 - 8x_2 x_3 + 17x_3^2$$
$$= L^2 + Q_1$$

其中,$Q_1 = x_2^2 - 8x_2 x_3 + 17x_3^2$,$L = x_1 + 4x_2 + x_3$. 由于 $Q(1,0,0) = 1$ 已经是最小的正整数了,因此我们不需要先做变换使得 $a_{11} = a \cdot Q_1(1,0)$ 是 $Q_1$ 所能表示的最小的正整数了. 因此现在我们可构造 $\boldsymbol{B} = \begin{bmatrix} 1 & s \\ 0 & u \end{bmatrix}$ 使得 $|B| = 1$,由此可得出 $u = 1$,而 $s$ 可取任意整数.

我们用

$$\begin{bmatrix} x_2 \\ x_3 \end{bmatrix} = \begin{bmatrix} 1 & s \\ 0 & 1 \end{bmatrix} \begin{bmatrix} y_2 \\ y_3 \end{bmatrix}$$

定义 $\begin{bmatrix} y_2 \\ y_3 \end{bmatrix}$,由此得出

$$x_2 = y_2 + sy_3$$
$$x_3 = y_3$$

将其代入 $Q_1$ 就得出

$$Q_1(x_2,x_3) = (y_2 + sy_3)^2 - 8(y_2 + sy_3)y_3 + 17y_3^2$$
$$= y_2^2 + 2sy_2 y_3 + s^2 y_3^2 - 8y_2 y_3 -$$
$$8sy_3^2 + 17y_3^2$$
$$= y_2^2 + (2s - 8)y_2 y_3 + (s^2 - 8s + 17)y_3^2$$

令 $y_2 y_3$ 的系数等于 0,我们得出 $s = 4$,因而

114

$$B = \begin{bmatrix} 1 & 4 \\ 0 & 1 \end{bmatrix}$$

这使得

$$Q_1(x_2,x_3) = y_2^2 + y_3^2$$

现在令

$$N = \begin{bmatrix} 1 & v & u \\ 0 & 1 & 4 \\ 0 & 0 & 1 \end{bmatrix}$$

以及 $X = NY$,我们就得出

$$x_1 = y_1 + vy_2 + wy_3$$
$$x_2 = y_2 + 4y_3$$
$$x_3 = y_3$$

将其代入 $Q(X)$ 就得出

$$L = x_1 + 4x_2 + x_3$$
$$= y_1 + vy_2 + wy_3 + 4(y_2 + 4y_3) + y_3$$
$$= y_1 + (4+v)y_2 + (w+17)y_3$$

令 $v = -4, w = -17$ 就得出 $L = y_1$,因此

$$Q(x_1,x_2,x_3) \sim Q'(y_1,y_2,y_3) = y_1^2 + y_2^2 + y_3^2$$

从 $Q(0,0,1) = 18$,我们得出 $x_1 = 0, x_2 = 0, x_3 = 1$,因此

$$y_3 = x_3 = 1$$
$$y_2 = -4y_3 = -4$$
$$y_1 = 4y_2 + 17y_3 = 4(-4) + 17 = 1$$

而

$$18 = 1^2 + (-4)^2 + 1^2$$

被表示成了三个整数的平方和.

  例 5.2.2 设 $n = 11 \equiv 3(\bmod\ 8)$,那么 $c = 1$,

$$\frac{cn-1}{2}=5.$$

我们要选一个 $m$ 使得 $4 \cdot 11m + \frac{cn-1}{2} = p$，也就是 $4 \cdot 11m + 5 = p$ 是一个素数，由于 5 就是一个素数，所以取 $m=0$ 即可. 因而可取 $a_{22} = 2p = 10$. 由

$$2p = 10 = bn - 1 = 11b - 1$$

可以求出 $b=1$. 我们再选方程

$$x^2 \equiv -1 \pmod{10}$$

的最小的解作为 $a_{12}$，因而可取

$$a_{12} = 3, a_{11} = \frac{a_{12}^2 + b}{a_{22}} = \frac{3^2 + 1}{10} = 1$$

现在我们就求出了一个可表示 11 并且判别式等于 1 的正定的三元二次型

$$Q(x_1, x_2, x_3) = x_1^2 + 6x_1x_2 + 2x_1x_3 + 10x_2^2 + 11x_3^2$$

可以验证，我们确实有

$$Q(0,0,1) = 11$$

$$a_{11} = 1 > 0$$

$$b = \begin{vmatrix} 1 & 3 \\ 3 & 10 \end{vmatrix} = 1 > 0$$

$$d = \begin{vmatrix} 1 & 3 & 1 \\ 3 & 10 & 0 \\ 1 & 0 & 11 \end{vmatrix} = 1$$

为了做出变换，我们配平方

$$Q = (x_1 + 3x_2 + x_3)^2 + x_2^2 - 6x_2x_3 + 10x_3^2$$
$$= L^2 + Q_1$$

其中

116

$$Q_1 = x_2^2 - 6x_2x_3 + 10x_3^2, L = x_1 + 3x_2 + x_3$$

$Q_1(1,0)$ 已经是 $Q_1$ 所能表示的最小的正整数了. 因此

现在我们可以构造 $B = \begin{bmatrix} 1 & s \\ 0 & u \end{bmatrix}$ 使得 $|b| = 1$, 由此可得出

$u = 1$ 而 $s$ 可取任意整数.

我们用

$$\begin{bmatrix} x_2 \\ x_3 \end{bmatrix} = \begin{bmatrix} 1 & s \\ 0 & 1 \end{bmatrix} \begin{bmatrix} y_2 \\ y_3 \end{bmatrix}$$

定义 $\begin{bmatrix} y_2 \\ y_3 \end{bmatrix}$, 由此得出

$$x_2 = y_2 + sy_3$$
$$x_3 = y_3$$

将其代入 $Q_1$ 就得出

$$\begin{aligned} Q_1(x_2,x_3) &= (y_2 + sy_3)^2 - 6(y_2 + sy_3)y_3 + 10y_3^2 \\ &= y_2^2 + 2sy_2y_3 + s^2y_3^2 - 6y_2y_3 - \\ &\quad 6sy_3^2 + 10y_3^2 \\ &= y_2^2 + (2s - 6)y_2y_3 + (s^2 - 6s + 10)y_3^2 \end{aligned}$$

令 $y_2y_3$ 的系数等于 0, 我们得出 $s = 3$, 因而

$$\boldsymbol{B} = \begin{bmatrix} 1 & 3 \\ 0 & 1 \end{bmatrix}$$

这使得 $Q_1(x_2,x_3) = y_2^2 + y_3^2$.

现在令

$$\boldsymbol{N} = \begin{bmatrix} 1 & v & u \\ 0 & 1 & 3 \\ 0 & 0 & 1 \end{bmatrix}$$

以及 $\boldsymbol{X} = \boldsymbol{NY}$, 我们就得出

$$x_1 = y_1 + vy_2 + wy_3$$

$$x_2 = y_2 + 3y_3$$

$$x_3 = y_3$$

将其代入 $Q(X)$ 就得出

$$L = x_1 + 3x_2 + x_3$$
$$= y_1 + vy_2 + wy_3 + 3(y_2 + 3y_3) + y_3$$
$$= y_1 + (3 + v)y_2 + (w + 10)y_3$$

令 $v = -3, w = -10$ 就得出 $L = y_1$,因此

$$Q(x_1, x_2, x_3) = Q(\textbf{NY}) = y_1^2 + y_2^2 + y_3^2$$

从 $Q(0,0,1) = 11$,我们得出 $x_1 = 0, x_2 = 0, x_3 = 1$,因此

$$y_3 = x_3 = 1$$
$$y_2 = -3y_3 = -3$$
$$y_1 = 3y_2 + 10y_3 = 3(-3) + 10 = 1$$

而

$$11 = 1^2 + (-3)^2 + 1^2$$

被表示成了三个整数的平方和.

**推论 5.2.1** 每个非负整数都是四个整数的平方和.

**证明** $n = 0 = 0^2 + 0^2 + 0^2 + 0^2$ 显然可以表示成四个整数的平方和,因此以下可设 $n > 0$.

设 $n = 4^a n_1, 4 \nmid n_1, a \geqslant 0$. 在定理 4.4.1 中我们已经证明如果 $n_1$ 不是 $8b + 7, b \geqslant 0$ 形式的数,则 $n$ 是三个整数的平方和,因而也是四个整数的平方和(再添加一个 $0^2$),因此我们只须证明 $n = 4^a(8b + 7), a \geqslant 0, b \geqslant 0$ 形式的数也可以表示成四个整数的平方和即可.

我们有

$$n = 4^a(8b+7) = 4^a(8b+6+1) = 4^a(8b+6) + 4^a$$

根据定理 4.4.1，$4^a(8b+6)$ 可以表示成三个整数的平方和，而 $4^a = (2^a)^2$ 是一个整数的平方，因此

$$n = 4^a(8b+7)$$

是四个整数的平方和.

**推论 5.2.2** 一个正整数 $n$ 是两个整数的平方和的充分必要条件是它是两个有理数的平方和.

**证明** 设 $n$ 是两个有理数的平方和，那么

$$n = \left(\frac{x_1}{x_2}\right)^2 + \left(\frac{y_1}{y_2}\right)^2$$

其中，$x_1, y_1$ 都是整数，$x_2, y_2$ 是非零整数.

求出上述三个分数的最小公分母，我们有

$$n = \frac{x^2 + y^2}{w^2}$$

其中，$x, y$ 都是整数，$w$ 是非零整数.

由此可以得出

$$w^2 n = x^2 + y^2$$

现在设 $n = d^2 m$，其中 $m$ 是无平方因子的整数，那么

$$w^2 n = (dw)^2 m$$

由于 $w^2 n$ 是两个整数的平方和，所以 $m$ 不含 $4k+3$ 形的素因子，这就说明 $n = d^2 m$，其中 $m$ 是无平方因子的整数，且不含 $4k+3$ 形的素因子，因此 $n$ 是两个整数的平方和.

由于整数当然是有理数，所以逆命题是显然的.

**推论 5.2.3** 一个正整数 $n$ 是三个整数的平方和

的充分必要条件是它是三个有理数的平方和.

**证明**　设 $n$ 是三个有理数的平方和,那么

$$n = \left(\frac{x_1}{x_2}\right)^2 + \left(\frac{y_1}{y_2}\right)^2 + \left(\frac{z_1}{z_2}\right)^2$$

其中,$x_1,y_1,z_1$ 都是整数,$x_2,y_2,z_2$ 是非零整数.

求出上述三个分数的最小公分母,我们有

$$n = \frac{x^2 + y^2 + z^2}{w^2}$$

其中,$x,y,z$ 都是整数,$w$ 是非零整数.

由此可以得出 $w^2 n = x^2 + y^2 + z^2$.

我们证明 $n$ 不可能是 $4^h(8k+7)$ 形式的数,其中 $h,k$ 都是大于或等于 0 的整数. 假设不然,则可设

$$n = 4^h(8k+7) \quad (h,k \geqslant 0)$$

设 $w = 2^s(2m+1)$,其中 $r,m \geqslant 0$. 由于 $2m+1$ 是一个奇数,所以 $(2m+1)^2 = 8s+1$,因此

$$w^2 n = 4^r \cdot 4^h \cdot (2m+1)^2 (8k+7)$$
$$= 4^{r+h} \cdot (8s+1)(8k+7)$$
$$= 4^{r+h} \cdot (8t+7)$$

这与 $w^2 n$ 是三个整数的平方和矛盾,因此 $n$ 不可能是 $4^h(8k+7)$ 形式的数,因而 $n$ 是三个整数的平方和.

反之,如果 $n$ 是三个整数的平方和,那么由于整数是有理数,所以 $n$ 当然是三个有理数的平方和.

推论 5.2.2 和推论 5.2.3 只是断定如果一个正整数是两个或三个有理数的平方和,它们就一定也是两个或三个整数的平方和,但并没有指出如何从这些有理数实际得出这些整数,下面的另两个定理则给出了算出这些整数的实际程序.

**定理 5.2.2** 如果一个整数是两个有理数的平方和,则它必是两个整数的平方和,并可用下面的程序求出这个整数.

**证明** 设 $P_0 = (p_{01}, p_{02})$ 是 $x^2 + y^2 = n$ 的有理数解,其中 $p_{01}$ 或 $p_{02}$ 不是整数.考虑整数格点 $M = (m_{01}, m_{02})$,其中 $|m_{0i} - p_{0i}| \leqslant \dfrac{1}{2}(i=1,2)$(只须取 $m_{0i}$ 是距离 $p_{0i}$ 最近的整数即可,因此 $m_{0i}$ 必定存在.).那么通过 $P_0, M_0$ 的直线 $l$ 不可能与圆 $x^2 + y^2 = n$ 相切.

首先我们注意

$$|P_0 M_0|^2 = |m_{01} - p_{01}|^2 + |m_{02} - p_{02}|^2$$
$$\leqslant \left(\frac{1}{2}\right)^2 + \left(\frac{1}{2}\right)^2 = \frac{1}{2}$$
$$< 1$$

如果 $l$ 与圆 $x^2 + y^2 = n$ 相切,则点 $O$(原点),$M_0, P_0$ 构成直角三角形,因此

$$|OP_0|^2 + |P_0 M_0|^2 = |OM_0|^2$$

因此

$$|P_0 M_0|^2 = |OM_0|^2 - |OP_0|^2 = m_{01}^2 + m_{02}^2 - n$$

是一个整数,这与 $|P_0 M_0|^2 < 1$ 矛盾.

因此有向直线 $\overrightarrow{P_0 M_0}$ 必和圆 $x^2 + y^2 = n$ 交于另一点 $P_1$,由于 $P_1$ 位于直线 $\overrightarrow{P_0 M_0}$ 上,而 $\overrightarrow{P_0 M_0}$ 的方向向量是 $\boldsymbol{v}_0 = (m_{01} - p_{01}, m_{02} - p_{02})$,因此由直线的参数方程可知必存在一个非零实数 $t_0$,使得

$$P_1 = (p_{01} + t_0(m_{01} - p_{01}), p_{02} + t_0(m_{02} - p_{02}))$$

由于 $P_1$ 也位于圆 $x^2 + y^2 = n$ 上,因此我们有

$$n = | OP_1 |^2 = OP_1 \cdot OP_1$$
$$= (OP_1 + t_0 v_0) \cdot (OP_1 + t_0 v_0)$$
$$= | OP_1 |^2 + 2t_0(v_0 \cdot OP_1) + t_0^2(v_0 \cdot v_0)$$
$$= n + 2t_0(v_0 \cdot OP_1) + t_0^2(v_0 \cdot v_0)$$

这就得出

$$0 = 2t_0(v_0 \cdot OP_1) + t_0^2(v_0 \cdot v_0)$$

因此

$$t_0 = -\frac{2(OP_1 \cdot v_0)}{v_0 \cdot v_0}$$

由于 $P_0$ 和 $v_0$ 的坐标都是有理数,因此 $t_0$ 是一个不等于 0 的有理数,因而 $P_1$ 的坐标也是有理数.

设 $d_0$ 是 $p_{01}, p_{02}$ 的正的公分母,定义

$$d_1' = d_0 | P_0 M_0 |^2$$
$$= d_0(v_0 \cdot v_0)$$
$$= d_0((m_{01} - p_{01})^2 + (m_{02} - p_{02})^2)$$
$$= d_0(n - 2(m_{01}p_{01} + m_{02}p_{02}) + m_{01} + m_{02})$$

$$(5.2.1)$$

由于 $| P_0 M_0 | < 1$,所以 $d_1' < d_0$. 由于 $d_0, d_1'$ 都是正整数,$d_0 p_{01}, d_0 p_{02}$ 都是整数,以及

$$OP_0 \cdot v_0 = (p_{01}, p_{02}) \cdot (m_{01} - p_{01}, m_{02} - p_{02})$$
$$= m_{01}p_{01} + m_{02}p_{02} - (p_{01}^2 + p_{02}^2)$$
$$= m_{01}p_{01} + m_{02}p_{02} - n$$

所以

$$t = -2\frac{OP_0 \cdot v_0}{v_0 \cdot v_0}$$
$$= -2\frac{OP_0 \cdot v_0}{\dfrac{d_1}{d_0}}$$

$$= \frac{-2d_0(m_{01}p_{01} + m_{02}p_{02} - n)}{d_1'} \qquad (5.2.2)$$

最后,我们证明 $d_1'$ 是 $P_1$ 的坐标,即

$$p_{01} + t_0(m_{01} - p_{01}), p_{02} + t_0(m_{02} - p_{02})$$

的公分母. 这只须证明

$$d_1'(p_{01} + t_0(m_{01} - p_{01})) = d_1'p_{01} + d_1't_0(m_{01} - p_{01})$$

和

$$d_1'(p_{02} + t_0(m_{02} - p_{02})) = d_1'p_{02} + d_1't_0(m_{02} - p_{02})$$

都是整数即可.

从方程(5.2.1) 得出

$$-2(p_{01}m_{01} + p_{02}m_{02}) = \frac{d_1'}{d_0} - n - m_{01}^2 - m_{02}^2$$

从方程(5.2.2) 得出

$$\begin{aligned} d_1't_0 &= -2d_0(m_{01}p_{01} + m_{02}p_{02} - n) \\ &= d_0(2n - 2(m_{01}p_{01} + m_{02}p_{02})) \\ &= d_0\left(2n + \frac{d_1}{d_0} - n - m_{01}^2 - m_{02}^2\right) \\ &= d_1 + d_0(n - m_{01}^2 - m_{02}^2) \end{aligned}$$

因此

$$\begin{aligned} &d_1'p_{0i} + d_1't_0(m_{0i} - p_{0i}) \\ &= d_1'p_{0i} + (d_1' + d_0(n - m_{01}^2 - m_{02}^2))(m_{0i} - p_{0i}) \\ &= d_1'm_{0i} + d_0(n - m_{01}^2 - m_{02}^2)(m_{0i} - p_{0i}) \end{aligned}$$

由于 $d_0$ 是 $p_{0i}$ 的公分母,$d_1'$,$d_0$ 都是正整数,这就证明了 $d_1'p_{0i} + d_1't_0(m_{0i} - p_{0i})(i = 1, 2)$ 是整数,因此 $d_1'$ 是 $P_1$ 的坐标的公分母.

用这样的方法,我们从方程 $x^2 + y^2 = n$ 的一组有理数解,即 $P_0$ 的横坐标 $p_{01}$ 和纵坐标 $p_{02}$,又得出一组

新的不同于 $p_{01}$,$p_{02}$ 的有理数解,即 $P_1$ 的横坐标和纵坐标,但是 $P_1$ 的坐标的公分母 $d_1$ 要小于 $P_0$ 的坐标的公分母 $d_0$. 把 $P_1$ 看成 $P_0$,不断重复这一过程,由于 $d_1$,$d_0$ 都是正整数,$d_1 < d_0$,所以经过有限步之后,公分母必变为 1,这时,我们就得到了 $x^2 + y^2 = n$ 的一组整数解.

**注记 5.2.1** 由公式

$$P_1 = (p_{01} + t_0(m_{01} - p_{01}), p_{02} + t_0(m_{02} - p_{02}))$$

可以看出,一旦 $t_k = 1$,那么 $P_{k+1}$ 的坐标就是整数了.

**注记 5.2.2** 由于可能出现约分,所以 $P_{k+1}$ 的坐标的公分母 $d_{k+1}$ 可能会小于 $d'_{k+1}$.

**例 5.2.3** 已知 $x = \dfrac{597}{169}$,$y = \dfrac{122}{169}$ 是方程 $x^2 + y^2 = 13$ 的一组有理数解,求 $x^2 + y^2 = 13$ 的一组整数解.

**解** 在定理 5.2.2 中,取 $P_0 = \left(\dfrac{597}{169}, \dfrac{122}{169}\right)$,那么

$$p_{01} = \frac{597}{169}, p_{02} = \frac{122}{169}, d_0 = 169$$

$$m_{01} = 4, m_{02} = 1$$

$$v_0 = \left(4 - \frac{597}{169}, 1 - \frac{122}{169}\right) = \left(\frac{79}{169}, \frac{47}{169}\right)$$

$$m_{01}p_{01} + m_{02}p_{02} = 4 \cdot \frac{597}{169} + \frac{122}{169} = \frac{2\,510}{169}$$

$$d'_1 = d_0(n - 2(m_{01}p_{01} + m_{02}p_{02}) + m_{01}^2 + m_{02}^2)$$

$$= 169\left(13 - 2 \cdot \frac{2\,510}{169} + 4^2 + 1^2\right)$$

$$= 30 \cdot 169 - 2 \cdot 2\,510 = 50$$

$$t_0 = \frac{-2 \cdot 169\left(\dfrac{2\,510}{169} - 13\right)}{50} = \frac{-2 \cdot 313}{50} = -\frac{313}{25}$$

$$P_1 = \left(\frac{597}{169} - \frac{313}{25} \cdot \frac{79}{169}, \frac{122}{169} - \frac{313}{25} \cdot \frac{47}{169}\right)$$

$$= \left(\frac{597 \cdot 25 - 313 \cdot 79}{25 \cdot 169}, \frac{122 \cdot 25 - 313 \cdot 47}{25 \cdot 169}\right)$$

$$= \left(-\frac{58}{25}, -\frac{69}{25}\right)$$

$$p_{11} = -\frac{58}{25}, p_{12} = -\frac{69}{25}, d_1 = 25$$

$$m_{11} = -2, m_{12} = -3$$

$$v_1 = \left(-2 - \left(-\frac{58}{25}\right), -3 - \left(-\frac{69}{25}\right)\right)$$

$$= \left(\frac{8}{25}, -\frac{6}{25}\right)$$

$$m_{11} p_{11} + m_{12} p_{12} = -2\left(-\frac{58}{25}\right) + (-3)\left(-\frac{69}{25}\right) = \frac{323}{25}$$

$$d_2' = d_1 (n - 2(m_{11} p_{11} + m_{12} p_{12}) + m_{11}^2 + m_{12}^2)$$

$$= 25\left(13 - 2 \cdot \frac{323}{25} + 2^2 + 3^2\right)$$

$$= 26 \cdot 25 - 2 \cdot 323 = 4$$

$$t_1 = \frac{-2 \cdot 25\left(\dfrac{323}{25} - 13\right)}{4} = \frac{-2 \cdot (-2)}{4} = 1$$

$$P_2 = \left(-\frac{58}{25} + \frac{8}{25}, -\frac{69}{25} - \frac{6}{25}\right) = (-2, -3)$$

这就得出了 $x^2 + y^2 = 13$ 的一组整数解 $x = -2$, $y = -3$.

**定理 5.2.3** 如果一个整数是三个有理数的平方

125

和,则它必是三个整数的平方和,并且可用下面的程序算出这些整数.

**证明** 设 $P_0 = (p_{01}, p_{02}, p_{03})$ 是 $x^2 + y^2 + z^2 = n$ 的有理数解,其中 $p_{01}$ 或 $p_{02}$ 或 $p_{03}$ 不是整数.考虑整数格点 $M_0 = (m_{01}, m_{02}, m_{03})$,其中

$$| m_{0i} - p_{0i} | \leqslant \frac{1}{2} \quad (i = 1, 2, 3)$$

(只须取 $m_{0i}$ 是距离 $p_{0i}$ 最近的整数即可,因此 $m_{0i}$ 必定存在.).那么通过 $P_0, M_0$ 的直线 $l$ 不可能与球 $x^2 + y^2 + z^2 = n$ 相切.

首先我们注意

$$| P_0 M_0 |^2 = | m_{01} - p_{01} |^2 + | m_{02} - p_{02} |^2 + | m_{03} - p_{03} |^2$$

$$\leqslant \left(\frac{1}{2}\right)^2 + \left(\frac{1}{2}\right)^2 + \left(\frac{1}{2}\right)^2 = \frac{3}{4} < 1$$

如果 $l$ 与球 $x^2 + y^2 + z^2 = n$ 相切,则点 $O$(原点),$M_0$,$P_0$ 构成直角三角形,因此

$$| OP_0 |^2 + | P_0 M_0 |^2 = | OM_0 |^2$$

因此

$$| P_0 M_0 |^2 = | OM_0 |^2 - | OP_0 |^2 = m_{01}^2 + m_{02}^2 + m_{03}^2 - n$$

是一个整数,这与 $| P_0 M_0 |^2 < 1$ 矛盾.

因此有向直线 $| \overrightarrow{P_0 M_0} |$ 必和球 $x^2 + y^2 + z^2 = n$ 交于另一点 $P_1$,由于 $P_1$ 位于直线 $\overrightarrow{P_0 M_0}$ 上,而 $\overrightarrow{P_0 M_0}$ 的方向向量是 $v_0 = (m_{01} - p_{01}, m_{02} - p_{02}, m_{03} - p_{03})$,因此由直线的参数方程可知必存在一个非零实数 $t_0$,使得

$$P_1 = (p_{01} + t_0(m_{01} - p_{01}), p_{02} + t_0(m_{02} - p_{02}),$$
$$p_{03} + t_0(m_{03} - p_{03}))$$

由于 $P_1$ 也位于圆 $x^2+y^2=n$ 上,因此我们有

$$n=|OP_1|^2=OP_1 \cdot OP_1$$
$$=(OP_1+t_0 v_0)\cdot(OP_1+t_0 v_0)$$
$$=|OP_1|^2+2t_0(v_0\cdot OP_1)+t_0^2(v_0\cdot v_0)$$
$$=n+2t_0(v_0\cdot OP_1)+t_0^2(v_0\cdot v_0)$$

这就得出

$$0=2t_0(v_0\cdot OP_1)+t_0^2(v_0\cdot v_0)$$

因此

$$t_0=-\frac{2(OP_1\cdot v_0)}{v_0\cdot v_0}$$

由于 $P_0$ 和 $v_0$ 的坐标都是有理数,因此 $t_0$ 是一个不等于 $0$ 的有理数,因而 $P_1$ 的坐标也是有理数.

设 $d_0$ 是 $p_{01}, p_{02}, p_{03}$ 的正的公分母,定义

$$d_1'=d_0|P_0 M_0|^2$$
$$=d_0(v_0\cdot v_0)$$
$$=d_0((m_{01}-p_{01})^2+(m_{02}-p_{02})^2+(m_{03}-p_{03})^2)$$
$$=d_0(n-2(m_{01}p_{01}+m_{02}p_{02}+m_{03}p_{03})+$$
$$m_{01}^2+m_{02}^2+m_{03}^2) \tag{5.2.3}$$

由于 $|P_0 M_0|<1$,所以 $d_1'<d_0$. 由于 $d_0, d_1'$ 都是正整数,$d_0 p_{01}, d_0 p_{02}, d_0 p_{03}$ 都是整数,以及

$$OP_0\cdot v_0=(p_{01},p_{02},p_{03})\cdot$$
$$(m_{01}-p_{01},m_{02}-p_{02},m_{03}-p_{03})$$
$$=m_{01}p_{01}+m_{02}p_{02}+m_{03}p_{03}-$$
$$(p_{01}^2+p_{02}^2+p_{03}^2)$$
$$=m_{01}p_{01}+m_{02}p_{02}+m_{03}p_{03}-n$$

所以

$$t_0 = -2\frac{OP_0 \cdot v_0}{v_0 \cdot v_0}$$

$$= -2\frac{OP_0 \cdot v_0}{\dfrac{d_1}{d_0}}$$

$$= \frac{-2d_0(m_{01}p_{01} + m_{02}p_{02} + m_{03}p_{03} - n)}{d_1'}$$

$$(5.2.4)$$

最后,我们证明 $d_1'$ 是 $P_1$ 的坐标,即 $p_{01} + t_0(m_{01} - p_{01})$,$p_{02} + t_0(m_{02} - p_{02})$,$p_{03} + t_0(m_{03} - p_{03})$ 的公分母.这只须证明

$$d_1'(p_{01} + t_0(m_{01} - p_{01})) = d_1'p_{01} + d_1't_0(m_{01} - p_{01})$$

$$d_1'(p_{02} + t_0(m_{02} - p_{02})) = d_1'p_{02} + d_1't_0(m_{02} - p_{02})$$

和

$$d_1'(p_{03} + t_0(m_{03} - p_{03})) = d_1'p_{03} + d_1't_0(m_{03} - p_{03})$$

都是整数即可.

从方程(5.2.3)得出

$$-2(m_{01}p_{01} + m_{02}p_{02} + m_{03}p_{03})$$

$$= \frac{d_1'}{d_0} - n - m_{01}^2 - m_{02}^2 - m_{03}^2$$

从方程(5.2.4)得出

$$d_1't_0 = -2d_0(m_{01}p_{01} + m_{02}p_{02} + m_{03}p_{03} - n)$$

$$= d_0(2n - 2(m_{01}p_{01} + m_{02}p_{02} + m_{03}p_{03}))$$

$$= d_0\left(2n + \frac{d_1}{d_0} - n - m_{01}^2 - m_{02}^2 - m_{03}^2\right)$$

$$= d_1 + d_0(n - m_{01}^2 - m_{02}^2 - m_{03}^2)$$

因此

$$d_1'p_{0i} + d_1't_0(m_{0i} - p_{0i})$$

128

$$= d_1' p_{0i} + (d_1' + d_0 (n - m_{01}^2 - m_{02}^2 - m_{03}^2)) \cdot$$
$$(m_{0i} - p_{0i})$$

$$= d_1' m_{0i} + d_0 (n - m_{01}^2 - m_{02}^2 - m_{03}^2)(m_{0i} - p_{0i})$$

由于 $d_0$ 是 $p_{0i}$ 的公分母,$d_1'$,$d_0$ 都是正整数,这就证明了 $d_1' p_{0i} + d_1' t_0 (m_{0i} - p_{0i})(i=1,2,3)$ 是整数,因此 $d_1'$ 是 $P_1$ 的坐标的公分母.

用这样的方法,我们从方程 $x^2 + y^2 + z^2 = n$ 的一组有理数解,即 $P_0$ 的坐标 $p_{01}$,$p_{02}$ 和 $p_{03}$ 又得出一组新的不同于 $p_{01}$,$p_{02}$,$p_{03}$ 的有理数解,即 $P_1$ 的三个坐标,但是 $P_1$ 的坐标的公分母 $d_1$ 要小于 $P_0$ 的坐标的公分母 $d_0$.把 $P_1$ 看成 $P_0$,不断重复这一过程,由于 $d_1$,$d_0$ 都是正整数,$d_1 < d_0$,所以经过有限步之后,公分母必变为 1,这时,我们就得到了 $x^2 + y^2 + z^2 = n$ 的一组整数解.

**例 5.2.4** 已知

$$x = \frac{1}{41}, y = \frac{21}{41}, z = \frac{208}{41}$$

是方程

$$x^2 + y^2 + z^2 = 26$$

的一组有理数解,求 $x^2 + y^2 + z^2 = 26$ 的一组整数解.

**解** 在定理 5.2.3 中,取 $P_0 = \left(\frac{1}{41}, \frac{21}{41}, \frac{208}{41}\right)$,那么

$$p_{01} = \frac{1}{41}, p_{02} = \frac{21}{41}, p_{03} = \frac{208}{41}$$

$$m_{01} = 0, m_{02} = 1, m_{03} = 5$$

$$\boldsymbol{v}_0 = \left(0 - \frac{1}{41}, 1 - \frac{21}{41}, 5 - \frac{208}{41}\right)$$

$$= \left( -\frac{1}{41}, \frac{20}{41}, -\frac{3}{41} \right)$$

$$m_{01}p_{01} + m_{02}p_{02} + m_{03}p_{03} = \frac{1\ 061}{41}$$

$$d'_1 = 41 \times (26 + 0^2 + 1^2 + 5^2) - 2 \times 1\ 061 = 10$$

$$t_0 = \frac{(-2) \times (1\ 061 - 26 \times 41)}{10} = 1$$

$$p_{11} = \frac{1}{41} - \frac{1}{41} = 0$$

$$p_{12} = \frac{21}{41} + \frac{20}{41} = 1$$

$$p_{13} = \frac{208}{41} - \frac{3}{41} = 5$$

所以 $x^2 + y^2 + z^2 = 26$ 的一组整数解是 $x = 0, y = 1, z = 5$.

## 5.3　三平方和与三角数

最后,我们再谈一个与三平和定理密切相关的问题,即把正整数表示成三角形数之和的问题.

所谓三角形数就是 $1,3,6,10,15,21,\cdots$ 这样的数,古希腊著名科学家 Pythagoras(毕达哥拉斯)发现数量为 $1,3,6,10,15,21,\cdots$ 的石子都可以排成三角形,因此他把这些数称为三角形数. 类似的数量为 $1,4,9,16,\cdots$ 的石子都可以排成正方形,因此他把这些数称为正方形数. 仿此,还可定义五边形数、六边形数,等等.

三角形数的形象如图 5.3.1 所示.

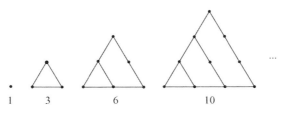

图 5.3.1　三角形数

正方形数的形象如图 5.3.2 所示.

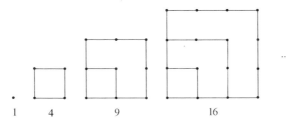

图 5.3.2　四边形数

五边形数的形象如图 5.3.3 所示.

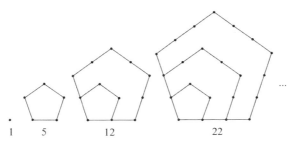

图 5.3.3　五边形数

三角形数的通项公式是

$$T_n = 1 + 2 + \cdots + n = \frac{n(n+1)}{2}$$

四边形数的通项公式是

$$1+3+5+\cdots+(2n-1)=\frac{[1+(2n-1)]\cdot n}{2}=n^2$$

17 世纪初，法国业余数学家 Fermat 在研究多角数性质时提出猜测：每个正整数均可至多用三个三角数和、四个四角数和 ……$k$ 个 $k$ 角数和表示.

Euler 从 1730 年开始研究自然数表为四角数和问题（也就是把一个整数表示成四平方和的问题），十三年之后仅找到一个公式：可以表为四个完全平方数和的两个自然数之积仍可用四个完全平方数和表示. 1770 年，Lagrange 利用 Euler 的等式证明了自然数表为四角数和的问题. 1773 年 Euler 也给出一个更简单的证明. 1815 年法国数学家 Cauchy 证明了"每个自然数均可表为 $k$ 个 $k$ 角数和"的结论. 问题到了这里并没有完结，Waring 在 1770 年出版的《代数沉思录》中写道：每一个整数或者是一个立方数，或者是至多 9 个立方数之和；另外，每一个整数或者是一个四次方数，或者是至多 19 个四次方数之和；…… 一般地，每个整数可以表成至多 $r$ 个 $k$ 次（幂）方数之和，其中 $r$ 依赖于 $k$. 这个问题称为"Waring 问题"，至今仍未完全解决，还有人在加以研究.

Euler 当年未曾解决的把一个自然数表示成三角形数之和的问题最后被 Gauss 所解决. 他证明了"任何一个正整数至多可表示成三个三角形数之和."（其实，按照三角形数的通项公式，0 也可以看成一个三角形数（$n=0$），按照这个看法就可把 Gauss 的结果说成

是"每一个正整数都可表示成三个三角形数之和".)Gauss 在 1796 年 7 月 10 日日记中写道:

$$EYPHKA!\quad num = \triangle + \triangle + \triangle$$

Eureka(发音为尤里卡)是希腊语:$\varepsilon\rho\eta\kappa\alpha$,其词义为:"我发现了"是一个源自希腊的用以表达发现某件事物、真相时的感叹词.

Eureka 这个词语之所以那么出名完全可以归功于古希腊学者 Archimedes(阿基米德),有一天,他在洗澡的时候发现,当他坐进浴盆里时有许多水溢出来,这使得他想到:溢出来的水的体积正好应该等于他身体的体积,这意味着,不规则物体的体积可以精确地被计算,这为他解决了一个棘手的问题.Archimedes 想到这里,不禁高兴地从浴盆跳了出来,光着身体在城里边跑边喊叫着"尤里卡! 尤里卡! ",试图与城里的民众分享他的喜悦.(图 5.3.4)

图 5.3.4　一幅表现 Archimedes 发现浮力定律时狂喜的漫画

Archimedes 是一位极有才华的科学家，他不仅是一位数学家，还是一位优秀的军事工程专家．传说在 Archimedes 晚年，在叙拉古与它的盟国罗马共和国分裂后，罗马派了一支舰队来围城．当时 Archimedes 负责城防工作，他设计制造了一些灵巧的机械来摧毁敌人的舰队．他用投火器将燃烧的东西弹出去烧敌人的船舰，用一些起重机械把敌人的船只吊起掀翻，以致后来罗马人甚至不敢过分靠近城墙，只要看见城墙出现象绳子之类的玩意儿，就吓得赶快逃跑．然而三年以后，即在公元前 212 年，叙拉古还是被攻陷了．

据说罗马兵入城时，统帅 Marcellus（马塞拉斯）出于敬佩 Archimedes 的才能，曾下令不准伤害这位贤能．而 Archimedes 似乎并不知道城池已破，又重新沉迷于数学的深思之中．一个罗马士兵突然出现在他面前，命令他到 Marcellus 那里去，遭到 Archimedes 的严词拒绝，于是 Archimedes 不幸死在了这个士兵的刀剑之下．

另一种说法是：罗马士兵闯入 Archimedes 的住宅，看见一位老人在地上埋头作几何图形（还有一种说法他在沙滩上画图），士兵将图踩坏，Archimedes 怒斥士兵：“不要弄坏我的圆！”结果士兵拔出短剑杀死了 Archimedes，这位旷世绝伦的大科学家，竟如此死于一个愚昧无知的罗马士兵手下．

Marcellus 对于 Archimedes 的死深感悲痛．他将杀死 Archimedes 的士兵当作杀人犯予以处决，并为 Archimedes 修了一座陵墓，在墓碑上根据

Archimedes 生前的遗愿,刻上了"圆柱容球"这一几何图形.随着时间的流逝,Archimedes 的陵墓被荒草湮没了.后来,西西里岛的会计官、政治家、哲学家 Cicero(西塞罗,前 106— 前 43)游历叙拉古时,在荒草中发现了一块刻有圆柱容球图形的墓碑,依此辨认出这就是 Archimedes 的坟墓,并将它重新修复了.

其实,对于 Gauss 来说,解决把正整数表示成三角形数之和只不过是他的二次型理论的一个顺带的推论而已.他利用他的二次型理论终于解决了三平方和问题(我们在下一章将介绍他的这一工作),而一旦有了三平方和定理,正整数表示成三角形数之和只不过是"小菜一碟"(下面我们即将看到).在 Gauss 之前,Legendre(1798) 首次发表了他的关于三平方和定理的证明(见参考文献[1]).Gauss 的《算数研究》已被翻译成中文(见潘承彪,张明尧译,算数探索,哈尔滨工业大学出版社,哈尔滨,2011 年),可惜 Legendre 的原著至今还没有中文译本.

**推论 5.3.1** 每个正整数 $n$ 都是三个三角形数之和.

**证明** 根据定理 5.2.1,正整数 $8n+3$ 可以表示成三个平方数之和.容易证明,这三个数必须都是奇数,所以我们有
$$8n+3=(2x+1)^2+(2y+1)^2+(2z+1)^2$$
因而就有
$$8n=4x(x+1)+4y(y+1)+4z(z+1)$$
这就得出

$$n = \frac{x(x+1)}{2} + \frac{y(y+1)}{2} + \frac{z(z+1)}{2}$$

是三个三角形数之和.

反过来,从每个正整数都是三个三角形数之和可以推出 $8n+3$ 形的正整数是三平方和.从这里可以看出三平方和定理要强于三角形数之和定理.

## 5.4  一些特殊情况下三平方和定理的初等证明

在这一章的前几节,我们已经对一般的情况证明了三平方和定理.正像我们所看到的那样,为了证明这个定理,我们先要引入二次型的理论,并利用等差数列中素数分布的 Dirichlet 定理这一并不初等的结果.然而在一些特殊情况下,我们可以对三平方和定理给出初等的证明,这一节就是介绍这方面的结果.

首先是某些特殊的整数的平方.

如果 $n$ 是一个完全平方数,因此可设 $n = w^2$,我们当然有 $n = w^2 + 0^2 + 0^2$ 是一个三平方和,但是 $(w,0,0)$ 并不是一个本原解.关于 $x^2 + y^2 + z^2 = w^2 = n$ 的本原解,我们有

**定理 5.4.1**

$$x^2 + y^2 + z^2 = w^2 \qquad (5.4.1)$$

的所有的使得 $x$ 是奇数且 $y \leqslant z$ 的本原解可由以下公式给出

$$x = \frac{a^2 + b^2 - c^2}{c}, y = 2a, z = 2b, w = \frac{a^2 + b^2 + c^2}{c}$$

$$(5.4.2)$$

其中,$a$,$b$,$c$ 都 是 正 整 数,$a \leqslant b$,$c \mid (a^2 + b^2)$ 且 $c < \sqrt{a^2 + b^2}$.

**证明**  考虑方程(5.4.1)的本原解,我们断言 $w$ 必须是一个奇数. 假设不然,设 $w$ 是一个偶数,那么 $x$,$y$,$z$ 或者都是偶数或者是两奇一偶. $x$,$y$,$z$ 都是偶数 与 $(x,y,z)$ 是本原解的假设矛盾. $x$,$y$,$z$ 是两奇一偶 则蕴含 $x^2 + y^2 + z^2 \equiv 2(\bmod 4)$,这与 $n$ 是一个完全平方数矛盾. 这就证明了 $w$ 必须是一个奇数. 这时 $x$,$y$,$z$ 或者都是奇数或者是两偶一奇. $x$,$y$,$z$ 都是奇数蕴含 $x^2 + y^2 + z^2 \equiv 3(\bmod 4)$ 与 $n$ 是一个完全平方数矛盾, 这就说明 $x$,$y$,$z$ 必须是两偶一奇. 不失一般性,不妨设 $x$ 是奇数且 $y \leqslant z$.

设 $y = 2a$,$z = 2b$,并且 $a \leqslant b$. 由于 $w > x$,并且 $x$ 和 $w$ 都是奇数,所以可设 $w - x = 2c$,那么

$$x^2 + y^2 + z^2 = w^2$$

蕴含

$$x^2 + 4a^2 + 4b^2 = (x + 2c)^2$$

因此

$$c^2 + cx = a^2 + b^2$$

由于

$$c \mid (c^2 + cx)$$

所以

$$c \mid (a^2 + b^2)$$

137

这同时说明

$$c < a^2 + b^2$$

所以

$$c < \sqrt{a^2 + b^2}$$

由

$$x = \frac{a^2 + b^2 - c^2}{c} \text{ 和 } w = x + 2c$$

就得出

$$w = \frac{a^2 + b^2 + c^2}{c}$$

此外注意对给定的符合条件的 $a,b,c$ 由式(5.4.2)就唯一地确定了 $x,y,z$.

反过来可以直接验证由式(5.4.2)确定的 $x,y,z$ 满足方程

$$x^2 + y^2 + z^2 = w^2 = n$$

**例 5.4.1** 设 $a=1,b=3$ 以及 $c=2$,我们就得出 $x=3,y=2,z=6$ 和 $w=7$,而事实上我们有

$$2^2 + 3^2 + 6^2 = 7^2$$

下面我们用构造映射的方法来证明某种整数是一个二平方或三平方和. 为此我们先证明下面的引理.

**引理 5.4.1** 如果 $S$ 是一个有限集,$|S|$ 是奇数 (其中 $|S|$ 表示集合 $S$ 的元素的数目),$T:S \to S$ 是一个 $1-1$ 映射,且 $T$ 是一个对合,即 $T^2 = I$,其中 $I$ 表示恒同映射,则 $T$ 必有不动点. 反之,如果 $T:S \to S$ 是一个 $1-1$ 映射,$T^2 = I$,且 $T$ 有唯一的不动点,则 $|S|$ 是奇数.

**证明** （1）先证"⇒".

138

设 $S=\{a_1,a_2,\cdots,a_n\}$，如果 $T(a_1)=a_1$，则命题已得证，否则 $\{a_1,T(a_1)\}$ 是一个二元素集. 令 $A_1=S\backslash\{a_1,T(a_1)\}$，则可把 $A_1$ 中的元素重新编号为 $A_1=\{a_3,a_4,\cdots,a_n\}$.

如果 $T(a_3)=a_3$，则命题已得证，否则 $\{a_3,T(a_3)\}$ 是一个二元素集. 令 $A_2=A_1\backslash\{a_3,T(a_3)\}$，则可把 $A_2$ 中的元素重新编号为 $A_2=\{a_5,a_6,\cdots,a_n\}$.

以此类推，由于 $S$ 是一个有限集，故经过有限次以上步骤后，必存在这正整数 $k$ 使得

$$A_k=\varnothing \ \text{或} \ A_k=\{a_{2k+1}\}$$

但 $A_k$ 不可能是 $\varnothing$，否则 $|S|$ 将是偶数，与 $|S|$ 是奇数的假设矛盾. 因此必有 $A_k=\{a_{2k+1}\}$. 按照 $A_k$ 的构造方法可知 $a_{2k+1}$ 和 $T(a_{2k+1})$ 都不属于 $A_1,A_2,\cdots,A_{k-1}$，因而 $T(a_{2k+1})$ 也不可能是 $a_1,a_3,\cdots,a_{2k-1}$ 或 $T(a_1)$，$T(a_3),\cdots,T(a_{2k-1})$ 中的任何一个，否则便有

$$T(a_{2k+1})=a_{2i+1} \ \text{或} \ T(a_{2k+1})=T(a_{2j+1}) \quad (1\leqslant i,j\leqslant k-1)$$

不论发生哪种情况，由 $T^2=I$ 都可得出

$$a_{2k+1}=T(a_{2i+1}) \ \text{或} \ a_{2k+1}=a_{2j+1}$$

这都与 $a_{2k+1}\notin A_i,1\leqslant i\leqslant k-1$ 矛盾. 而由于 $T$ 是 $S\rightarrow S$ 的 $1-1$ 映射，因此 $T(a_{2k+1})\in S$，因而只能有 $T(a_{2k+1})=a_{2k+1}$，这就证明了 $T$ 必存在不动点.

（2）再证"$\Leftarrow$". 反之，设 $T$ 是 $S\rightarrow S$ 的 $1-1$ 映射，$T^2=I$，$T$ 有唯一的不动点.

设 $S=\{a_1,\cdots,a_n,\xi\}$，其中 $\xi$ 是 $T$ 的唯一的不动点. 考虑集合 $S^*=\{a_1,\cdots,a_n\}$. 那么 $T$ 在 $S^*$ 中没有不动点，因此按照（1）中已证的结果和记号必有

$$A_k = \varnothing \text{ 或 } A_k = \{a_{2k+1}\}$$

如果 $A_k = \{a_{2k+1}\}$,那么按照(1)中已证的结果必有 $T(a_{2k+1}) = a_{2k+1}$,这与 $T$ 在 $S^*$ 中没有不动点矛盾,因此必有 $A_k = \varnothing$,因而 $|S^*|$ 是偶数,而 $|S|$ 是奇数.

下面我们就用一种新的方法来重新证明引理 2.1.10,这个引理证明了某种素数一定是一个平方和.由于平方和是一种特殊的三平方和,所以我们最终用这种方法证明了某些特殊的整数可以表示成某种特殊的三平方和,而这种方法是十分初等的.

**引理 5.4.2** 如果 $p \equiv 1 (\bmod 4)$ 是一个素数,则 $p$ 必是两个正整数的平方和.

**证明** 设 $S = \{(x,y,z) \mid x^2 + 4yz = p\}$,其中 $x$, $y$, $z$ 都是正整数,则显然 $S$ 是一个有限集合.

又设 $T : S \to S$ 是一个由下面的公式定义的映射

$$T : (x,y,z) \mapsto \begin{cases} (x+2z, z, y-x-z) \\ \quad \text{如果 } x < y - z \quad (1) \\ (2y-x, y, x-y+z) \\ \quad \text{如果 } y-z < x < 2y \quad (2) \\ (x-2y, x-y+z, y) \\ \quad \text{如果 } x > 2y \quad (3) \end{cases}$$

根据定义,显然 $(x,y,z)$ 的像都是正整数,因此:

① $T$ 是 $S \to S$ 的映射.

② 由解线性方程组可知 $T$ 是 $1-1$ 的,即如果 $T(A) = T(B)$,则必有 $A = B$,其中 $A, B$ 都是 $\mathbb{R}^3$ 中的正整数点.

③ $T$ 仅在情况(2)下才可能存在不动点.如果 $(x$,

$y,z$）是 $T$ 的不动点,则

$$x = 2y - x$$

因此

$$x = y$$

由此可得出

$$x^2 + 4xz = p$$

因此 $x \mid p$,而由于 $p$ 是素数,故必须 $x=1$ 或 $x=p$. 但显然 $x \neq p$,因此必有 $x=1$,故 $T$ 如果有不动点就只能是 $\left(1,1,\dfrac{p-1}{4}\right)$,而可以验证这确实是 $T$ 的不动点. 因此 $T$ 有唯一的不动点.

④$T$ 是一个对合,即 $T^2 = I$.

由引理 5.4.1 中的(2)可知 $|S|$ 必是一个奇数. 再令 $V:S \to S$ 为映射 $(x,y,z) \mapsto (x,z,y)$,则易证 $V:S \to S$ 是对合,因而由引理 5.4.1 中的(1)可知 $V$ 必存在不动点. 由 $V$ 的定义可知此不动点满足 $y=z$,因而

$$p = x^2 + 4yz = x^2 + 4y^2 = x^2 + (2y)^2$$

是一个二平方和.

下面再证明一个类似于此引理的三平方和的结果.

**引理 5.4.3** 设 $p \equiv 3 \pmod 8$ 是一个素数,则 $p$ 必可表示成 $x^2 + 2y^2$ 的形式,即可表示成一个三平方和.

**证明** 设

$$S = \{(x,y,z) \mid x^2 + 2yz = p\}$$

其中,$x,y,z$ 都是正整数. $T:S \to S$ 是由下面的公式

141

定义

$$(x,y,z) \mapsto \begin{cases} (x-2y,z+2x-2y,y) \\ \quad 如果 \; 2y < x \qquad\qquad\qquad ① \\ (2y-x,y,z+2x-2y) \\ \quad 如果 \; x < 2y < 2x+z \qquad\quad ② \\ (3x-2y+2z,2x-y+2z,-2x+2y-z) \\ \quad 如果 \; 2x+z < 2y < 3x+2z \quad ③ \\ (-3x+2y-2z,-2x+2y-z,2x-y+2z) \\ \quad 如果 \; 3x+2z < 2y < 4x+4z \quad ④ \\ (x+2z,z,y-2x-2z) \\ \quad 如果 \; y > 2x+2z \qquad\qquad\qquad ⑤ \end{cases}$$

然后用与上面的引理完全相同的方法即可证明此引理.

关于这一结果的完整表述是

任何 $\equiv 1$ 或 $3 \pmod 8$ 的素数

都可表示成 $x^2 + 2y^2$ 的形式，但是在 $p \equiv 1 \pmod 8$ 的情况下，虽然仍可以证明 $T:S \to S$ 是一个对合，但这时 $T$ 却有三个不动点，一个是

$$\left(1,1,\frac{p-1}{2}\right)$$

一个是

$$(x,x+z,z)$$

其中

$$p = (x+z)^2 + z^2$$

另一个是

$$(x,2x+z,z)$$

其中

$$p = (x + 2z)^2 + 2z^2$$

这时尽管 $|S|$ 仍然是一个奇数,但是引理 5.4.1 中的 (2) 的唯一性不成立,无法应用,因此到目前为止还没有一个类似的证法.

下面,我们就来证明上述结果的完整表述,为此我们先证明几个引理.

**引理 5.4.4**　设 $a$ 是一个正整数,$(x, ay) = 1$,$p$ 是二次型 $x^2 + ay^2$ 的大于 2 的素因数(因此是一个奇素数),则

$$\left(\frac{-a}{p}\right) = 1$$

其中 $\left(\dfrac{q}{p}\right)$ 表示 Legendre 符号,关于它的意义和性质,参见文献 [2]3.11,6.7 节或本书 6.2.4 节.

**证明**　设 $p$ 是二次型 $x^2 + ay^2$ 的大于 2 的素因数(因此是一个奇素数),则 $p \mid (x^2 + ay^2)$,因此

$$x^2 + ay^2 \equiv 0 (\bmod\ p)$$

$$x^2 \equiv -ay^2 (\bmod\ p)$$

这说明 $-ay^2$ 是 $p$ 的平方剩余,因而

$$\left(\frac{-ay^2}{p}\right) = \left(\frac{-a}{p}\right)\left(\frac{y^2}{p}\right) = \left(\frac{-a}{p}\right) = 1$$

**引理 5.4.5**　成立恒等式

$$(x_1^2 + ay_1^2)(x_2^2 + ay_2^2)$$
$$= (x_1 x_2 + ay_1 y_2)^2 + a(x_1 y_2 - x_2 y_1)^2$$
$$= (x_1 x_2 - ay_1 y_2)^2 + a(x_1 y_2 + x_2 y_1)^2 \quad (5.4.3)$$

**证明**　直接验证.

**定理 5.4.2** 素数 $p$ 可表示成 $x^2 + 2y^2$ 的充分必要条件是 $p = 2$ 或 $p \equiv 1 \pmod 8$ 或 $p \equiv 3 \pmod 8$.

**证明** 2 是一个特例,由于 $2 = 0^2 + 2 \cdot 1^2$,所以 2 可以表示成 $x^2 + 2y^2$ 的形式.除去这种情况之外,以下我们均设 $p$ 是一个奇素数.

先证必要性.

由于一个整数的平方只可能 $\equiv 0, 1$ 或 $4 \pmod 8$,所以 $x^2 + 2y^2$ 只可能 $\equiv 0, 1, 2, 3, 4, 6 \pmod 8$,但是由于 $p$ 是一个奇素数,所以 $p \not\equiv 0, 2, 4, 6 \pmod 8$.因此如果 $p = x^2 + 2y^2$,则只可能 $p \equiv 1 \pmod 8$ 或 $p \equiv 3 \pmod 8$.

再证充分性.

设 $p \equiv 1 \pmod 8$ 或 $p \equiv 3 \pmod 8$,则由 Legendre 符号的性质可知

$$\left(\frac{-2}{p}\right) = \left(\frac{-1}{p}\right)\left(\frac{2}{p}\right) = 1$$

因此二次同余式

$$x^2 \equiv -2 \pmod p \text{ 或 } x^2 + 2 \equiv 0 \pmod p$$

有解,设这个解是 $x = c$,又设 $c$ 除以 $p$ 所得的余数为 $r$,则

$$r^2 + 2 \equiv c^2 + 2 \equiv 0 \pmod p \quad (0 \leqslant r < p)$$

因此存在整数 $m$ 使得 $r^2 + 2 = mp$,由于 $p$ 是奇素数,所以 $2 < p$,因而

$$mp = r^2 + 2 \leqslant (p-1)^2 + p - 1 = (p-1)p < p^2$$

显然 $m \neq 0$,所以 $0 < m < p$.由于 $r^2 + 2 = r^2 + 2 \cdot 1^2$ 是 $x^2 + y^2$ 形式的数,所以集合 $\{m \mid mp = x^2 + 2y^2\}$ 不是

空集,因而我们可设 $m_1$ 是这个集合中的最小的正整
数,由 $m_1$ 的定义可知存在正整数 $a_1,b_1$ 使得

$$m_1 p = a_1^2 + 2b_1^2 \quad (0 < m_1 \leqslant m < p)$$

(5.4.4)

下面我们证明必有 $m_1 = 1$,假设不然,设 $m_1 > 1$.选

$$a_2 \equiv a_1 (\bmod m_1)$$
$$b_2 \equiv b_1 (\bmod m_1)$$

其中 $|a_2| \leqslant \dfrac{m_1}{2}$,$|b_2| \leqslant \dfrac{m_1}{2}$.注意 $a_2,b_2$ 不全为零,否
则 $m_1^2 | (a_1^2 + 2b_1^2)$ 与式(5.4.4)矛盾.由于

$$a_1^2 + 2b_1^2 \equiv a_2^2 + 2b_2^2 \equiv 0 (\bmod m_1)$$

因此存在 $m_2 > 0$ 使得

$$m_1 m_2 = a_2^2 + 2b_2^2 \qquad (5.4.5)$$

此外还有

$$m_2 = \frac{a_2^2 + 2b_2^2}{m_1} \leqslant \frac{\left(\dfrac{m_1}{2}\right)^2 + 2\left(\dfrac{m_1}{2}\right)^2}{m_1} < m_1$$

把式(5.4.4)和(5.4.5)两边相乘并应用引理 5.4.4
就得出

$$m_1^2 m_2 p = (a_1^2 + 2b_1^2)(a_2^2 + 2b_2^2)$$
$$= (a_1 a_2 + 2b_1 b_2)^2 + 2(a_1 b_2 - a_2 b_1)^2$$

但是

$$a_1 a_2 + 2b_1 b_2 \equiv a_1^2 + 2b_1^2 \equiv 0(\bmod m_1)$$
$$a_1 b_2 - a_2 b_1 \equiv a_1 b_1 - a_1 b_1 \equiv 0(\bmod m_1)$$

所以有 $m_1 | (a_1 a_2 + 2b_1 b_2)$,$m_1 | (a_1 b_2 - a_2 b_1)$,因而有

$$m_2 p = \left(\frac{a_1 a_2 + 2b_1 b_2}{m_1}\right)^2 + 2\left(\frac{a_1 b_2 - a_2 b_1}{m_1}\right)^2$$

145

这说明 $m_2 p$ 可表示成 $x^2+2y^2$ 的形式，但是 $m_2 < m_1$ 和 $m_1$ 是最小的定义矛盾，因此必须有 $m_1=1$，这就证明了定理.

下面我们证明一个类似于定理 2.1.2. 的结果.

**定理 5.4.3** 正整数 $n$ 可表示为 $x^2+2y^2$ 的形式或 $x^2+2y^2=n$ 有整数解的充分必要条件是 $n$ 的每个形如 $p\equiv 5(\mathrm{mod}\,8)$ 或 $p\equiv 7(\mathrm{mod}\,8)$ 的素因子都有偶数个.

**证明** 先证充分性.

设 $n=s^2 m$，其中 $m$ 是无平方因子的整数. 由于 $n$ 的每个形如 $p\equiv 5(\mathrm{mod}\,8)$ 或 $p\equiv 7(\mathrm{mod}\,8)$ 的素因子都有偶数个，所以这种素因子已经全部放到 $s$ 中去了，因而 $m$ 中只可能有一个 2
$$p\equiv 1(\mathrm{mod}\,8) \text{ 或 } p\equiv 3(\mathrm{mod}\,8)$$
这三种形式的因子，而由定理 5.4.2 可知，它们都可表示成 $x^2+2y^2$ 的形式，因此反复应用引理 5.4.4 就得出 $m$ 可表示成 $x^2+2y^2$ 的形式，因此
$$n=s^2(x^2+2y^2)=(sx)^2+2(sy)^2$$
可表示成 $x^2+2y^2$ 的形式.

再证必要性.

设 $n=x^2+2y^2$，$(x,y)=d$，$p\equiv 5(\mathrm{mod}\,8)$ 或 $p\equiv 7(\mathrm{mod}\,8)$ 是 $n$ 的使得 $p^c \| n$（表示 $p^c \mid n$，但 $p^{c+1} \nmid n$），$p^r \| d$ 的素因子. 我们将要证明 $c=2r$，因此每个那种 $p$ 都有偶数个.

设 $x=da$，$y=db$，$(a,b)=1$，因此
$$n=d^2(a^2+2b^2)=d^2 t$$

因此 $p^{c-2r} \mid\mid t$，其中 $c-2r \geqslant 0$. 假如 $c-2r>0$（即 $p\mid t$），并且 $p\mid a$，那么 $p\mid 2b^2$，但是 $p\neq 2$，所以 $p\mid b$，同理如果 $p\mid b$，那么 $p\mid a$，但是这和 $(a,b)=1$ 矛盾. 因此 $p\nmid a$ 同时 $p\nmid b$.

由 Fermat 小定理得出

$$b^{p-1} \equiv 1(\bmod p)$$

因而 $ab^{p-1} \equiv a(\bmod p)$. 令 $u=ab^{p-2}$，则

$$bu \equiv a(\bmod p)$$

因此

$$b^2(2+u^2) \equiv a^2+2b^2=t \equiv 0(\bmod p)$$

（因为前面已假设 $p\mid t$）. 由此得出 $p\mid b^2(2+u^2)$，但是 $p\nmid b$，所以 $p\mid(2+u^2)$ 或者 $u^2 \equiv -2(\bmod p)$. 这说明 $\left(\dfrac{2}{p}\right)=1$，因而 $p \equiv 1(\bmod 8)$ 或 $p \equiv 3(\bmod 8)$，这与 $p \equiv 5(\bmod 8)$ 或 $p \equiv 7(\bmod 8)$ 的假设矛盾. 因此 $p\nmid t$，$c-2r=0$，$c=2r$.

我们也可以几乎是逐字逐句地模仿第 2 章中证明定理 2.1.2 的路线和方法来得出这一结果.

**例 5.4.2** 我们有 $561=3\cdot 11\cdot 17$，它的三个素因子都是 $\equiv 1(\bmod 8)$ 或 $\equiv 3(\bmod 8)$ 的，因此根据定理 5.4.2，都可以表示成 $x^2+2y^2$ 的形式. 事实上，我们有

$$3=1^2+2\cdot 1^2$$
$$11=3^2+2\cdot 1^2$$
$$17=3^2+2\cdot 2^2$$

因此可以得出

$$33=3\cdot 11=5^2+2\cdot 2^2$$

$$561 = 33 \cdot 17 = 23^2 + 2 \cdot 4^2$$

交换计算的次序,又可以得出

$$561 = 19^2 + 2 \cdot 10^2$$

**例 5.4.3**　$294 = 2 \cdot 3 \cdot 7^2$ 可表成 $x^2 + 2y^2$ 的形式,但是 $375 = 3 \cdot 5^3$ 不能.实际上 $294 = 14^2 + 2 \cdot 7^2$.

## 5.5　把整数表示成三平方和的方式的数目

在这一节中,我们关心的问题是将一个正整数表示成三个平方之和的方式的数目.在第 2 章和第 3 章中,我们能够使用基本方法完全解决二平方和四平方的相应问题.但是将一个正整数表示成三个平方之和的方式的数目的公式则很难证明.如果我们考虑到即使仅仅陈述有关的结果也需要用到像类数,二次型的属等相当深奥的概念(见下一章)这样一个事实,那么它的证明难度很大也就不足为奇了(而且读者在下一章中将会看到,即使我们引进了这些深奥的概念,我们仍然无力证明有关解数的公式).

在本节中,我们将仅局限于陈述有关的关的一些定理.其证明可见文献[5,8,12].我们还将给出一些例子作为应用.我们再复习两个符号的含义:$R_3(n)$ 表示 $x^2 + y^2 + z^2 = n$ 的本原解的数目,而 $r_3(n)$ 表示 $x^2 + y^2 + z^2 = n$ 的所有解的数目.

**定理 5.5.1**　如果 $n$ 是一个三平方和,则
$$r_3(n) = r_3(4^k n)$$

148

其中 $k$ 是一个任意的非负整数.

**证明** 设

$$n = x^2 + y^2 + z^2$$

那么

$$4^k n = (2^k x)^2 + (2^k y)^2 + (2^k z)^2$$

反之，如果

$$4^k n = x^2 + y^2 + z^2$$

那么易证 $x, y, z$ 都是偶数，因此可设

$$x = 2x_1, y = 2y_1, z = 2z_1$$

而得出

$$4^{k-1} n = x_1^2 + y_1^2 + z_1^2$$

如果 $k - 1 \neq 0$，那么同理可证 $x_1, y_1, z_1$ 都是偶数，因此可设 $x_1 = 2x_2, y_1 = 2y_2, z_1 = 2z_2$ 而得出

$$4^{k-2} n = x_2^2 + y_2^2 + z_2^2$$

经过有限次（$k$ 次），我们就得出

$$n = x_k^2 + y_k^2 + z_k^2$$

这就说明方程

$$n = x^2 + y^2 + z^2$$

和方程

$$4^k n = x^2 + y^2 + z^2$$

的解是 $1-1$ 对应的，所以就有

$$r_3(n) = r_3(4^k n)$$

**定理 5.5.2** 设 $h(\Delta)$ 是判别式等于 $\Delta$ 的本原二元二次型的类数，其中

$$\Delta = \begin{cases} 1 & \text{如果 } n \equiv 3 \pmod 8 \\ 4n & \text{如果 } n \equiv 1, 2, 5 \text{ 或 } 6 \pmod 8 \end{cases}$$

则方程 $x^2+y^2+z^2=n$ 的本原解的数目 $R_3(n)$ 为

$$R_3(n)=\begin{cases} 12h(\Delta) & \text{如果 } n=1,2,5 \text{ 或 } 6(\bmod 8), \\ & \text{并且 } n\neq 1 \\ 24h(\Delta) & \text{如果 } n=3(\bmod 8), \\ & \text{并且 } n\neq 3 \\ 6h(\Delta) & \text{如果 } n=1 \\ 8h(\Delta) & \text{如果 } n=3 \end{cases}$$

我们做几个关于本原二元二次型的类数 $h(\Delta)$ 的注记如下.

注记 5.5.1.

(1) $h(\Delta)=gk$,其中 $g=2^{t-1}$ 是属的数目,$t$ 是 $\Delta$ 的不同的素因子的数目,而 $k$ 是每个属中的类的数目.

(2) 如果 $\Delta=4n,n=1,2,5$ 或 $6(\bmod 8)$,并且如果 $n$ 有 $t$ 个奇的素因子,则 $\Delta$ 有 $t+1$ 个素因子,因此

$$g=2^{(t+1)-1}=2^t$$

如果 $\Delta=n,n\equiv 3(\bmod 8)$,并且如果 $n$ 有 $t$ 个奇的素因子,则 $g=2^{t-1}$. 对 $n=1,3,h=1$.

在上面的注记下,我们可把定理 5.5.2 重述如下:

**定理 5.5.3** 方程 $x^2+y^2+z^2=n$ 的本原解的数目 $R_3(n)$ 为

$$R_3(n)=\begin{cases} 3\cdot 2^{t+2}k & \text{如果 } n\equiv 1,2,3,5 \\ & \text{或 } 6(\bmod 8),n\neq 1 \text{ 或 } 3 \\ 6 & \text{如果 } n=1 \\ 8 & \text{如果 } n=3 \end{cases}$$

对 $n=1$,我们有

$$1=(\pm 1)^2+0^2+0^2$$

对 $n=3$,我们有
$$3=(\pm 1)^2+(\pm 1)^2+(\pm 1)^2$$

**例 5.5.1**

(1) 设 $n=18\equiv 2(\mathrm{mod}\ 8)$,则
$$h=2,g=2,k=1 \quad （见 \text{Rose}）$$

所以
$$R_3(18)=12\cdot 2=24 \quad （定理\ 5.4.2）$$

或
$$R_3(18)=3(2^{1+2}\cdot 1)=24 \quad （定理\ 5.4.3）$$

(2) 设 $n=11\equiv 3(\mathrm{mod}\ 8)$,则
$$h=1,g=1,k=1 \quad （见 \text{Rose}）$$

所以
$$R_3(11)=24 \quad （定理\ 5.4.2）$$

或
$$R_3(11)=3\cdot 2^3=24 \quad （定理\ 5.4.3）$$

对无平方因子的正整数,Eisenstein(爱森斯坦)利用 Dirichlet 类数公式证明了下面的解数公式

**定理 5.5.4**(Eisenstein) 设 $n$ 是一个无平方因子的正整数,则

$$R_3(n)=\begin{cases} 24\displaystyle\sum_{r=1}^{\left[\frac{n}{2}\right]}\left(\dfrac{r}{n}\right) & 如果\ n\equiv 1(\mathrm{mod}\ 4) \\[3mm] 8\displaystyle\sum_{r=1}^{\left[\frac{n}{2}\right]}\left(\dfrac{r}{n}\right) & 如果\ n\equiv 3(\mathrm{mod}\ 4) \end{cases}$$

其中 $[x]$ 表示不超过 $x$ 的最大整数, $\left(\dfrac{r}{n}\right)$ 表示

151

Jacobi(雅可比) 符号.

**例 5.5.2** 设 $n = 11 \equiv 3 \pmod 8$，则

$$R_3(11) = 8 \sum_{r=1}^{\left[\frac{11}{2}\right]} \left(\frac{r}{n}\right)$$

$$= 8\left(\left(\frac{1}{11}\right) + \left(\frac{2}{11}\right) + \left(\frac{3}{11}\right) + \left(\frac{4}{11}\right) + \left(\frac{5}{11}\right)\right)$$

$$= 8(1 + 0 + 1 + 1 + 0)$$

$$= 24$$

以上，我们叙述了三平方和的本原解的个数公式，最后，我们叙述把一个正整数表示成三平方和的方式的总数公式.

**定理 5.5.5** 把一个正整数 $n$ 表示成三平方和的方式的总数的公式如下

$$r_3(n) = \sum_{d^2 \mid n} R_3\left(\frac{n}{d^2}\right)$$

**例 5.5.3** 设 $n = 18$，则

$$r_3(18) = \sum_{d^2 \mid 18} R_3\left(\frac{18}{d^2}\right) n$$

$$= R_3(18) + R_3(2)$$

$$= 24 + 12 = 36$$

对 $n = 11$，则有

$$r_3(11) = \sum_{d^2 \mid 11} R_3\left(\frac{11}{d^2}\right) = R_3(11) = 24$$

# Gauss 的遗产

第

6

章

## 6.1 引　　言

在本书的序言中，作者已表明写作这本书的宗旨就是以尽可能初等的形式证明本书中的结果，然而，在证明三平方和定理时，我们却使用了 Dirichlet 的算数级数中的素数这一并不初等的结果，这不能不说是一种遗憾. 那么为什么现在的大多数资料中都要用到这一定理呢？我认为其主要原因可能是因为用了它，证明就可简化，而不是必须要用它.

考察三平和定理的研究历史可以证明这一点. 我们知道，先是，Legendre 在 1798 年就给出了这个定理的复杂证明. 最终 Gauss 在 1801 年给出了完整的证明，

153

而 Dirichlet 的算数级数中的素数定理是 1837 年发表
的,所以 Legendre 和 Gauss 在给出他们的结果时实际
上并不知道 Dirichlet 的定理,这就说明三平方和定理
的证明其实并不依赖于 Dirichlet 的定理. 本章的内容
就是介绍 Gauss 的工作,不过,看过这些内容后,读者
会发现,虽然 Gauss 的工作并不依赖于 Dirichlet 定理,
但是从初等数论的眼光看,它也并不"初等",因为
Gauss 的工作中用到了一些深奥的概念,要想看懂它
们,也是要费不少劲的.

## 6.2　数论方面的预备知识

### 6.2.1　整数模 $m$ 的同余类环和商环

**定义 6.2.1.1**　设 $m \neq 0 \in \mathbb{Z}$,则任何一个整数
除以 $m$ 所得到的 $m$ 个可能的余数 $0, 1, \cdots, m-1$ 组成
的集合 $\{0, 1, \cdots, m-1\}$ 称为模 $m$ 的余数环,记
为 $\mathbb{Z}/m$.

**定义 6.2.1.2**　设 $m \neq 0 \in \mathbb{Z}$,则称 $m$ 的所有倍
数构成的集合 $m\mathbb{Z}$ 是一个理想.

**定义 6.2.1.3**　给定 $m \neq 0 \in \mathbb{Z}$,对任意 $x \in \mathbb{Z}$,
定义 $\bar{x}\{y \in \mathbb{Z} \mid y \equiv x \pmod{m}\}$,称 $\{\bar{x} \mid x \in \mathbb{Z}\}$ 是整
数环 $\mathbb{Z}$ 关于理想 $m\mathbb{Z}$ 的商环,记为 $\mathbb{Z}/m\mathbb{Z}$,又称为是模
$m$ 的剩余类环.

**定义 6.2.1.4**　称 $\mathbb{Z}/m$ 中的可逆元构成的集合
$U_m$ 为 $\mathbb{Z}/m$ 的单位群.

在不致引起混淆的情况下,我们也记 $\overline{x} \in \mathbb{Z}/m$ 是 $x \in \mathbb{Z}$ 除以 m 所得的余数.

**引理 6.2.1.1** 设 $x, y \in \mathbb{Z}, m \neq 0 \in \mathbb{Z}$,则 $\overline{x} = \overline{y}$ 的充分必要条件是 $m \mid (x - y)$ 或 $x \equiv y \pmod{m}$.

**证明** 作为习题.

**引理 6.2.1.2** 设 $x \in \mathbb{Z}$,则 $\overline{x} \in U_m$ 的充分必要条件是 $(x, m) = 1$.

**证明** 先证"⇒". 设 $\overline{x} \in U_m$,则存在 $y \in \mathbb{Z}$ 使得 $\overline{xy} = \overline{1}$,这等价于

$$xy \equiv 1 \pmod{m}$$

因此 $xy - tm = 1$,这就说明 $(x, m) = 1$.

再证"⇐". 设 $(x, m) = 1$,则存在整数 $y, t$,使得 $xy + tm = 1$,因此

$$xy \equiv 1 \pmod{m}$$

这就等价于 $\overline{xy} = \overline{1}$,因而 $x$ 是可逆的.

**定理 6.2.1.1** 映射 $T: x \mapsto \overline{x}$ 是 $\mathbb{Z} \to \mathbb{Z}/m\mathbb{Z}$ 的满同态,称为正规同态.

**证明** 作为练习.

**定理 6.2.1.2** 映射 $T: x \in \mathbb{Z}/m \mapsto \overline{x} \in \mathbb{Z}/m\mathbb{Z}$ 是 $\mathbb{Z}/m \to \mathbb{Z}/m\mathbb{Z}$ 的同构.

**证明** 作为练习.

设用 $|G|$ 表示群 $G$ 的阶,则显然有

$$|\mathbb{Z}/m| = |m|$$

**推论 6.2.1.1** 如果 $p$ 是一个素数,则 $|U_p| = p - 1$,从而 $\mathbb{Z}/p$ 是一个域.

**推论 6.2.1.2(Fermat 小定理)** 设 $p$ 是一个素数

并且 $(a,p)=1$,则

$$a^{p-1} \equiv 1(\bmod\ p)$$

(等价地,对每个 $a \in U_p$,成立 $a^{p-1} = \overline{1}$.).

**证明** 方法 $1:a \in U_p$ 的阶 $r$ 必须整除群 $U_p$ 的阶.这表示 $r \mid (p-1)$,因此 $\dfrac{p-1}{r}$ 是一个整数,因而就有 $a^{p-1} = (a^r)^{\frac{p-1}{r}} = \overline{1}$.

方法 $2$:由于 $(a,p)=1$,我们看下面两行数

$$\begin{array}{ccccc} 1 & 2 & 3 & \cdots & p-1 \\ a & 2a & 3a & \cdots & (p-1)a \end{array}$$

其中上面的一行数是模 $p$ 的非零的完全剩余系,我们证明下面一行数也是.首先下面一行数的乘积在模 $p$ 下是非零的,因此它们之中的每个数在模 $p$ 下也是非零的.并且下面一行数在模 $p$ 下是两两不同余的(由于 $p$ 不能整除它们两两的差),又由于下面一行数恰有 $p-1$ 个元素,因此它也是模 $p$ 的一个非零的完全剩余系.因而下面一行数经过重排后就和上面一行数两两配对,其中每一对在模 $p$ 下都是互相同余的.这就说明

$$1 \cdot 2 \cdot 3 \cdot \cdots \cdot (p-1) \equiv a \cdot 2a \cdot 3a \cdot \cdots \cdot (p-1)a(\bmod\ p)$$



$$(p-1)! \equiv (p-1)!\ a^{p-1}(\bmod\ p)$$

由于 $(p-1)!$ 在模 $p$ 下是可逆的(由于 $1,2,\cdots,p-1$ 在模 $p$ 下都是可逆的),所以就得出

$$1 \equiv a^{p-1}(\bmod\ p)$$



$$a^{p-1} \equiv 1(\bmod\ p)$$

**定理 6.2.1.3**（Wilson（威尔逊）定理）　如果 $p$ 是一个素数,则

$$(p-1)! \equiv -1 (\bmod p)$$

**证明**　我们问,下列一排数

$$1,2,3,\cdots,p-1$$

哪些元素在模 $p$ 下等于它们自己的逆?

答案:只有 1 和 $p-1$.由于如果 $\bar{x} \cdot \bar{x} = \bar{1}$,也就是如果 $x^2 \equiv 1 (\bmod p)$,那么 $p \mid (x^2-1)$,因此 $p \mid (x-1)$ 或 $p \mid (x+1)$.当 $p \mid (x-1)$ 时,$x \equiv 1 (\bmod p)$,当 $p \mid (x+1)$ 时,$x \equiv -1 (\bmod p) \equiv p-1 (\bmod p)$.

现在把 $2,3,\cdots,p-2$ 中的每个数都配上它们的逆（这些逆就是 $2,3,\cdots,p-2$ 中的某个数）就得出

$$(p-1)! \equiv [1 \cdot (p-1)] \cdot (2 \cdot 2^{-1}) \cdot (3 \cdot 3^{-1}) \cdot \cdots$$
$$\equiv 1 \cdot (p-1) \equiv -1 (\bmod p)$$

**引理 6.2.1.3**　设 $p$ 是一个素数,$f(x)$ 是一个 $n$ 次多项式,则同余式方程

$$f(x) \equiv 0 (\bmod p)$$

在模 $p$ 下至多有 $n$ 个互相不同余的根.

**证明**　见文献[2]定理 3.10.12.

我们下面再来叙述有关群 $U_p$ 的结构的一些性质.

**定义 6.2.1.5**　设 $x$ 是一个整数,如果 $\bar{x}$ 生成 $U_p$,则称 $x$ 是模 $p$ 的一个单位原根.

**定理 6.2.1.4**　设 $p$ 是一个素数,则 $U_p$ 是一个循环群.

**证明**　我们利用以下两个事实.

事实 1:设 $d$ 是一个正整数,则方程 $x^d = 1$ 在 $U_p$ 中

至多有 $d$ 个不同的根(见引理 6.2.2.3).

事实 2:设 $d\mid n$,则一个 $n$ 阶的循环群有一个 $\dfrac{n}{d}$ 阶的循环子群(见北京大学高等代数讲义.)

设 $A(d)$ 是 $U_p$ 中阶为 $d$ 的元素的数目.由于
$$|U_p|=p-1$$
我们要证 $A(p-1)>0$,即 $U_p$ 至少包含一个阶为 $p-1$ 的元素(它因而是一个生成子).

设 $C(d)$ 是 $p-1$ 阶循环群中阶为 $d$ 的元素的数目.

如果 $d$ 不是 $p-1$ 的因子,那么显然
$$A(d)=C(d)=0$$
我们注意
$$p-1=\sum_{d\mid(p-1)}A(d)=\sum_{d\mid(p-1)}C(d)$$
由于右边的式子按阶数计数了 $U(p)$ 或阶为 $p-1$ 的群中元素的数目(首先按阶数将这些元素分组.).

现在设 $A(d)\neq 0$,那么 $U(p)$ 就包含一个阶为 $d$ 的元素,它生成一个 $d$ 阶的循环群.所有那个子群的元素都是 $x^d=1$ 的解.根据事实 1,这个子群必须是 $x^d=1$ 的所有的在 $U(p)$ 中的根的集合.因此它必须包含 $U(p)$ 中的所有的 $d$ 阶元素.所以 $A(d)$ 就等于 $d$ 阶循环群中阶为 $d$ 的元素的数目,根据事实 2,因而有
$$A(d)\leqslant C(d)$$
综上所述,我们有 $A(d)=0$ 或者 $A(d)\leqslant C(d)$,因而无论在哪种情况下都有 $A(d)\leqslant C(d)$.但是
$$\sum_{d\mid(p-1)}(C(d)-A(d))=0$$

这说明对所有的 $d$ 都成立 $C(d)=A(d)$，特别

$$A(p-1)=C(p-1)>0$$

最后，我们证明本节的主要结果

**定理 6.2.1.5** 设 $p$ 是一个奇素数，那么方程

$$x^2 \equiv -1 (\mathrm{mod}\ p)$$

有解的充分必要条件是

$$p \equiv 1 (\mathrm{mod}\ 4)$$

**证明** 方法 1：设 $p$ 是一个奇素数，方程

$$x^2 \equiv -1 (\mathrm{mod}\ p)$$

蕴含 $\overline{x} \in U_p$ 的阶是 4，这说明

$$4 \mid (p-1)$$

因而 $p \equiv 1 (\mathrm{mod}\ 4)$.

反之，假设 $4 \mid (p-1)$. 令 $z=y^{\frac{p-1}{4}}$，其中 $y$ 是模 $p$ 的一个原根，那么由于 $\overline{z}^2$ 是方程 $x^2-1=0$ 在 $\mathbb{Z}/p$ 中的不等于 1 的根，所以 $z^2 \equiv -1 (\mathrm{mod}\ p)$.

方法 2：我们证明比这定理更强的结果

**定理 6.2.1.6** 设 $p$ 是一个奇素数，那么方程

$$x^2 \equiv -1 (\mathrm{mod}\ p)$$

有解的充分必要条件是 $p \equiv 1 (\mathrm{mod}\ 4)$，并且在有解时，仅有的两个解是

$$x = \pm \left(\frac{p-1}{2}\right)!$$

**证明** 先证"$\Rightarrow$". 假设 $x^2 \equiv -1 (\mathrm{mod}\ p)$ 有解，因此有整数 $x$ 使得 $x^2 \equiv -1 (\mathrm{mod}\ p)$，那么

$$(x^2)^{\frac{p-1}{2}} \equiv x^{p-1} \equiv 1 (\mathrm{mod}\ p)$$

因此

$$(-1)^{\frac{p-1}{2}} \equiv 1(\bmod\ p)$$

但是

$$(-1)^{\frac{p-1}{2}} = \begin{cases} 1 & \text{如果 } p \equiv 1(\bmod\ 4) \\ -1 & \text{如果 } p \equiv 3(\bmod\ 4) \end{cases}$$

因此必须有 $p \equiv 1(\bmod\ 4)$.

再证"$\Leftarrow$".(Lagrange) 假设

$$p \equiv 1(\bmod\ 4)$$

那么

$$-1 \equiv (p-1)!$$

$$\equiv \left(1 \cdot 2 \cdot \cdots \cdot \frac{p-1}{2}\right) \cdot$$

$$\left(\frac{p+1}{2} \cdot \frac{p+3}{2} \cdot \cdots \cdot p-1\right)$$

$$\equiv \left(1 \cdot 2 \cdot \cdots \cdot \frac{p-1}{2}\right) \cdot$$

$$\left(\left(p-\frac{p-1}{2}\right) \cdot \left(p-\frac{p-3}{2}\right) \cdot \cdots \cdot p-1\right)$$

$$\equiv \left(1 \cdot 2 \cdot \cdots \cdot \frac{p-1}{2}\right) \cdot$$

$$\left(\left(-\frac{p-1}{2}\right) \cdot \left(-\frac{p-3}{2}\right) \cdots (-1)\right)$$

$$\equiv \left(\frac{p-1}{2}\right)!\ (-1)^{\frac{p-1}{2}}\left(\frac{p-1}{2}\right)!$$

$$\equiv (-1)^{\frac{p-1}{2}}\left(\left(\frac{p-1}{2}\right)!\ \right)^2 (\bmod\ p)$$

$$\equiv \left(\left(\frac{p-1}{2}\right)!\ \right)^2$$

这就说明方程 $x^2 \equiv -1(\bmod\ p)$ 的仅有的两个解是

$$x = \pm \left( \frac{p-1}{2} \right)!$$

（事实上，这个方程至多有两个解，见上面的引理，见文献[2]第三章，定理 3.10.2 和引理 3.11.1.)

下面讨论模为合数的同余式方程的一些性质和结果

**引理 6.2.1.4**　设 $m_1, m_2, \cdots, m_r \in \mathbb{Z}$ 是正的和两两互素的整数.

（1）对每一对整数 $x, y$，下面两个条件是等价的：

① $x \equiv y (\mathrm{mod}\ m_1 m_2 \cdots m_r)$;

② 对所有的 $i = 1, 2, \cdots, r$，成立

$$x \equiv y (\mathrm{mod}\ m_i)$$

（2）$\bigcap\limits_{i=1}^{r} m_i \mathbb{Z} = m_1 m_2 \cdots m_r \mathbb{Z}$.

**证明**　容易证明在 $y = 0$ 的情况下，(1) 和 (2) 是一回事.

假设对所有的 $i$ 都有 $x \equiv 0 (\mathrm{mod}\ m_i)$，我们将对 $r$ 实行归纳法来证明

$$x \equiv 0 (\mathrm{mod}\ m_1 m_2 \cdots m_r)$$

首先看 $r = 2$ 的情况，由于 $(m_1, m_2) = 1$，因此存在 $a, b \in \mathbb{Z}$ 使得

$$am_1 + bm_2 = 1$$

因此

$$am_1 x + bm_2 x = x$$

其中左边的两项均可被 $m_1 m_2$ 整除，因此 $x$ 也可被 $m_1 m_2$ 整除，这就证明了

$$x \equiv 0 (\mathrm{mod}\ m_1 m_2)$$

161

当 $r > 2$ 时，由于 $m_1 m_2，m_3 \cdots m_r$ 这 $r-1$ 个数是两两互素的．因此对 $m_1 m_2，m_3 \cdots m_r$ 这 $r-1$ 个数应用归纳法假设就证明了命题对 $r$ 也成立，因此由数学归纳法就证明了命题．

**定理 6.2.1.7（孙子定理（中国剩余定理））** 设 $m_1，m_2，\cdots，m_r \in \mathbb{Z}$ 是正的和两两互素的整数．

（1）设 $a_1，a_2，\cdots，a_r \in \mathbb{Z}$，则存在 $x \in \mathbb{Z}$ 使得 $x \equiv a_i (\mathrm{mod}\ m_i)，i = 1，2，\cdots，r$；

（2）映射 $f : \mathbb{Z}/m_1 m_2 \cdots m_r \to \mathbb{Z}/m_1 \times \mathbb{Z}/m_2 \times \cdots \times \mathbb{Z}/m_r，f(\bar{x}) = (\bar{x}，\bar{x}，\cdots，\bar{x})$ 是一个环的同构．

**证明** （1）设

$$n_i = \frac{m_1 m_2 \cdots m_r}{m_i}$$

则

$$(n_i，m_i) = 1$$

因此存在 $y_i \in \mathbb{Z}$ 使得

$$n_i y_i \equiv 1 (\mathrm{mod}\ m_i)$$

令 $x_i = n_i y_i$，则我们有同余式组

$$x_i \equiv 1 (\mathrm{mod}\ m_i)$$

以及

$$x_i \equiv 0 (\mathrm{mod}\ m_j) \quad (j \neq i)$$

因此对所有的 $i$ 都成立

$$x = a_1 x_1 + a_2 x_2 + \cdots a_r x_r \equiv a_i (\mathrm{mod}\ m_i)$$

（2）由引理 6.2.1.4 可知映射 $f$ 是一个单射，由（1）可知 $f$ 又是一个满射，由此我们实际上已经构造出了（1）的证明中 $f$ 的逆．

162

值得注意的是,定理 6.2.1.7 中(2)的环之间存在一个仅需保留加法结构所需的 $1-1$ 映射的证明更简单.这种加法同构不是唯一的.下面的命题以后对我们将是有用的.

**引理 6.2.1.5** 设 $m,n$ 是非零的互素的整数,则函数 $f$:$\mathbb{Z}/m \oplus \mathbb{Z}/n \rightarrow \mathbb{Z}/mn,f(\overline{x},\overline{y}) = \overline{nx+my}$ 是一个 Abel(阿贝尔)加群之间的同构.

**证明** 首先注意 $f$ 是良定义的,同时也易于证明 $f$ 是一个同态.

设 $z=\overline{a} \in \mathbb{Z}/mn$.根据文献[2]定理 3.3.7 的(2)可知存在 $x,y \in \mathbb{Z}$ 使得 $nx+my=a$,因此 $z=\overline{a}$ 位于 $f$ 的值域中.因而我们已经证明了 $f$ 是满射.

最后设 $f(\overline{x},\overline{y})=0$,这表示 $nx+my \in mn\mathbb{Z}$,因此文献[2]定理 3.4.3 蕴含 $x \in m\mathbb{Z}$,$y \in n\mathbb{Z}$,因此 $f$ 是单射.

下面的命题是运用孙子定理去导出同余方程的模.

**引理 6.2.1.6** 设 $f(x) \in \mathbb{Z}[x]$,又设 $m_1$,$m_2,\cdots,m_r$ 是两两互素的正整数,那么下面两个命题是等价的:

(1) $f(x) \equiv 0 (\bmod\ m_1 m_2 \cdots m_r)$ 有解;

(2) 对 $i=1,2,\cdots,r,f(x) \equiv 0 (\bmod\ m_i)$ 有解.

**证明** (1)$\Rightarrow$(2).(1) 的解显然都是(2)的解.

(2)$\Rightarrow$(1).假设所有(2)中的同余式都有解,对每个 $i$,设 $x_i \in \mathbb{Z}$ 是 $f(x) \equiv 0 (\bmod\ m_i)$ 的解.根据定理 6.2.1.5.中的(1).我们可选一个 $x \in \mathbb{Z}$ 使得对 $i=1$,

$2,\cdots,r$ 有

$$x \equiv x_i (\bmod\ m_i)$$

因而对所有的 $i$ 都有

$$f(x) \equiv 0 (\bmod\ m_i)$$

因此由定理 6.2.1.7 中的(1).我们就有

$$f(x) \equiv 0 (\bmod\ m_1 m_2 \cdots m_r)$$

在引理 6.2.1.6 的大多数应用中,整数 $m_i$ 将是某个素数的幂.因而自然要问是否能把素数的幂进一步化为素数模.与其一般地提出这个问题,我们更愿意处理一些二次剩余的特殊情况,以后这些结果会有用.

**定理 6.2.1.8** (1) 设 $a \in \mathbb{Z}$,并设 $p$ 是一个不能整除 $a$ 的奇素数.那么对 $n \geqslant 1$,同余式

$$x^2 \equiv a (\bmod\ p^n)$$

有解的充分必要条件是同余式

$$x^2 \equiv a (\bmod\ p)$$

有解.此外,如果解存在,则对 $n \geqslant 1$,$x^2 = \bar{a} \in \mathbb{Z}/p^n$ 在 $\mathbb{Z}/p^n$ 中恰有两个解;

(2) 设 $a$ 是一个奇整数,那么对 $n \geqslant 3$,方程

$$x^2 \equiv a (\bmod\ 2^n)$$

有解的充分必要条件是方程

$$x^2 \equiv a (\bmod\ 8)$$

有一个解,并且 $a \equiv 1 (\bmod\ 8)$.

此外,如果解存在,则对 $n \geqslant 3$,$x^2 = \bar{a} \in \mathbb{Z}/2^n$ 在 $\mathbb{Z}/2^n$ 中恰有四个解.

**证明** (1) 设 $n \geqslant 1$,并设 $x \in \mathbb{Z}$ 满足

$$x^2 \equiv a (\bmod\ p^n)$$

我们证明存在一个 $y \in \mathbb{Z}$ 使得

$$y^2 \equiv a \pmod{p^{n+1}}$$

并且

$$y \equiv x \pmod{p^n}$$

并且在模 $p^{n+1}$ 下，$y$ 是唯一的（即 $\overline{y} \in \mathbb{Z}/p^{n+1}$ 是唯一的）.

令 $x^2 = a + bp^n$，我们确定所有使得

$$y^2 \equiv a \pmod{p^{n+1}}$$

并且 $y = x + zp^n$ 的 $z \in \mathbb{Z}$. 由计算得出

$$y^2 = (x + zp^n)^2 \equiv a + (2xz + b)p^n \pmod{p^{n+1}}$$

由此得出 $z$ 必须满足 $2az \equiv -b \pmod{p}$. 由于 $p \nmid 2x$，所以那种 $z$ 是存在的. 此外 $z$ 是由模 $p$ 唯一确定的，这就证明了，在模 $p^{n+1}$ 下，$y$ 是唯一的.

我们已经导出了一个把方程 $x^2 = \overline{a} \in \mathbb{Z}/p^n$ 的解 $\overline{x}$ 映为方程 $x^2 = \overline{a} \in \mathbb{Z}/p^{n+1}$ 的解 $\overline{y}$ 的映射. 它是关于解的自然的映射 $y + \mathbb{Z}/p^{n+1} \mapsto y + \mathbb{Z}/p^n$ 的逆，因此是 $1 - 1$ 的映射. 用数学归纳法容易证明方程 $x^2 = \overline{a} \in \mathbb{Z}/p^n$ 的解的数目对所有的 $n \geqslant 1$ 都是相同的. 由于 $\mathbb{Z}/p$ 是域，$p$ 是奇数，并且 $p \nmid a$，因此这个数目只能是 $0$ 或 $2$.

如果 $x$ 是同余式 $x^2 \equiv a \pmod{p^n}$ 的一个解，那么这个同余式的另一个解就是 $-x$.

（2）设 $n \geqslant 3$. 则同余式 $x^2 \equiv a \pmod{2^n}$ 的解是成对的，如果 $x_1 \in \mathbb{Z}$ 是一个解，那么 $x_2 = x_1 + 2^{n-1}$ 也是解. 我们证明每一对那种解中，只有一个唯一的成员 $x_i$ 能使得

165

$$y^2 \equiv a \pmod{2^{n+1}}$$

并且

$$y \equiv x_i \pmod{2^n}$$

并且在模 $2^{n+1}$ 下,恰有两个那种 $y$.

令 $x_i^2 = a + b_i 2^n$,由计算得出 $y_i = x_i + z2^n$ 对所有的 $z \in \mathbb{Z}$ 满足同余式 $y_i^2 \equiv x_i^2 \pmod{2^{n+1}}$,因而当且仅当 $b_i$ 是偶数时,$y_i^2 \equiv a \pmod{2^{n+1}}$. 但是由于 $n \geqslant 3$ 以及 $x_1$ 是奇数,所以 $b_1$ 和 $b_2 = b_1 + x_1 + 2^{n-2}$ 具有相反的奇偶性,因此 $b_1, b_2$ 中只有一个数是偶数. 这就证明了存在一对数的论断. 由于在模 $2^{n+1}$ 下 $y_i$ 是由 $z$ 的奇偶性确定的,所以在模 $2^{n+1}$ 下恰有两个那种整数.

对每个 $n \geqslant 3$,设 $S_n$ 表示方程 $x^2 = \bar{a} \in \mathbb{Z}/2^n$ 的解的集合. 设 $g: S_{n+1} \to S_n$ 是自然映射 $x + \mathbb{Z}/2^{n+1} \mapsto x + \mathbb{Z}/2^n$,则上面的 $S_{n+1}$ 中的每一对解中的两个成员在 $g$ 下有相同的像,因此 $g$ 是 2 对 1 的. 因而

$$|\operatorname{Im}(g)| = \frac{|S_{n+1}|}{2}$$

(其中 $|\operatorname{Im}(g)|$ 表示 $g$ 的像集的元素的数目). 另一方面,由于 $g$ 的像恰包含 $S_n$ 中的每一对解中的一个成员,所以我们又有

$$|\operatorname{Im} g| = \frac{|S_n|}{2}$$

因此,对所有的 $n \geqslant 3$,$x^2 = \bar{a} \in \mathbb{Z}/2^n$ 的解的数目都是相同的,$n = 3$ 的情况说明当 $a \equiv 1 \pmod 8$ 时,解的数目是 4,否则就是 0.

如果 $x$ 是同余式 $x^2 \equiv a \pmod{2^n}$ 的一个解,那么

这个同余式的其他的解就是 $x + 2^{n-1}$，$-x$ 和 $-x + 2^{n-1}$.

**定理 6.2.1.9** 设 $a$ 和 $m$ 是非零的互素的整数，令 $m = 2^b d$，其中 $d$ 是奇数，则以下两个命题是等价的.

（1）$x^2 \equiv a \pmod{m}$ 有解；

（2）对 $m$ 的每个奇的素因子 $p$，$x^2 \equiv a \pmod{p}$ 有解，并且

$$a \equiv 1 \pmod 4，如果 b = 2$$
$$a \equiv 1 \pmod 8，如果 b \geqslant 3$$

**证明** 由引理 6.2.1.6 和定理 6.2.1.6 立即得出.

### 6.2.2 定理 6.2.1.5 的应用

**引理 6.2.2.1** 设 $n$ 是一个整数，$p$ 是 $n^2 + 1$ 的奇的素因子，则 $p \equiv 1 \pmod 4$.

**证明** 由于 $p \mid (n^2 + 1)$，所以 $n^2 \equiv -1 \pmod p$，因此由定理 6.2.1.5 就得出 $p \equiv 1 \pmod 4$.

**定理 6.2.2.1** 存在无穷多个素数 $p$ 使得

$$p \equiv 1 \pmod 4$$

**证明** 假设定理不成立，那么可设所有使得 $p \equiv 1 \pmod 4$ 的素数是

$$p_1, p_2, \cdots, p_r$$

令 $n = 2 p_1 p_2 \cdots p_r$，$N = n^2 + 1$，则 $N$ 是奇数，因此它的素因子都是奇数. 故由引理 6.2.1.5 可知这些素因子都是 $\equiv 1 \pmod 4$ 的. 显然 $p_1, p_2, \cdots, p_r$ 都不能整除 $N$，因此 $N$ 的素因子是一个不同于 $p_1, p_2, \cdots, p_r$ 的 $\equiv 1 \pmod 4$ 的奇数，这与 $p_1, p_2, \cdots, p_r$ 是所有的 $\equiv$

$1(\bmod 4)$ 的奇的素数的假设矛盾. 这就证明了必有无穷多个使得 $p \equiv 1(\bmod 4)$ 的素数 $p$.

**定理 6.2.2.2** 设 $x,y,n$ 都是整数,$x^2 + y^2 = n$,其中 $n > 0$. 那么 $n$ 的素因子分解式中形如

$$q \equiv 3(\bmod 4)$$

的素因子的指数必是一个偶数.

**证明** 假设 $q \mid n$. 我们首先证明 $q$ 必整除 $x$ 和 $y$. 假设不然,不妨设 $q \nmid x$,那么 $x$ 在模 $q$ 下是可逆的. 因此由等式 $x^2 + y^2 = n$ 将得出同余式

$$x^2 + y^2 = 0(\bmod q)$$

因而有

$$(xx^{-1})^2 + (yx^{-1})^2 = 0(\bmod q)$$

或

$$(yx^{-1})^2 = -1(\bmod q)$$

因而由定理 6.2.1.3 就得出

$$q \equiv 1(\bmod 4)$$

矛盾. 同理可证 $q \mid y$.

设同时整除 $x$ 和 $y$ 的 $q$ 的最高的幂是 $q^{\alpha}$,那么 $q^{2\alpha} \mid n$,我们证明 $q^{2\alpha+1} \nmid n$.

令 $X = \dfrac{x}{q^{\alpha}}, Y = \dfrac{y}{q^{\alpha}}, N = \dfrac{n}{q^{2\alpha}}$,则 $X^2 + Y^2 = N$. 因此 $q$ 不能同时整除 $X$ 和 $Y$(否则与同时整除 $x$ 和 $y$ 的 $q$ 的最高的幂是 $q^{2\alpha}$ 的假设矛盾),由前面我们已证的结果可知 $q \nmid N$,因而整除 $n$ 的 $q$ 的最高的幂是 $q^{2\alpha}$,这就证明了 $n$ 的素因子分解式中形如 $q \equiv 3(\bmod 4)$ 的素因子的指数必是一个偶数.

把引理 3.1.1 和定理 6.2.2.2 合并起来即可得出下面的

**定理 6.2.2.3** 对正整数 $n$,下面两个命题是等价的:

(1)$x^2 + y^2 = n$ 有整数解 $x,y$;

(2)$n$ 的素因子分解式中,形如 $4k+3$ 的素因子的指数都是偶数. 换句话说

$$n = 2^a p_1^{b_1} \cdots p_r^{b_r} q_1^{c_1} \cdots q_s^{c_s}$$

其中 $p_i$ 是不同的 $\equiv 1 \pmod 4$ 的素数,$q_i$ 是不同的 $\equiv 3 \pmod 4$ 的素数,并且 $c_i$ 都是偶数.

### 6.2.3 Gauss 整数

因式分解 $x^2 + y^2 = (x+yi)(x-yi)$ 建议人们研究以 Gauss 的名字命名的环.

**定义 6.2.3.1** 称集合 $\{m+in \mid m,n \in \mathbb{Z}\}$ 中的元素为 Gauss 整数. 这个集合在复数的加法和乘法运算下构成一个环,称为 Gauss 整数环.

定义复数 $\alpha$ 的范数 $N(\alpha)$ 为 $N(\alpha) = |\alpha|^2$,对 Gauss 整数来说,我们有 $N(m+in) = m^2 + n^2$.

由于 $N(\alpha) = \alpha\bar{\alpha}$,我们发现 $N(\alpha\beta) = N(\alpha)N(\beta)$. 由此我们可以导出 $\alpha \in \mathbb{Z}[i]$ 是 $\mathbb{Z}[i]$ 中的单位的充分必要条件是 $N(\alpha) = 1$,因而 $\mathbb{Z}[i]$ 的单位群是 $\{\pm 1, \pm i\}$.

Gauss 发现,可以把古代的 Euclid(欧几里得)的整数分解理论推广到 $\mathbb{Z}[i]$ 上去,并具有重要的数论结果. 其奠基是引理 6.2.3.3,这是我们的下一项工作.

**定义 6.2.3.2** 称一个 Gauss 整数 $\alpha \neq 0$ 是一个 Gauss 素数,如果 $\alpha$ 不是单位,并且不能分解成 $\alpha = \beta\gamma$

使得 $\beta,\gamma \in \mathbb{Z}[i]$ 都不是单位.

**定义 6. 2. 3. 3**　称 Gauss 整数 $\alpha$ 是 $\beta$ 的相伴数,如果 $\alpha=\varepsilon\beta$,其中 $\varepsilon$ 是一个单位.

可以证明,相伴是一种等价关系,即我们有

**引理 6. 2. 3. 1**　(1)$\alpha$ 是 $\alpha$ 的相伴数;

(2)如果 $\alpha$ 是 $\beta$ 的相伴数,则 $\beta$ 也是 $\alpha$ 的相伴数;

(3)如果 $\alpha$ 是 $\beta$ 的相伴数,$\beta$ 是 $\gamma$ 的相伴数,则 $\alpha$ 是 $\gamma$ 的相伴数.

证明留给读者作为练习.

因此以后我们可把定义 6.2.3.3.改为

**定义 6. 2. 3. 4**　称 Gauss 整数 $\alpha$ 和 $\beta$ 是相伴的,如果 $\alpha=\varepsilon\beta$,其中 $\varepsilon$ 是一个单位.

**引理 6. 2. 3. 2**　如果 $\alpha\,|\,\beta$,并且 $\beta\,|\,\alpha$,则 $\alpha$ 和 $\beta$ 是相伴数.

**证明**　由 $\alpha\,|\,\beta$ 得出 $\alpha=\beta\gamma$,因而

$$N(\alpha)=N(\beta)N(\gamma)$$

因而

$$N(\alpha)\leqslant N(\beta)$$

同理

$$N(\beta)\leqslant N(\alpha)$$

因而

$$N(\alpha)=N(\beta)$$

由此就得出 $N(\gamma)=1$,所以 $\gamma$ 是单位.这就证明了 $\alpha$ 和 $\beta$ 是相伴数.

下面我们证明可以把通常整数中的带余数除法推广到对 $\mathbb{Z}[i]$ 中.

**引理 6.2.3.3**　设 $\alpha,\beta \in \mathbb{Z}[i]$,且 $\beta \neq 0$,那么存在 $q,r \in \mathbb{Z}[i]$ 使得

$$\alpha = q\beta + r, N(\gamma) < N(\beta)$$

**证明**　设 $\dfrac{\alpha}{\beta} = \gamma \in \mathbb{C}$. 设 $\gamma = u + vi$,其中 $u,v \in \mathbb{R}$. 设 $m$ 是最接近于 $u$ 的整数,$n$ 是最接近于 $v$ 的整数,因此 $\gamma = (m+s) + i(n+t)$,其中 $|s|,|t| \leqslant \dfrac{1}{2}$. 设 $q = m + ni \in \mathbb{Z}[i]$,$r = \beta(\gamma - q)$,则 $\alpha = q\beta + r$. 由于 $\alpha,q,\beta \in \mathbb{Z}[i]$,所以 $r = \alpha - q\beta \in \mathbb{Z}[i]$,并且

$$N(r) = N(\beta) \cdot N(\gamma - q) = N(\beta) \cdot N(s + it)$$

$$\leqslant N(\beta)\left(\left(\frac{1}{2}\right)^2 + \left(\frac{1}{2}\right)^2\right) < N(\beta)$$

**定义 6.2.3.5**　称 Gauss 整数 $\alpha$ 可被非零的 Gauss 整数 $\beta$ 整除(记为 $\beta \mid \alpha$),如果存在 Gauss 整数 $\gamma$ 使得 $\alpha = \beta\gamma$.

**定义 6.2.3.6**　称 Gauss 整数 $\gamma$ 是 Gauss 整数 $\alpha$ 和 Gauss 整数 $\beta$ 的公因数,如果 $\gamma$ 整除 $\alpha$ 并且 $\gamma$ 整除 $\beta$.

**定义 6.2.3.7**　称 Gauss 整数 $\gamma$ 是 Gauss 整数 $\alpha$ 和 Gauss 整数 $\beta$ 的最大公因数,如果 $\gamma$ 整除 $\alpha$ 和 $\beta$ 并且可被 $\alpha$ 和 $\beta$ 的任何其他公因数整除.

**引理 6.2.3.4**　(1) 每一对非零的 Gauss 整数 $\alpha$,$\beta$,其中 $\alpha \neq 0$,$\beta \neq 0$ 都有最大公因数,此外,如果 $\gamma$ 是 $\alpha$ 和 $\beta$ 的最大公因数,则存在 Gauss 整数 $x$ 和 $y$ 使得

$$x\alpha + y\beta = \gamma$$

(2) $\alpha$ 和 $\beta$ 的任何两个最大公因数都是相伴的.

(3) 如果 $p$ 是一个 Gauss 素数,并且 $p \mid \alpha\beta$,其中 $\alpha$

和 $\beta$ 都是 Gauss 整数,则 $p \mid \alpha$ 或 $p \mid \beta$.

**证明** （1）在 $\mathbb{Z}[i]$ 中对 $\alpha,\beta \in \mathbb{Z}[i]$ 反复应用引理 6.2.3.3.如果 $\beta \mid \alpha$,那么 $\beta$ 就是 $\alpha$ 和 $\beta$ 的最大公因数,否则我们有

$$\alpha = q_1\beta + r_1$$
$$\beta = q_2 r_1 + r_2$$
$$\vdots$$
$$r_{m-1} = q_{m+1} r_m + r_{m+1}$$

其中 $q_m, r_m \in \mathbb{Z}[i]$,并且 $N(r_m) < N(r_{m-1})$. 由于 $N(r_m)$ 都是非负整数,所以这一过程是有限的. 这就是说,必存在一个正整数 $n$ 使得 $N(r_{n+1}) = 0$,由范数的定义因此就得出 $r_{n+1} = 0$.

易证 $r_n$ 就是 $\alpha$ 和 $\beta$ 的最大公因数,并且可以表示成 $\alpha$ 和 $\beta$ 的系数为 Gauss 整数的线性组合 $\alpha x + \beta y$,即

$$\alpha x + \beta y = r_n$$

（2）如果 $\gamma$ 是 $\alpha$ 和 $\beta$ 的另一个最大公因数,那么 $r_n \mid \gamma$ 并且 $\gamma \mid r_n$,因此 $r_n$ 和 $\gamma$ 是相伴的. 因而 $\gamma = u r_n$,其中 $u$ 是单位,所以我们就有

$$u x\alpha + u y\beta = u(x\alpha + y\beta) = u r_n = \gamma$$

（3）作为练习.

**定理 6.2.3.1** 设 $\alpha \in \mathbb{Z}[i]$,$\alpha \neq 0$,那么存在因子分解 $\alpha = u p_1^{m_1} \cdots p_s^{m_s}$,其中 $u$ 是 $\mathbb{Z}[i]$ 中的单位,$p_i$ 是两两不相伴的 Gauss 素数,$m_i$ 是正整数. 此外,在不计相伴和次序的意义下,这个分解是唯一的,这就是说,如果存在另一个分解式 $\alpha = v q_1^{n_1} \cdots q_r^{n_r}$,则经过重排后必可使得 $s = r$,$p_j$ 和 $q_j$ 是相伴的,且 $m_j = n_j$.

**证明** 存在性. 我们对 $N(\alpha)$ 做归纳法. 如果 $N(\alpha)=1$,那么 $\alpha$ 是单位. 如果 $N(\alpha)>1$,那么 $\alpha$ 或是一个 Gauss 素数或可分解为 $\alpha=\beta\gamma$,其中 $N(\beta),N(\gamma)>1$. 由于

$$N(\alpha)=N(\beta)N(\gamma)$$

这就得出 $N(\beta),N(\gamma)<N(\alpha)$. 根据归纳法假设 $\beta$ 和 $\gamma$ 都可分解成 Gauss 素数的乘积,因此就得到了 $\alpha$ 的因数分解.

唯一性. 我们应用引理 6.2.3.4 中的(3) 并仿照 $\mathbb{Z}$ 中唯一因子分解定理的证明步骤即可得出唯一性. 细节作为练习.

爱好抽象的读者可能更喜欢用一些一般性的定理来代替前面的论证,例如 Euclid 域是唯一分解域之类的定理. 然而,这样做他必须首先仔细地定义欧几里得域,但是这种证明与我们在此描绘的梗概几乎没有区别.

我们要指出的是,我们这里所描绘的方法的范围是有限的. 许多在数论中很重要的环大多数都没有唯一因子分解性质. 在这些环中,只有少数的环具有 Euclid 算法. 对它们必须用全新的思想来解决. 实际上,有证据表明,Gauss 整数分解确实是唯一的,它绝不依赖于命题 6.2.3.3,这是非常令人感兴趣的,但是我们无法在这里进行发展.

我们继续分析 $\mathbb{Z}[i]$,我们的下一个目标是确定 Gauss 素数.

**引理 6.2.3.5** (1)每一个 Gauss 素数都整除某

一个普通素数；

（2）设 $\alpha \in \mathbb{Z}[i]$，如果 $N(\alpha)$ 是一个素数，则 $\alpha$ 是 Gauss 素数.

**证明** （1）设 $\alpha$ 是一个 Gauss 素数，则我们有

$$\alpha \bar{\alpha} = N(\alpha) = \prod p_i$$

其中 $p_i$ 是普通的素数. 由于 $\alpha$ 整除 $p_i$ 的乘积，因此它必须整除某一个 $p_i$（Gauss 素数的性质，见引理 2.4.1 结论（3）.）.

（2）假设 $N(\alpha) = p$ 是一个素数，那么 $\alpha = \beta \gamma \Rightarrow p = N(\alpha) = N(\beta) N(\gamma) \Rightarrow N(\beta) = 1$ 或 $N(\gamma) = 1 \Rightarrow \beta$ 是单位或 $\gamma$ 是单位 $\Rightarrow \alpha$ 是一个 Gauss 素数.

为了求出所有的 Gauss 素数，我们只须根据引理 6.2.3.5 中的（1）把所有的普通素数分解成 Gauss 素数的乘积即可.

**定理 6.2.3.2** （1）$1+i$ 是 Gauss 素数；

（2）设 $p \equiv 1 \pmod 4$ 是一个普通素数并且 $p = x^2 + y^2$，其中，$x, y \in \mathbb{Z}$，则 $x+iy$ 和 $x-iy$ 是互不相伴的 Gauss 素数；

（3）所有 $p \equiv 3 \pmod 4$ 的素数都是 Gauss 素数.

**证明** （1）由 $2 = -i(1+i)^2$ 和引理 6.2.3.5 中的（2）得出（由于 $2 = (1+i)(1-i)$，而 $1+i$ 和 $1-i$ 都不是 $\mathbb{Z}[i]$ 中的单位，因此 2 不是 Gauss 素数.）.

（2）由于 $p = x^2 + y^2 = (x+iy)(x-iy)$，根据引理 6.2.3.5 中的（2）就得出 $x+iy$ 和 $x-iy$ 是 Gauss 素数. $x+iy$ 的四个相伴数是

$$x+iy, \ -x-iy, \ -y+ix \ \text{和} \ y-ix$$

由于 $x^2 + y^2 = p$ 表明 $x \neq 0, y \neq 0$ 以及 $x \neq \pm y$,所以这四个数都不可能等于 $x - \mathrm{i}y$. 所以 $x + \mathrm{i}y$ 和 $x - \mathrm{i}y$ 是互不相伴的 Gauss 素数.

(3) 设 $p \equiv 3 (\mathrm{mod}\, 4)$,并且 $p = \alpha\beta$,其中 $\alpha$ 和 $\beta$ 都不是 $\mathbb{Z}[i]$ 中的单位. 那么 $p^2 = N(p) = N(\alpha)N(\beta)$,这蕴含 $N(\alpha) = p$,因此 $p = x^2 + y^2$,其中 $\alpha = x + \mathrm{i}y$(见前面定理 6.2.3.2 的证明). 两边取模 4 得出

$$3 \equiv x^2 + y^2 (\mathrm{mod}\, 4)$$

这是不可能的,因而在 $\mathbb{Z}[i]$ 中 $p$ 不可能有非平凡的因数分解,这就说明 $p$ 是一个 Gauss 素数.

下面,我们用 Gauss 整数给出下面的一个定理的证明.

**定理 6.2.3.3** 设 $p \equiv 1(\mathrm{mod}\, 4)$ 是一个素数,则不定方程 $x^2 + y^2 = p$ 有整数解.

**证明** 设 $p \equiv 1(\mathrm{mod}\, 4)$ 是一个素数,那么由引理 6.2.1.3 可知存在 $x \in \mathbb{Z}$ 使得 $x^2 \equiv -1(\mathrm{mod}\, p)$,因此 $p \mid (x^2 + 1)$. 这表示 $p \mid (x + \mathrm{i})(x - \mathrm{i})$,但是 $p$ 既不可能整除 $x + \mathrm{i}$,又不可能整除 $x - \mathrm{i}$,这表示 $p$ 不可能是一个 Gauss 素数.

因而 $p = \alpha\beta$,其中 $\alpha, \beta \in \mathbb{Z}[i]$,$N(\alpha) > 1, N(\beta) > 1$. $p^2 = N(p) = N(\alpha)N(\beta)$ 表明普通的整数 $N(\alpha)$ 和 $N(\beta)$ 必须都等于 $p$(由于 $p^2$ 只有两种因子分解方式 1 和 $p^2$ 以及 $p$ 和 $p$,但分解 1 和 $p^2$ 是不可能的,由于这与 $N(\alpha) > 1, N(\beta) > 1$ 矛盾.). 设 $\alpha = u + \mathrm{i}v$,则我们有

$$p = N(\alpha) = u^2 + v^2$$

**定理 6.2.3.4** $p \equiv 1(\mathrm{mod}\, 4)$ 是一个素数并设

175

$p = x^2 + y^2$,其中 $x, y \in \mathbb{Z}$,则方程 $x^2 + y^2 = p$ 恰有 8 个不同的解,即

$$(\pm x, \pm y) \text{ 和} (\pm y, \pm x)$$

因而 $p$ 本质上只有一种分解成平方和的方法.

**证明** 如果 $p = u^2 + v^2$,那么 $u + \mathrm{i}v$ 是 $p$ 的 Gauss 素因子. 由定理 6.2.3.1 和定理 6.2.3.3 中的(2),它只能是 $x + \mathrm{i}y$ 的四个相伴数或者 $x - \mathrm{i}y$ 的四个相伴数之一. 这些数就对应了定理中列出的八个数.

### 6.2.4 Legendre 符号

我们从引进某些经典的术语来开始二次剩余的理论:

**定义 6.2.4.1** 设 $p$ 是一个奇素数,$a$ 是一个整数,且 $(a, p) = 1$,则我们定义 Legendre 符号的意义如下

$$\left( \frac{a}{p} \right) = \begin{cases} 1 & \text{如果同余式 } x^2 \equiv a (\bmod\ p) \text{ 有解} \\ -1 & \text{如果同余式 } x^2 \equiv a (\bmod\ p) \text{ 无解} \end{cases}$$

如果 $\left( \dfrac{a}{p} \right) = 1$,则称整数 $a$ 是模 $p$ 的二次剩余,如果 $\left( \dfrac{a}{p} \right) = -1$,则称整数 $a$ 是模 $p$ 的非二次剩余.

这一节的主要内容是 Legendre 符号的计算.

从定义 6.2.4.1 显然可以得出如果

$$a \equiv b (\bmod\ p)$$

则

$$\left( \frac{a}{p} \right) = \left( \frac{b}{p} \right)$$

因而 $\left(\dfrac{y}{p}\right)$ 可用方程

$$\left(\frac{y}{p}\right)=\left(\frac{a}{p}\right)$$

对 $y\in U_p$ 来定义,其中 $y=\bar{a},a\in\mathbb{Z}$. 因而对 $y\in U_p$,$\left(\dfrac{y}{p}\right)=\pm1$ 依赖于方程 $x^2=y$ 在域 $\mathbb{Z}/p$ 中是否有根. 我们将用这种明显的方式把模 $p$ 的二次剩余和非二次剩余的概念扩展到 $U_p$ 的元素上去.

下面的命题搜集了 Legendre 符号的初等性质.

**引理 6.2.4.1** 设 $p$ 是一个奇素数,则:

(1) $U_p$ 恰存在 $\dfrac{p-1}{2}$ 个模 $p$ 的二次剩余和 $\dfrac{p-1}{2}$ 个模 $p$ 的非二次剩余;

(2) 对所有使得 $p\nmid a$ 的 $a\in\mathbb{Z},a^{\frac{p-1}{2}}\equiv\left(\dfrac{a}{p}\right)(\bmod\ p)$;

(3) 对所有使得 $p\nmid ab$ 的 $a,b\in\mathbb{Z}$,$\left(\dfrac{ab}{p}\right)=\left(\dfrac{a}{p}\right)\left(\dfrac{b}{p}\right)$;

(4) 函数 $\left(\dfrac{\cdot}{p}\right):U_p\to\{\pm1\}$ 是一个从 $U_p$ 到乘法群 $\{\pm1\}$ 的满的群同态.

**证明** (1) $U_p$ 中二次剩余的集合是同态 $sq:U_p\to U_p,sq(y)=y^2$ 的像. $sq$ 的核由方程 $x^2-1=0$ 在 $\mathbb{Z}/p$ 中的两个根 $+1$ 和 $-1$ 组成. 我们可以算出

$$|\operatorname{Im}(sq)|=|U_p|\ /\ |\operatorname{Ker}(sq)|=\frac{p-1}{2}$$

（2）由 6.2.1 节中的推论 6.2.1.2 Fermat 小定理可知，$U_p$ 的每个元素满足方程

$$(x^{\frac{p-1}{2}}-1)(x^{\frac{p-1}{2}}+1)=x^{p-1}-1=0 \in \mathbb{Z}/p$$

因而 $U_p$ 的每个元素满足方程

$$x^{\frac{p-1}{2}}-1=0 \ \text{或} \ x^{\frac{p-1}{2}}+1=0$$

如果 $y \in U_p$ 是二次剩余，那么对某个 $x \in U_p$，有 $y=x^2$，因此在 $\mathbb{Z}/p$ 中 $y^{\frac{p-1}{2}}=x^{p-1}=1$，因而所有 $U_p$ 中的 $\dfrac{p-1}{2}$ 个二次剩余都满足方程 $x^{\frac{p-1}{2}}-1=0$，而由 6.2.1 节引理 6.2.1.3 可知，它在 $\mathbb{Z}/p$ 中至多有 $\dfrac{p-1}{2}$ 个根. $U_p$ 中的非二次剩余因此必须都满足另一个方程 $x^{\frac{p-1}{2}}+1=0$.

从上面的结果就得出对所有的 $y \in U_p$ 成立 $y^{\frac{p-1}{2}}=\left(\dfrac{y}{p}\right) \in \mathbb{Z}/p.$

（3）根据上面的公式就可得出

$$\left(\frac{ab}{p}\right)=(ab)^{\frac{p-1}{2}}=a^{\frac{p-1}{2}}b^{\frac{p-1}{2}}=\left(\frac{a}{p}\right)\left(\frac{b}{p}\right)(\bmod p)$$

由于 $-1 \not\equiv 1(\bmod p)$，我们就可推出

$$\left(\frac{ab}{p}\right)=\left(\frac{a}{p}\right)\left(\frac{b}{p}\right)$$

（4）从（1）和（3）立即得出.

引理 6.2.4.1 中（3）中的乘法律是 Legendre 符号的关键性质，它建议了研究的历史线索，我们叙述如下.

设 $p$ 是一个奇素数，$a \in \mathbb{Z}$ 是一个与 $p$ 互素的整

数，则我们可以把 $a$ 分解成因数的乘积如下：$a = \pm 2^m \prod_i q_i^{n_i}$，其中 $q_i$ 是不同于 $p$ 的奇素数. 那么引理 6.2.4.1 中的（3）说明

$$\left(\frac{a}{p}\right) = \left(\frac{\pm 1}{p}\right)\left(\frac{2}{p}\right)^m \prod_i \left(\frac{q_i}{p}\right)^{n_i}$$

因此我们需要研究如何计算 $\left(\frac{-1}{p}\right)$，$\left(\frac{2}{p}\right)$ 和 $\left(\frac{q}{p}\right)$.

实际上，我们甚至都不需要考虑 $\left(\frac{-1}{p}\right)$ 和 $\left(\frac{2}{p}\right)$. 等式 $\left(\frac{-1}{p}\right) = \left(\frac{2p-1}{p}\right)$ 和 $\left(\frac{2}{p}\right) = \left(\frac{p+2}{p}\right)$ 表明它们可从正奇数 $2p-1$ 和 $p+2$ 的素因子 $q$ 的 $\left(\frac{q}{p}\right)$ 的知识得出，然而将它们叙述出来也不麻烦.

**引理 6.2.4.2**　设 $p$ 是一个奇素数，则：

（1）$\left(\dfrac{-1}{p}\right) = (-1)^{\frac{p-1}{2}} = \begin{cases} 1 & \text{如果 } p \equiv 1 (\mathrm{mod}\ 4) \\ -1 & \text{如果 } p \equiv 3 (\mathrm{mod}\ 4) \end{cases}$;

（2）$\left(\dfrac{2}{p}\right) = (-1)^{\frac{p^2-1}{8}} = \begin{cases} 1 & \text{如果 } p \equiv \pm 1 (\mathrm{mod}\ 8) \\ -1 & \text{如果 } p \equiv \pm 3 (\mathrm{mod}\ 8) \end{cases}$.

**证明**　（1）这只是 6.2.1 节关于 Diophantus 方程 $x^2 + y^2 = n$ 的定理 6.2.1.3 的重述. 它也可以从引理 6.2.4.1 中的（2）立即得出.

（2）我们首先证明 $\left(\dfrac{2}{p}\right) = 1$ 蕴含 $p \equiv \pm 1 (\mathrm{mod}\ 8)$，这可对 $p$ 做数学归纳法得出.

由于 $\left(\dfrac{2}{3}\right) = \left(\dfrac{2}{5}\right) = -1$，我们将从 7 开始，它确实 $\equiv -1 (\mathrm{mod}\ 8)$.

现在设 $p > 7$ 是一个使得 $\left(\dfrac{2}{p}\right) = 1$ 的奇素数并假设对所有的奇素数 $q < p$ 都有 $q \equiv \pm 1 \pmod 8$. 由于 $\left(\dfrac{2}{p}\right) = 1$，我们可以选择整数 $u$ 和 $a$ 使得 $0 < a < p$，$a^2 = 2 + up$. 如果必要，把 $a$ 换成 $p - a$ 后，我们可设 $a$ 是一个奇数，因而显然 $u$ 也是奇数并且 $1 \leqslant u < p$. 由于 $a^2 \equiv 2 \pmod q$，对 $u$ 的每个素因子 $q$ 应用归纳法假设就得出 $q \equiv \pm 1 \pmod 8$，由于 $u$ 是这些 $q$ 的乘积，我们就得出 $u \equiv \pm 1 \pmod 8$. 最后我们可以算出

$$1 \equiv a^2 = 2 + up \equiv 2 + p \pmod 8$$

这就证明了 $p \equiv \pm 1 \pmod 8$.

完全类似，用归纳法可以证明 $\left(\dfrac{2}{p}\right) = 1$ 蕴含 $p \equiv 1$ 或 $3 \pmod 8$（细节留给读者作为练习.）.

现在设 $p$ 是一个奇素数.

如果 $p \equiv \pm 3 \pmod 8$，那么上面第一个归纳法证明 $\left(\dfrac{2}{p}\right) = -1$.

如果 $p \equiv -1 \pmod 8$，那么上面第二个归纳法证明 $\left(\dfrac{-2}{p}\right) = -1$，并且（1）表明 $\left(\dfrac{-1}{p}\right) = -1$，根据乘法性质就得出 $\left(\dfrac{2}{p}\right) = \left(\dfrac{-1}{p}\right)\left(\dfrac{-2}{p}\right)$.

如果 $p \equiv 1 \pmod 8$，设 $z = y^{\frac{p-1}{8}}$，其中 $y$ 是模 $p$ 的一个原根，那么 $z^4 \equiv -1 \pmod p$，由此可以得出

$$(z^3 - z)^2 = z^2(z^4 + 1) - 2z^4 \equiv 2 \pmod p$$

因而 $\left(\dfrac{2}{p}\right)=1$.

这样，我们已经对所有的情况计算了 $\left(\dfrac{2}{p}\right)$.

对固定的 $p$，通过引理 6.2.4.2 中的(1)可以很好地理解作为 $a$ 的函数的 Legendre 符号 $\left(\dfrac{a}{p}\right)$ 的意义. 当 $a$ 固定时，二次互反律（见下一节）可使我们对作为 $p$ 的函数的 Legendre 符号 $\left(\dfrac{a}{p}\right)$ 的值说些有兴趣的话. 正如 Euler 通过经验所发现的那样，$\left(\dfrac{a}{p}\right)$ 的值仅通过模 $4a$ 的同余类依赖于 $p$. 这可用引理 6.2.4.2 中 $a=-1$ 和 $a=2$ 的情况加以说明.

**引理 6.2.4.3** 设 $a\in\mathbb{Z}$，$p$ 和 $q$ 都是不能整除 $a$ 的奇素数，且 $p\equiv q(\bmod 4a)$，则

$$\left(\frac{a}{p}\right)=\left(\frac{a}{q}\right)$$

**证明** 设 $a=\pm 2^m\prod_i r_i$，其中 $r_i$ 是不同于 $p$ 和 $q$ 的奇素数. 我们将证明：

(1) $\left(\dfrac{-1}{p}\right)=\left(\dfrac{-1}{q}\right)$；

(2) 如果 $a$ 是偶数，则 $\left(\dfrac{2}{p}\right)=\left(\dfrac{2}{q}\right)$；

(3) 对所有的 $i$ 成立 $\left(\dfrac{r_i}{p}\right)=\left(\dfrac{r_i}{q}\right)$.

然后从 Legendre 符号的乘法性质即可直接得出要证的命题.

由假设有 $p \equiv q \pmod 4$,因此(1)是引理 6.2.4.2 中(1)的推论,类似的,如果 $a$ 是偶数,那么 $p \equiv q \pmod 8$,因此从引理 6.2.4.2 中的(2)就得出(2).

最后同余式 $p \equiv q \pmod {r_i}$ 蕴含 $\left(\dfrac{p}{r_i}\right) = \left(\dfrac{q}{r_i}\right)$. 如果 $p \equiv q \equiv 1 \pmod 4$,那么由引理 6.2.4.2 中的(1).我们就有

$$\left(\frac{r_i}{p}\right) = \left(\frac{p}{r_i}\right) = \left(\frac{q}{r_i}\right) = \left(\frac{r_i}{q}\right)$$

如果

$$p \equiv q \equiv 3 \pmod 4$$

那么引理 6.2.4.2 中的(1).说明

$$\left(\frac{r_i}{p}\right) = (-1)^{\frac{r_i-1}{2}}\left(\frac{p}{r_i}\right) = (-1)^{\frac{r_i-1}{2}}\left(\frac{q}{r_i}\right) = \left(\frac{r_i}{q}\right)$$

这就证明了(3).

Gauss 对二次互反律的第三种叙述形式引出了下面的定义和引理,它们将在下几节中偶尔用到.

**定义 6.2.4.2** 设 $m$ 是一个奇整数,则我们定义 $m^* = (-1)^{\frac{m-1}{2}} m$.

**引理 6.2.4.4** (1)对所有的奇整数 $|m^*| = m^*$;

(2)设 $m_i$ 是奇整数,则 $\left(\prod_i m_i\right)^* = \prod_i m_i^*$;

(3)对所有的奇整数 $m$,有

$$(-1)^{\frac{m-1}{2}} = \text{sign}(m \cdot m^*)$$

(4)对奇整数 $m$ 来说,$(-1)^{\frac{m-1}{2}}$ 是可乘的,换句话说,对所有的奇整数对 $m_1$ 和 $m_2$ 成立

$$(-1)^{\frac{m_1 m_2-1}{2}} = (-1)^{\frac{m_1-1}{2}} \cdot (-1)^{\frac{m_2-1}{2}}$$

**证明** 注记:首先,使得
$$| \, m^* \, | = | \, m \, |$$
并且
$$m^* \equiv 1 \pmod 4$$
的 $m^*$ 是唯一的.

(1)和(2)是定义的直接推论,为了证明(3)注意如果 $m \equiv 1 \pmod 4$,则 $m = m^*$,而如果
$$m \equiv 3 \pmod 4$$
则
$$m = -m^*$$

(4)可从(2)和(3)以及符号函数的乘法性质得出.

### 6.2.5 二次互反律

为了证明二次互反律,我们首先引进 Gauss 和的概念并研究它的性质.

Gauss 和是 Gauss 在 1801 年提出的,当时他正在研究这个和的某些性质,并利用这个概念对二次互反律给出了好几种证明(这一结果和代数基本定理是 Gauss 最得意也最出名的结果之一,因此对这两个结果,Gauss 都给出了好几个证明).Gauss 自己说,从 1805 年起,他一直在研究三次剩余和四次剩余.由于当时还看不出如何证明这些结果,他一直企图找出更多的证明二次互反律的方法,以便在其中发现一些可以推广到证明高次互反律的方法.结果 Gauss 的第四个和第六个证明确实被 Gauss 成功地用于高次互反律的研究.

Gauss 和的符号是一个出名的难题,Gauss 在

1801 年他自己的数学笔记中记下了这个问题,但是直到四年后,即 1805 年才找出了证明的方法.他在 1805 年 9 月给 Olbers(奥尔博斯)的信中写道他由于无法确定这个和的符号而十分烦恼,他一直苦苦思索了一个星期也没有能找出成功地解决这个问题的方法,但是就像电光石火突然一闪一样一下子就解决了这一问题.(参见文献[21])

现在,经过许多数学家,特别是 Kronecker(克罗奈克),Schur(舒尔)和 Mertens(梅尔滕斯)的研究和整理,Gauss 和的性质与符号已经有许多种简洁的证明方法.但正如许多历史上曾经困惑过大数学家的问题一样,Gauss 和的研究仍在数论的发展史上占据着一席之地,现在所知的确定 Gauss 和的符号的无论哪一种方法,或者需要一定的巧妙技巧,或者需要某种敏锐的眼光,无论你使用哪种方法,这个问题都绝不是一道思考一阵即可判断出解题路线的习题.即使到今天,一个人在不知道答案之前,要想独立地确定高斯和的符号仍是一个困难的问题,如果有人可以做到这点,那我们只能祝贺他确实有一定的数学才能.我猜测,历史上第一个接触和研究这个问题的人,一定是先做了大量的实验,先猜到了答案,第二步才是去想如何证明这一猜测,而后来的研究者则是在已知答案的基础上,精心设计出或更简洁,或更有条理的漂亮证法.本书为了节省篇幅和简明易懂,采取了 Schur 的方法,而不顾这种证法是否自然而易于想出了.

以下均设 $p$ 是一个素数,$z = \mathrm{e}^{\frac{2\pi i}{p}}$,$\left(\dfrac{a}{p}\right)$ 表 示

184

Legendre 符号.

**定义 6.2.5.1** 称 $g_n = \sum_{a=0}^{p-1} \left(\dfrac{a}{p}\right) z^{an}$ 为 $n$ 次

Gauss 和.

**引理 6.2.5.1**

$$\sum_{a=0}^{p-1} z^{an} = \begin{cases} p & \text{如果 } n \equiv 0 (\bmod\ p) \\ 0 & \text{如果 } n \not\equiv 0 (\bmod\ p) \end{cases}$$

**证明** 如果 $n \equiv 0(\bmod\ p)$,那么 $n = kp$,因而

$$z^n = z^{kp} = (z^p)^k = 1^k = 1$$

则

$$\sum_{a=0}^{p-1} z^{an} = \sum_{a=0}^{p-1} (z^n)^a = \sum_{a=0}^{p-1} 1 = p$$

如果 $n \not\equiv 0(\bmod\ p)$,那么 $z^n \neq 1$,因此

$$\sum_{a=0}^{p-1} z^{an} = 1 + z^n + \cdots + z^{(p-1)n}$$

$$= \frac{z^{pn} - 1}{z^n - 1}$$

$$= \frac{(z^p)^n - 1}{z^n - 1}$$

$$= \frac{1 - 1}{z^n - 1} = 0.$$

**引理 6.2.5.2**

$$\frac{1}{p} \sum_{k=0}^{p-1} z^{k(a-b)} = \delta(a,b) = \begin{cases} 1 & \text{如果 } a \equiv b(\bmod\ p) \\ 0 & \text{如果 } a \not\equiv b(\bmod\ p) \end{cases}$$

**证明** 由引理 6.2.5.1 直接得出.

**引理 6.2.5.3** 设 $p$ 是一个奇素数,则

$$\sum_{a=0}^{p-1} \left(\frac{a}{p}\right) = 0$$

185

**证明**  引理中的和式中共有 $p$ 项,其中第一项是 $\left(\dfrac{0}{p}\right)=0$,其余 $p-1$(注意 $p-1$ 是偶数)中,平方剩余项和非平方剩余项的个数相同,因此有 $\dfrac{p-1}{2}$ 项等于 $+1$,有 $\dfrac{p-1}{2}$ 项等于 $-1$,因此所有的项的总和等于 $0$.

**引理 6.2.5.4**  设

$$g_n=\sum_{a=0}^{p-1}\left(\frac{a}{p}\right)z^{an},g=\sum_{a=0}^{p-1}\left(\frac{a}{p}\right)z^{a}$$

则 $g_n=\left(\dfrac{n}{p}\right)g$.

**证明**  如果 $n\equiv 0(\bmod\ p)$,那么对所有的 $a$ 就都有

$$z^{na}=(z^n)^a=1$$

因此就有

$$g_n=\sum_{a=0}^{p-1}\left(\frac{a}{p}\right)=0=\left(\frac{0}{p}\right)g$$

如果 $n\not\equiv 0(\bmod\ p)$,那么当 $a$ 遍历 $p$ 的完全剩余系时,$b=an$ 也遍历 $p$ 的完全剩余系,因而有

$$\left(\frac{n}{p}\right)g_n=\left(\frac{n}{p}\right)\sum_{a=0}^{p-1}\left(\frac{a}{p}\right)z^{an}$$

$$=\sum_{a=0}^{p-1}\left(\frac{an}{p}\right)z^{an}$$

$$=\sum_{b=0}^{p-1}\left(\frac{b}{p}\right)z^{b}=g$$

由于 $n\not\equiv 0(\bmod\ p)$,故 $\left(\dfrac{n}{p}\right)^2=1$,因而在上式两边都乘以 $\left(\dfrac{n}{p}\right)$ 就得出

$$g_n = \left(\frac{n}{p}\right)^2 g_n = \left(\frac{n}{p}\right) g$$

**引理 6.2.5.5**

$$g^2 = \left(\frac{-1}{p}\right) p = (-1)^{\frac{p-1}{2}} p$$

$$= \begin{cases} p & \text{当 } p \equiv 1 \pmod 4 \text{ 时} \\ -p & \text{当 } p \equiv 3 \pmod 4 \text{ 时} \end{cases}$$

**证明** 我们有

$$g_n g_{-n} = \left(\frac{n}{p}\right) \left(\frac{-n}{p}\right) g^2 = \left(\frac{-1}{p}\right) g^2$$

因此一方面有

$$\sum_{n=0}^{p-1} g_n g_{-n} = \sum_{n=1}^{p-1} g_n g_{-n} = \sum_{n=1}^{p-1} \left(\frac{-1}{p}\right) g^2$$

$$= \left(\frac{-1}{p}\right) (p-1) g^2$$

另一方面又有

$$g_n g_{-n} = \sum_{a=0}^{p-1} \left(\frac{a}{p}\right) z^{an} \sum_{b=0}^{p-1} \left(\frac{b}{p}\right) z^{-bn}$$

$$= \sum_{a=0}^{p-1} \sum_{b=0}^{p-1} \left(\frac{a}{p}\right) \left(\frac{b}{p}\right) z^{n(a-b)}$$

因而又有

$$\sum_{n=0}^{p-1} g_n g_{-n} = \sum_{n=1}^{p-1} g_n g_{-n} = \sum_{n=1}^{p-1} \sum_{a=0}^{p-1} \sum_{b=0}^{p-1} \left(\frac{a}{p}\right) \left(\frac{b}{p}\right) z^{n(a-b)}$$

$$= \sum_{a=0}^{p-1} \sum_{b=0}^{p-1} \left(\frac{a}{p}\right) \left(\frac{b}{p}\right) \sum_{n=1}^{p-1} z^{n(a-b)}$$

$$= \sum_{a=0}^{p-1} \sum_{b=0}^{p-1} \left(\frac{a}{p}\right) \left(\frac{b}{p}\right) \delta(a,b) p$$

$$= \sum_{a=1}^{p-1} \left(\frac{a}{p}\right)^2 p$$

187

$$= \sum_{a=1}^{p-1} p$$
$$= p(p-1)$$

对照上面两方面的结果即得

$$\left(\frac{-1}{p}\right)(p-1)g^2 = p(p-1)$$

$$\left(\frac{-1}{p}\right)g^2 = p$$

两边同乘以 $\left(\dfrac{-1}{p}\right)$ 就得出

$$g^2 = \left(\frac{-1}{p}\right)p$$

引理得证.

现在,我们已确定了 Gauss 和的绝对值,为了确定它的符号,我们还需下面的准备工作.

**引理 6.2.5.6** $\displaystyle\sum_{0\leqslant l<k\leqslant n-1}(k+l) = \frac{n(n-1)^2}{2}$.

**证明** 当 $n=2$ 时,命题显然成立. 现假设命题对自然数 $n$ 成立,那么对自然数 $n+1$,我们有

$$\sum_{0\leqslant l<k\leqslant n}(k+l) = \sum_{0\leqslant l<k\leqslant n-1}(k+l) + \sum_{k=n}(k+l)$$
$$= \frac{n(n-1)^2}{2} + (0+n)+(1+n)+\cdots+$$
$$((n-1)+n)$$
$$= \frac{n^2(n+1)}{2}$$

因此命题对自然数 $n+1$ 也成立,因而由数学归纳法就证明了引理.

**引理 6.2.5.7** 同余式方程 $x^2 \equiv a \pmod{p}$ 的解

数是 $1+\left(\dfrac{a}{p}\right)$.

**证明** 如果 $a$ 是模 $p$ 的平方剩余,那么 $x^2 \equiv a(\bmod\ p)$ 有解,且解数为 2,按照定义,这时 $\left(\dfrac{a}{p}\right)=1$,因此 $x^2 \equiv a(\bmod\ p)$ 的解数是 $1+\left(\dfrac{a}{p}\right)$.

如果 $a$ 是模 $p$ 的非平方剩余,那么 $x^2 \equiv a(\bmod\ p)$ 无解,故解数为 0,按照定义,这时 $\left(\dfrac{a}{p}\right)=-1$,因此 $x^2 \equiv a(\bmod\ p)$ 的解数仍是 $1+\left(\dfrac{a}{p}\right)$.

综合以上两种情况的讨论,无论在哪种情况下方程 $x^2 \equiv a(\bmod\ p)$ 的解数都是 $1+\left(\dfrac{a}{p}\right)$,这就证明了引理.

**引理 6.2.5.8** 设 $n$ 是一个正整数,$p$ 是一个奇素数,$(n,p)=1$,则

$$\sum_{a=0}^{p-1} z^{na^2} = \left(\frac{n}{p}\right)g$$

特别当 $n=1$ 时,有

$$g = \sum_{a=0}^{p-1} z^{a^2}$$

**证明** 由引理 6.2.5.7 可知 $a^2 \equiv b(\bmod\ p)$ 的解数是 $1+\left(\dfrac{b}{p}\right)$,因此

$$\sum_{a=0}^{p-1} z^{na^2} = \sum_{b=0}^{p-1}\left(1+\left(\frac{b}{p}\right)\right)z^{nb}$$
$$= \sum_{b=0}^{p-1} z^{bn} + \sum_{b=0}^{p-1}\left(\frac{b}{p}\right)z^{bn}$$

由于 $(n,p)=1$,故当 $b$ 遍历 $0,1,\cdots,p-1$ 时,$z^{bn}$ 就遍历 $1,z,\cdots,z^{p-1}$,因而

$$\sum_{b=0}^{p-1}\left(\frac{b}{p}\right)z^{bn}=1+z+\cdots+z^{p-1}=0$$

令 $c=bn$ ,则 $b=\dfrac{c}{n}$

$$\left(\frac{n}{p}\right)g=\left(\frac{n}{p}\right)\sum_{c=0}^{p-1}\left(\frac{c}{p}\right)z^{c}$$

$$=\left(\frac{n}{p}\right)\sum_{b=0}^{p-1}\left(\frac{bn}{p}\right)z^{bn}$$

$$=\sum_{b=0}^{p-1}\left(\frac{n}{p}\right)\left(\frac{bn}{p}\right)z^{bn}$$

$$=\sum_{b=0}^{p-1}\left(\frac{b}{p}\right)\left(\frac{n^2}{p}\right)z^{bn}$$

$$=\sum_{b=0}^{p-1}\left(\frac{b}{p}\right)z^{bn}=\sum_{a=0}^{p-1}z^{na^2}$$

**定理 6.2.5.1**(Gauss 定理) 设 $p$ 是一个奇素数,$z=\mathrm{e}^{\frac{2\pi\mathrm{i}}{p}}$ ,$g=\sum\limits_{a=0}^{p-1}\left(\dfrac{a}{p}\right)z^{a}$,则

$$g=\begin{cases}\sqrt{p} & \text{如果 } p\equiv 1(\bmod 4)\\ \mathrm{i}\sqrt{p} & \text{如果 } p\equiv 3(\bmod 4)\end{cases}$$

**证明**(Schur) (注意:本证法需要用到基本的高等代数知识,包括矩阵及其运算和矩阵的特征多项式的概念和性质,Vandermonde(范德蒙)矩阵和 Vandermonde 行列式的性质.)

考虑 $p\times p$ 矩阵 $\boldsymbol{A}=(z^{kl})$,$0\leqslant k,l\leqslant p-1$,那么根据引理 6.2.5.8 就有

$$g = \sum_{a=0}^{p-1} z^{a^2} = \mathrm{tr}\quad \boldsymbol{A} = \sum_{k=1}^{p} \lambda_k$$

其中,$\lambda_1,\lambda_2,\cdots,\lambda_p$ 是 $\boldsymbol{A}$ 的特征值.

可以说,这是一个极为睿智的观察和眼光,以下我们将会看到,Gauss 和的全部信息,包括 Gauss 和的绝对值和符号全部都包含在这个矩阵之中(当然,为了从这个矩阵中提取这些信息,还需要一些技巧,但是看出这一点就决定了这个证法的大方向和路线.).

由于 $\boldsymbol{A}$ 的元素都是单位根,因此把 $g$ 看成 $\boldsymbol{A}$ 的迹还有一个好处,那就是对 $\boldsymbol{A}$ 进行各种运算,尤其是乘法时,往往可以消掉大量的元素.

$\boldsymbol{A}^2$ 的第 $u$ 行第 $v$ 列的元素是

$$b_{u+v} = \sum_{k=0}^{p-1} z^{k(u+v)}$$

其中

$$b_m = \sum_{k=0}^{p-1} z^{km} = \begin{cases} p & \text{当 } p \mid m \text{ 时} \\ 0 & \text{当 } p \nmid m \text{ 时} \end{cases}$$

注意我们有

$$\sum_{k=1}^{p} \lambda_k^2 = \mathrm{tr}\ \boldsymbol{A}^2 = \sum_{k=0}^{p-1} b_{2k} = p$$

以及

$$(\boldsymbol{A}^4)_{kl} = \sum_{t=0}^{p-1} b_{k+t} b_{l+t} = \begin{cases} p^2 & \text{当 } k=l \text{ 时} \\ 0 & \text{当 } k \neq l \text{ 时} \end{cases}$$

因而就有

$$\boldsymbol{A}^4 = p^2 \boldsymbol{I}$$

对最简单的 $p=3$ 的情况,我们有

191

$$z = \mathrm{e}^{\frac{2\pi i}{3}} = \cos\frac{2\pi}{3} + \mathrm{i}\sin\frac{2\pi}{3} = \frac{-1+\sqrt{3}\,\mathrm{i}}{2}$$

$$1 + z + z^2 = 0, z^3 = 1$$

$$\boldsymbol{A} = \begin{bmatrix} 1 & 1 & 1 \\ 1 & z & z^2 \\ 1 & z^2 & z \end{bmatrix}, \boldsymbol{A}^2 = \begin{bmatrix} 3 & 0 & 0 \\ 0 & 3 & 0 \\ 0 & 0 & 3 \end{bmatrix}$$

$\boldsymbol{A}^4$ 的特征多项式是 $(\lambda - p^2)^p$,它的全部根是 $\lambda_1^4 = p^2, \lambda_2^4 = p^2, \cdots, \lambda_p^4 = p^2$,因而有

$$\lambda_k = \mathrm{i}^{\alpha_k}\sqrt{p}$$

其中,$\alpha_k = 0, 1, 2$ 或 $3$.

设 $m_r$ 表示使得 $\alpha_k = r$ 的指数 $\alpha_k$ 的个数,其中 $r = 0, 1, 2$ 或 $3$. 显然有

$$m_0 + m_1 + m_2 + m_3 = p \qquad (6.2.5.1)$$

由 $\lambda_k = \mathrm{i}^{\alpha_k}\sqrt{p}$ 可知

$$g = \sum_{k=1}^{p}\lambda_k = \sum_{k=1}^{p}\mathrm{i}^{\alpha_k}\sqrt{p} = \sqrt{p}\,(m_0 + \mathrm{i}m_1 - m_2 - \mathrm{i}m_3)$$

由引理 6.2.5.5 可知,$g^2 = \left(\dfrac{-1}{p}\right)p$,所以必须有

$$| m_0 - m_2 + (m_1 - m_3)\mathrm{i} |^2$$
$$= (m_0 - m_2)^2 + (m_1 - m_3)^2 = 1$$

换句话说,我们或者有 $m_0 - m_2 = \pm 1, m_1 = m_3$,或者有 $m_0 = m_2, m_1 - m_3 = \pm 1$. 因此必有

$$g = \varepsilon\eta\sqrt{p}$$

其中 $\varepsilon = 1$ 或 $-1, \eta = 1$ 或 $\mathrm{i}$,因而有

$$m_0 + \mathrm{i}m_1 - m_2 - \mathrm{i}m_3 = \varepsilon\eta \qquad (6.2.5.2)$$
$$m_0 - \mathrm{i}m_1 - m_2 + \mathrm{i}m_3 = \varepsilon\overline{\eta} = \varepsilon\eta^{-1}$$

$$(6.2.5.3)$$

又由 $\operatorname{tr} \boldsymbol{A}^2 = \sum_{k=1}^{p} \lambda_k^2 = p$ 得出

$$m_0 - m_1 + m_2 - m_3 = 1 \qquad (6.2.5.4)$$

等式（6.2.5.1）（6.2.5.2）（6.2.5.3）（6.2.5.4）构成一个关于未知数 $m_0, m_1, m_2, m_3$ 的线性方程组

$$\boldsymbol{B} \boldsymbol{x} = \boldsymbol{y}$$

其中

$$\boldsymbol{B} = \begin{pmatrix} 1 & 1 & 1 & 1 \\ 1 & i & -1 & -i \\ 1 & -i & 1 & -1 \\ 1 & i & -1 & i \end{pmatrix}, \; \boldsymbol{x} = \begin{pmatrix} m_0 \\ m_1 \\ m_2 \\ m_3 \end{pmatrix}, \; \boldsymbol{y} = \begin{pmatrix} p \\ \varepsilon\eta \\ 1 \\ \varepsilon\eta^{-1} \end{pmatrix}$$

由此得出

$$\boldsymbol{x} = \boldsymbol{B}^{-1} \boldsymbol{y}$$

其中

$$\boldsymbol{B}^{-1} = \frac{1}{4} \begin{pmatrix} 1 & 1 & 1 & 1 \\ 1 & -i & -1 & i \\ 1 & -1 & 1 & -1 \\ 1 & i & -1 & -i \end{pmatrix}$$

通过上式或直接解方程组，我们可以得出 $m_0, m_1$, $m_2, m_3$ 的表达式如下

$$m_0 = \frac{p + \varepsilon\eta + 1 + \varepsilon\eta^{-1}}{4}$$

$$m_1 = \frac{p - i\varepsilon\eta - 1 + i\varepsilon\eta^{-1}}{4}$$

$$m_2 = \frac{p - \varepsilon\eta + 1 - \varepsilon\eta^{-1}}{4}$$

$$m_3 = \frac{p + i\varepsilon\eta - 1 - i\varepsilon\eta^{-1}}{4}$$

193

由于 $m_2 = \dfrac{p+1-\varepsilon(\eta+\eta^{-1})}{4}$ 是一个整数,这就得出

$$\eta = \begin{cases} 1 & \text{当 } p \equiv 1(\bmod 4) \text{ 时} \\ \text{i} & \text{当 } p \equiv 3(\bmod 4) \text{ 时} \end{cases}$$

现在我们来看 $\boldsymbol{A}$ 的行列式

$$\det \boldsymbol{A} = \lambda_1 \cdots \lambda_p = (\sqrt{p})^p \ (\text{i}^0)^{m_0} \ (\text{i}^1)^{m_1} \ (\text{i}^2)^{m_2} \ (\text{i}^3)^{m_3}$$
$$= p^{\frac{p}{2}} \text{i}^{m_1+2m_2-m_3}$$

从 $m_0, m_1, m_2, m_3$ 的表达式可以得出

$$m_1 + 2m_2 - m_3 = \dfrac{p+1+\varepsilon(-\text{i}\eta+\text{i}\eta^{-1}-\eta-\eta^{-1})}{2}$$

$$= \begin{cases} \dfrac{p+1}{2} - \varepsilon & \text{当 } p \equiv 1(\bmod 4) \text{ 时} \\[2ex] \dfrac{p+1}{2} + \varepsilon & \text{当 } p \equiv 3(\bmod 4) \text{ 时} \end{cases}$$

一方面,利用上面的表达式以及公式 $\text{i}^{\varepsilon} = \varepsilon\text{i}$ 和 $\text{i}^{-\varepsilon} = -\varepsilon\text{i}$,分 $p \equiv 1(\bmod 4)$ 和 $p \equiv 3(\bmod 4)$ 两种情况容易证明

$$\det \boldsymbol{A} = p^{\frac{p}{2}} \text{i}^{m_1+2m_2-m_3} = p^{\frac{p}{2}} \text{i}^{\frac{3(p-1)}{2}}$$

由于无论在 $p \equiv 1(\bmod 4)$ 还是 $p \equiv 3(\bmod 4)$ 哪种情况下,我们都有

$$\frac{p(p-1)}{2} - \frac{3(p-1)}{2} = \frac{(p-1)(p-3)}{2} \equiv 0(\bmod 4)$$

所以

$$\text{i}^{\frac{p(p-1)}{2}} = \text{i}^{\frac{3(p-1)}{2}+4k} = \text{i}^{\frac{3(p-1)}{2}}$$

因而有

$$\det \boldsymbol{A} = p^{\frac{p}{2}} \text{i}^{m_1+2m_2-m_3} = p^{\frac{p}{2}} \text{i}^{\frac{3(p-1)}{2}} = p^{\frac{p}{2}} \text{i}^{\frac{p(p-1)}{2}}$$

另一方面,由于 $\boldsymbol{A}$ 是一个 Vandermonde 矩阵,因

此由 Vandermonde 行列式的性质就得出

$$\det \boldsymbol{A} = \prod_{0 \leqslant l < k \leqslant p-1} (z^k - z^l)$$
$$= \prod_{0 \leqslant l < k \leqslant p-1} e^{\frac{\pi i(k+l)}{p}} (e^{\frac{\pi i(k-l)}{p}} - e^{\frac{\pi i(l-k)}{p}})$$

由 $\displaystyle\sum_{0 \leqslant l < k \leqslant p-1} (k+l) = \frac{p(p-1)^2}{2}$（引理 6.2.5.6）

得出

$$\prod_{0 \leqslant l < k \leqslant p-1} z^{k+l} = e^{\frac{\pi i(p-1)^2}{2}} = i^{(p-1)^2} = 1$$

因此就有

$$\det \boldsymbol{A} = \prod_{0 \leqslant l < k \leqslant p-1} (e^{\frac{\pi i(k-l)}{p}} - e^{\frac{\pi i(l-k)}{p}})$$
$$= \prod_{0 \leqslant l < k \leqslant p-1} \left(2 i \sin \frac{\pi(k-l)}{p}\right)$$
$$= i^{\frac{p(p-1)}{2}} \prod_{0 \leqslant l < k \leqslant p-1} \left(2 \sin \frac{\pi(k-l)}{p}\right)$$

让以上两种方式得出的 $\det \boldsymbol{A}$ 的两种表达式相等，并在两边消去相同的项就得出

$$p^{\frac{p}{2}} \varepsilon = \prod_{0 \leqslant l < k \leqslant p-1} \left(2 \sin \frac{\pi(k-l)}{p}\right)$$

由于 $\displaystyle\prod_{0 \leqslant l < k \leqslant p-1} \left(2 \sin \frac{\pi(k-l)}{p}\right)$ 是正数，因此由上式就得出 $\varepsilon > 0$，因而就有 $\varepsilon = 1$.

这就证明了定理.

下面，我们利用 Gauss 和来证明二次互反律.

**引理 6.2.5.9** 设 $p$ 是一个素数，$k$ 是任意小于 $p$ 的正整数. 证明 $p$ 必可整除组合数 $C_p^k$，并举例说明当 $p$ 不是素数时，此命题不成立.

**证明** $C_p^k = \dfrac{p!}{k!(p-k)!} = \dfrac{pA}{BC}$，其中 $A = (p-$

195

$1)!,B=k!,C=(p-k)!.$

由于 $p$ 是素数,$1\leqslant k<p$,故 $1\leqslant p-k<p$,因而有

$$(1,p)=1 \qquad (1,p)=1$$
$$(2,p)=1 \qquad (2,p)=1$$
$$\vdots \qquad\qquad \vdots$$
$$(k,p)=1 \quad (p-k,p)=1$$

由此得出

$$(B,p)=(k!,p)=(1 \cdot 2 \cdot \cdots \cdot k,p)=1$$
$$(C,p)=((p-k)!,p)=(1 \cdot 2 \cdot \cdots \cdot p-k,p)=1$$

因而有 $(BC,p)=1$.

再由 $BC \mid pA$,$(BC,p)=1$ 就得出 $BC \mid A$,因而 $D=\dfrac{A}{BC}$ 是一个整数. 因此由

$$C_p^k=\frac{pA}{BC}=pD$$

就得出 $p \mid C_p^k$.

如果 $p$ 不是一个素数,则此命题不成立. 例如 $C_4^2=6$,$C_6^4=15$,但 $4\nmid C_4^2$,$6\nmid C_6^4$.

**引理 6.2.5.10** 设 $p$ 是一个素数,则

$$(a+b)^p \equiv a^p+b^p(\bmod p)$$

**证明** 由二项式定理和引理 6.2.5.9 得出

$$(a+b)^p=a^p+C_p^1 a^{p-1}b+\cdots+C_p^{p-1}ab^{p-1}+b^p$$
$$\equiv a^p+b^p(\bmod p)$$

**推论 6.2.5.1** 设 $p$ 是一个素数,则

$$(a_1+a_2+\cdots+a_n)^p \equiv a_1^p+a_2^p+\cdots+a_n^p(\bmod p)$$

**定理 6.2.5.2**(二次互反律) 设 $p,q$ 都是奇素

数,则

$$\left(\frac{p}{q}\right)\left(\frac{q}{p}\right)=(-1)^{\frac{p-1}{2}\cdot\frac{q-1}{2}}$$

其中 $\left(\dfrac{p}{q}\right)$ 表示 Legendre 符号.

**证明** 设 $p^{*}=(-1)^{\frac{p-1}{2}}p$,那么一方面根据 Legendre 符号的意义以及 Gauss 和的定义和性质(引理 6.2.5.5)就有

$$g^{q-1}=(g^{2})^{\frac{q-1}{2}}=(p^{*})^{\frac{q-1}{2}}=\left(\frac{p^{*}}{q}\right)\equiv\left(\frac{p^{*}}{q}\right)(\bmod q)$$

因此有

$$g^{q}\equiv\left(\frac{p^{*}}{q}\right)g(\bmod q)$$

另一方面,由于 $\left(\dfrac{a}{p}\right)=\pm1$,$q$ 是一个奇素数,所以有

$$\left(\frac{a}{p}\right)^{q}=\left(\frac{a}{p}\right)$$

由推论 6.2.5.1 和引理 6.2.5.4 就得出

$$g^{q}=\left(\sum_{a=1}^{p-1}\left(\frac{a}{p}\right)z^{a}\right)^{q}\equiv\sum_{a=1}^{p-1}\left(\frac{a}{p}\right)^{q}z^{qa}(\bmod q)$$

$$\equiv\sum_{a=1}^{p-1}\left(\frac{a}{p}\right)z^{qa}(\bmod q)$$

$$\equiv g_{q}(\bmod q)$$

$$\equiv\left(\frac{q}{p}\right)g(\bmod q)$$

比较以上两方面的结果就有

$$\left(\frac{p^{*}}{q}\right)g\equiv\left(\frac{q}{p}\right)g(\bmod q)$$

在上式两边都乘以 $g$,并注意 $g^2 = p^*$ 就得出

$$\left(\frac{p^*}{q}\right) p^* \equiv \left(\frac{q}{p}\right) p^* \pmod{q}$$

由于 $(p^*, q) = 1$,因而由上式就得出

$$\left(\frac{p^*}{q}\right) \equiv \left(\frac{q}{p}\right) \pmod{q}$$

但由于 $\left(\dfrac{p^*}{q}\right)$ 和 $\left(\dfrac{q}{p}\right)$ 都是等于 $1$ 或 $-1$ 的数,因此由上式就得出

$$\left(\frac{p^*}{q}\right) = \left(\frac{q}{p}\right)$$

以及

$$\left(\frac{p^*}{q}\right) = \left(\frac{(-1)^{\frac{p-1}{2}} p}{q}\right)$$

$$= \left(\frac{(-1)^{\frac{p-1}{2}}}{q}\right) \left(\frac{p}{q}\right)$$

$$= \left(\frac{-1}{q}\right)^{\frac{p-1}{2}} \left(\frac{p}{q}\right)$$

$$= ((-1)^{\frac{q-1}{2}})^{\frac{p-1}{2}} \left(\frac{p}{q}\right)$$

$$= (-1)^{\frac{p-1}{2} \cdot \frac{q-1}{2}} \left(\frac{p}{q}\right)$$

由上式和 $\left(\dfrac{p^*}{q}\right) = \left(\dfrac{q}{p}\right)$ 就得出

$$(-1)^{\frac{p-1}{2} \cdot \frac{q-1}{2}} \left(\frac{p}{q}\right) = \left(\frac{q}{p}\right)$$

在上式两边都乘以 $\left(\dfrac{p}{q}\right)$ 就得出

$$\left(\frac{p}{q}\right) \left(\frac{q}{p}\right) = (-1)^{\frac{p-1}{2} \cdot \frac{q-1}{2}}$$

Gauss 对二次互反律给出了三个公式,这就是

**定理 6.2.5.3**

$(1)\left(\dfrac{q}{p}\right)=(-1)^{\frac{p-1}{2}\cdot\frac{q-1}{2}}\left(\dfrac{p}{q}\right)$

$$=\begin{cases}\left(\dfrac{p}{q}\right) & \text{如果 } p\equiv1\text{ 或 }q\equiv1(\bmod 4)\\[4mm]-\left(\dfrac{p}{q}\right) & \text{如果 } p\equiv q\equiv3(\bmod 4)\end{cases};$$

$(2)\left(\dfrac{q}{p}\right)\left(\dfrac{p}{q}\right)=(-1)^{\frac{p-1}{2}\cdot\frac{q-1}{2}}$;

$(3)\left(\dfrac{p^{*}}{q}\right)=\left(\dfrac{q}{p}\right)$,其中 $p^{*}=(-1)^{\frac{p-1}{2}}p$.

其中的(3)等价于下面的

**定理 6.2.5.4** 设 $p$ 和 $q$ 是不同的奇素数,那么除了

$$p=q\equiv3(\bmod 4)$$

的情况外,同余方程

$$x^{2}\equiv q(\bmod p)$$

有解的充分必要条件是同余方程

$$x^{2}\equiv p(\bmod q)$$

有解. 在

$$p=q\equiv3(\bmod 4)$$

的情况下,上述两同余方程中,一个有解而另一个无解.

### 6.2.6 Jacobi 符号

为了计算的目的,有必要扩大 Legendre 符号的取值范围.

**定义 6.2.6.1** 对所有的正的奇整数以及使得 $(a,m)=1$ 的正整数定义 Jacobi 符号 $\left(\dfrac{a}{m}\right)$ 的含义为

$\left(\dfrac{a}{m}\right)=\prod_i\left(\dfrac{a}{p_i}\right)$，其中 $m=\prod_i p_i$，$p_i$ 是 $m$ 的素因子，而 $\left(\dfrac{a}{p_i}\right)$ 表示 Legendre 符号.

Jacobi 符号的重要性质都容易从它的定义和 Legendre 符号的性质导出. 其中特别要注意以下的两种乘法性质

$$\left(\frac{ab}{m}\right)=\left(\frac{a}{m}\right)\left(\frac{b}{m}\right)$$

和

$$\left(\frac{a}{mn}\right)=\left(\frac{a}{m}\right)\left(\frac{a}{n}\right)$$

我们还可以看出，如果 $a\equiv b(\bmod\ m)$，则 $\left(\dfrac{a}{m}\right)=\left(\dfrac{b}{m}\right)$. 下面我们要对 Jacobi 符号的互反律给出一个更加公式化的叙述，它的形式与 Legendre 符号相同.

**定理 6.2.6.1** Jacobi 符号的互反律和性质. 设 $m$ 和 $n$ 都是正的奇整数，并且 $(m,n)=1$，则：

(1) $\left(\dfrac{-1}{m}\right)=(-1)^{\frac{m-1}{2}}=\begin{cases}1 & \text{如果 } m\equiv 1(\bmod\ 4)\\ -1 & \text{如果 } m\equiv 3(\bmod\ 4)\end{cases}$；

(2) $\left(\dfrac{2}{m}\right)=(-1)^{\frac{m^2-1}{8}}=\begin{cases}1 & \text{如果 } m\equiv\pm 1(\bmod\ 8)\\ -1 & \text{如果 } m\equiv\pm 3(\bmod\ 8)\end{cases}$；

(3) $\left(\dfrac{n}{m}\right)=(-1)^{\frac{m-1}{2}\frac{n-1}{2}}\left(\dfrac{m}{n}\right)$

$$= \begin{cases} \left(\dfrac{m}{n}\right) & \text{如果 } m \equiv 1 \text{ 或 } n \equiv 1 (\bmod\ 4) \\[3mm] -\left(\dfrac{m}{n}\right) & \text{如果 } m \equiv n \equiv 3 (\bmod\ 4) \end{cases}$$

这等价于 $\left(\dfrac{m^*}{n}\right) = \left(\dfrac{m}{n}\right)$.

**证明** （1）设 $m = \prod\limits_i p_i$，其中 $p_i$ 都是奇素数，则

$$\left(\frac{-1}{m}\right) = \prod_i \left(\frac{-1}{p_i}\right) = \prod_i (-1)^{\frac{p_i - 1}{2}} = (-1)^{\frac{m-1}{2}}$$

其中我们用到了引理 6.2.4.2 中的(1)和引理 6.2.4.4 中的(4).

（3）中两个命题的等价性是(1)的结果，我们证明 $\left(\dfrac{m^*}{n}\right) = \left(\dfrac{m}{n}\right)$.

设 $m = \prod\limits_i p_i, n = \prod\limits_j q_j$，其中 $p_i$ 和 $q_j$ 都是奇素数. 利用 Legendre 符号的乘法性质，二次互反律定理 6.2.5.3 中的(3)和引理 6.2.4.4 中的(2). 我们算出

$$\left(\frac{m^*}{n}\right) = \prod_i \prod_j \left(\frac{p_i^*}{q_j}\right) = \prod_i \prod_j \left(\frac{q_j}{p_i}\right) = \left(\frac{n}{m}\right)$$

（2）由于 $m \not\equiv m + 2 (\bmod\ 4)$，故由(3)，我们有 $\left(\dfrac{m+2}{m}\right) = \left(\dfrac{m}{m+2}\right)$. 因而

$$\left(\frac{2}{m}\right) = \left(\frac{m+2}{m}\right) = \left(\frac{m}{m+2}\right) = \left(\frac{-2}{m+2}\right) = \left(\frac{-1}{m+2}\right)\left(\frac{2}{m+2}\right)$$

特别对所有的 $k \geqslant 0$ 有

$$\left(\frac{2}{8k+1}\right) = -\left(\frac{2}{8k+3}\right) = -\left(\frac{2}{8k+5}\right) = \left(\frac{2}{(8k+1)+1}\right)$$

从 $\left(\dfrac{2}{1}\right) = 1$ 开始的归纳法表明对所有的 $k \geqslant 0$ 有

$\left(\dfrac{2}{8k+1}\right)=1$,由此就立即可得出要证的命题.

值得注意的是上面的引理 6.2.6.1 的(2)并不依赖于预先知道 Legendre 符号 $\left(\dfrac{2}{p}\right)$ 的值. 因此引理 6.2.4.2 中(2)的证明也不依赖于这一信息.

我们已导出的 Jacobi 符号的性质可以被组合成快速计算它的递推算法,下面是一个直接计算 $\left(\dfrac{m}{n}\right)$ 的程序.

**程序 6.2.6.1** （Jacobi 符号的计算程序）

(1) $\left(\dfrac{0}{1}\right)=1$;

(2) 如果 $m<0$,那么 $\left(\dfrac{m}{n}\right)=\left(\dfrac{-1}{n}\right)\left(\dfrac{\lfloor m\rfloor}{n}\right)$;

(3) 如果 $m\geqslant n$,那么 $\left(\dfrac{m}{n}\right)=\left(\dfrac{r}{n}\right)$,其中 $m\equiv r(\bmod\ n),0\leqslant r<n$;

(4) 如果 $2\mid m$,那么 $\left(\dfrac{m}{n}\right)=\left(\dfrac{2}{n}\right)\left\lfloor\dfrac{\frac{m}{2}}{n}\right\rfloor$;

(5) $\left(\dfrac{m}{n}\right)=\left(\dfrac{n^{*}}{m}\right)$.

Jacobi 符号之所以重要就在于可以有效地计算它. Legendre 符号是它的特殊情况,因此也可以快速地计算. 对固定的 $a$ 和素数 $p$,同余式 $x^{2}\equiv a(\bmod\ p)$ 是否有解的问题因此也可通过计算 $\left(\dfrac{a}{p}\right)$ 而快速地得到解答. 对很大的 $p$,靠平凡的也是错误的实验 1,

$2,\cdots,\dfrac{p-1}{2}$ 是否是 $x^2 \equiv a(\bmod p)$ 的解的方法几乎总是完全无法实行的.

最后，我们给出一个实际找出大素数的方法，这是由 Solovay(索洛维)和 Strassen(施特拉森)发现的.

设 $m$ 是一个奇素数，那么 $x=1,2,\cdots,m-1$ 满足两个条件(根据引理 6.2.4.1 中的(2))

$$(x,m)=1 \qquad (6.2.6.1)$$

$$x^{\frac{m-1}{2}} \equiv \left(\dfrac{x}{m}\right)(\bmod m) \qquad (6.2.6.2)$$

Solovay-Strassen(索洛维－施特拉森)判据是基于上述命题的一个强的逆命题.

**定义 6.2.6.2** 设 $m > 1$ 是一个奇数. 称 $x \in \{1, 2,\cdots,m-1\}$ 是 $m$ 是合数的证人，如果条件(6.2.6.1)或(6.2.6.2)之一不成立.

显然，为了证明一个奇数是合数，只须找出一个证人即可，那么这是否容易呢或者关于这一方法的容易程度能说些什么呢?

**定理 6.2.6.2** 设 $m > 1$ 是一个奇数并且是一个合数，那么 $1,2,\cdots,m-1$ 中一半以上的数都是合数的证人.

**证明** 设 $m > 1$ 是一个奇数并且是一个合数，我们首先证明存在一个与 $m$ 互素的 $m$ 是合数的证人.

先假设存在一个素数 $p$ 使得 $p^2 \mid m$，那么就存在一个 $U_m$ 中的元素 $x$ 使得它的阶是 $p$. 例如，我们可取 $x=1+\dfrac{m}{p} \in U_m$，由于容易从二项式展开知

$$\left(1 + \frac{m}{p}\right)^p \equiv 1 \pmod{m}$$

由此可算出

$$\left(\frac{x}{m}\right)^2 = (\pm 1)^2 = 1$$

但是

$$(x^{\frac{m-1}{2}})^2 = x^{m-1} \not\equiv 1 \pmod{m}$$

由于 $x$ 在 $U_m$ 中的阶 $p$ 不能整除 $m-1$，这就证明了 $x$ 是证人.

另一方面，假设 $m = p_1 p_2 \cdots p_r$，其中 $p_i$ 是不同的奇素数并且 $r \geqslant 2$. 设 $a \in \mathbb{Z}$ 使得 $p_1 \nmid a$ 并且 $\left(\frac{a}{p_1}\right) = -1$. 由孙子定理，可知存在 $x \in \mathbb{Z}$ 使得 $x \equiv a \pmod{p_1}$ 并且对 $i \geqslant 2, x \equiv 1 \pmod{p_i}$，因此

$$\left(\frac{x}{m}\right) = \prod_i \left(\frac{x}{p_i}\right) = -1$$

但是 $x^{\frac{m-1}{2}} \equiv 1 \pmod{p_2}$，因而 $x$ 是证人.

设 $\phi: U_m \to U_m$ 是同态 $\phi(x) = x^{\frac{m-1}{2}}\left(\frac{x}{m}\right)$. $\phi$ 的核是 $\{1, 2, \cdots, m-1\}$ 中不是 $m$ 是合数的证人的元素集合. 我们刚才已经证明了 $\phi$ 是非平凡的，因此它的核是 $U_m$ 的真子群，它在 $U_m$ 中的指标至少是 2，因此 $|\mathrm{Ker}\,\phi| \leqslant \frac{|U_m|}{2} < \frac{m-1}{2}$，这就证明了 $m$ 是合数的证人的数目必须大于 $\frac{m+1}{2}$.

Solovay-Strassen 判别一个整数是素数的检验方法是简单地搜索这个整数是合数的证人. 如果没有找

到证人,这个检验就可能是错误的断言这个整数是素数.我们可分析如下:

设 $m > 1$ 是一个奇数并且是合数.定理 6.2.6.2 表明在 $1,2,\cdots,m-1$ 中搜索将很有可能碰到 $m$ 是合数的证人,这是这个搜索相当快的证明.因此,在那种随机的搜索之后未能找到这个整数是合数的证人,可能是这个整数是素数的压倒性的证据,这就好像你随机地抛掷一枚硬币,假设您将硬币扔了 100 次,每次都是正面朝上,你能说些什么? 凭此证据你是否就能断定这就是一枚普通的硬币而不是一个背面有两个头的坏币呢?

要证明一个可疑为素数的数实际上就是一个素数,需要使用完全不同的技巧.

### 6.2.7 Kronecker 符号

设 $F(x,y) = ax^2 + 2bxy + cy^2$,我们首先研究 $F(x,y)$ 的判别式有什么性质.我们有下面的

**引理 6.2.7.1** 设 $\Delta$ 是二元二次型
$$F(x,y) = ax^2 + 2bxy + cy^2$$
的判别式,则
$$4\Delta \equiv 0 \ \text{或} -1 (\bmod 4)$$

**证明** $F(x,y) = ax^2 + 2bxy + cy^2$ 的矩阵是
$$\boldsymbol{A} = \begin{bmatrix} a & b \\ b & c \end{bmatrix}$$
因此 $F(x,y) = ax^2 + 2bxy + cy^2$ 的行列式是
$$\Delta = ac - b^2$$

以下分两种情况讨论:

205

（1）$2b$ 是偶数，因而 $b$ 是一个整数，这时
$$4\Delta = 4(ac - b^2) \equiv 0 (\bmod\ 4)$$

（2）$2b$ 是奇数，因而可设 $2b = 2n + 1$，因而 $b = \dfrac{2n+1}{2}$. 这时
$$4\Delta = 4ac - (2n+1)^2 \equiv -1 (\bmod\ 4)$$

由这个引理就引出下面的定义

**定义 6.2.7.1** 称 $\Delta$ 是一个判别式，如果 $4\Delta \equiv 0$ 或 $-1 (\bmod\ 4)$.

**定义 6.2.7.2** 对使得 $4\Delta$ 是一个非平方数的判别式 $\Delta$ 和使得 $(m, 4\Delta) = 1$ 的整数 $m$ 定义一个称为 Kronecker 符号的函数 $\chi_\Delta(m)$ 如下

$$\chi_\Delta = \begin{cases} \left( \dfrac{m}{|4\Delta|} \right) & \text{如果 } 4\Delta \text{ 是奇数} \\[2mm] (-1)^{\frac{d-1}{2}\frac{m-1}{2}} \left( \dfrac{2^a}{|m|} \right) \left( \dfrac{m}{|d|} \right) \\[2mm] & \text{如果 } 4\Delta \text{ 是偶数，且 } 4\Delta = 2^a d, d \text{ 是奇数} \end{cases} \cdot$$

其中 $(-)$ 表示 Jacobi 符号. 注意由上面的定义中的条件 $(m, 4\Delta) = 1$ 可知在 $4\Delta$ 是偶数的情况下，$m$ 必定是一个奇数，因此 $\chi_\Delta$ 总是有意义的. 还要注意，对奇整数 $m$
$$\chi_{-1}(m) = (-1)^{\frac{m-1}{2}}$$

Kronecker 符号就像 Jacobi 符号一样容易计算.

**引理 6.2.7.2** 设 $\Delta$ 是一个使得 $4\Delta$ 为非平方数的判别式，则：

（1）如果 $m \equiv n (\bmod\ 4\Delta)$，则 $\chi_\Delta(m) = \chi_\Delta(n)$；

（2）设 $m, n \in \mathbb{Z}$ 和 $4\Delta$ 互素，那么
$$\chi_\Delta(mn) = \chi_\Delta(m)\chi_\Delta(n)$$

（3）对所有与 $4\Delta$ 互素的正奇数，$\chi_\Delta = \left(\dfrac{4\Delta}{m}\right)$；

（4）$\chi_\Delta(-1) = \mathrm{sign}(4\Delta)$；

（5）$\chi_\Delta(2) = \begin{cases} 1 & \text{如果 } 4\Delta \equiv 1 (\mathrm{mod}\ 8) \\ -1 & \text{如果 } 4\Delta \equiv 5 (\mathrm{mod}\ 8) \end{cases}$；

（6）存在与 $4\Delta$ 互素的整数 $m$ 使得 $\chi_\Delta(m) = -1$；

（7）函数 $\chi_\Delta : U_{4\Delta} \to \{\pm 1\}$ 是一个满的群同态.

**证明** （1）仅需对 $4\Delta$ 是偶数的情况加以说明. 假设 $4\Delta = 2^a d$ 是偶数，其中 $d$ 是奇数，$a \geqslant 2$，以及

$$m \equiv n (\mathrm{mod}\ 4\Delta)$$

那么 $m \equiv n (\mathrm{mod}\ 4)$，这说明

$$(-1)^{\frac{m-1}{2}} = (-1)^{\frac{n-1}{2}}$$

如果 $a = 2$，那么

$$\left(\frac{2^a}{|m|}\right) = \left(\frac{2^a}{|n|}\right) = 1$$

如果 $a \geqslant 3$，那么

$$m \equiv n (\mathrm{mod}\ 8)$$

因此

$$m \equiv \pm |n| (\mathrm{mod}\ 8)$$

因而根据定理 6.2.6.1 中的(2). 我们就有

$$\left(\frac{2^a}{|m|}\right) = \left(\frac{2^a}{|n|}\right)$$

最后，同余式 $m \equiv n (\mathrm{mod}\ d)$ 蕴含 $\left(\dfrac{m}{|d|}\right) = \left(\dfrac{n}{|d|}\right)$.
由此就得出 $\chi_\Delta(m) = \chi_\Delta(n)$.

（2）$\chi_\Delta$ 的乘法性质可从引理 6.2.4.4 中的(4) 和 Jacobi 符的乘法性质得出.

207

（3）利用互反律.

对奇的 $4\Delta$,由于 $4\Delta = |\,4\Delta\,|^*$,所以有

$$\left(\frac{m}{|\,4\Delta\,|}\right) = \left(\frac{|\,4\Delta\,|^*}{m}\right) = \left(\frac{4\Delta}{m}\right)$$

对偶的 $4\Delta = 2^a d$,我们有

$$\left(\frac{m}{|\,d\,|}\right) = \left(\frac{|\,d\,|^*}{m}\right) = (-1)^{\frac{d-1}{2}\frac{m-1}{2}}\left(\frac{d}{m}\right)$$

以及 $\left(\dfrac{2^a}{|\,m\,|}\right) = \left(\dfrac{2^a}{m}\right)$,利用 Jacobi 符号的乘法性质即得.

（4）对奇的 $4\Delta$,由于 $|\,4\Delta\,| > 0$ 以及 $|\,4\Delta\,|^* = 4\Delta$,所以我们有

$$\left(\frac{-1}{|\,4\Delta\,|}\right) = (-1)^{\frac{|4\Delta|-1}{2}}\mathrm{sign}(\,|\,4\Delta\,|\boldsymbol{\cdot}|\,4\Delta\,|^*) = \mathrm{sign}(4\Delta)$$

对偶的 $\Delta = 2^a d$,由于 $d^*\,|\,d\,|^* = d^2 > 0$,所以我们有

$$\chi_\Delta(-1) = (-1)^{\frac{d-1}{2}}\left(\frac{-1}{|\,d\,|}\right) = \mathrm{sign}(d\boldsymbol{\cdot}d^*\boldsymbol{\cdot}|\,d\,|\boldsymbol{\cdot}|\,d\,|^*)$$

$$= \mathrm{sign}(d) = \mathrm{sign}(4\Delta)$$

（5）如果 $4\Delta \equiv 1(\mathrm{mod}\ 8)$,那么

$$|\,4\Delta\,| \equiv \pm 1(\mathrm{mod}\ 8)$$

如果 $4\Delta \equiv 5(\mathrm{mod}\ 8)$,那么

$$|\,4\Delta\,| \equiv \pm 3(\mathrm{mod}\ 8)$$

应用定理 6.2.6.1 的（2）即得.

（6）如果 $\Delta < 0$,则 $\chi_\Delta(-1) = -1$,因此可假设 $\Delta > 0$.

下面我们将使用孙子定理去得出一个整数 $m$ 使得 $\chi_\Delta(m) = -1$.

设 $4\Delta = 2^a d$,其中 $d$ 是一个奇数. 由于 $4\Delta$ 不是一个

完全平方数,因此 $a$ 是奇数或者 $d$ 不是一个完全平方数. 对正奇数 $m$,我们有

$$\chi_\Delta(m) = \left(\frac{2^a d}{m}\right) = \left(\frac{2}{m}\right)^a \left(\frac{m^*}{d}\right)$$

如果 $a$ 是奇数,选择整数 $m > 0$ 使得

$$m \equiv 5 \pmod 8$$

并且

$$m \equiv 1 \pmod d$$

那么 $m = m^*$,因此

$$\chi_\Delta(m) = (-1)^a \left(\frac{1}{d}\right) = -1$$

如果 $a$ 是偶数,那么 $d$ 不是一个完全平方数. 因而存在一个素数 $p$ 使得 $d = p^r f$,其中 $r$ 是奇数,$f \in \mathbb{Z}$ 并且 $p \nmid f$. 设 $b \in \mathbb{Z}$ 使得 $p \nmid b$ 并且 $\left(\frac{b}{p}\right) = 1$. 选择整数 $m > 0$ 使得 $m \equiv b \pmod p$ 并且 $m \equiv 1 \pmod{4f}$,那么 $m = m^*$,因此我们就有

$$\chi_\Delta(m) = \left(\frac{m}{p}\right)^r \left(\frac{m}{f}\right) = \left(\frac{b}{p}\right)^r \left(\frac{1}{f}\right) = (-1)^r = -1$$

(7) 从(2)和(6)得出.

引入了 Kronecker 符号后,我们就可以最后对:给了一个整数 $a$ 和一个素数 $p$,同余式方程

$$x^2 \equiv a \pmod p$$

是否有解这个问题给以一个满意的回答.

如果 $a$ 是一个完全平方数,那么答案自然就是对所有的素数 $p$,解存在. 如果 $a$ 不是一个完全平方数,那么 $4a$ 是一个判别式并且使得两个同余式 $x^2 \equiv$

209

$a(\bmod p)$ 和 $x^2 \equiv 4a(\bmod p)$ 成立的素数 $p$ 的集合恰好相同. 因此实际有兴趣的情况就是 $a$ 是一个非平方数的判别式的情况.

假设 $a$ 是一个非平方数的判别式并且 $p$ 是一个不能整除 $a$ 的奇素数，那么 $\chi_a(p) = \left(\dfrac{a}{p}\right)$. 我们可以断言当且仅当 $\chi_a(p) = 1$ 时 $x^2 \equiv a(\bmod p)$ 有解. 这个断言的可值得注意的之处是引理 6.2.7.1 中函数 $\chi_a$ 的性质（1）和（2），即 $\chi_a$ 在模 $p$ 下的周期性和乘法性质. 我们将其总结在下面的定理中，它包括了定理 6.2.3.3.

**定理 6.2.7.1** 设 $\Delta$ 是一个使得 $4\Delta$ 为非平方数的判别式，那么 $\chi_\Delta$ 是唯一的使得下面两个条件对所有不能整除 $4\Delta$ 的奇素数 $p$ 等价的同态 $f: U_{4\Delta} \to \{\pm 1\}$.

（1）$x^2 \equiv 4\Delta(\bmod p)$ 有解；

（2）$\overline{p} \in \mathrm{Ker}(f)$.

因此，使得 $x^2 \equiv 4\Delta(\bmod p)$ 有解的素数 $p$ 恰是 $U_{4\Delta}$ 的指标等于 2 的子群再并上 $8\Delta$ 的素因子.

**证明** 较深的同态 $f$ 的存在性的问题是通过构造 Kronecker 符号解决的. Gauss 的二次互反律是这一发展的关键因素.

唯一性是较容易的问题. 条件（1）和（2）的等价性是由对所有不能整除 $4\Delta$ 的素数 $p$ 成立的等式 $f(p) = \left(\dfrac{4\Delta}{p}\right)$ 来刻画的. 由于容易看出所有的元素 $\overline{p}$ 构成了群 $U_{4\Delta}$ 的生成子的集合，所以它们就完全确定了同态 $f$. 设 $x \in U_{4\Delta}$，那么存在一个正的奇数 $a$ 使得 $x = \overline{a}$.

设 $a = \prod_i p_i$,其中 $p_i$ 是素数,则 $x = \prod_i \overline{p_i}$.

定理 6.2.7.1 是第 6.2.1 节定理 6.2.1.5 的直接推广. 它对奇素数 $p$ 分析了同余式 $x^2 \equiv -1 (\bmod\, p)$. 这个同余式是我们研究特殊的二次型 $x^2 + y^2$ 的起点. 有了定理 6.2.7.1,我们就处在了用整二次型表示素数 $p$ 的理论的起点的位置上了.

### 6.2.8　二次型

研究二次同余式一定要随时记着二次型的理论. 我们现在开始来说明二者之间的联系.

**引理 6.2.8.1**　设 $4\Delta \in \mathbb{Z}$,$4\Delta \equiv 0$ 或 $1(\bmod\, 4)$,并设 $p$ 是一个奇素数,那么下面两个命题等价:

(1) 存在一个判别式等于 $\Delta$ 的可表示 $p$ 的整二元二次型;

(2) 同余式 $(2x)^2 \equiv 4\Delta (\bmod\, p)$ 有解.

**证明**　(1)$\Rightarrow$(2). 假设判别式等于 $\Delta$ 的整二次型
$$F(x,y) = ax^2 + 2bxy + cy^2$$
可表示素数 $p$,比如说 $F(r,s) = p$,其中,$r,s \in \mathbb{Z}$. 则由于 $p$ 是素数,所以 $(r,s) = 1$. 因而存在整数 $t,u$ 使得
$$g = \begin{bmatrix} r & s \\ t & u \end{bmatrix} \in \mathrm{SL}_2(\mathbb{Z})$$
在变换
$$\begin{bmatrix} x \\ y \end{bmatrix} \rightarrow g^{\mathrm{T}} \begin{bmatrix} x \\ y \end{bmatrix}$$
下
$$gF(x,y) = px^2 + 2b'xy + c'y^2$$

其中,$2b',c' \in \mathbb{Z}$. 由于等价形式 $F$ 和 $gF$ 有相同的判别式，因此 $\Delta = pc' - b'^2$，这就说明 $(2b')^2 \equiv 4\Delta(\bmod\ p)$.

(2)$\Rightarrow$(1). 假设 $2m \in \mathbb{Z}$ 是$(2m)^2 \equiv 4\Delta(\bmod\ p)$ 的解. 如果必要,把 $2m$ 换成 $2m+p$ 后,我们总可假设 $2m$ 和 $4\Delta$ 的奇偶性相同(由于 $p$ 是奇数). 令$(2m)^2 = pn - 4\Delta > 0$,则 $n$ 是 4 的倍数,因而 $\frac{n}{4} \in \mathbb{Z}$，所以 $px^2 + 2mxy + \left(\frac{n}{4}\right)y^2$ 就是可表示 $p$ 的判别式等于 $\Delta$ 的整形式.

现在我们就可以回答 6.2.7 节中提出的问题了,下面的定理就是这一节的目标.

**定理 6.2.8.1** 设 $4\Delta$ 是一个非平方数的判别式,$p$ 是一个素数,则下面两个条件等价:

(1) 存在一个判别式等于 $\Delta$ 的可表示 $p$ 的整二次型；

(2)$p \mid 4\Delta$ 或者 $p \nmid 4\Delta$ 但$\chi_\Delta(\overline{p}) = 1$,其中 $\chi_\Delta : U_{4\Delta} \rightarrow \{\pm 1\}$ 是 Kronecker 符号.

**证明** (1)$\Rightarrow$(2). 如果 $p$ 是奇数,要证的结果可从引理 6.2.8.1 和定理 6.2.7.1 立即推出.

剩下的就是验证 $p = 2$ 和 $4\Delta \equiv 1(\bmod\ 4)$ 的情况. 根据引理 6.2.7.1 中的(4) 我们只须证明

$$ax^2 + 2bxy + cy^2 = 2$$

其中 $a, 2b, c, x, y \in \mathbb{Z}$,并且 $2b$ 是奇数蕴含

$$4\Delta = 4(ac - b^2) \equiv 1(\bmod\ 8)$$

即可.

如果 $x$ 是偶数而 $y$ 是奇数,那么 $c$ 是偶数,如果 $x$ 是奇数而 $y$ 是偶数,那么 $a$ 是偶数,如果 $x$ 和 $y$ 都是奇数,那么 $a$ 和 $c$ 的奇偶性相反,无论在哪种情况下都有

$$4\Delta \equiv (2b)^2 \equiv 1 (\mathrm{mod}\ 8)$$

(2)$\Rightarrow$(1). 如果 $p$ 是奇数,要证的结果可从定理 6.2.8.1 和定理 6.2.7.1 立即推出. 剩下的就是验证 $p=2$ 的情况. 如果 $4\Delta \equiv -1 (\mathrm{mod}\ 8)$,那么

$$2x^2 + xy + \left(\frac{1+4\Delta}{8}\right)y^2$$

的判别式是 $\Delta$ 并且可表示 2. 如果 $8 \mid (4\Delta)$,那么

$$2x^2 + \left(\frac{\Delta}{2}\right)y^2$$

的判别式等于 $\Delta$ 并且可表示 2.

如果 $4\Delta = 4d$,其中 $d$ 是奇数,那么

$$2x^2 + 4xy + (2+2d)y^2$$

的判别式等于 $\Delta$ 并且可表示 2.

我们还可以给出某些补充的结果.

首先考虑表示的唯一性问题.

**定理 2.6.8.2** 任何两个判别式相同的可表示同一个素数 $p$ 的整二次型必定是等价的.

**证明** 设 $F$ 是一个可表示素数 $p$ 的整二次型. 在引理 6.2.8.1 证明的第一部分中我们已经说明 $F$ 真等价于一个首项系数等于 $p$ 的整二次型 $F'$. 通过选择适当的整数 $n \in \mathbb{Z}$,我们可以使得

$$\begin{bmatrix} 1 & n \\ 0 & 1 \end{bmatrix} F' = px^2 + 2bxy + cy^2$$

其中 $-p < 2b \leqslant p$. 我们将证明所有判别式是 $\Delta$ 并且

使得 $-p<2b\leqslant p$ 的整二次型与 $px^2+2bxy+cy^2$ 都是等价的.首先注意由于 $c$ 可由方程 $pc-b^2=\Delta$ 确定,所以两个中间系数 $2b$ 相同的那种二次型实际上是相等的.$2b$ 的奇偶性和 $4\Delta$ 相同.

先假设 $p$ 是奇数.如果 $p\mid 4\Delta$,那么 $p\mid(2b)$,因此 $2b\in\{0,p\}$,因而 $p$ 是由 $4\Delta$ 的奇偶性唯一确定的.如果 $p\nmid 4\Delta$,则设 $\beta$ 是唯一的和 $4\Delta$ 的奇偶性相同的并使得 $\beta^2\equiv 4\Delta(\bmod\ p)$,且 $0<\beta<p$ 的整数,那么

$$2b=\pm\beta$$

但是形式 $px^2+2\beta xy+cy^2$ 和形式 $px^2-2\beta xy+cy^2$ 显然是等价的.(注:只须做变换

$$\begin{bmatrix}x\\y\end{bmatrix}\to\begin{bmatrix}1&0\\0&-1\end{bmatrix}\begin{bmatrix}x\\y\end{bmatrix}=\begin{bmatrix}x\\-y\end{bmatrix}$$

就可将这两种形式互换,而

$$\det\begin{bmatrix}1&0\\0&-1\end{bmatrix}=-1$$

因此它们是等价的,但不是真等价的.)

现在设 $p=2$,那么 $-1\leqslant 2b\leqslant 2$.如果 $4\Delta$ 是偶数,那么 $2b\in\{0,2\}$ 是由条件 $(2b)^2\equiv 4\Delta(\bmod\ 8)$ 唯一确定的.如果 $\Delta$ 是奇数,那么 $2b=\pm 1$ 并且有关的两个形式是等价的.

如果 $ax^2+2bxy+cy^2$ 可表示 $p$ 并且 $p$ 可整除所有的系数,那么 $\left(\dfrac{a}{p}\right)x^2+\left(\dfrac{2b}{p}\right)xy+\left(\dfrac{c}{p}\right)y^2=1$ 可表示 $1$,这就建议了下面的定义.

**定义 6.2.8.1** 称一个非零的整二次型 $ax^2+$

214

$2bxy + cy^2$ 是本原的,如果 $(a, 2b, c) = 1$.

**定理 6.2.8.3** 设一个判别式等于 $\Delta$ 的整二次型 $F$ 可表示素数 $p$,那么当且仅当 $p^2 \mid (4\Delta)$ 且 $\dfrac{4\Delta}{p^2}$ 是一个判别式时,$F$ 不是本原的.

因而一个判别式等于 $\Delta$ 的可表示素数 $p$ 的整二次型是本原的充分必要条件:

(1) $p^2 \nmid (4\Delta)$ 或

(2) $p = 2$ 并且 $4\Delta \equiv 8$ 或 $12 \pmod{16}$.

**证明** 如果 $p$ 整除一个判别式等于 $\Delta$ 的整二次型 $F$ 的三个系数,那么 $p^2$ 整除 $4\Delta$,而 $\dfrac{\Delta}{p^2}$ 是整二次型 $\dfrac{F}{p}$ 的判别式.

反过来,假设 $p^2$ 整除 $4\Delta$ 并且 $\dfrac{4\Delta}{p^2}$ 是一个判别式,那么存在一个判别式为 $\dfrac{\Delta}{p^2}$ 的可表示 1 的整二次型 $G$,因此 $pG$ 是判别式等于 $\Delta$ 的可表示 $p$ 的整二次型. 因而,根据命题 6.2.8.2. 可知没有一个判别式为 $\Delta$ 的可表示 $p$ 的整二次型是本原的,由于这些形式都等价于 $pG$,而 $pG$ 不是本原的.

第二个断言是第一个断言的改述.

我们来总结一下已证明的结果.

设 $\Delta$ 是一个使得 $4\Delta$ 为非平方数的判别式,那么可把判别式为 $\Delta$ 的整二次型分成一些等价类. 所有的素数也被分成了两类:(1) 只能被判别式不是 $\Delta$ 的整二次型表示的素数;(2) 可被判别式为 $\Delta$ 的某一个等价

215

类中的一个整二次型表出并且不能被判别式为 $\Delta$ 的其他等价类中的整二次型表出的素数. 定理 6.2.8.1 只不过是二次互反律的另一种形式,它用同余条件给出了这两类素数的令人满意的描述. 前面的理论并没有说明哪种形式的等价类代表哪些素数. 对于那些只有一个等价类的可表示正整数的本原形式(即当 $\Delta > 0$ 时为正定)的判别式,例如 $4\Delta = 3,4,5,7,\pm 8,11,12,-13$,这不会出现问题. 但是一般的情况非常困难,Gauss 用他的类群和属群理论对此问题进行了初步的探索. 这就是 6.3 节的内容.

### 6.2.9 Pell 方程

设 $\Delta$ 是一个非零的判别式,因此 $4\Delta \equiv 0$ 或 $-1 \pmod 4$(见引理 6.2.7.1),那么下面的定义是合理和有意义的.

**定义 6.2.9.1** 设 $\Delta$ 是一个非零的判别式,则用下面的式子定义了 Pell 形式 $f_\Delta$

$$f_\Delta(x,y) = \begin{cases} x^2 + \Delta y^2 & \text{如果 } 4\Delta \equiv 0 \pmod 4 \\ x^2 + xy + \dfrac{4\Delta+1}{4}y^2 & \text{如果 } 4\Delta \equiv -1 \pmod 4 \end{cases}$$

Pell 方程是

$$f_\Delta(x,y) = 1$$

负的 Pell 方程是

$$f_\Delta(x,y) = -1$$

定义

$$\mathrm{Pell}(\Delta) = \{(x,y) \in \mathbb{Z}^2 \mid f_\Delta(x,y) = 1\}$$

$$\mathrm{Pell}^{\pm}(\Delta) = \{(x,y) \in \mathbb{Z}^2 \mid f_\Delta(x,y) = \pm 1\}$$

注意 $f_\Delta$ 是一个判别式等于 $\Delta$ 的整二次型.

**例 6.2.9.1** $\quad f_{-\frac{5}{4}} = x^2 + xy - y^2, \det(f_{-\frac{5}{4}}) = -\dfrac{5}{4}$

$$f_{-1} = x^2 - y^2, \det(f_{-1}) = -1$$

$$f_1 = x^2 + y^2, \det(f_1) = 1$$

$$f_{\frac{3}{4}} = x^2 + xy + y^2, \det(f_{\frac{3}{4}}) = \frac{3}{4}$$

在这一节里,我们将求出 Pell 方程的所有的解. 同时得出解的集合 Pell($\Delta$) 可以用一种自然的方式看成一个交换的群 (群的二元算子将由 (6.2.9.12) 给出.). 我们将确定这个群的同构类. 以后将会看到,Pell 方程会在二元二次型的理论中起到重要的突出作用.

容易看出,如果判别式 $\Delta$ 使得 $4\Delta$ 是一个平方数或者 $4\Delta > 4$ (作为习题),则 Pell 方程的唯一的解是平凡解 $(1,0)$ 和 $(-1,0)$. 当 $\Delta = 1$ 或 $\Delta = \dfrac{3}{4}$ 时,Pell 方程分别有 4 个和 6 个整数解. 在这两种情况下 Pell($\Delta$) 都是有限的循环群.

**例 6.2.9.2** 设 $D > 1$,无论 $D$ 是否是一个整数,我们都可以一般地考虑方程 $x^2 + Dy^2 = 1$ 的整数解,则必须有 $y = 0$,否则 $x^2 + Dy^2 > 1$,从而 $x^2 + Dy^2 = 1$ 不可能有整数解,因而 $x^2 + Dy^2 = 1$ 只有两组平凡解 $(\pm 1, 0)$.

当 $\Delta = 1$ 时,$f_1 = x^2 + y^2 = 1$ 有 4 组整数解 $(\pm 1, 0)$ 和 $(0, \pm 1)$.

当 $\Delta = \dfrac{3}{4}$ 时,$f_{\frac{3}{4}} = x^2 + xy + y^2 = 1$ 有 6 组整数解

$(\pm 1,0),(0,\pm 1),(1,-1)$ 和 $(-1,1)$.

最有兴趣的情况是 $\Delta$ 是一个非平方的负整数的情况. $\Delta=-2$ 时的 Pell 方程就是最简单的 Pell 方程 $x^2-2y^2=1$. 这是一种典型的情况,它的解集合是无穷的但是可在确切的意义下由一个单个的非平凡的解生成. 其中最难的地方在于证明非平凡解的存在性. 作为 Pell 方程的一个范例,我们先来讨论它的解.

大约在公元前 500 年,人们肯定就已经解过方程 $x^2=2$. 这个方程的解给出了边长为 1 的正方形的对角线的长度. 希腊人(Pythagoras(毕达哥拉斯)的学生 Hippasus(西帕索斯))在发现这个方程不存在有理数解的那一瞬间发现了无理数(见文献[2]第五章).

一个有理数 $z$ 是两个整数的商 $z=\dfrac{y}{x}$,其中,$x$, $y\in\mathbb{Z}$,$x\neq 0$. 因此希腊人的发现可陈述如下:

**定理 6.2.9.1** 设 $x,y\in\mathbb{Z}$ 满足方程 $y^2=2x^2$,则 $x=y=0$.

**证明** 这个证明是一个经典的无穷递降法. 如果 $x,y\in\mathbb{Z}$ 使得 $y^2=2x^2$,则我们可用数学归纳法证明对每一个整数 $n\geqslant 0$,$x_n=\dfrac{x}{2^n}$,$y_n=\dfrac{y}{2^n}$ 是整数. 实际上,假设 $x_n,y_n\in\mathbb{Z}$,我们就有 $y_n^2=2x_n^2$,由此可以得出 $y_n$ 是偶数,因而 $2x_n^2$ 是 4 的倍数,因此 $x_n$ 也是偶数,这就说明 $x_{n+1},y_{n+1}\in\mathbb{Z}$. 但是对充分大 $n$,$|x_n|<1$,这蕴含 $x_n=0$,这就证明了定理.

无法找到等于 $\sqrt{2}$ 的有理数导致我们希望找出接

近 $\sqrt{2}$ 的有理数.一个自然的想法是寻找抛物线 $y^2 = 2x^2 + 1$ 上的整点,由于这条抛物线是渐进于直线 $y = \sqrt{2}\,x$ 的.当我们研究这个问题时,情况立刻显得比我们预料的要好,由于容易发现在这条抛物线上确实存在着整点,而且不止一个,例如

$$(x,y) = (2,3) \text{ 或} (13\ 860,19\ 601)$$

古代的数学家已经知道如何去"乘"方程 $x^2 - 2y^2 = 1$ 的解:如果 $(x,y) = (u,v)$ 和 $(x,y) = (U,V)$ 分别是这个方程的两组解,那么它们的"积"

$$(u,v) \cdot (U,V) = (uU + 2vV, uV + vU)$$

$$(6.2.9.1)$$

便也是这个方程的解.这可从下面的关键的恒等式得出

$$(uU + 2vV)^2 - 2(uV + Uv)^2 = (u^2 - 2v^2)(U^2 - 2V^2)$$

$$(6.2.9.2)$$

在第一象限内,从抛物线上的一个整点开始,通过取"幂",我们可以求出无限多个整点.例如设 $(x_1, y_1) = (3,2)$ 并设对 $n > 1$,$(x_n, y_n) = (3,2) \cdot (x_{n-1}, y_{n-1})$.我们把这个迭代的结果记为 $(x_n, y_n) = (3,2)^n$,那么对所有的 $n \geqslant 1$ 就有等式 $x_n^2 - 2y_n^2 = 1$ 并且容易看出成立不等式 $x_1 < x_2 < x_3 < \cdots$ 和 $y_1 < y_2 < y_3 < \cdots$

易于通过数学归纳法证明下面两个关于 $(x_n, y_n)$ 的有趣的方程

$$\begin{bmatrix} x_n \\ y_n \end{bmatrix} = \begin{bmatrix} 3 & 4 \\ 2 & 3 \end{bmatrix}^n \begin{bmatrix} 1 \\ 0 \end{bmatrix} \quad (n \geqslant 1) \quad (6.2.9.3)$$

219

$$x_n + \sqrt{2}\, y_n = (3 + 2\sqrt{2}\,)^n \quad (n \geqslant 1)$$

$$(6.2.9.4)$$

从式(6.2.9.3)易于得出以下递推公式

$$\begin{cases} x_{n+1} = 3x_n + 4y_n \\ y_{n+1} = 2x_n + 3y_n \end{cases} \quad (6.2.9.5)$$

$x_n^2 - 2y_n^2 = 1$ 的解,见表6.1.

表 6.1

| $n$ | $x_n$ | $y_n$ | $\dfrac{x_n}{y_n}$ |
|---|---|---|---|
| 1 | 3 | 2 | 1.5 |
| 2 | 17 | 12 | 1.416… |
| 3 | 99 | 70 | 1.414 28… |
| 4 | 577 | 408 | 1.414 215… |
| 5 | 3 363 | 2 378 | 1.414 213 6… |
| 6 | 19 601 | 13 860 | 1.414 213 564… |
| 7 | 114 243 | 80 782 | 1.414 213 562 4… |
| 8 | 665 857 | 470 832 | 1.414 213 562 374… |
| 9 | 3 880 899 | 2 744 210 | 1.414 213 562 373 1… |
| 10 | 22 619 537 | 15 994 428 | $\sqrt{2} \doteq 1.414\ 213\ 562\ 373\ 095\ 0…$ |

除了其理论价值之外,就像我们在上面看到的那样(6.2.9.1)的快速生成方程 $x^2 - 2y^2 = 1$ 的整数解表的能力确实是不同寻常的.

当一个方程有无穷多个解时,我们不可能将这些解都罗列出来,因此"找出所有的解"的含义是什么呢?通常,这表示找出一种适当的描述解的集合的方

法. 对方程 $x^2 - 2y^2 = 1$ 的解集那种描述是可以做到的.

**定理 6.2.9.2** 设 $u, v$ 是使得 $u^2 - 2v^2 = 1$ 的正整数,则存在整数 $n \geq 1$ 使得 $(u, v) = (x_n, y_n)$ (换句话说,对某个 $n \geq 1$, $(u, v) = (3, 2)^n$).

**证明** 我们对 $u$ 做归纳法.

设 $u, v$ 是使得 $u^2 - 2v^2 = 1$ 的正整数,显然 $v$ 不可能等于 $1$. $v = 2$ 蕴含 $(u, v) = (3, 2) = (x_1, y_1)$. 因此可假设 $v > 2$. 设

$$(u_1, v_1) = (3, -2) \cdot (u, v) = (3u - 2v, 3v - 4u)$$

因此

$$(u, v) = (3, 2) \cdot (u_1, v_1), u_1^2 - 2v_1^2 = 1$$

从 $\dfrac{u}{v} > \sqrt{2}$ 得出 $v_1 < v$ 和 $u_1 > 0$. 由于 $v > 2$,我们可以算出

$$u = \sqrt{2v^2 + 1} < \frac{3v}{2}$$

这表示 $v_1 > 0$. 因此,对 $(u_1, v_1)$ 应用归纳法假设就得出存在某个 $n \geq 1$ 使得

$$(u_1, v_1) = (x_n, y_n)$$

因而

$$(u, v) = (x_{n+1}, y_{n+1})$$

容易给出 $\dfrac{x_n}{y_n}$ 和 $\sqrt{2}$ 之间的误差界. 例如,我们发现对 $n = 10$,精确度是小数点后 14 位,这比手算的结果好得多.

**引理 6.2.9.1** (1) $\left| \dfrac{x_n}{y_n} - \sqrt{2} \right| < \dfrac{1}{2\sqrt{2}\, y_n^2} <$

221

$10^{-\frac{3n-1}{2}}, n \geqslant 1$;

（2）设 $x, y$ 是使得 $\left| \dfrac{x}{y} - \sqrt{2} \right| < \dfrac{1}{2y^2}$ 的正整数，则 $x^2 - 2y^2 = \pm 1$.

**证明**　（1）设 $x, y > 0$ 满足 $x^2 - 2y^2 = 1$，则 $x^2 = 2y^2 + 1 > 2y^2$，所以

$$x > \sqrt{2}\, y \qquad (6.2.9.6)$$

因而

$$\left| \frac{x}{y} - \sqrt{2} \right| = \frac{x - \sqrt{2}\, y}{y} = \frac{1}{y(x + \sqrt{2}\, y)}$$

$$< \frac{1}{y(\sqrt{2}\, y + \sqrt{2}\, y)} = \frac{1}{2\sqrt{2}\, y^2}$$

以及

$$y_n = 2x_{n-1} + 3y_{n-1} > (3 + 2\sqrt{2}) y_{n-1} > \cdots$$

$$> (3 + 2\sqrt{2})^{n-1} y_1 \quad (n > 1)$$

因此

$$\left| \frac{x_n}{y_n} - \sqrt{2} \right| < \frac{1}{8\sqrt{2}\,(3 + 2\sqrt{2})^{2n-2}} < \frac{1}{10^{\frac{3n-1}{2}}}$$

上面我们应用了不等式 $(3 + 2\sqrt{2})^4 > 10^3$.

（2）设 $x, y$ 是使得 $\left| \dfrac{x}{y} - \sqrt{2} \right| < \dfrac{1}{2y^2}$ 的正整数，则

$$| x - \sqrt{2}\, y | < \frac{1}{2y}$$

因而

$$| x + \sqrt{2}\, y | = | \sqrt{2}\, y + \sqrt{2}\, y + x - \sqrt{2}\, y | < x + x + \frac{1}{2y}$$

将这两个不等式相乘就得出

$$| x^2 - 2y^2 | < \frac{x}{y} + \frac{1}{4y^2} < \sqrt{2} + \frac{1}{2y^2} + \frac{1}{4y^2}$$

如果 $y \geqslant 2$，那么 $| x^2 - 2y^2 |$ 是一个小于 2 的整数，根据定理 6.2.9.1，它只可能是 1. 如果 $x = 1$，则 $y = 1$，由此得出 $x^2 - 2y^2 = -1$，这就证明了要证的命题.

下面的内容是讨论具有非平方的正整数的判别式 $\Delta$ 的 Pell 方程，我们从 $\sqrt{2}$ 是无理数这一命题的推广开始.

**引理 6.2.9.2** 设 $D \in \mathbb{Z}$，如果 $\sqrt{D} \notin \mathbb{Z}$，那么 $\sqrt{D} \notin \mathbb{Q}$.

**证明** 如果 $\sqrt{D} \in \mathbb{Q}$，那么存在 $a, b \in \mathbb{Z}$，$b > 0$ 使得 $a^2 = Db^2$. 我们对 $b$ 使用归纳法证明 $b \mid a$. 当 $b = 1$ 时，这是平凡的. 如果 $b > 1$，设 $p$ 是 $b$ 的素因子. 显然 $p \mid a^2$，因此 $p \mid a$. 由于 $\left( \dfrac{a}{p} \right) = D \left( \dfrac{b}{p} \right)$，因此由归纳法假设就得出 $\dfrac{b}{p}$ 整除 $\dfrac{a}{p}$，因此 $b \mid a$. 这就得出 $\sqrt{D} = \dfrac{a}{b}$. 矛盾.

这也就是说，如果一个整数不是一个整数的平方，那么它也不可能是一个有理数的平方. 这时，我们将简单地说，那种整数是非平方数.

为了证明下面的定理，我们首先证明一个引理.

**引理 6.2.9.3** 设 $D \in \mathbb{Z}$ 是一个正的非平方数，又设 $m$ 是一个正整数，那么存在 $(x, y) \in \mathbb{Z}^2$ 使得 $x < y \leqslant m$，$| x - \sqrt{D} y | < \dfrac{1}{m}$ 以及

$$| x^2 - Dy^2 | < 2\sqrt{D} + 1$$

223

**证明** 设 $x_i = [i\sqrt{D}], i = 0, 1, \cdots, m$,则根据抽屉原理,把 $m+1$ 个实数 $i\sqrt{D} - x_i$ 放在 $m$ 个开区间 $\left(\dfrac{k}{m}, \dfrac{k+1}{m}\right), 0 \leqslant k \leqslant m-1$ 中,则必有两个实数属于同一个区间,即存在两个整数 $i$ 和 $j$, $0 \leqslant i < j \leqslant m$ 使得

$$\mid (i\sqrt{D} - x_i) - (j\sqrt{D} - x_j) \mid < \frac{1}{m}$$

取 $x = x_j - x_i, y = j - i$,我们就得出

$$0 < y \leqslant m, \mid x - \sqrt{D}y \mid < \frac{1}{m}$$

把不等式

$$\mid x - \sqrt{D}y \mid < \frac{1}{m}$$

和不等式

$$\mid x + y\sqrt{D} \mid = \mid (x - y\sqrt{D}) + 2y\sqrt{D} \mid < \frac{1}{m} + 2m\sqrt{D}$$

相乘就得出

$$\mid x^2 - Dy^2 \mid < \frac{1}{m^2} + 2\sqrt{D} \leqslant 2\sqrt{D} + 1$$

**定理 6.2.9.3** 设 $D \in \mathbb{Z}$ 是一个正的非平方数,则存在 $(x, y) \in \mathbb{Z}^2$ 使得 $x^2 - Dy^2 = 1$,且 $y \neq 0$.

**证明** 对任意正整数 $m$,根据引理 6.2.9.3,存在 $(x, y) \in \mathbb{Z}^2$,使得 $0 < y \leqslant m, \mid x - \sqrt{D}y \mid < \dfrac{1}{m}$ 以及

$$\mid x^2 - Dy^2 \mid < 2\sqrt{D} + 1$$

由于 $\sqrt{D}$ 是无理数以及 $y \neq 0$,因此存在无限多个满足 $\mid x - \sqrt{D}y \mid < \dfrac{1}{m}$ 的 $m$.因而存在无限多个不同的整数

对$(x,y) \in \mathbb{Z}^2$使得

$$\mid x^2 - Dy^2 \mid < 2\sqrt{D} + 1$$

根据抽屉原理,至多存在满足$0 < \mid k \mid < 2\sqrt{D} + 1$个$k \in \mathbb{Z}$,使得$x^2 - Dy^2 = k$有无穷多个解$(x,y) \in \mathbb{Z}^2$. 每个那种解都属于模$k$下的$k^2$个同余类之一,因此根据抽屉原理,我们可以选一个包含无穷多个解的同余类. 因而存在$(x_1,y_1),(x_2,y_2) \in \mathbb{Z}^2$使得以下三个式子成立

$$x_1^2 - Dy_1^2 = x_2^2 - Dy_2^2 = k \neq 0 \qquad (6.2.9.7)$$

$$x_1 - x_2 \equiv y_1 - y_2 \equiv 0 (\bmod\ k) \qquad (6.2.9.8)$$

$$(x_1,y_1) \neq \pm (x_2,y_2) \qquad (6.2.9.9)$$

用下面的等式定义$(x,y) \in \mathbb{Q}$

$$x + y\sqrt{D} = \frac{x_1 + y_1\sqrt{D}}{x_2 + y_2\sqrt{D}} = (x_1 + y_1\sqrt{D}) \frac{x_2 - y_2\sqrt{D}}{k}$$

首先注意

$$x + y\sqrt{D} = \frac{x_1 - y_1\sqrt{D}}{x_2 - y_2\sqrt{D}}$$

由此就得出

$$x^2 - Dy^2 = (x + y\sqrt{D})(x - y\sqrt{D}) = \frac{x_1^2 - Dy_1^2}{x_2^2 - Dy_2^2} = 1$$

下面,我们再证明$x$和$y$都是整数并且$y \neq 0$,为此,我们注意

$$x = \frac{x_1 x_2 - Dy_1 y_2}{k}, y = \frac{x_2 y_1 - x_1 y_2}{k}$$

然后,利用(6.2.9.7)和(6.2.9.8)可以算出

$$kx \equiv x_1^2 - Dy_1^2 \equiv 0 (\bmod\ k)$$

225

和

$$ky \equiv x_1 y_1 - x_1 y_1 \equiv 0 \pmod{k}$$

这就说明了 $x$ 和 $y$ 都是整数.

现在假设 $y=0$, 那么从 $x^2 - Dy^2 = 1$ 就可得出 $x = \pm 1$. 这和 $(6.2.9.9)$ 矛盾. 因此 $y \neq 0$.

**推论 6.2.9.1** 对每个负的非平方数的判别式 $\Delta$, Pell 方程 $f_\Delta(x,y) = 1$ 都有正整数解 $x$ 和 $y$.

**证明** 如果 $4\Delta \equiv 0 \pmod 4$, 这就是定理 6.2.9.3, 其中 $D = \Delta$. 如果 $4\Delta \equiv -1 \pmod 4$, 那么存在 $u, v \in \mathbb{Z}$, $u > 0$, $v > 0$ 使得 $u^2 + 4\Delta v^2 = 1$. 令 $x = u - v$, $y = 2v$, 则 $f_\Delta(x,y) = 1$.

对负的非平方数的 $D$, 方程 $x^2 - Dy^2 = 1$ 的整数解的集合可以用类似于前面对 $D = -2$ 的方法容易地加以分析. 所有的正整数解都是某个最小的"基本解"的幂, 那种解的存在性已由定理 6.2.9.2 证明了. 然而, 我们更喜欢用另外的方式来发展这一理论. 这种方式就是用无理的平方根生成的环, 这种环是 Gauss 整数环的推广. 尽管不是必须这样做, 但这样做可以为 $\mathrm{Pell}^{\pm}(\Delta)$ 上的群定律提供清楚的数学概念基础. 我们先进行必要的预备工作.

我们用标准的方式对 $x \in \mathbb{R}$ 来定义 $\sqrt{x}$, 那就是说, 如果 $x > 0$, 那么 $\sqrt{x} > 0$; 如果 $x = 0$, 那么 $\sqrt{x} = 0$; 如果 $x < 0$, 那么, $\sqrt{x} = \mathrm{i}\sqrt{-x} \in \mathbb{C}$.

**定义 6.2.9.2** 设 $\Delta$ 是一个使得 $4\Delta$ 为非平方数的判别式, 定义 $\mathbb{Q}(\sqrt{\Delta}) = \{x + \sqrt{-\Delta}\, y \mid x, y \in \mathbb{Q}\}$, 我

们在 $\mathbb{Q}(\sqrt{\Delta})$ 上定义共轭数 $\sigma$ 和范数 $N$ 如下：对 $x,y \in \mathbb{Q}$，设 $\alpha = x + \sqrt{-\Delta}\,y$，则令 $\sigma(\alpha) = x - \sqrt{-\Delta}\,y \in \mathbb{Q}(\sqrt{\Delta})$ 以及 $N(\alpha) = \alpha \cdot \sigma(\alpha) = x^2 + \Delta y^2 \in \mathbb{Q}$.

注意共轭 $\sigma$ 的定义依赖于对非平方数的判别式 $\Delta$，$\sqrt{\Delta}$ 是无理数这一事实（引理 6.2.9.2）. 对 $\alpha \in \mathbb{Q}(\sqrt{\Delta})$，为了用表达式 $\alpha = x + \sqrt{-\Delta}\,y$，其中，$x,y \in \mathbb{Q}$ 来定义 $\sigma(\alpha)$，我们必须知道对于 $\alpha$ 来说，那种表达式是唯一的.

如果 $\Delta < 0$，那么

$$\mathbb{Q}(\sqrt{-\Delta}) \subset \mathbb{R}$$

如果 $\Delta > 0$，那么 $\sigma$ 就是复共轭. 在所有的情况下都有

$$\mathbb{Q}(\sqrt{-\Delta}) \subset \mathbb{C}$$

我们所需要的 $\mathbb{Q}(\sqrt{-\Delta})$ 的初等性质总结在下面的引理中.

**引理 6.2.9.4** 设 $\Delta$ 是一个负的非平方数的判别式，则：

（1）$\mathbb{Q}(\sqrt{-\Delta})$ 是一个域；

（2）$\sigma: \mathbb{Q}(\sqrt{-\Delta}) \to \mathbb{Q}(\sqrt{-\Delta})$ 是域的一个同构；

（3）对所有的 $\alpha,\beta \in \mathbb{Q}(\sqrt{-\Delta})$，成立
$$N(\alpha\beta) = N(\alpha)N(\beta)$$

（4）对所有的 $\alpha \in \mathbb{Q}(\sqrt{-\Delta})$，当且仅当 $\alpha = 0$ 时，$N(\alpha) = 0$.

**证明** 由于 $\Delta$ 不是有理数的平方，所以（4）成立. $\mathbb{Q}(\sqrt{-\Delta})$ 显然是一个环. 对 $\alpha \neq 0 \in \mathbb{Q}(\sqrt{-\Delta})$，

$\dfrac{\alpha \cdot \sigma(\alpha)}{N(\alpha)} = 1$ 说明 $\alpha$ 是可逆的,因此 $\mathbb{Q}(\sqrt{-\Delta})$ 是一个域.计算表明 $\sigma$ 是保和并且保积的,由于 $\sigma$ 是自己的逆,因此 $\sigma$ 是一个 $1-1$ 对应,从而是域的一个同构.范数 $N$ 的乘法性质可从 $\sigma$ 的乘法性质得出

$$N(\alpha\beta) = \alpha\beta\sigma(\alpha\beta) = \alpha\sigma(\alpha)\beta\sigma(\beta) = N(\alpha)N(\beta)$$

范数映射的乘法性质,引理 6.2.9.4 中的(3)推广了等式(6.2.9.2).为看出是如何推广的,设

$$\alpha_i = x_i + \sqrt{-\Delta} y_i$$

其中,$x_i, y_i \in \mathbb{Q}$. 等式 $N(\alpha_1\alpha_2) = N(\alpha_1)N(\alpha_2)$ 就是恒等式

$$(x_1 x_2 - \Delta y_1 y_2)^2 + \Delta (x_1 y_2 + y_1 x_2)^2$$
$$= (x_1^2 + \Delta y_1^2)(x_2^2 + \Delta y_2^2)$$

这一节余下的部分关注的焦点是 $\mathbb{Q}(\sqrt{\Delta})$ 的重要的子环 $\mathcal{O}_\Delta$.

**定义 6.2.9.3** 对非平方数的判别式 $\Delta$,我们定义一个环 $\mathcal{O}_\Delta$ 如下

$$\mathcal{O}_\Delta = \{x + y\rho_\Delta \mid x, y \in \mathbb{Z}\}$$

其中

$$\rho_\Delta = \begin{cases} \sqrt{-\Delta} & \text{如果 } 4\Delta \equiv 0 \pmod 4 \\ \dfrac{1}{2} + \sqrt{-\Delta} & \text{如果 } 4\Delta \equiv -1 \pmod 4 \end{cases}$$

简单的验证(习题)表明 $\mathcal{O}_\Delta$ 正像我们所断言的那样确实是 $\mathbb{Q}(\sqrt{\Delta})$ 的子环.关于 $\Delta$ 的共轭条件保证了 $\mathcal{O}_\Delta$ 的乘法运算的封闭性.注意 $\mathcal{O}_1$ 就是 Gauss 整数环.

下面是将环 $\mathcal{O}_\Delta$ 联系到我们所要研究的

Diophantus 方程的范数映射. 基本的运算是

对所有的 $x,y \in \mathbb{Q}$ 有 $N(x + y\rho_\Delta) = f_\Delta(x,y)$

$$(6.2.9.10)$$

因而解 Pell 方程就表示找出 $\mathcal{O}_\Delta$ 中范数等于 $+1$ 的元素. 由于这些元素都在环中,因此它们可以相乘,这就解释了前面我们组合方程 $x^2 - 2y^2 = 1$ 的解的乘积法则.

**引理 6.2.9.5** 设 $\Delta$ 是一个非平方数的判别式并设 $\alpha \in \mathcal{O}_\Delta$,那么当且仅当 $N(\alpha) = \pm 1$ 时,$\alpha$ 是 $\mathcal{O}_\Delta$ 的单位.

**证明** 如果 $\alpha$ 是 $\mathcal{O}_\Delta$ 的单位,那么存在 $\beta \in \mathcal{O}_\Delta$ 使得 $\alpha\beta = 1$,由此得出 $N(\alpha)N(\beta) = 1$. 由于 $\mathcal{O}_\Delta$ 中的所有元素的范数都是整数,我们就推出 $N(\alpha) = \pm 1$. 反过来,如果 $N(\alpha) = \pm 1$,$\alpha \in \mathcal{O}_\Delta$,那么 $\alpha^{-1} = \dfrac{\sigma(\alpha)}{N(\alpha)}$ 属于 $\mathcal{O}_\Delta$,因此 $\alpha$ 是一个单位.

我们已经发现了 $(6.2.9.8)$ 和引理 6.2.9.4,因而解正的和负的 Pell 方程的问题就都化为确定环 $\mathcal{O}_\Delta$ 的单位群的问题. 很自然地,我们将利用群的结构来描述解的集合. 某些有关单位群的记号将促进这一问题的讨论.

**定义 6.2.9.4** 对非平方数的判别式 $\Delta$,定义单位群 $\mathcal{O}_\Delta^\times$ 是环 $\mathcal{O}_\Delta$ 的单位组成的群.

**定义 6.2.9.5** $\mathcal{O}_{\Delta,1}^\times = \{\alpha \in \mathcal{O}_\Delta^\times \mid N(\alpha) = +1\}$ 是范数等于 $+1$ 的子群.

**定义 6.2.9.6** 对 $\Delta < 0$,定义 $\mathcal{O}_{\Delta,+}^\times = \{\alpha \in \mathcal{O}_\Delta^\times \mid$

$\alpha > 0\}$ 是正单位的子群.

由 $(6.2.9.9)$ 和引理 $6.2.9.4$，$\psi(x,y)=x+\rho_\Delta y$ 给出了 $\mathcal{Pell}^\pm(\Delta) \to \mathcal{O}_\Delta^\times$ 的 $1-1$ 对应，由于这是一个和交换群的 $1-1$ 对应，因此对非平方数的判别式 $\Delta$，$\mathcal{Pell}^\pm(\Delta)$ 本身也是一个群. 我们将简单地应用变换 $\psi$ 从 $\mathcal{O}_\Delta^\times$ 引进 $\mathcal{Pell}^\pm(\Delta)$ 的群运算律. 因此对 $a,b \in \mathcal{Pell}^\pm(\Delta)$，我们定义 $a \cdot b = \psi^{-1}(\psi(a)\psi(b))$，换句话说，两个元素 $(u,v)$,$(U,V) \in \mathcal{Pell}^\pm(\Delta)$ 的积 $(u,v) \cdot (U,V)$ 将由下面的法则定义

$$(u,v) \cdot (U,V) = (x,y)$$

其中

$$x + \rho_\Delta y = (u + \rho_\Delta v)(U + \rho_\Delta V)$$

$$(6.2.9.11)$$

由计算得出（习题）

$$(u,v) \cdot (U,V) = \begin{cases} (uU - \Delta vV, uV + vU) \\ \quad \text{如果 } 4\Delta \equiv 0 \pmod 4 \\ \left(uU - \dfrac{4\Delta+1}{4}vV, uV + vU + vV\right) \\ \quad \text{如果 } 4\Delta \equiv -1 \pmod 4 \end{cases}$$

$$(6.2.9.12)$$

我们上面已经定义的 $\mathcal{Pell}^\pm(\Delta)$ 群的结构恰使得 $\psi: \mathcal{Pell}^\pm(\Delta) \to \mathcal{O}_\Delta^\times$ 是一个群的同构. 把 $\psi$ 限制在子群上就给出了一个同构 $\mathcal{Pell}(\Delta) \simeq 0_{\Delta,1}^\times$. 解 Pell 方程就表示确定群 $\mathcal{Pell}(\Delta)$.

**例 6.2.9.3**

$(1)\Delta = -2, f_\Delta(x,y) = x^2 - 2y^2, \rho_{-2} = \sqrt{2}$

$$(u,v)=(3,2),(U,V)=(17,12)\in \mathscr{Pell}(-2)$$

$$(u,v)\cdot(U,V)=(uU+2vV,uV+vU)=(3\cdot 17+$$

$$2\cdot 2\cdot 12,3\cdot 12+2\cdot 17)=(99,70)=(x,y)$$

$$(u+\rho_{-1}v)(U+\rho_{-2}V)=(3+2\sqrt{2})(17+12\sqrt{2})=$$

$$99+70\sqrt{2}=x+\rho_{-2}y$$

$$N(x+\rho_{-2}y)=(x+\sqrt{2}y)(x-\sqrt{2}y)=x^2-2y^2$$

$$(2)\Delta=\frac{3}{4},f_{\frac{3}{4}}(x,y)=x^2+xy+y^2,\rho_{\frac{3}{4}}=\frac{1}{2}+\frac{\sqrt{3}}{2}i$$

$$(u,v)=(1,-1),(U,V)=(-1,1)\in \mathscr{Pell}\left(\frac{3}{4}\right)$$

$$(u,v)\cdot(U,V)=\left[uU-\frac{4\left(\frac{3}{4}\right)+1}{4}vV,uV+vU+vV\right]$$

$$=(uU-vV,uV+vU+vV)$$

$$=(1\cdot(-1)-(-1)\cdot 1,1\cdot 1+(-1)\cdot$$

$$(-1)+(-1)\cdot 1)$$

$$=(-1+1,1+1-1)=(0,1)=(x,y)$$

$$(u+\rho_{\frac{3}{4}}v)(U+\rho_{\frac{3}{4}}V)=\left(1-\frac{1}{2}-\frac{\sqrt{3}}{2}i\right)\left(-1+\frac{1}{2}+\frac{\sqrt{3}}{2}i\right)$$

$$=\left(\frac{1}{2}-\frac{\sqrt{3}}{2}i\right)\left(-\frac{1}{2}+\frac{\sqrt{3}}{2}i\right)$$

$$=-\frac{1}{4}+\frac{\sqrt{3}}{4}i+\frac{\sqrt{3}}{4}i+\frac{3}{4}$$

$$=\frac{1}{2}+\frac{\sqrt{3}}{2}i$$

$$=0+1\cdot\rho_{\frac{3}{4}}$$

$$=x+\rho_{\frac{3}{4}}y$$

$$N\left(x + \rho_{\frac{3}{4}} y\right) = \left(x + \frac{1}{2}y + \frac{\sqrt{3}}{2}yi\right)\left(x + \frac{1}{2}y - \frac{\sqrt{3}}{2}yi\right)$$

$$= \left(x + \frac{y}{2}\right)^2 + \frac{3}{4}y^2$$

$$= x^2 + xy + y^2$$

$$= f_{\frac{3}{4}}(x, y)$$

$$(3)\Delta = -\frac{5}{4}, f_{-\frac{5}{4}}(x, y) = x^2 + xy - y^2$$

$$\rho_{-\frac{5}{4}} = \frac{1}{2} + \frac{\sqrt{5}}{2}$$

$$(u, v) = (1, 1), (U, V) = (2, 3) \in \mathscr{P}\!\mathit{ell}\left(-\frac{5}{4}\right)$$

$$(u, v) \cdot (U, V) = \left[uU - \frac{4\left(-\frac{5}{4}\right) + 1}{4}vV, uV + vU + vV\right]$$

$$= (uU + vV, uV + vU + vV)$$

$$= (1 \cdot 2 + 1 \cdot 3, 1 \cdot 3 + 1 \cdot 2 + 1 \cdot 3)$$

$$= (5, 8) = (x, y)$$

$$(u + \rho_{-\frac{5}{4}}v)(U + \rho_{-\frac{5}{4}}V)$$

$$= \left(1 + 1\left(\frac{1}{2} + \frac{\sqrt{5}}{2}\right)\right)\left(2 + 3\left(\frac{1}{2} + \frac{\sqrt{5}}{2}\right)\right)$$

$$= \left(1 + \frac{1}{2} + \frac{\sqrt{5}}{2}\right)\left(2 + \frac{3}{2} + \frac{3\sqrt{5}}{2}\right)$$

$$= \left(\frac{3}{2} + \frac{\sqrt{5}}{2}\right)\left(\frac{7}{2} + \frac{3\sqrt{5}}{2}\right)$$

$$= \frac{21}{4} + \frac{7}{4}\sqrt{5} + \frac{9}{4}\sqrt{5} + \frac{15}{4}$$

$$= 9 + 4\sqrt{5}$$

$$= \left(5 + 8\left(\frac{1}{2} + \frac{\sqrt{5}}{2}\right)\right)$$

$$= x + y\rho_{-\frac{5}{4}}$$

$$N(x + \rho_{-\frac{5}{4}}y) = \left(x + \frac{y}{2} + \frac{\sqrt{5}}{2}y\right)\left(x + \frac{y}{2} - \frac{\sqrt{5}}{2}y\right)$$

$$= \left(x + \frac{y}{2}\right)^2 - \frac{5}{4}y^2$$

$$= x^2 + xy - y^2$$

$$= f_{-\frac{5}{4}}(x, y)$$

由此可见,引入了 $\rho_\Delta$ 之后,我们就可把 $Pell(\Delta)$ 中的群的乘法转化为类似复数的乘法那样的法则,只不过在这里把虚数单位 i 换成了 $\rho_\Delta$. 因此 $\mathcal{O}_\Delta$ 可以看成是 Gauss 整数环 $\mathbb{Z}[i]$ 的一种推广.

**例 6.2.9.4** $D = -26$,由于 $26 \cdot 1^2 - 1 = 5^2$,我们可以令 $\varepsilon_{26} = 5 + \sqrt{26}$,并设 $x_n + y_n\sqrt{26} = (5 + \sqrt{26})^n$. 我们有 $\mathscr{Pell}^{\pm}(\Delta) = \{\pm(x_n, y_n) \mid n \in \mathbb{Z}\}$,并且由于 $N(\varepsilon_{26}) = -1$,所以我们就有

$$\mathscr{Pell}(\Delta) = \{\pm(x_{2n}, y_{2n}) \mid n \in \mathbb{Z}\}$$

容易证明

$$\begin{bmatrix} x_n \\ y_n \end{bmatrix} = \begin{bmatrix} 5 & 26 \\ 1 & 5 \end{bmatrix}^n \begin{bmatrix} 1 \\ 0 \end{bmatrix}$$

如果我们只想要 $x^2 - 26y^2 = 1$ 的都是正整数的解 $x$, $y$,则须取对正的 $n$ 取 $(x_{2n}, y_{2n})$ 即可. 我们可以给出 $x^2 - 26y^2 = 1$ 的开头几个解的表如表 6.2 所示.

233

表 6.2

| $n$ | 2 | 4 | 6 |
|---|---|---|---|
| $(x_n,y_n)$ | $(51,10)$ | $(5\ 201,1\ 020)$ | $(530\ 451,104\ 030)$ |

这一节剩余的部分将专门用于处理负的非平方数的判别式 $\Delta$.

我们现在可以叙述并证明这一节的主要定理

**定理 6.2.9.4** 对正的非平方数的判别式 $\Delta$, $\mathcal{O}_{\Delta,+}^{\times} \simeq \mathbb{Z}$.

**证明** 设 $\Delta$ 是一个负的非平方数的判别式.

$\mathcal{O}_{\Delta,+}^{\times}$ 是一个正实数的乘法群的子群. 首先注意 $\mathcal{O}_{\Delta,+}^{\times}$ 包含大于 1 的单位. 实际上由推论 6.2.9.1 可知存在正整数 $x$ 和 $y$ 使得 $f_\Delta(x,y)=1$. 因此 $\alpha=x+\rho_\Delta y \in \mathcal{O}_{\Delta,+}^{\times}$, 并且 $\alpha>1$. 我们下面证明 $\mathcal{O}_{\Delta,+}^{\times}$ 包含一个最小的大于 1 的元素.

设 $\alpha \in \mathcal{O}_{\Delta,+}^{\times}$, 那么 $\alpha$ 是多项式 $(x-\alpha)(x-\sigma(\alpha))=x^2-mx\pm 1$ 的根, 其中 $m=\alpha+\sigma(\alpha) \in \mathbb{Z}$. 如果 $\alpha>1$, 那么 $|m| \leqslant \alpha+|\sigma(\alpha)|<\alpha+1$. 但是 $B>1$. 对每一个使得 $1<\alpha \leqslant B$ 的 $\alpha \in \mathcal{O}_{\Delta,+}^{\times}$ 是多项式 $x^2-mx\pm 1$ 的使得 $m \in \mathbb{Z}$ 并且 $|m| \leqslant B+1$ 的一个根. 由于有限多个多项式的根是有限的, 我们可以推出 $Y=\{\alpha \in \mathcal{O}_{\Delta,+}^{\times} \mid 1<\alpha \leqslant B\}$ 是一个有限集合. 如果 $B$ 充分大, 那么 $Y$ 是非空的并且必须包含一个最小的元素 $\varepsilon$. 那么 $\varepsilon$ 在 $\{\alpha \in \mathcal{O}_{\Delta,+}^{\times} \mid \alpha>1\}$ 中显然是最小的.

现在设 $\alpha \in \mathcal{O}_{\Delta,+}^{\times}$. 那么存在一个 $n \in \mathbb{Z}$ 使得 $\varepsilon^n \leqslant \alpha<\varepsilon^{n+1}$. 因而 $1 \leqslant \dfrac{\alpha}{\varepsilon^n}<\varepsilon$. 在 $\mathcal{O}_\Delta$ 的大于 1 的单位中 $\varepsilon$ 的

最小性蕴含 $\dfrac{\alpha}{\varepsilon^n} = 1$,因此 $\alpha = \varepsilon^n$. 这就说明同态 $\phi:\mathbb{Z} \to \mathcal{O}_{\Delta,+}^{\times}$,$\phi(n) = \varepsilon^n$ 是一个群的同构.

**推论 6.2.9.2** 设 $\Delta$ 是负的非平方数判别式.
设 $\varepsilon_\Delta$ 是 $\mathcal{O}_\Delta$ 的大于 1 的最小的单位并且设

$$\tau_\Delta = \begin{cases} \varepsilon_\Delta & \text{如果 } N(\varepsilon_\Delta) = +1 \\ \varepsilon_\Delta^2 & \text{如果 } N(\varepsilon_\Delta) = -1 \end{cases}$$

那么

$$\mathscr{P}ell^{\pm}(\Delta) \simeq \mathcal{O}_\Delta^{\times} = \{\pm \varepsilon_\Delta^n \mid n \in \mathbb{Z}\} \simeq \{\pm 1\} \times \mathbb{Z}$$

而

$$\mathscr{P}ell(\Delta) \simeq \mathcal{O}_{\Delta,1}^{\times} = \{\pm \tau_\Delta^n \mid n \in \mathbb{Z}\} \simeq \{\pm 1\} \times \mathbb{Z}.$$

**证明** 由于 $-1 \in \mathcal{O}_{\Delta,1}^{\times}$,而所有的 $\alpha \in \mathcal{O}_\Delta^{\times}$ 都可以写成 $\alpha = \mathrm{sign}(\alpha) \mid \alpha \mid$ 的形式,其中 $\mid \alpha \mid \in \mathcal{O}_{\Delta,+}^{\times}$,并且 $N(\mid \alpha \mid) = N(\alpha)$.

**定义 6.2.9.7** 对负的非平方数判别式 $\Delta$,定义基本单位 $\varepsilon_\Delta$ 是 $\mathcal{O}_\Delta$ 的大于 1 的最小的单位.

推论 6.2.9.2 的含义是对正的非平方数的判别式 $\Delta$,Pell 方程 $f_\Delta(x,y) = 1$ 的所有的整数解都可以利用基本解 $\varepsilon_\Delta$ 的知识得出. 在这一节的剩余部分,除了判别式 $\Delta$ 是偶数的情况之外,我们将给出找出 $\varepsilon_\Delta$ 的方法的线索.

**定理 6.2.9.5** 设 $D = 4\Delta$ 是一个负的非平方数. 因此 $f_\Delta(x,y) = x^2 - Dy^2$.

(1)设 $y_0$ 是使得 $Dy^2 + 1$ 或 $Dy^2 - 1$ 是一个平方数的最小的整数,并设 $x_0$ 是这个正的平方数的正的平方根,则 $\varepsilon_D = x_0 + y_0 \sqrt{D}$;

（2）由方程 $x_n + y_n\sqrt{D} = \varepsilon_D^n$ 对所有的 $n \in \mathbb{Z}$，定义 $(x_n, y_n) \in \mathbb{Z}^2$，那么

$$\mathscr{P}ell^{\pm}(\Delta) = \{\pm(x_n, y_n) \mid n \in \mathbb{Z}\}$$

并且

$$x_n^2 - Dy_n^2 = (N(\varepsilon_D))^n = (x_1^2 - Dy_1^2)^n$$

**证明** （2）这只是推论 6.2.9.2 的重述.

（1）设 $\alpha = x + y\sqrt{D}$，其中 $(x, y) \in \mathscr{P}ell^{\pm}(\Delta)$，我们看出当且仅当 $x > 0, y > 0$ 时 $\alpha > 1$.

实际上，如果 $\alpha > 1$，那么 $|\sigma(\alpha)| = \dfrac{1}{\alpha} < 1$，并且 $\alpha > \pm\sigma(\alpha)$. 因此由两个式子

$$x + y\sqrt{D} > x - y\sqrt{D}$$

和

$$x + y\sqrt{D} > -x + y\sqrt{D}$$

就得出 $x > 0, y > 0$，逆命题是平凡的.

现在设 $(x_n, y_n)$ 是定理中定义的整数，即

$$x_n + y_n\sqrt{D} = \varepsilon_D^n$$

由于 $\varepsilon_D > 1$，对 $n > 0$ 我们有

$$x_n > 0, y_n > 0$$

因而

$$y_{n+1} = x_1 y_n + y_1 x_n > x_1 y_n \geqslant y_n$$

因此我们有不等式 $0 < y_1 < y_2 < y_3 < \cdots$. 因此为了找出基本单位 $\varepsilon_D$，我们需找出一个最小的正整数 $y_0$ 使得 $x_0, y_0$ 满足两个方程 $x^2 - Dy^2 = \pm 1$ 之一，这正是我们要证明的结论.

**推论 6.2.9.3** 任给整数 $d > 0$，$x^2 - Dy^2 = 1$ 存

在无穷多组解 $x,y$,使得

$$y \equiv 0 (\text{mod } d)$$

**证明**　由于 $D$ 不是完全平方数,因而 $d^2 D$ 不是完全平方数.因此 $x^2 - d^2 D z^2 = 1$ 有无穷多组整数解 $x$, $z$.但是

$$x^2 - d^2 D z^2 = x^2 - D (dz)^2 = 1$$

因此 $x^2 - Dy^2 = 1$ 存在无穷多组整数解 $x,y = dz$.显然 $y = dz \equiv 0 (\text{mod } d)$.

为了便于直观的理解和具体的操作,我们对 $\varepsilon_{\triangle}$ 再给予一个定义并用另一套术语重新证明定理6.2.9.4.

**定义 6.2.9.8**　设 $D$ 是一个正的非平方数,称方程 $x^2 - Dy^2 = \pm 1$ 的所有的正解 $x > 0, y > 0$ 中使得 $x + y\sqrt{D}$ 中最小的那组解 $x_0 > 0, y_0 > 0$ 为 $x^2 - Dy^2 = \pm 1$ 的基本解.

设 $\varepsilon_D = x_0 + y_0 \sqrt{D}$,其中 $x_0, y_0$ 是 $x^2 - Dy^2 = 1$ 的基本解.设 $x_1 > 0, y_1 > 0$ 是 $x^2 - Dy^2 = 1$ 的任一组解,则必有 $x_0 \leqslant x_1, y_0 \leqslant y_1$.先证 $x_0 \leqslant x_1$.假设不然,则有 $x_0 > x_1$,由

$$x_0^2 = Dy_0^2 + 1, x_1^2 = Dy_1^2 + 1$$

可得

$$Dy_0^2 + 1 > Dy_1^2 + 1$$

因此 $y_0 > y_1$.于是 $x_1 + y_1 \sqrt{D} < \varepsilon_D$.这与 $\varepsilon_D$ 的最小性矛盾,故必有 $x_0 \leqslant x_1$.同理可证 $y_0 \leqslant y_1$.因此我们可以对基本解给出一个等价的定义如下:

**定义 6.2.9.9**　设 $D$ 是一个正的非平方数,称方程 $x^2 - Dy^2 = \pm 1$ 的所有的正解 $x > 0, y > 0$ 中使得 $x$

或 $y$ 中最小的那组解 $x_0 > 0, y_0 > 0$ 为 $x^2 - Dy^2 = \pm 1$ 的基本解.

根据这个定义我们可以通过实验的方法来求出 $x^2 - Dy^2 = 1$ 的基本解. 这就是定理 6.2.9.4 中(1)的实验方法. 然而如果碰巧遇到的是非常大的 $y$,则找到基本解 $\varepsilon_D = x + y\sqrt{D}$ 的速度将非常慢,甚至对可能很小的 $D$ 也是如此. 例如 $x^2 - 94y^2 = 1$ 的基本解是

$$x_0 = 2\ 543\ 295, y_0 = 221\ 064$$

在文献[2],6.6 节中介绍了一种利用连分数确定基本解的方法.

注:在那里,这一法则是用 $\sqrt{D}$ 的循环连分数长度的奇偶性来描述的. 在实用上,根据参考文献[9]第七章推论 9,可以给出下面的不分奇偶性的统一的法则.

**定理 6.2.9.6** 设 $D$ 是一个不是完全平方数的正整数

$$\sqrt{D} = [a_0, \{a_1, a_2, \cdots, a_{n-1}, 2a_0\}]$$

$$\frac{p}{q} = [a_0, a_1, \cdots, a_{n-1}]$$

(其中[ ]表示有限或无限连分数,{ }表示无限连分数的循环节,$a_0, a_1, \cdots$ 表示连分数的元素,参见文献[2],6.6 节)则 $p^2 - Dq^2$ 必等于 $+1$ 或 $-1$. 如果 $p^2 - Dq^2 = 1$,则 $x_0 = p, y_0 = q$ 就是方程 $x^2 - Dy^2 = 1$ 的最小的正整数解;如果 $p^2 - Dq^2 = -1$,则 $x_0 = 2p^2 + 1, y_0 = 2pq$ 就是方程 $x^2 - Dy^2 = 1$ 的最小的正整数解. 证明可见文献[2],[9]第七章推论 9 并参见文献[39].

238

为了区分方程 $x^2 - Dy^2 = 1$ 和方程 $x^2 - Dy^2 = -1$ 的基本解，我们给出以下的定义.

**定义 6.2.9.10** 我们记 $x^2 - Dy^2 = 1$ 的基本解为 $\theta = x_0 + y_0\sqrt{D}$（总是存在），如果 $x^2 - Dy^2 = -1$ 存在基本解，则我们把它记为 $\tau = a + b\sqrt{D}$.

下面我们重新证明定理 6.2.9.4.

**引理 6.2.9.6** 设 $d > 0$ 是一个正整数，且不是完全平方数. 又设 $x_1, x_2, y_1, y_2$ 都是整数，则

$$x_1 + y_1\sqrt{d} = x_2 + y_2\sqrt{d}$$

的充分必要条件是 $x_1 = x_2, y_1 = y_2$.

**证明** 如果 $x_1 = x_2, y_1 = y_2$，那么显然

$$x_1 + y_1\sqrt{d} = x_2 + y_2\sqrt{d}$$

反之，设 $x_1 + y_1\sqrt{d} = x_2 + y_2\sqrt{d}$，如果 $y_1 \neq y_2$，那么

$$\sqrt{d} = \frac{x_1 - x_2}{y_2 - y_1}$$

由于上式左边是一个无理数，而右边是一个有理数，因此上式显然不可能成立. 这就说明，必须有 $y_1 = y_2$，从而 $x_1 = x_2$.

**引理 6.2.9.7** 设 $d > 0, x_1, x_2, y_1, y_2$ 都是整数，则

$$(x_1^2 - dy_1^2)(x_2^2 - dy_2^2)$$
$$= (x_1 x_2 + dy_1 y_2)^2 - d(x_1 y_2 + x_2 y_1)^2$$

**证明** 用乘法直接验证即可.

**定义 6.2.9.11** 设 $d > 0$ 是一个正整数，且不是完全平方数，则当且仅当 $x_0, y_0$ 是方程 $x^2 - dy^2 = \pm 1$

239

的一组非平凡解时,称 $\alpha=x_0+y_0\sqrt{d}$ 给出方程 $x^2-dy^2=\pm1$ 的一组解.

**引理 6.2.9.8** 设 $\bar{\alpha}$ 表示无理数 $\alpha=x+y\sqrt{D}$ 的共轭无理数 $\bar{\alpha}=x-y\sqrt{D}$.

(1)如果 $\alpha$ 给出方程 $x^2-dy^2=1$ 的一组解,则 $-\alpha,\bar{\alpha},\dfrac{1}{\alpha}$ 分别给出它的另一组解.

(2)如果 $\alpha$ 给出方程 $x^2-dy^2=-1$ 的一组解,则 $-\alpha,\bar{\alpha},\dfrac{1}{\alpha}$ 分别给出它的另一组解.

**证明** (1)设 $\alpha=x_0+y_0\sqrt{d}$ 给出方程 $x^2-dy^2=1$ 的一组解,那么

$$-\alpha=-x_0-y_0\sqrt{d},\bar{\alpha}=x_0-y_0\sqrt{d}$$

由此显然就立刻得出 $-\alpha,\bar{\alpha}$ 分别给出它的另一组解.

$\dfrac{1}{\alpha}=\dfrac{x_0^2-dy_0^2}{x_0+y_0\sqrt{d}}=x_0-y_0\sqrt{d}=\bar{\alpha}$,因此 $\dfrac{1}{\alpha}$ 给出方程 $x^2-dy^2=1$ 的另一组解.

(2)设 $\alpha=x_0+y_0\sqrt{d}$ 给出方程 $x^2-dy^2=-1$ 的一组解,那么

$$-\alpha=-x_0-y_0\sqrt{d},\bar{\alpha}=x_0-y_0\sqrt{d}$$

由此显然就立刻得出 $-\alpha,\bar{\alpha}$ 分别给出它的另一组解.

$\dfrac{1}{\alpha}=-\dfrac{x_0^2-dy_0^2}{x_0+y_0\sqrt{d}}=-(x_0-y_0\sqrt{d})=-\bar{\alpha}$,因此 $\dfrac{1}{\alpha}$ 给出方程 $x^2-dy^2=-1$ 的另一组解.

由引理 6.2.9.8 可知,只要求出了 Pell 方程的所有正的非平凡解,那么就可知道 Pell 方程的所有非平

凡解了,因此以下我们只考虑 Pell 方程的正的非平凡解.当我们再说到非平凡解时,也都指正的非平凡解.

**引理 6.2.9.9** (1)如果 $\alpha_1,\alpha_2$ 给出方程 $x^2-dy^2=1$ 的解,则 $\alpha_1\alpha_2$ 也给出它的解.

(2)如果 $\alpha_1,\alpha_2,\alpha_3$ 给出方程 $x^2-dy^2=-1$ 的解,则 $\alpha_1\alpha_2$ 给出方程 $x^2-dy^2=1$ 的解. $\alpha_1\alpha_2\alpha_3$ 给出方程 $x^2-dy^2=-1$ 的解.

**证明** (1)设 $\alpha_1=x_1+y_1\sqrt{d}$ ,$\alpha_2=x_2+y_2\sqrt{d}$ 给出方程 $x^2-dy^2=1$ 的解,则

$$\alpha_1\alpha_2=(x_1x_2+dy_1y_2)+(x_1y_2+x_2y_1)\sqrt{d}$$

而由引理 6.2.9.7,我们有

$$(x_1x_2+dy_1y_2)^2-d(x_1y_2+x_2y_1)^2$$
$$=(x_1^2-dy_1^2)(x_2^2-dy_2^2)=1$$

这就说明 $\alpha_1\alpha_2$ 也给出方程 $x^2-dy^2=1$ 的解.

(2)设 $\alpha_1=x_1+y_1\sqrt{d}$ ,$\alpha_2=x_2+y_2\sqrt{d}$ ,$\alpha_3=x_3+y_3\sqrt{d}$ 给出方程 $x^2-dy^2=-1$ 的解,则

$$\alpha_1\alpha_2=(x_1x_2+dy_1y_2)+(x_1y_2+x_2y_1)\sqrt{d}$$

而由引理 6.2.9.7,我们有

$$(x_1x_2+dy_1y_2)^2-d(x_1y_2+x_2y_1)^2$$
$$=(x_1^2-dy_1^2)(x_2^2-dy_2^2)=1$$

这就说明 $\alpha_1\alpha_2$ 给出方程 $x^2-dy^2=1$ 的解

$$\alpha_1\alpha_2\alpha_3=x_1x_2x_3+d(x_1y_2y_3+x_2y_1y_3+x_3y_1y_2)+$$
$$(x_1x_2y_3+x_2x_3y_1+x_1x_3y_2+dy_1y_2y_3)\sqrt{d}$$

而由引理 6.2.9.7,我们有

$$(x_1 x_2 x_3 + d(x_1 y_2 y_3 + x_2 y_1 y_3 + x_3 y_1 y_2))^2 -$$
$$d(x_1 x_2 y_3 + x_2 x_3 y_1 + x_1 x_3 y_2 + d y_1 y_2 y_3)^2$$
$$= (x_1^2 - d y_1^2)(x_2^2 - d y_2^2)(x_3^2 - d y_3^2) = -1$$

这就说明 $\alpha_1 \alpha_2 \alpha_3$ 给出方程 $x^2 - dy^2 = -1$ 的解.

由引理 6.2.9.9 显然立刻就得出

**引理 6.2.9.10** （1）设 $\alpha$ 给出方程 $x^2 - dy^2 = 1$ 的解，则 $\alpha^n (n = 0, \pm 1, \pm 2, \cdots)$ 都给出它的解；

（2）设 $\alpha$ 给出方程 $x^2 - dy^2 = -1$ 的解，则 $\alpha^{2n} (n = 0, \pm 1, \pm 2, \cdots)$ 都给出方程 $x^2 - dy^2 = 1$ 的解；$\alpha^{2n-1}$ $(n = 0, \pm 1, \pm 2, \cdots)$ 都给出方程 $x^2 - dy^2 = -1$ 的解.

从引理 6.2.9.10 我们就可以看出，只要知道了方程 $x^2 - dy^2 = 1$ 或 $x^2 - dy^2 = -1$ 的一组特解，就可以求出这些方程组的无穷多组解来. 但是与二元一次不定方程不一样，如果你这组特解取的不适当的话，虽然你可以求出无穷多组解来，却不一定能求出全部解来. 例如，如果设 $\alpha$ 给出它们的一组特解，则根据引理 6.2.9.10 可知 $\alpha^2$ 或 $\alpha^3$ 就也给出它们的一组特解，但是假如你把这组特解代入到引理 6.2.9.10 的公式中去，就会发现立刻少了许多解，比如公式 $\alpha^{2n} (n = 0, \pm 1, \pm 2, \cdots)$ 或 $\alpha^{3(2n-1)} (n = 0, \pm 1, \pm 2, \cdots)$ 就不能包括 $\alpha$ 这个解.

下面我们来说明，如果上述方程的特解取的适当的话，则引理 6.2.9.10 中所给出的公式就能够包括它们的所有解.

那么基本解有些什么性质呢？方程 $x^2 - dy^2 = -1$ 的基本解和方程 $x^2 - dy^2 = 1$ 的基本解之间又有

什么关系呢？我们现在就来回答这些问题.

**引理 6.2.9.11** 设

$$\tau = a + b\sqrt{D}, \theta = x_0 + y_0\sqrt{D}$$

则

$$0 \leqslant a \leqslant \sqrt{\frac{x_0 - 1}{2}}$$

$$0 < b \leqslant \frac{y_0}{\sqrt{2(x_0 - 1)}}$$

**证明** 首先我们有

$$(bx_0)^2 = x_0^2 b^2 = (Dy_0^2 + 1)\left(\frac{a^2 + 1}{D}\right)$$

$$= \left(y_0^2 + \frac{1}{D}\right)(a^2 + 1) \geqslant a^2 y_0^2$$

所以

$$bx_0 > ay_0$$

$$bx_0 - ay_0 > 0 \qquad (6.2.9.13)$$

考虑表达式

$$(a + b\sqrt{D})(x_0 - y_0\sqrt{D})$$

$$= ax_0 - by_0 D + (bx_0 - ay_0)\sqrt{D}$$

注意

$$|ax_0 - by_0 D|^2 - D(bx_0 - ay_0)^2$$

$$= (x_0^2 - Dy_0^2)(a^2 - Db^2) = -1$$

因而由 (6.2.9.13) 可知

$$|ax_0 - by_0 D| + (bx_0 - ay_0)\sqrt{D}$$

是方程 $x^2 - Dy^2 = -1$ 的一组正整数解. 由于 $\tau = a + b\sqrt{D}$ 是 $x^2 - Dy^2 = -1$ 的最小解,因此就有

$$bx_0 - ay_0 > b$$

由上面这个不等式就得出

$$Db^2 (x_0 - 1)^2 \geqslant Da^2 y_0^2$$

由于 $Db^2 = a^2 + 1, Dy_0^2 = x_0^2 - 1$，所以就得出

$$1 + \frac{1}{a^2} \geqslant \frac{x_0 + 1}{x_0 - 1}$$

由此就得出

$$a^2 \leqslant \frac{x_0 - 1}{2}$$

$$0 \leqslant a \leqslant \sqrt{\frac{x_0 - 1}{2}}$$

再由

$$Db^2 = a^2 + 1 \leqslant \frac{x_0 - 1}{2} + 1 = \frac{x_0 + 1}{2}$$

$$= \frac{x_0^2 - 1}{2(x_0 - 1)} = \frac{Dy_0^2}{2(x_0 - 1)}$$

就得出

$$b^2 \leqslant \frac{y_0^2}{2(x_0 - 1)}$$

$$0 < b \leqslant \frac{y_0}{\sqrt{2(x_0 - 1)}}$$

**引理 6.2.9.12** （1）设 $\theta$ 是方程 $x^2 - dy^2 = 1$ 的基本解，$\tau$ 是方程 $x^2 - dy^2 = -1$ 的基本解，则 $\theta > 1, \tau > 1$；

（2）$\tau^2 = \theta$；

（3）$\tau < \theta$；

（4）如果存在 $\tau' = x_1 + y_1\sqrt{d}, x_1 > 0, y_1 > 0, x_1, y_1$ 都是整数，使得 $\tau'^2 = \theta$，则 $\tau' = \tau$.

**证明** （1）设 $\alpha = \theta$ 或 $\alpha = \tau$. $\alpha = x_0 + y_0 \sqrt{d}$，则根据基本解的定义可知 $\alpha$ 首先是正的非平凡解，因此

$$\alpha = x_0 + y_0 \sqrt{d} > x_0 \geqslant 1$$

（2）设

$$\tau = a + b\sqrt{D}, \theta = x_0 + y_0 \sqrt{D}$$

由引理 6.2.9.10 可知 $\tau^2$ 给出方程 $x^2 - dy^2 = 1$ 的解，因此由 $\theta$ 是方程 $x^2 - dy^2 = 1$ 的基本解或最小的非平凡解的定义可知 $\theta \leqslant \tau^2$.

另一方面，由引理 6.2.9.11 可知

$$\tau^2 = (a + b\sqrt{D})^2$$

$$\leqslant \left[ \sqrt{\frac{x_0 - 1}{2}} + \frac{y_0 \sqrt{D}}{\sqrt{2(x_0 - 1)}} \right]^2$$

$$= x_0 + y_0 \sqrt{D} = \theta$$

由以上两式就得出 $\theta = \tau^2$.

（3）由（2）已证 $\theta = \tau^2$，$\tau$ 是 $x^2 - Dy^2 = -1$ 的基本解，便得出

$$1 < \tau < \tau^2 = \theta$$

（4）由 $\tau'^2 = \theta$ 推出

$$x_1^2 + dy_1^2 = x_0, 2x_1 y_1 = y_0$$

因此

$$(x_1^2 - dy_1^2)^2 = x_0^2 - dy_0^2 = 1$$

故

$$x_1^2 - dy_1^2 = \pm 1$$

但是由于 $\theta$ 给出方程 $x^2 - dy^2 = 1$ 的非平凡解中的最小者，而显然有

$$0 < x_1 < x_0, 0 < y_1 < y_0$$

所以有 $1 < \tau' < \theta$. 因此 $x_1^2 - dy_1^2 \neq 1$(否则 $\tau'$ 将给出方程 $x^2 - dy^2 = 1$ 的非平凡解,而这与 $\theta$ 的最小性相矛盾). 这就证明了必须有 $x_1^2 - dy_1^2 = -1$,因此 $\tau'$ 给出方程 $x^2 - dy^2 = -1$ 的非平凡解. 再由 $\theta$ 的最小性就得出 $\tau'$ 的最小性,因而 $\tau'$ 是方程 $x^2 - dy^2 = -1$ 的基本解,所以 $\tau' = \tau$.

**定理 6.2.9.7** (1)设 $\theta$ 方程 $x^2 - dy^2 = 1$ 的基本解,则 $\theta^n (n = 1,2,3,\cdots)$ 给出它的所有的正的非平凡解;

(2)设方程 $x^2 - dy^2 = -1$ 存在基本解 $\tau$,则 $\tau^{2n-1} (n = 1,2,3,\cdots)$ 给出它的所有正的非平凡解.

**证明** (1)设 $(x^*, y^*)$ 是方程 $x^2 - dy^2 = 1$ 的任一组非平凡解,则 $x^* > 0, y^* > 0$. 令 $\alpha = x^* + y^* \sqrt{d}$. 那么由于 $\theta$ 是基本解,因而 $\alpha \geqslant \theta$. 故存在整数 $k$ 使得 $\theta^k \leqslant \alpha < \theta^{k+1}$,于是

$$1 \leqslant \alpha\theta^{-k} < \theta \qquad (6.2.9.14)$$

然而由引理 6.2.9.8 和引理 6.2.9.9. 可知 $\alpha\theta^{-k}$ 也给出方程 $x^2 - dy^2 = 1$ 的解,设

$$u + v\sqrt{D} = \alpha\theta^{-k}$$

则由(6.2.9.14)可知 $u + v\sqrt{D} > 1$,因此

$$0 < \frac{1}{u + v\sqrt{D}} = u - v\sqrt{D} < 1$$

所以 $u > 0$. 又

$$2v\sqrt{D} = u + v\sqrt{D} - (u - v\sqrt{D}) > 1 - 1 = 0$$

所以 $v > 0$. 这说明 $u + v\sqrt{D}$ 是方程 $x^2 - Dy^2 = 1$ 的正整数解. 但 $1 < u + v\sqrt{D} < \theta$ 与 $\theta$ 的定义矛盾, 这就说明 $\alpha\theta^{-k}$ 只能等于 1. 而由 $\alpha\theta^{-k} = 1$ 显然立即就得出 $\alpha = \theta^k$, 这就证明了 $x^2 - dy^2 = 1$ 的任一组非平凡解都可表示成 $\theta^k$ 的形式.

（2）设 $(x^*, y^*)$ 是方程 $x^2 - dy^2 = -1$ 的任一组非平凡解, 则 $x^* > 0, y^* > 0$. 令 $\alpha = x^* + y^*\sqrt{d}$. 那么由于 $\tau$ 是 $x^2 - dy^2 = -1$ 的基本解, 因而 $\alpha \geqslant \tau$. 故存在整数 $k$ 使得 $\tau^{2k-1} \leqslant \alpha < \tau^{2k+1}$, 于是 $1 \leqslant \alpha\tau^{-(2k-1)} < \tau^2$, 然而由引理 6.2.9.8 和引理 6.2.9.9 可知 $\alpha\tau^{-(2k-1)}$ 和 $\tau^2$ 也给出方程 $x^2 - dy^2 = 1$ 的解, 由引理 6.2.9.11 可知 $\tau^2$ 是方程 $x^2 - dy^2 = 1$ 的最小解. 而现在 $\alpha\tau^{-(2k-1)}$ 却是一个方程 $x^2 - dy^2 = 1$ 的大于等于 1 然而要比 $\tau^2 = \theta$ 还要小的解, 这就说明 $\alpha\tau^{-(2k-1)}$ 只能等于 1. 而由 $\alpha\tau^{-(2k-1)} = 1$ 显然立即就得出 $\alpha = \tau^{2k-1}$, 这就证明了 $x^2 - dy^2 = -1$ 的任一组非平凡解都可表示成 $\tau^{2k-1}$ 的形式.

由这个定理可知我们可用 $\theta$ 和 $\tau$ 分别表出方程 $x^2 - dy^2 = 1$ 和方程 $x^2 - dy^2 = -1$ 的所有正整数解, 从而可表出它们的所有解, 所以我们又称它们的基本解是它们的解的生成元. 这就给出下面的定义

**定义 6.2.9.12** 又称方程 $x^2 - dy^2 = \pm 1$ 的基本解为方程 $x^2 - dy^2 = \pm 1$ 的生成元.

对于 $D$ 的某些特殊的值 $x^2 - Dy^2 = 1$ 的基本解可以立即得出. 例如 Pell 方程

$$x^2 - (u^2 - 1)y^2 = 1 \quad (u > 1)$$

的基本解显然是 $\varepsilon = u + \sqrt{u^2 - 1}$.

如果已经知道了 $x^2 - Dy^2 = 1$ 的一组正整数解 $\xi$，$\eta$，我们可用下面的准则判定它是否是基本解.

**定理 6.2.9.8** 设 $\xi$，$\eta$ 是 $x^2 - Dy^2 = 1$ 的正整数解，如果

$$\xi > \frac{1}{2}\eta^2 - 1 \qquad (6.2.9.15)$$

则 $\xi + \eta\sqrt{D}$ 是基本解.

**证明** 如果 $\eta = 1$，那么 $\eta$ 已经是最小的正整数了，因此 $\xi + \eta\sqrt{D}$ 是基本解. 现在设 $\eta > 1$，$\xi + \eta\sqrt{D}$ 不是基本解，那么可设 $\varepsilon = x_0 + y_0\sqrt{D}$ 是基本解，于是就有 $1 \leqslant y_0 < \eta$.

我们有

$$\frac{x_0^2 - 1}{y_0^2} = \frac{\xi^2 - 1}{\eta^2} = D$$

以及

$$\begin{aligned}
x_0^2\eta^2 - y_0^2\xi^2 &= \eta^2(1 + Dy_0^2) - y_0^2\xi^2 \\
&= \eta^2 - y_0^2(\xi^2 - D\eta^2) \\
&= \eta^2 - y_0^2 = d > 0
\end{aligned}$$

设 $d_1 = x_0\eta + y_0\xi$，$d_2 = x_0\eta - y_0\xi$，则 $d_1 d_2 = d$，$d_1 > 0$，$d_2 > 0$. 由于 $d_1$，$d_2$ 都是整数，所以 $d_1 \geqslant 1$，$d_2 \geqslant 1$. 因而

$$d_1 \leqslant d_1 d_2 + d_2 - 1 = d + d_2 - 1, d_1 - d_2 \leqslant d - 1$$

由此就得出

$$\xi = \frac{d_1 - d_2}{2y_0} \leqslant \frac{d-1}{2y_0} = \frac{\eta^2 - y_0^2 - 1}{2y_0} \leqslant \frac{1}{2}\eta^2 - 1$$

这与（6.2.9.13）矛盾. 这就说明 $\varepsilon = \xi + \eta\sqrt{D}$ 是基

248

本解.

**推论 6.2.9.4** 设

$$y_0 > 0, u > 0, D = u(uy_0^2 + 2)$$

则

$$1 + uy_0^2 + y_0 \sqrt{D}$$

是 $x^2 - Dy^2 = 1$ 的基本解.

**证明** 可以验证 $\xi = 1 + uy_0^2, \eta = y_0$ 是 $x^2 - Dy^2 = 1$ 的一组解,又显然有

$$\xi = 1 + uy_0^2 > \frac{1}{2}y_0^2 - 1 = \frac{1}{2}\eta^2 - 1$$

所以根据定理 6.2.9.5 就得出 $\varepsilon = \xi + \eta \sqrt{D}$ 是基本解.

**注 6.2.9.1** 上面这个定理只是 $\xi, \eta$ 是方程 $x^2 - Dy^2 = 1$ 的基本解的充分条件,但并不是必要条件.

**例 6.2.9.5** 由 $18, 5$ 是方程 $x^2 - 13y^2 = -1$ 的基本解和引理 6.2.9.12 中的(2)可知 $649, 180$ 是方程 $x^2 - 13y^2 = 1$ 的基本解,但 $649 < \frac{180^2}{2} - 1 = 16\ 199.$

下面我们讨论负的 Pell 方程

$$x^2 - Dy^2 = -1$$

的某些性质. 与正的 Pell 方程 $x^2 - Dy^2 = 1$ 总有无穷多组整数解不同的是负的 Pell 方程 $x^2 - Dy^2 = -1$ 并不是对任何正的非平方数 $D$ 都有整数解.

**例 6.2.9.6** 方程 $x^2 - 3y^2 = -1$ 不存在整数解.

**证明** $x^2 - 3y^2 \equiv x^2 + y^2 \equiv 0, 1, 2$

$$\equiv -1 \pmod{4}$$

可以把这个例子推广为

**定理 6.2.9.9**　设 $D$ 含有 $4m+3$ 形的素因子，则方程

$$x^2 - Dy^2 = -1$$

不存在整数解.

**证明**　设 $p = 4m+3$ 是 $D$ 的素因子. 假如 $x^2 - Dy^2 = -1$ 存在整数解，则存在整数 $a, b$ 使

$$a^2 - Db^2 = -1$$

并且 $p \mid D$. 因此

$$a^2 \equiv -1 \pmod p$$

这说明

$$\left(\frac{-1}{p}\right) = 1$$

但由于 $p = 4m+3$，所以又有

$$\left(\frac{-1}{p}\right) = (-1)^{\frac{p-1}{2}} = (-1)^{\frac{4m+3-1}{2}} = (-1)^{2m+1} = -1$$

这与上式矛盾，所得的矛盾便说明方程 $x^2 - Dy^2 = -1$ 不可能有整数解.

最后，我们介绍两个方程 $x^2 - Dy^2 = -1$ 解的存在性的定理作为本节的结束.

**定理 6.2.9.10**　设 $p \equiv 1 \pmod 4$ 是一个素数，则方程

$$x^2 - py^2 = -1$$

必存在整数解.

**证明**　设 $\theta = x_0 + y_0 \sqrt{p}$ 是方程 $x^2 - py^2 = 1$ 的基本解. 则显然 $x_0$ 和 $y_0$ 必是一奇一偶. 如果 $x_0$ 是偶数，$y_0$ 是奇数，则由于 $p \equiv 1 \pmod 4$，所以 $p = 4m+1$. 在 $x_0^2 -$

$(4m+1)y_0^2=1$ 两边取模 4 就得出 $-1\equiv1(\mathrm{mod}\ 4)$,矛盾.
所以 $x_0$ 必须是奇数,$y_0$ 必须是偶数.因此

$$2\mid(x_0\pm1)$$

由于

$$\frac{x_0+1}{2}-\frac{x_0-1}{2}=1$$

所以

$$\left(\frac{x_0+1}{2},\frac{x_0-1}{2}\right)=1$$

又由于

$$\frac{x_0+1}{2}\cdot\frac{x_0-1}{2}=\frac{x_0^2-1}{4}=\frac{py_0^2}{4}=p\left(\frac{y_0}{2}\right)^2$$

所以必须有

$$\frac{x_0+1}{2}=pu^2,\frac{x_0-1}{2}=v^2 \quad (6.2.9.16)$$

或

$$\frac{x_0+1}{2}=u^2,\frac{x_0-1}{2}=pv^2 \quad (6.2.9.17)$$

从(6.2.9.17)得出

$$u^2-pv^2=1$$

从

$$\frac{x_0+1}{2}\cdot\frac{x_0-1}{2}=p\left(\frac{y_0}{2}\right)^2$$

和

$$\frac{x_0+1}{2}=u^2,\frac{x_0-1}{2}=pv^2$$

得出 $y_0=2uv$,因而得出

$$v=\frac{y_0}{2u}<y_0$$

这与 $\theta = x_0 + y_0 \sqrt{p}$ 是方程 $x^2 - py^2 = 1$ 的基本解的假设相矛盾，因此我们必须有

$$\frac{x_0 + 1}{2} = pu^2 , \frac{x_0 - 1}{2} = v^2$$

由此就得出

$$v^2 - pu^2 = -1$$

这就证明了方程 $x^2 - py^2 = -1$ 有整数解 $x = v, y = u$.

用完全类似的方法，我们可以证明

**定理 6.2.9.11** 设 $p \equiv 5 (\bmod 4)$ 是一个素数，则方程

$$x^2 - 2py^2 = -1$$

必存在整数解.

**证明** 设 $\theta = x_0 + y_0 \sqrt{p}$ 是方程 $x^2 - 2py^2 = 1$ 的基本解. 与定理 6.2.9.10 的证明类似，可以证明 $x_0$ 必须是奇数，$y_0$ 必须是偶数. 因此 $2 \mid (x_0 \pm 1)$. 由于

$$\frac{x_0 + 1}{2} - \frac{x_0 - 1}{2} = 1$$

所以

$$\left( \frac{x_0 + 1}{2}, \frac{x_0 - 1}{2} \right) = 1$$

又由于

$$\frac{x_0 + 1}{2} \cdot \frac{x_0 - 1}{2} = \frac{x_0^2 - 1}{4} = \frac{py_0^2}{4} = p \left( \frac{y_0}{2} \right)^2$$

所以必须有

$$\frac{x_0 + 1}{2} = D_1 u^2 , \frac{x_0 - 1}{2} = D_2 v^2 , y_0 = 2uv$$

$$(6.2.9.18)$$

其中, $D_1,D_2,u,v\in\mathbb{Z}^+$ , $D_1D_2=D=2p$ , $(u,v)=1.$ 因此必有

$$D_1u^2-D_2v^2=1 \qquad (6.2.9.19)$$

分以下几种情况讨论：

(1) $D_1=2,D_2=p.$

这时 $2u^2-pv^2=1.$

在上式两边取模 $p$ 得

$$2u^2\equiv 1(\bmod\ p)\ 或 (2u)^2\equiv 2(\bmod\ p)$$

因此 $\left(\dfrac{2}{p}\right)=1$ , 因而

$$p\equiv\pm 1(\bmod\ 8)$$

这与 $p\equiv 5(\bmod\ 8)$ 的条件矛盾.

(2) $D_1=p,D_2=2.$

这时 $pu^2-2v^2=1.$

在上式两边取模 $p$ 得

$$-2v^2\equiv 1(\bmod\ p)\ 或 (2v)^2\equiv -2(\bmod\ p)$$

因此由 $p\equiv 5(\bmod\ 8)$ 得出

$$1=\left(\frac{-2}{p}\right)=\left(\frac{-1}{p}\right)\left(\frac{2}{p}\right)=-1$$

矛盾.

(3) $D_1=1,D_2=2p.$

这时

$$u^2-2pv^2=1$$

因此 $u+v\sqrt{D}$ 是方程 $x^2-2py^2=1$ 的正整数解, 但

$$0<v=\frac{y_0}{2u}<y_0$$

这与 $x_0+y_0\sqrt{D}$ 是方程 $x^2-2py^2=1$ 的最小解矛盾.

253

这就说明只可能发生情况 $D_1 = 2p, D_2 = 1$. 因而 $v^2 - 2pu^2 = -1$. 这就证明了方程 $x^2 - 2py^2 = -1$ 有正整数解 $v + u\sqrt{D}$.

关于 Pell 方程 $x^2 - Dy^2 = -1$, 目前还不断有新的结果涌现, 同时也有许多问题还没有解决. 柯召, 孙琦就指出, 仅仅决定方程

$x^2 - 2py^2 = -1$  (其中 $p \equiv 1 \pmod 4$ 是一个素数)

是否有解都不是一件容易的事(其中仅比方程 $x^2 - py^2 = -1$ 在 $p$ 前多了一个 2). 关于这方面的情况, 可参看文献[13-19].

### 6.2.10  $ax^2 + 2bxy + cy^2 = m$

设 $f(x, y) = ax^2 + 2bxy + cy^2$ 是一个整二元二次型, 并设 $m \in \mathbb{Z}$. 我们将说明存在一个有限步的找出方程 $f(x, y) = m$ 的所有解 $(x, y) \in \mathbb{Z}^2$ 的算法. 但是我们将给出的算法是非常慢的, 另一种算法可参见文献[22]Chap 4 第 6 节的习题所给出的梗概.

问题的性质依赖于 $f$ 的判别式 $\Delta$.

如果 $-4\Delta$ 是一个平方数, 那么容易看出 $f$ 是两个系数为整数的线性形的乘积. 我们有

**引理 6.2.10.1**  设整二次型 $f(x, y) = ax^2 + 2bxy + cy^2$ 的判别式

$$\Delta = \det \begin{bmatrix} a & b \\ b & c \end{bmatrix} = ac - b^2$$

使得 $-4\Delta$ 是一个平方数(即 $f(x, y) = ax^2 + 2bxy + cy^2$ 作为一个二次三项式的判别式 $\Delta(f) = 4b^2 - 4ac$ 是一个完全平方数), 则 $f(x, y)$ 可以分解成两个整系数

一次多项式的乘积,即

$$f(x,y)=(\alpha x+\beta y)(\gamma x+\delta y) \quad (其中,\alpha,\beta,\gamma,\delta \in \mathbb{Z})$$

并且二次三项式 $f(x,y)=ax^2+2bxy+cy^2$ 的判别式

$$\Delta(f)=\det \begin{bmatrix} \alpha & \beta \\ \gamma & \delta \end{bmatrix}^2$$

**证明**　根据假设,我们可设

$$\Delta(f)=(4b^2-4ac)y^2=K^2y^2 \quad (其中\ K \in \mathbb{Z})$$

因此 $2b$ 和 $K$ 是同奇或同偶的整数. 那么

$$f(x,y)=ax^2+2bxy+cy^2$$

$$=\frac{1}{a}(a^2x^2+2abxy+acy^2)$$

$$=\frac{1}{a}\left(a^2x^2+2abxy+b^2y^2-\frac{1}{4}K^2y^2\right)$$

$$=\frac{1}{a}\left((ax+by)^2-\frac{1}{4}K^2y^2\right)$$

$$=\frac{1}{a}\left(ax+\frac{2b+K}{2}y\right)\left(ax+\frac{2b-K}{2}y\right)$$

$$=\frac{1}{a}(ax+Uy)(ax+Vy) \quad (6.2.10.1)$$

其中,$U=\dfrac{2b+K}{2}$,$V=\dfrac{2b-K}{2}$,并且

$$UV=\frac{4b^2-K^2}{4}=ac \qquad (6.2.10.2)$$

$$U+V=2b \qquad (6.2.10.3)$$

$$U-V=K \qquad (6.2.10.4)$$

由于 $2b$ 和 $K$ 是同奇或同偶的整数,所以 $U$ 和 $V$ 都是整数. 把 $U$ 和 $V$ 做素因子分解可以得出 $U$ 和 $V$ 分别有因子 $u$ 和 $v$ 使得 $uv=a$,因而

$$f(x,y) = \frac{1}{a}(ax + Uy)(ax + Vy)$$

$$= \frac{1}{uv}(ax + Uy)(ax + Vy)$$

$$= \left(\frac{a}{u}x + \frac{U}{u}y\right)\left(\frac{a}{v}x + \frac{V}{v}y\right)$$

$$= (\alpha x + \beta y)(\gamma x + \delta y) \qquad (6.2.10.5)$$

其中 $\alpha = \dfrac{a}{u}, \beta = \dfrac{U}{u}, \gamma = \dfrac{a}{v}, \delta = \dfrac{V}{v}$ 都是整数,这就把 $f(x,y)$ 分解成了两个整系数一次多项式的乘积,并且

$$\det \begin{bmatrix} \alpha & \beta \\ \gamma & \delta \end{bmatrix} = \alpha\delta - \beta\gamma = \frac{a}{u}\frac{V}{v} - \frac{U}{u}\frac{a}{v}$$

$$= V - U = -K \qquad (6.2.10.6)$$

所以

$$\Delta(f) = K^2 = \det \begin{bmatrix} \alpha & \beta \\ \gamma & \delta \end{bmatrix}^2 \qquad (6.2.10.7)$$

上述分解式给出 $m$ 的一个因子分解 $m = pq$,其中 $p, q \in \mathbb{Z}$,我们就可以得出一个方程组 $\alpha x + \beta y = p$, $\gamma x + \delta y = q$,解这个方程组,我们就可以求出这个方程组的整数解(如果存在). 对 $m$ 的所有可能的因子分解进行上述做法即可求出 $f(x,y) = m$ 的所有整数解或确定它没有整数解. 但是如果 $\Delta = 0$,我们将遇到方程

$$f(x,y) = A(\alpha x + \beta y)^2$$

这时如果 $\dfrac{m}{A}$ 不是完全平方数,则 $f(x,y) = m$ 没有整数解,如果 $\dfrac{m}{A}$ 是一个完全平方数,则问题化为求不定

256

方程

$$\alpha x + \beta y = \sqrt{\frac{m}{A}}$$

的整数解的问题.

如果 $\Delta > 0$,那么对 $f$ 配平方将给出方程

$$f(x,y) = m$$

的解的界. 表达式

$$f(x,y) = \frac{((ax+by)^2 + \Delta y^2)}{a}$$

$$= \frac{(\Delta x^2 + (bx+cy)^2)}{c} \qquad (6.2.10.8)$$

蕴含

$$|x| \leqslant \sqrt{\frac{|cm|}{\Delta}} \text{ 和 } |y| \leqslant \sqrt{\frac{|am|}{\Delta}}$$

因此 $f(x,y) = m$ 的所有整数解 $(x,y) \in \mathbb{Z}^2$ 都必须在满足上述条件的有界(因而是有限)集合内. 因此可以全部找出来.

因此只在 $\Delta$ 是一个负的非平方数时,问题才变得像 $Pell$ 方程那样有点意思. 如果 $f(x,y) = m$ 的整数解的集合是非空的并且是无穷的,我们自然就试图用某种代数结构来描述它的解. 因此这一节的主要定理就是群 $\mathscr{Pell}(\Delta)$ 作用在集合

$$Y = \{(x,y) \in \mathbb{Z}^2 \mid f(x,y) = m\}$$

上所产生的轨道的数目是有限的,并且可以导出 $Y$ 的恰包含一个元素的轨道的表. 那种表就包含了方程 $f(x,y) = m$ 的所有的整数解.

以下,我们总假设判别式 $4\Delta$ 是一个负的非平

方数.

我们将从 $\mathscr{P}ell$ 形式 $f_\Delta$ 推广环 $\mathcal{O}_\Delta$ 的结构. 推广的过程的动机来源于下述因式分解

$$ax^2 + 2bxy + cy^2$$

$$= \frac{(ax + (b+\sqrt{-\Delta})y)(ax + (b-\sqrt{-\Delta})y)}{a}$$

$$(6.2.10.9)$$

**定义 6.2.10.1**  判别式等于 $\Delta = ac - b^2 < 0$ 的整二元二次型 $f = ax^2 + 2bxy + cy^2$ 的模 $M_f$ 是 $\mathcal{O}_\Delta$ 模.

$$M_f = \{ax + (b + \sqrt{-\Delta})y \mid x, y \in \mathbb{Z}\}$$

$$\subset \mathbb{Q}(\sqrt{\Delta}) \subset \mathbb{C}$$

注意 $M_{f_\Delta} = \mathcal{O}_\Delta$.

必须验证 $M_f$ 确实是一个 $\mathcal{O}_\Delta$ 模，这里的关键是 $M_f$ 在用 $\mathcal{O}_\Delta$ 的元素做数乘时是封闭的. 必要的计算是

$$(u + v\rho_\Delta)(ax + (b + \sqrt{-\Delta})y) = ax' + (b + \sqrt{-\Delta})y'$$

其中

$$(x', y') = \begin{cases} (x, y)\begin{bmatrix} u - bv & av \\ -cv & u + bv \end{bmatrix} \\ \quad \text{如果 } 4\Delta \equiv 0 \pmod 4 \\ (x, y)\begin{bmatrix} u + bv & av \\ -cv & u + bv \end{bmatrix} \\ \quad \text{如果 } 4\Delta \equiv -1 \pmod 4 \end{cases}$$

$$(6.2.10.10)$$

在 (6.2.10.2) 中如果 $u, v, x, y \in \mathbb{Z}$，那么由于

$$2b \equiv -4\Delta \pmod 2$$

所以也有 $x', y' \in \mathbb{Z}$.

258

我们感兴趣的是 $M_f$ 上的范数映射.

**引理 6.2.10.2**   设 $f = ax^2 + 2bxy + cy^2$ 是一个判别式为非平方数的整二元二次型,那么公式

$$\psi(x,y) = ax + (b + \sqrt{-\Delta})y$$

定义了下面的 $1-1$ 对应

$$\psi:\{(x,y) \in \mathbb{Z}^2 \mid f(x,y) = m\}$$
$$\to \{\gamma \in M_f \mid N(\gamma) = am\}$$

**证明**   这只是对所有的 $(x,y) \in \mathbb{Z}^2$

$$N(ax + (b + \sqrt{-\Delta})y) = af(x,y)$$

这一事实的一种换了花样的说法,这个式子可从式(6.2.10.9)得出.

由于范数 $N$ 是积性的,$\mathcal{O}_\Delta$ 中范数等于 $+1$ 的单位群 $\mathcal{O}_{\Delta,1}^\times$ 可用数乘作用在集合 $X = \{\gamma \in M_f \mid N(\gamma) = am\}$ 上:如果 $\alpha \in \mathcal{O}_{\Delta,1}^\times$,并且 $\gamma \in X$,则

$$N(\alpha\gamma) = N(\gamma)$$

这表明 $\alpha\gamma \in X$. 由命题 4.4.1,$\mathcal{O}_{\Delta,1}^\times$ 也作用在 $Y = \{(x,y) \in \mathbb{Z}^2 \mid f(x,y) = m\}$ 上:根据定义,对所有的 $\alpha \in \mathcal{O}_{\Delta,1}^\times$ 和所有的 $(x,y) \in Y$,有

$$\alpha \cdot (x,y) = \psi^{-1}(\alpha \cdot \psi(x,y))$$

$\mathcal{O}_{\Delta,1}^\times$ 在 $Y$ 上的作用由式(6.2.10.10)确切地给出.

$\mathcal{O}_{\Delta,1}^\times$ 在方程 $f(x,y) = m$ 的整数解的集合 $Y$ 上的作用当 $f$ 的判别式 $-4\Delta$ 是正的非平方数时之所以有兴趣是由于群 $\mathcal{O}_{\Delta,1}^\times$ 这时是无限的.因此每个解的轨道因而也是无限的.因此集合 $Y$ 将或者是空集或者是无限的.这一节的主要结果就是 $Y$ 中 $\mathcal{O}_{\Delta,1}^\times$ 轨道的数目是有限的,并且给出了恰含一个元素的轨道的列表.由

于 $\mathcal{O}_{\Delta,1}^{\times}$ 可以被确切地确定，因此集合 $Y$ 可以满意地用给出的称为轨道的代表列表加以描述.

**定理 6.2.10.1** 设 $f(x,y)=ax^2+2bxy+cy^2$ 是一个判别式 $-4\Delta=4b^2-4ac$ 是正的非平方数的整二元二次型，$m\neq 0\in\mathbb{Z}$. 又设 $\tau=\tau_\Delta$ 是 $\mathcal{O}_{\Delta,1}^{\times}$ 的大于 1 的最小的单位，则：

（1）方程 $f(x,y)=m$ 的每条整数解的轨道 $\mathcal{O}_{\Delta,1}^{\times}$ 都含有一个解 $(x,y)\in\mathbb{Z}^2$ 使得

$$0\leqslant y\leqslant U=\begin{cases}\sqrt{\left|\dfrac{am\tau}{\Delta}\right|}\left(1-\dfrac{1}{\tau}\right)=\sqrt{\left|\dfrac{am}{\Delta}(\tau+\sigma(\tau)-2)\right|}\\ \qquad\text{如果 } am>0\\[4mm] \sqrt{\left|\dfrac{am\tau}{\Delta}\right|}\left(1+\dfrac{1}{\tau}\right)=\sqrt{\left|\dfrac{am}{\Delta}(\tau+\sigma(\tau)+2)\right|}\\ \qquad\text{如果 } am<0\end{cases}$$

（2）当且仅当 $y_1=y_2=0$ 或 $y_1=y_2=U$ 时方程 $f(x,y)=m$ 的两个不同的使得 $0\leqslant y_i\leqslant U$ 的整数解 $(x_1,y_1)\neq(x_2,y_2)\in\mathbb{Z}^2$ 才能属于同一个 $\mathcal{O}_{\Delta,1}^{\times}$ 的轨道.

**证明** 设 $(u,v)\in\mathbb{Z}^2$ 满足方程 $f(u,v)=m$，如果必要，用 $-(u,v)$ 代替 $(u,v)$（由于 $-1\in\mathcal{O}_{\Delta,1}^{\times}$，所以它们有相同的 $\mathcal{O}_{\Delta,1}^{\times}$），因此

$$L=au+(b+\sqrt{\Delta})v>0$$

设 $\tau^k L=ax_k+(b+\sqrt{\Delta})y_k$，其中对所有的 $k\in\mathbb{Z}$，$(x_k,y_k)\in\mathbb{Z}^2$. 根据推论 6.2.9.2，$(u,v)$ 的 $\mathcal{O}_{\Delta,1}^{\times}$ 轨道就是集合

$$\{\pm(x_k,y_k)\mid k\in\mathbb{Z}\}$$

下面我们证明当且仅当 $\sqrt{\left\lceil \dfrac{am}{\tau} \right\rceil} \leqslant \tau^k L \leqslant \sqrt{\lceil am\tau \rceil}$ 时，$\mid y_k \mid \leqslant U$.

注意 $L\sigma(L)=am$，并且
$$\sigma(\tau^k L)=\tau^{-k}\sigma(L)=ax_k+(b-\sqrt{\Delta})y_k$$

由此就得出 $\sqrt{\Delta}\,y_k=\tau^k L-\dfrac{am}{\tau^k L}$，因此我们可以通过对 $t>0\in\mathbb{R}$ 研究连续函数 $g(t)=t-\dfrac{am}{t}$ 来研究 $y_k$. 如果 $am>0$，那么 $g(t)$ 是单调递增的，如果 $am<0$，那么 $g(t)$ 在 $t<\sqrt{\lceil am\rceil}$ 时是递减的，在 $t>\sqrt{\lceil am\rceil}$ 时是递增的并且对所有的 $t>0$ 都是正的. 在这两种情况下，对
$$t=\sqrt{\left\lceil \frac{am}{\tau} \right\rceil}\ \text{和}\ t=\sqrt{\lceil am\tau \rceil}$$

都有
$$\mid g(t)\mid=U\sqrt{\Delta}$$

由此可以推出当且仅当 $\sqrt{\left\lceil \dfrac{am}{\tau} \right\rceil} \leqslant t \leqslant \sqrt{\lceil am\tau \rceil}$ 时
$$\mid g(t)\mid\leqslant U\sqrt{\Delta}$$

取 $t=\tau^k L$ 即得所欲证.

现在设 $k$ 是唯一的使得
$$\sqrt{\left\lceil \frac{am}{\tau} \right\rceil} \leqslant \tau^k L \leqslant \sqrt{\lceil am\tau \rceil}$$

成立的整数，我们需要分析两种情况. 我们称 $(x,y)\in\mathbb{Z}^2$ 是既约的，如果 $f(x,y)=m$ 并且 $0\leqslant y\leqslant U$.

261

情况 $1: \sqrt{\left|\dfrac{am}{\tau}\right|} < \tau^k L$,在这种情况下,$k$ 是唯一的使得 $|y_k| \leqslant U$ 的整数,并且事实上 $|y_k| < U$.如果 $y_k \neq 0$,那么 $(u,v)$ 的 $\mathcal{O}_{\Delta,1}^{\times}$ 轨道的唯一的既约元素就是 $(x,y)=\pm(x_k,y_k)$,其中的符号选择的使得 $y>0$.如果 $y_k=0$,那么 $(u,v)$ 的 $\mathcal{O}_{\Delta,1}^{\times}$ 轨道恰存在两个既约元素,即 $(x_k,0)$ 和 $(-x_k,0)$.

情况 $2: \sqrt{\left|\dfrac{am}{\tau}\right|} = \tau^k L$.在这种情况下

$$|y_k| = |y_{k+1}| = U \neq 0$$

并且对 $l \neq k, k+1$,$|y_l| > U$.这时 $(u,v)$ 的 $\mathcal{O}_{\Delta,1}^{\times}$ 轨道恰有两个既约元素,即

$$(x,y)=\pm(x_k,y_k) \text{ 和 } (x',y')=\pm(x_{k+1},y_{k+1})$$

其中的符号选择的使得 $y=y'=U$.

我们已经证明了每个解的 $\mathcal{O}_{\Delta,1}^{\times}$ 轨道含有既约解,这就是本定理中部分(1)的断言.进一步的分析说明如果 $(x,y)$ 和 $(x',y')$ 都是同一个解的 $\mathcal{O}_{\Delta,1}^{\times}$ 轨道的既约解,那么 $y=y'=0$ 或 $y=y'=U$,这就是本定理部分(2)中的如果部分

最后设 $(x,y)$ 和 $(\bar{x},y)$ 是方程 $f(x,y)=m$ 的不同的整数解.如果 $y=U$,那么把前面的论证应用到 $(u,v)=(x,y)$ 就导致情况 2,并且在 $(x,y)$ 的轨道中存在解 $(x',y) \neq (x,y)$.由于方程 $f(x,y)=m$ 对同一个 $y$ 至多存在两个 $x$ 解,所以我们必须有

$$(x',y)=(\bar{x},y)$$

如果 $y=0$,那么 $(\bar{x},y)=-(x,y)$.在两种情况下 $(x,$

$y$）和$(\overline{x},y)$都属于解的相同的$\mathscr{O}^{\times}_{\Delta,1}$的轨道,这就完成了本定理部分（2）的证明.

**推论 6.2.10.1** 只有有限个方程$f(x,y)=m$的整数解的$\mathscr{O}^{\times}_{\Delta,1}$的轨道.存在一个列出轨道代表的集合的算法.

**证明** 由定理6.2.10.1中的（1）,每个方程$f(x,y)=m$的整数解的$\mathscr{O}^{\times}_{\Delta,1}$的轨道都含有一个有限集

$$L=\{(x,y)\in \mathbb{Z}^2\mid f(x,y)=m \text{ 并且 } 0\leqslant y\leqslant U\}$$

的元素.$L$的元素可以被列出并且可以利用定理6.2.10.1的（2）分类整理成轨道.

为了用定理6.2.10.1的方法找出方程$f(x,y)=m$的整数解的$\mathscr{O}^{\times}_{\Delta,1}$轨道的代表集合,我们必须求出所有使得$0\leqslant y\leqslant U$的整数$y$和所有使得$f(x,y)=m$的整数$x$.如果$f(x,y)=m$,那么

$$\Delta y^2+4am=(2ax+by)^2$$

因此

$$x=\frac{x'-by}{2a} \text{ 或者 } x=\frac{-x'-by}{2a}$$

其中$x'=\sqrt{\Delta y^2+4am}$.$x$是整数的一个必要但不是充分的条件是$\Delta y^2+4am$是一个平方数.

**例 6.2.10.1** 求方程$17x^2+32xy+14y^2=9$的所有整数解的集合$I$.

我们有

$$\Delta=-18,\tau_\Delta=\varepsilon_\Delta=17+4\sqrt{18}$$

以及

$$U=\sqrt{\left|\frac{17\cdot 9}{72}\cdot 32=\right|}\approx 8.246$$

在 $0 \leqslant y \leqslant 8$ 中,当 $y=2$ 和 $4$ 时,$\Delta y^2 + 4am = 6^2(2y^2 + 17)$ 是完全平方. 我们求出恰有两个解的 $\mathcal{O}_{\Delta,1}^{\times}$ 轨道,而 $\{(-1,2),(-5,4)\}$ 是代表的集合. 因而,全部的整数解的集合就是

$$\{\pm \tau^k(-1,2), \pm \tau^k(-5,4) \mid k \in \mathbb{Z}\}$$

式(6.2.10.10)的计算表明

$$\tau \cdot (x,y) = (x',y')$$

其中

$$(x',y') = (x,y)\begin{bmatrix} -47 & 68 \\ -56 & 81 \end{bmatrix}$$

对 $I$ 的最后的描述就是我们所要的结果

$$I = \{\pm(-1,2)\boldsymbol{T}^k, \pm(-5,4)\boldsymbol{T}^k\}$$

其中

$$\boldsymbol{T} = \begin{bmatrix} -47 & 68 \\ -56 & 81 \end{bmatrix}$$

　　最后,我们来研究方程 $x^2 - Dy^2 = M$,其中 $D \in \mathbb{Z}^+$ 不是一个完全平方数,$M \in \mathbb{Z}$. 根据前面的讨论可知 $M=0$ 的情况是容易解决的,所以以下均设 $M \neq 0$.

　　古希腊任何印度人早就发现对方程 $x^2 - Dy^2 = 1$ 的解 $s + t\sqrt{D}$ 和方程 $x^2 - Dy^2 = M$ 的解 $u + v\sqrt{D}$ 可实行一种称为结合的运算如下

$$(s + t\sqrt{D})(u + v\sqrt{D}) = us + vtD + (vs + ut)\sqrt{D}$$

容易验证

$$us + vtD + (vs + ut)\sqrt{D}$$

也是方程 $x^2 - Dy^2 = M$ 的解

$$(us + vtD)^2 - D(vs + ut)^2$$

$$= (u^2 - Dv^2)(s^2 - Dt^2) = M \cdot 1 = M$$

由此给出以下定义和定理

**定义 6.2.10.2** 设 $s + t\sqrt{D}$ 是方程 $x^2 - Dy^2 = 1$ 的解，$u + v\sqrt{D}$ 是方程 $x^2 - Dy^2 = M$ 的解，则称表达式 $us + vtD + (vs + ut)\sqrt{D}$ 是 $s + t\sqrt{D}$ 和 $u + v\sqrt{D}$ 的结合．

**定理 6.2.10.2** 设 $s + t\sqrt{D}$ 是方程 $x^2 - Dy^2 = 1$ 的解，$u + v\sqrt{D}$ 是方程 $x^2 - Dy^2 = M$ 的解，则它们的结合 $us + vtD + (vs + ut)\sqrt{D}$ 仍是方程 $x^2 - Dy^2 = M$ 的解．

**定义 6.2.10.3** 设 $\theta = s + t\sqrt{D}$ 是方程 $x^2 - Dy^2 = 1$ 的解，$\alpha = u + v\sqrt{D}$ 和 $\alpha' = u' + v'\sqrt{D}$ 是方程 $x^2 - Dy^2 = M$ 的两个解，$\alpha' = \alpha\theta$ 是 $\alpha$ 和 $\theta$ 的结合，则称 $\alpha'$ 和 $\alpha$ 是结合等价的．记为 $\alpha' \sim \alpha$．

容易验证结合等价关系是一种等价关系，即成立下面的

**引理 6.2.10.3** （1）$\alpha \sim \alpha$；

（2）如果 $\alpha \sim \beta$，则 $\beta \sim \alpha$；

（3）如果 $\alpha \sim \beta, \beta \sim \gamma$，则 $\alpha \sim \gamma$．

因此，我们可把方程 $x^2 - Dy^2 = M$ 的解集合分成一些结合等价类，称为结合类，使得互相结合等价的解属于同一结合类，不结合等价的解属于不同的结合类．

**定理 6.2.10.3** 设 $u + v\sqrt{D}$ 和 $u' + v'\sqrt{D}$ 是方程 $x^2 - Dy^2 = M$ 的任意两个解，则 $u + v\sqrt{D}$ 和 $u' +$

265

$v' \sqrt{D}$ 属于同一结合类的充分必要条件为

$$uu' - vv'D \equiv 0(\bmod \mid M \mid) \qquad (6.2.10.11)$$

$$u'v - uv' \equiv 0(\bmod \mid M \mid) \qquad (6.2.10.12)$$

**证明**　设 $u' + v' \sqrt{D} \sim u + v \sqrt{D}$，则存在 $x^2 - Dy^2 = 1$ 的解 $x + y \sqrt{D}$ 使得

$$u' + v' \sqrt{D} = (u + v \sqrt{D})(x + y \sqrt{D})$$
$$= ux + vyD + (uy + vx) \sqrt{D}$$

即

$$ux + vDy = u', \quad vx + uy = v'$$

有整数解 $x, y$，由此可解出

$$x = \frac{uu' - vv'D}{u^2 - Dv^2} = \frac{uu' - vv'D}{M}$$

$$y = \frac{uv' - u'v}{u^2 - Dv^2} = \frac{uv' - u'v}{M}$$

这就证明了

$$uu' - vv'D \equiv 0(\bmod \mid M \mid)$$

和

$$u'v - uv' \equiv 0(\bmod \mid M \mid)$$

反之，如果成立

$$uu' - vv'D \equiv 0(\bmod \mid M \mid)$$

和

$$u'v - uv' \equiv 0(\bmod \mid M \mid)$$

则存在整数 $x, y$ 使得

$$ux + vDy = u', \quad vx + uy = v'$$

因此有

$$u' + v' \sqrt{D} = (u + v \sqrt{D})(x + y \sqrt{D})$$

266

在上式两边取共轭就得出

$$u' - v' \sqrt{D} = (u - v\sqrt{D})(x - y\sqrt{D})$$

把上两式相乘便得出

$$u'^2 - Dv'^2 = (u^2 - Dv^2)(x^2 - Dy^2)$$

因此

$$x^2 - Dy^2 = 1$$

由 $u' + v'\sqrt{D} = (u + v\sqrt{D})(x + y\sqrt{D})$ 和上式就得出

$$u' + v'\sqrt{D} \sim u + v\sqrt{D}$$

由上述定理立即得出

**引理 6.2.10.4**

$$-(u + v\sqrt{D}) \sim u + v\sqrt{D}$$

$$-(u - v\sqrt{D}) \sim u - v\sqrt{D}$$

**定义 6.2.10.4** 设 $K$ 是方程 $x^2 - Dy^2 = M$ 的解集合的任何一个结合类

$$K = \{\xi + \eta\sqrt{D} \mid \xi^2 - \eta y^2 = M\}$$

则由于 $\xi - \eta\sqrt{D}$ 也是方程 $x^2 - Dy^2 = M$ 的解,并且如果

$$u' + v'\sqrt{D} \sim u + v\sqrt{D}$$

则

$$u' - v'\sqrt{D} \sim u - v\sqrt{D}$$

所以所有的这些 $\xi - \eta\sqrt{D}$ 也组成一个结合类 $\overline{K} = \{\xi - \eta\sqrt{D} \mid \xi^2 - \eta y^2 = M\}$,称为结合类 $K$ 的共轭类.

**定义 6.2.10.5** 设 $K$ 是方程 $x^2 - Dy^2 = M$ 的解集合的一个结合类,如果 $K$ 的共轭类 $\overline{K}$ 就等于 $K$ 本

267

身,则称 $K$ 是一个歧类.

**引理 6.2.10.5** 方程 $x^2 - Dy^2 = 1$ 和 $x^2 - Dy^2 = -1$ 如果有解,则它们只有一个结合类,因此都是歧类.

**证明** 在这两种情况中都有 $|M|=1$,因此条件 (6.2.10.11) 和 (6.2.10.12) 自动满足,因而这两个方程的任意两个解都是结合等价的.这就证明了它们的结合类只有一个.

**定义 6.2.10.6** 设 $K$ 是方程 $x^2 - Dy^2 = M$ 的解集合的一个结合类,如果 $K$ 不是歧类,称 $K$ 中所有 $v \geqslant 0$ 的解 $u + v\sqrt{D}$ 中使得 $v$ 最小的那组解 $u_0 + v_0\sqrt{D}$ 是 $K$ 的最小解或基本解.如果 $K$ 是歧类,$v_0$ 的选择和上面一样,而 $u_0$ 选择含 $v_0$ 的解 $u + v\sqrt{D}$ 中使得 $u \geqslant 0$ 的那个解.由于 $-u_0 + v_0\sqrt{D} = -(u_0 - v_0\sqrt{D}) \in \overline{K} = K$,所以 $u_0$ 肯定存在并且是唯一的.

**定理 6.2.10.4** 设 $u_0 + v_0\sqrt{D}$ 是方程
$$x^2 - Dy^2 = M$$
的某个结合类 $K$ 的基本解,$x_0 + y_0\sqrt{D}$ 是方程
$$x^2 - Dy^2 = 1$$
的基本解,则

$$0 \leqslant u_0 \leqslant \begin{cases} \sqrt{\dfrac{(x_0 + 1)|M|}{2}} & \text{如果 } M > 0 \\[3mm] \sqrt{\dfrac{(x_0 - 1)|M|}{2}} & \text{如果 } M < 0 \end{cases}$$

$$(6.2.10.13)$$

$$0 \leqslant v_0 \leqslant \begin{cases} \sqrt{\dfrac{|M|}{2(x_0+1)}}\, y_0 & \text{如果 } M > 0 \\[3mm] \sqrt{\dfrac{|M|}{2(x_0-1)}}\, y_0 & \text{如果 } M < 0 \end{cases}$$

$$(6.2.10.14)$$

**证明**　分 $M > 0$ 和 $M < 0$ 两种情况讨论.

（1）$M > 0$.

如果性质（6.2.10.13）和（6.2.10.14）对结合类 $K$ 成立,则它们对 $\overline{K}$ 也成立,因此不妨设 $u_0 > 0$.

由于显然有

$$u_0 x_0 > \sqrt{(u_0^2 - M^2)(x_0^2 - 1)}$$

所以

$$u_0 x_0 - D v_0 y_0 = u_0 x_0 - \sqrt{(u_0^2 - M^2)(x_0^2 - 1)} > 0$$

$$(6.2.10.15)$$

考虑解

$$(u_0 + v_0 \sqrt{D})(x_0 - y_0 \sqrt{D})$$

$$= u_0 x_0 - D v_0 y_0 + (x_0 v_0 - y_0 u_0)\sqrt{D}$$

它也属于 $K$ 类,并且由（6.2.10.15）可知

$$u_0 x_0 - D v_0 y_0 + |\, x_0 v_0 - y_0 u_0\,|\sqrt{D}$$

是方程 $x^2 - Dy^2 = M$ 的正整数解,因此由 $u_0 + v_0\sqrt{D}$ 是方程 $x^2 - Dy^2 = M$ 的基本解的定义就得出

$$u_0 x_0 - D v_0 y_0 \geqslant u_0 \qquad (6.2.10.16)$$

由这个不等式就得出

$$u_0^2 (x_0 - 1)^2 \geqslant D^2 v_0^2 y_0^2 = (u_0^2 - M)(x_0^2 - 1)$$

故

$$\frac{x_0 - 1}{x_0 + 1} \geqslant 1 - \frac{M}{u_0^2}$$

从而有

$$u_0^2 \leqslant \frac{1}{2}(x_0 + 1)M = \frac{1}{2}(x_0 + 1) \mid M \mid$$

这就证明了式(6.2.10.13).由(6.2.10.16)得出

$$Dv_0 y_0 \leqslant u_0(x_0 - 1)$$

故

$$v_0 \leqslant \frac{u_0(x_0 - 1)}{Dy_0} = \frac{u_0 y_0}{1 + x_0}$$

$$\leqslant \frac{y_0 \sqrt{\dfrac{(x_0 + 1) \mid M \mid}{2}}}{1 + x_0}$$

$$= \sqrt{\frac{\mid M \mid}{2(x_0 + 1)}} y_0$$

这就证明了式(6.2.10.14).

(2)$M < 0$.这时可设 $M = -N, N > 0$,那么不妨设 $u_0 \geqslant 0$,于是有

$$(x_0 v_0)^2 = x_0^2 v_0^2 = (Dy_0^2 + 1)\left(\frac{u_0^2 + N}{D}\right)$$

$$= \left(y_0^2 + \frac{1}{D}\right)(u_0^2 + N) \geqslant u_0^2 y_0^2$$

所以

$$x_0 v_0 > u_0 y_0$$

$$x_0 v_0 - u_0 y_0 > 0 \qquad (6.2.9.17)$$

考虑表达式

$$(u_0 + v_0 \sqrt{D})(x_0 - y_0 \sqrt{D})$$

$$= u_0 x_0 - v_0 y_0 D + (x_0 v_0 - u_0 y_0) \sqrt{D}$$

注意

$$\mid u_0 x_0 - v_0 y_0 D \mid^2 - D(x_0 v_0 - u_0 y_0)^2$$

$$= (x_0^2 - Dy_0^2)(u_0^2 - Dv_0^2) = -N$$

因而由(6.2.9.17)可知

$$\mid u_0 x_0 - v_0 y_0 D \mid + (x_0 v_0 - u_0 y_0)\sqrt{D}$$

是方程 $x^2 - Dy^2 = -N$ 的一组正整数解. 由于 $u_0 + v_0$

$\sqrt{D}$ 是 $x^2 - Dy^2 = -N$ 的最小解,因此就有

$$x_0 v_0 - u_0 y_0 \geqslant v_0$$

由上面这个不等式就得出

$$Dv_0^2 (x_0 - 1)^2 \geqslant Du_0^2 y_0^2$$

由于 $Dv_0^2 = u_0^2 + N, Dy_0^2 = x_0^2 - 1$,所以就得出

$$1 + \frac{N}{u_0^2} \geqslant \frac{x_0 + 1}{x_0 - 1}$$

由此就得出

$$u_0^2 \leqslant \frac{(x_0 - 1)N}{2} = \frac{(x_0 - 1) \mid M \mid}{2}$$

这就证明了式(6.2.10.13)

$$0 \leqslant u_0 \leqslant \sqrt{\frac{(x_0 - 1) \mid M \mid}{2}}$$

再由

$$Dv_0^2 = u_0^2 + N \leqslant \frac{(x_0 - 1)N}{2} + N = \frac{(x_0 + 1)N}{2}$$

$$= \frac{(x_0^2 - 1)N}{2(x_0 - 1)} = \frac{Dy_0^2 N}{2(x_0 - 1)}$$

$$= \frac{Dy_0^2 \mid M \mid}{2(x_0 - 1)}$$

就得出

$$v_0^2 \leqslant \frac{y_0^2 \mid M \mid}{2(x_0 - 1)}$$

$$0 < v_0 \leqslant \sqrt{\frac{\mid M \mid}{2(x_0 - 1)}} y_0$$

这就证明了式(6.2.10.14).

由定理 6.2.10.4 可立即得出下面的定理

**定理 6.2.10.5**　设 $D > 0$ 是一个不是完全平方数的正整数，$M \neq 0$ 是一个整数，则方程 $x^2 - Dy^2 = M$ 仅有有限个结合类. 所有类的基本解可由条件 (6.2.10.13) 和 (6.2.10.14) 在有限步内确定. 设 $u_0 + v_0\sqrt{D}$ 是方程 $x^2 - Dy^2 = M$ 的结合类 $K$ 的基本解，$x_0 + y_0\sqrt{D}$ 是方程 $x^2 - Dy^2 = 1$ 的基本解，则类 $K$ 的所有解 $u + v\sqrt{D}$ 可由下面的公式表出

$$u + v\sqrt{D} = \pm(u_0 + v_0\sqrt{D})(x_0 + y_0\sqrt{D})^n \quad (n \in \mathbb{Z})$$
$$(6.2.10.18)$$

如果方程 $x^2 - Dy^2 = M$ 没有满足条件(6.2.10.13) 和 (6.2.10.14) 的解，则它不存在整数解.

**证明**　结合类的有限性和解的不存在性由条件 (6.2.10.13) 和 (6.2.10.14) 立即得出.

下面证如果方程 $x^2 - Dy^2 = M$ 有整数解，则它们可由式(6.2.10.18) 表出.

首先，容易验证式(6.2.10.18) 给出的解确实都是方程 $x^2 - Dy^2 = M$ 的解. 现设 $x + y\sqrt{D}$ 是类 $K$ 中的任意一个解，则由定理 6.2.10.3 可知

$$xu_0 - Dyv_0 \equiv 0 \pmod{\mid M \mid}$$

和

272

$$yu_0 - xv_0 \equiv 0 (\mathrm{mod} \mid M \mid)$$

令

$$X = \frac{xu_0 - Dyv_0}{M}, \ Y = \frac{yu_0 - xv_0}{M}$$

则可验证

$$(u_0 + v_0 \sqrt{D})(X + Y\sqrt{D})$$

$$= (u_0 + v_0 \sqrt{D})\left(\frac{xu_0 - Dyv_0}{M} + \frac{yu_0 - xv_0}{M} \sqrt{D}\right)$$

$$= \frac{1}{M}(u_0^2 - Dv_0^2)(x + y\sqrt{D})$$

$$= \frac{1}{M} \cdot M(x + y\sqrt{D}) = x + y\sqrt{D}$$

以及

$$X^2 - DY^2 = \left(\frac{xu_0 - Dyv_0}{M}\right)^2 - D\left(\frac{yu_0 - xv_0}{M}\right)^2$$

$$= \frac{1}{M^2}[(xu_0 - Dyv_0)^2 - D(yu_0 - xv_0)^2]$$

$$= \frac{1}{M^2}(u_0^2 - Dv_0^2)(x^2 - Dy^2)$$

$$= \frac{M \cdot M}{M^2} = 1$$

故

$$x + y\sqrt{D} = (u_0 + v_0 \sqrt{D})(X + Y\sqrt{D})$$

$$(6.2.10.19)$$

$$X^2 - DY^2 = 1 \qquad (6.2.10.20)$$

由(6.2.10.19),(6.2.10.20)和 Pell 方程 $x^2 - Dy^2 = 1$
解的结构的结果(定理 6.2.9.5)就得出(6.2.10.18).

下面,我们用以上结果具体研究一下方程 $x^2 -$

$Dy^2 = \pm 2$ 和方程 $x^2 - Dy^2 = \pm 4$.

**引理 6.2.10.6**   方程 $x^2 - Dy^2 = \pm 2$ 至多只有一个满足条件(6.2.10.13)和(6.2.10.14)且使得 $u_0 \geqslant 0$ 的解,因此在有解时只有一个结合类.

**证明**   假设不然,则可设方程 $x^2 - Dy^2 = \pm 2$ 有两个不同的具有引理中所说性质的解

$$u_0 + v_0\sqrt{D} \quad \text{和} \quad u_1 + v_1\sqrt{D}$$

由于 $u_0 \geqslant 0, u_1 \geqslant 0$,所以 $v_0 \geqslant 0, v_1 \geqslant 0$.但显然 $v_0 \neq 0, v_1 \neq 0$,所以 $v_0 > 0, v_1 > 0$.

由 $u_0^2 - Dv_0^2 = \pm 2$ 和 $u_1^2 - Dv_1^2 = \pm 2$ 中消去 $D$ 得出

$$u_0^2 v_1^2 - u_1^2 v_0^2 = \pm 2(v_1^2 - v_0^2) \quad (6.2.10.21)$$

$$(u_1 v_0 - u_0 v_1)(u_1 v_0 + u_0 v_1) = \pm 2(v_1^2 - v_0^2)$$

因此就得出 $u_1 v_0 - u_0 v_1$ 是偶数或者 $u_1 v_0 + u_0 v_1$ 是偶数,但是又有 $(u_1 v_0 - u_0 v_1) + (u_1 v_0 + u_0 v_1) = 2u_1 v_0$ 是偶数,所以 $u_1 v_0 - u_0 v_1$ 和 $u_1 v_0 + u_0 v_1$ 是同奇或同偶的整数,由此就得出 $u_1 v_0 - u_0 v_1$ 和 $u_1 v_0 + u_0 v_1$ 都是偶数.

另一方面,由

$$4 = (\pm 2)^2 = (u_0^2 - Dv_0^2)(u_1^2 - Dv_1^2)$$

$$= (u_0 u_1 - Dv_0 v_1)^2 - D(u_0 v_1 - u_1 v_0)^2$$

$$= (u_0 u_1 + Dv_0 v_1)^2 - D(u_0 v_1 + u_1 v_0)^2$$

得出

$$\left(\frac{u_0 u_1 - Dv_0 v_1}{2}\right)^2 - D\left(\frac{u_0 v_1 - u_1 v_0}{2}\right)^2 = 1$$

和

$$\left(\frac{u_0 u_1 + Dv_0 v_1}{2}\right)^2 - D\left(\frac{u_0 v_1 + u_1 v_0}{2}\right)^2 = 1$$

因此由 $x_0 + y_0\sqrt{D}$ 是方程 $x^2 - Dy^2 = 1$ 的最小解的定义就得出

$$\left|\frac{u_0 v_1 \pm u_1 v_0}{2}\right| \geqslant y_0 \qquad (6.2.10.22)$$

但由 $u_0 \geqslant 0, u_1 \geqslant 0, v_0 > 0, v_1 > 0$ 和 $(6.2.10.13)$，$(6.2.10.14)$ 又得出

$$\mid u_0 v_1 \pm u_1 v_0 \mid \leqslant u_0 v_1 + u_1 v_0$$

$$\leqslant \sqrt{\frac{2(x_0 \pm 1)}{2}} \sqrt{\frac{2}{2(x_0 \pm 1)}} y_0 +$$

$$\sqrt{\frac{2(x_0 \pm 1)}{2}} \sqrt{\frac{2}{2(x_0 \pm 1)}} y_0 = 2y_0$$

等号当且仅当 $u_0 v_1 = u_1 v_0 = y_0$ 时成立.

以下分两种情况讨论.

（1）$u_0 v_1 = u_1 v_0$，这时，上式中的等号不可能成立，因此有

$$\mid u_0 v_1 \pm u_1 v_0 \mid \leqslant u_0 v_1 + u_1 v_0 < 2y_0$$

这与 $(6.2.10.22)$ 式矛盾.

（2）$u_0 v_1 = u_1 v_0$，将其代入式 $(6.2.10.21)$ 就得出 $2(v_1^2 - v_0^2) = 0$，由此得出

$$v_1 = v_0, u_1 = u_0$$

这与 $u_0 + v_0\sqrt{D}$ 和 $u_1 + v_1\sqrt{D}$ 是方程 $x^2 - Dy^2 = \pm 2$ 得两个不同的解的假设矛盾.

综上就证明了方程 $x^2 - Dy^2 = \pm 2$ 如果有解，则只能有一个符合条件 $(6.2.10.13)$ 和 $(6.2.10.14)$ 且使得 $u_0 \geqslant 0$ 的解. 因此它只能有一个结合类.

**定理 6.2.10.6** 除 $D = 2$ 外，设方程 $x^2 - Dy^2 =$

$\pm 2$ 存在整数解,则它的所有整数解可由下面的公式表出

$$x + y\sqrt{D} = \pm(u_0 + v_0\sqrt{D})\left(\frac{(u_0 + v_0\sqrt{D})^2}{2}\right)^n$$

$$= \pm\frac{(u_0 + v_0\sqrt{D})^{2n+1}}{2^n}$$

其中 $u_0 + v_0\sqrt{D}$ 是方程 $x^2 - Dy^2 = \pm 2$ 的唯一的结合类(也就是全体整数解)的基本解.

**证明** 由于方程 $x^2 - Dy^2 = \pm 2$ 存在整数解,所以由引理 6.2.10.6 可知,它有唯一的结合类,即它的全体整数解组成的集合. 故可设它的基本解为 $u_0 + v_0\sqrt{D}$.

令

$$\frac{(u_0 + v_0\sqrt{D})^2}{2} = u + v\sqrt{D}$$

则 $u^2 - Dv^2 = 1$,因此 $u + v\sqrt{D}$ 是方程 $x^2 - Dy^2 = 1$ 的解. 设方程 $x^2 - Dy^2 = 1$ 的基本解为 $x_0 + y_0\sqrt{D}$,则由基本解的定义就得出

$$u + v\sqrt{D} = \frac{(u_0 + v_0\sqrt{D})^2}{2} \geqslant x_0 + y_0\sqrt{D}$$

(注意:当 $D = 2$ 时,$u_0 = 0$,$v_0 = 1$,$x_0 = 3$,$y_0 = 2$,因此以上不等式不成立)但由定理 6.2.10.4. 又可得出

$$u + v\sqrt{D} = \frac{(u_0 + v_0\sqrt{D})^2}{2} \leqslant x_0 + y_0\sqrt{D}$$

所以就得出

$$x_0 + y_0\sqrt{D} = \frac{(u_0 + v_0\sqrt{D})^2}{2}$$

276

因此除方程 $x^2 - 2y^2 = -2$ 外,由定理 6.2.10.4 就得出方程 $x^2 - Dy^2 = \pm 2$ 的所有解为

$$x + y\sqrt{D} = \pm (u_0 + v_0\sqrt{D}) \left( \frac{(u_0 + v_0\sqrt{D})^2}{2} \right)^n$$

$$= \pm \frac{(u_0 + v_0\sqrt{D})^{2n+1}}{2^n}$$

下面,我们将用完全类似于研究方程 $x^2 - Dy^2 = 1$ 的解的基本结构的方法来研究方程 $x^2 - Dy^2 = \pm 4$ 的解的基本结构,但在此之前,还需要做一个准备工作,即

**引理 6.2.10.7**　方程 $x^2 - Dy^2 = 4$ 的解 $u + v\sqrt{D}$ 是正整数解的充分必要条件是

$$\frac{u + v\sqrt{D}}{2} > 1$$

**证明**　如果 $u + v\sqrt{D}$ 是方程 $x^2 - Dy^2 = 4$ 的正整数解,则 $u \geqslant 1, v \geqslant 1$. 而 $\sqrt{D} > 1$,所以 $\frac{u + v\sqrt{D}}{2} > 1$.

反之,如果

$$\frac{u + v\sqrt{D}}{2} > 1 \qquad (6.2.10.23)$$

那么由于 $u + v\sqrt{D}$ 是方程 $x^2 - Dy^2 = 4$ 的整数解,所以 $u^2 - Dv^2 = 4$. 因而有

$$\frac{u + v\sqrt{D}}{2} \cdot \frac{u - v\sqrt{D}}{2} = 1$$

由 $\frac{u + v\sqrt{D}}{2} > 1$ 就得出

$$1 > \frac{u - v\sqrt{D}}{2} > 0 \qquad (6.2.10.24)$$

把式(6.2.10.23)和(6.2.10.24)相加便得出 $u > 1$,从而 $u \geqslant 2$. 如果 $v \leqslant -1$,那么就有

$$\frac{u - v\sqrt{D}}{2} > \frac{2 + \sqrt{D}}{2} > 1$$

这与 $1 > \dfrac{u - v\sqrt{D}}{2} > 0$ 式矛盾,故必有 $v > -1$,因而 $v \geqslant 0$. 如果 $v = 0$,那么由 $u^2 - Dv^2 = 4$ 就得出 $u = 2$,这与 $\dfrac{u + v\sqrt{D}}{2} > 1$ 矛盾. 所以 $v > 0$,因而 $v \geqslant 1$. 这就证明了 $u + v\sqrt{D}$ 是方程 $x^2 - Dy^2 = 4$ 的正整数解.

**引理 6.2.10.8** 设 $u_1 + v_1\sqrt{D}$ 和 $u_2 + v_2\sqrt{D}$ 都是方程 $x^2 - Dy^2 = 4$ 的整数解,则由下列等式

$$\frac{u_1 + v_1\sqrt{D}}{2} \cdot \frac{u_2 + v_2\sqrt{D}}{2} = \frac{u + v\sqrt{D}}{2}$$

确定的 $u, v$ 必都是整数,且 $u + v\sqrt{D}$ 必是方程 $x^2 - Dy^2 = 4$ 的整数解.

**证明** 首先证明 $u, v$ 都是整数. 由 $u, v$ 的定义可知

$$u = \frac{1}{2}(u_1 u_2 + D v_1 v_2)$$

$$v = \frac{1}{2}(u_1 v_2 + u_2 v_1)$$

由于

$$u_1^2 - Dv_1^2 = 4, u_2^2 - Dv_2^2 = 4$$

所以

$$u_1^2 \equiv Dv_1^2 \pmod 4, u_2^2 \equiv Dv_2^2 \pmod 4$$

因此

$$u_1^2 u_2^2 \equiv D^2 v_1^2 v_2^2 \pmod 4$$
$$u_1^2 v_2^2 \equiv u_2^2 v_1^2 \equiv Dv_1^2 v_2^2 \pmod 4$$

又

$$u_1^2 u_2^2 - D^2 v_1^2 v_2^2$$
$$= (u_1 u_2 + Dv_1 v_2)(u_1 u_2 - Dv_1 v_2)$$
$$= (u_1 u_2 + Dv_1 v_2)^2 - 2Dv_1 v_2 (u_1 u_2 + Dv_1 v_2)$$
$$\equiv 0 \pmod 4$$

因此$(u_1 u_2 + Dv_1 v_2)^2$ 是偶数,所以 $u_1 u_2 + Dv_1 v_2$ 必是偶数.

又由于

$$u_1^2 v_2^2 - u_2^2 v_1^2 = (u_1 v_2 + u_2 v_1)(u_1 v_2 - u_2 v_1)$$
$$= (u_1 v_2 + u_2 v_1)^2 - 2u_2 v_1 (u_1 v_2 + u_2 v_1)$$
$$\equiv 0 \pmod 4$$

因此 $(u_1 v_2 + u_2 v_1)^2$ 是偶数,所以 $u_1 v_2 + u_2 v_1$ 也是偶数.

这就证明了 $u, v$ 都是整数.

在

$$\frac{u + v\sqrt{D}}{2} = \frac{u_1 + v_1\sqrt{D}}{2} \cdot \frac{u_2 + v_2\sqrt{D}}{2}$$

的两边取共轭就得出

$$\frac{u - v\sqrt{D}}{2} = \frac{u_1 - v_1\sqrt{D}}{2} \cdot \frac{u_2 - v_2\sqrt{D}}{2}$$

把以上两式两边相乘就得出

$$\frac{u^2 - Dv^2}{4} = \frac{u_1^2 - Dv_1^2}{4} \cdot \frac{u_2^2 - Dv_2^2}{4} = 1 \cdot 1 = 1$$

所以

$$u^2 - Dv^2 = 4$$

这就证明了 $u + v\sqrt{D}$ 也是方程 $x^2 - Dy^2 = 4$ 的整数解.

下面我们就来叙述并证明方程 $x^2 - Dy^2 = 4$ 的解的基本结构的定理.

**定理 6.2.10.7** 设 $u_0$,$v_0$ 是方程 $x^2 - Dy^2 = 4$ 的使得 $y$ 值最小的正整数解,则方程 $x^2 - Dy^2 = 4$ 的任意一个正整数解 $u + v\sqrt{D}$ 可以由下式确定

$$\frac{u + v\sqrt{D}}{2} = \left( \frac{u_0 + v_0\sqrt{D}}{2} \right)^n$$

其中 $n$ 是某一个正整数. 或上式确定了方程 $x^2 - Dy^2 = 4$ 的所有的正整数解.

**证明** 设

$$\frac{u_n + v_n\sqrt{D}}{2} = \left( \frac{u_0 + v_0\sqrt{D}}{2} \right)^n \quad (n = 1,2,3,\cdots)$$

则根据引理 6.2.10.8 可知 $u_n + v_n\sqrt{D}$ 都是方程 $x^2 - Dy^2 = 4$ 的正整数解.

现在设 $a + b\sqrt{D}$ 是方程 $x^2 - Dy^2 = 4$ 的任一个正整数解,我们证它必可表示成上述形式. 由于

$$1 < \frac{u_0 + v_0\sqrt{D}}{2} < \frac{u_1 + v_1\sqrt{D}}{2} < \cdots$$

$$< \frac{u_n + v_n\sqrt{D}}{2} < \cdots$$

因此必存在一个正整数 $n \geqslant 1$ 使得

$$\frac{u_n + v_n \sqrt{D}}{2} \leqslant \frac{a + b\sqrt{D}}{2} < \frac{u_{n+1} + v_{n+1}\sqrt{D}}{2}$$

如果等号成立,则 $a + b\sqrt{D}$ 已经被表示成了

$$\frac{a + b\sqrt{D}}{2} = \frac{u_n + v_n\sqrt{D}}{2}$$

的形式. 假设等号不成立,则

$$\frac{u_n + v_n\sqrt{D}}{2} < \frac{a + b\sqrt{D}}{2} < \frac{u_{n+1} + v_{n+1}\sqrt{D}}{2}$$

现在设

$$\frac{s + t\sqrt{D}}{2} = \frac{a + b\sqrt{D}}{2} \cdot \frac{u_n - v_n\sqrt{D}}{2}$$

则由于 $u_n - v_n\sqrt{D}$ 和 $a + b\sqrt{D}$ 都是方程 $x^2 - Dy^2 = 4$ 的整数解,所以根据引理 6.2.10.8 可知 $s + t\sqrt{D}$ 也是方程 $x^2 - Dy^2 = 4$ 的整数解.

由于

$$\frac{s + t\sqrt{D}}{2} = \frac{a + b\sqrt{D}}{2} \cdot \frac{u_n - v_n\sqrt{D}}{2}$$

$$> \frac{u_n + v_n\sqrt{D}}{2} \cdot \frac{u_n - v_n\sqrt{D}}{2} = 1$$

所以根据引理 6.2.10.7 可知 $s + t\sqrt{D}$ 是方程 $x^2 - Dy^2 = 4$ 的正整数解.

同时,一方面我们有

$$\frac{u_0 + v_0\sqrt{D}}{2} = \frac{u_n^2 - Dv_n^2}{4} \cdot \frac{u_0 + v_0\sqrt{D}}{2}$$

$$= \frac{u_n + v_n\sqrt{D}}{2} \cdot \frac{u_n - v_n\sqrt{D}}{2} \cdot \frac{u_0 + v_0\sqrt{D}}{2}$$

$$= \left( \frac{u_0 + v_0 \sqrt{D}}{2} \right)^n \cdot \frac{u_n - v_n \sqrt{D}}{2} \cdot \frac{u_0 + v_0 \sqrt{D}}{2}$$

$$= \left( \frac{u_0 + v_0 \sqrt{D}}{2} \right)^{n+1} \cdot \frac{u_n - v_n \sqrt{D}}{2}$$

$$> \frac{a + b \sqrt{D}}{2} \cdot \frac{u_n - v_n \sqrt{D}}{2}$$

$$= \frac{s + t \sqrt{D}}{2}$$

另一方面，由于 $s + t \sqrt{D}$ 是方程 $x^2 - Dy^2 = 4$ 的正整数解以及 $u_0 + v_0 \sqrt{D}$ 是方程 $x^2 - Dy^2 = 4$ 的基本解，所以有 $t \geqslant v_0$，因而

$$s^2 = 4 + Dt^2 \geqslant 4 + Dv_0^2 = u_0^2$$

由于 $s > 0, v_0 > 0$，所以 $s \geqslant u_0$，由此就得出

$$\frac{s + t \sqrt{D}}{2} \geqslant \frac{u_0 + v_0 \sqrt{D}}{2}$$

这与上面的不等式矛盾，所得的矛盾就说明在关系式

$$\frac{u_n + v_n \sqrt{D}}{2} \leqslant \frac{a + b \sqrt{D}}{2} < \frac{u_{n+1} + v_{n+1} \sqrt{D}}{2}$$

中的等号必然成立，这就证明了定理.

仿照引理 6.2.9.9，引理 6.2.10.7，定理 6.2.9.5，定理 6.2.10.7 的证法并应用定理 6.2.10.4 的结果可以证明

**定理 6.2.10.8** 设 $u_0, v_0$ 是方程 $x^2 - Dy^2 = -4$ 的使得 $y$ 值最小的正整数解，则方程 $x^2 - Dy^2 = -4$ 的任意一个正整数解 $u + v \sqrt{D}$ 可以由下式确定

$$\frac{u + v \sqrt{D}}{2} = \left( \frac{u_0 + v_0 \sqrt{D}}{2} \right)^{2n+1}$$

其中 $n$ 是某一个正整数. 或上式确定了方程 $x^2 - Dy^2 = -4$ 的所有的正整数解.

**例 6.2.10.2** 求方程 $x^2 - 2y^2 = 2$ 的所有整数解.

**解** 方程 $x^2 - 2y^2 = 1$ 的基本解是 $x_0 = 3, y_0 = 2$，设方程 $x^2 - 2y^2 = 2$ 的最小解是 $u_0 + v_0\sqrt{2}$，则根据定理 6.2.10.4 可知

$$0 \leqslant \mid u_0 \mid \leqslant \sqrt{\frac{(3+1) \cdot 2}{2}} = 2$$

$$0 \leqslant v_0 \leqslant \sqrt{\frac{2}{2 \cdot (3+1)}} \cdot 2 = 1$$

经验证可知 $u_0 = 2, v_0 = 1$ 是方程 $x^2 - 2y^2 = 2$ 的最小解.

按照定理 6.2.10.6，其所有的整数解可由

$$u + v\sqrt{2} = \pm \frac{(2 \pm \sqrt{2})^{2n+1}}{2^n}$$

确定，按照结合类的定理，它只有一个结合类，其所有的整数解可由

$$u + v\sqrt{2} = \pm(2 + \sqrt{2})(3 \pm 2\sqrt{2})^n$$

得出，由于

$$(2 + \sqrt{2})^2 = 2(3 + 2\sqrt{2})$$

所以这两个解是一样的.

**例 6.2.10.3** 求方程 $x^2 - 2y^2 = -2$ 的所有整数解.

**解** 方程 $x^2 - 2y^2 = 1$ 的基本解是 $x_0 = 3, y_0 = 2$，设方程 $x^2 - 2y^2 = -2$ 的最小解是 $u_0 + v_0\sqrt{2}$，则根据定理 6.2.10.4 可知

$$0 \leqslant |u_0| \leqslant \sqrt{\frac{(3-1) \cdot 2}{2}} = \sqrt{2}$$

$$0 \leqslant v_0 \leqslant \sqrt{\frac{2}{2 \cdot (3-1)}} \cdot 2 = \sqrt{2}$$

经验证 $u_0 = 0, v_0 = 1$ 是方程 $x^2 - 2y^2 = 2$ 的最小解.

所以方程 $x^2 - 2y^2 = -2$ 的所有整数解就是 $\pm\sqrt{2}(3 \pm 2\sqrt{2})^n$.

**例 6.2.10.4** 求方程 $x^2 - 6y^2 = -2$ 的所有整数解.

**解** 方程 $x^2 - 6y^2 = 1$ 的基本解是 $5 + 2\sqrt{6}$,设方程 $x^2 - 6y^2 = -2$ 的最小解是 $u_0 + v_0\sqrt{6}$,则根据定理 6.2.10.4 可知

$$0 \leqslant |u_0| \leqslant \sqrt{\frac{(5-1) \cdot 2}{2}} = 2$$

$$0 \leqslant v_0 \leqslant \sqrt{\frac{2}{2 \cdot (5-1)}} \cdot 2 = 1$$

经验证

$$u_{01} = 2, v_{01} = 1, u_{02} = -2, v_{02} = 1$$

是方程 $x^2 - 6y^2 = -2$ 的符合上述条件的解. 其对应的解分别是

$$-2 + \sqrt{6} \ \text{和} \ 2 + \sqrt{6}$$

由于

$$(-2 + \sqrt{6})(5 + 2\sqrt{6}) = 2 + \sqrt{6}$$

所以 $-2 + \sqrt{6}$ 和 $2 + \sqrt{6}$ 属于同一个结合类,因而方程 $x^2 - 6y^2 = -2$ 只有一个结合类,因此按照结合类的理论就得出方程 $x^2 - 6y^2 = -2$ 的所有正整数解可由公

式 $(2+\sqrt{6})(5+2\sqrt{6})^{n}$ 给出,其中 $n=0,1,2,\cdots$

按照定理 6.2.10.6,方程 $x^{2}-6y^{2}=-2$ 的所有正整数解又可由公式 $\dfrac{(2+\sqrt{6})^{2n+1}}{2^{n}}$ 给出. 由于

$$(2+\sqrt{6})^{2}=2(5+2\sqrt{6})$$

所以上述两个公式给出的解是同样的,因此设

$$u_{n}+v_{n}\sqrt{6}=\frac{(2+\sqrt{6})^{2n+1}}{2^{n}}$$

则方程 $x^{2}-6y^{2}=-2$ 的所有整数解就是 $\pm u_{n}\pm v_{n}\sqrt{6}$.

**例 6.2.10.5** 求方程 $x^{2}-5y^{2}=4$ 的所有整数解.

**解** 方程 $x^{2}-5y^{2}=1$ 的基本解是 $9+4\sqrt{5}$,设方程 $x^{2}-5y^{2}=4$ 的最小解是 $u_{0}+v_{0}\sqrt{5}$,则根据定理 6.2.10.4 可知

$$0\leqslant|u_{0}|\leqslant\sqrt{\frac{(9+1)\cdot4}{2}}=\sqrt{20}=4.472\cdots$$

$$0\leqslant v_{0}\leqslant\sqrt{\frac{4}{2\cdot(9+1)}}\cdot4=\frac{4}{\sqrt{5}}=1.788\cdots$$

经验证 $u_{01}=2,v_{01}=0,u_{02}=3,v_{02}=1$ 和 $u_{03}=-3,v_{03}=1$ 是方程 $x^{2}-5y^{2}=4$ 的符合上述条件的解.

因此方程 $x^{2}-5y^{2}=4$ 有三个结合类 $K_{1},K_{2},K_{3}$ 其基本解分别为 2 和 $3+\sqrt{5}$ 和 $3-\sqrt{5}$ 因此其全部正整数解为

$$A_{n}=2(9+4\sqrt{5})^{n}$$

$$B_{n}=(3+\sqrt{5})(9+4\sqrt{5})^{n}$$

和

285

$$C_n = (3 - \sqrt{5})(9 + 4\sqrt{5})^n$$

按照定理 6.2.10.6，其所有的整数解可由

$\dfrac{u_n + v_n\sqrt{5}}{2} = \left(\dfrac{3 + \sqrt{5}}{2}\right)^n$ 确定.容易证明,这两种方式

给出的正整数解是相同的,事实上,当 $n = 1, 2, 3, \cdots$

时,$u_n + v_n\sqrt{5}$ 按照

$$A_1, B_1, C_1, A_2, B_2, C_2, A_3, B_3, C_3, \cdots$$

的顺序给出了方程 $x^2 - 5y^2 = 4$ 的正整数解,而方程

$x^2 - 5y^2 = 4$ 的所有解则由 $\pm u_n \pm v_n\sqrt{5}$ 给出.

**例 6.2.10.6**　求方程 $x^2 - 5y^2 = -4$ 的所有整

数解.

**解**　方程 $x^2 - 5y^2 = 1$ 的基本解是 $9 + 4\sqrt{5}$,设方

程 $x^2 - 5y^2 = -4$ 的最小解是 $u_0 + v_0\sqrt{2}$,则根据定理

6.2.10.4 可知

$$0 \leqslant |u_0| \leqslant \sqrt{\frac{(9 - 1) \cdot 4}{2}} = 4$$

$$0 \leqslant v_0 \leqslant \sqrt{\frac{4}{2 \cdot (9 - 1)}} \cdot 4 = 2$$

经验证

$$u_{01} = -1, v_{01} = 1$$
$$u_{02} = 1, v_{02} = 1$$

和

$$u_{03} = -4, v_{03} = 2$$
$$u_{04} = 4, v_{04} = 2$$

是方程 $x^2 - 5y^2 = -4$ 的符合上述条件的解.

因此方程 $x^2 - 5y^2 = -4$ 有四个结合类 $K_1, K_2,$

$K_3,K_4$,其基本解分别为 $-1+\sqrt{5}$ , $1+\sqrt{5}$ , $-4+2\sqrt{5}$ 和 $4+2\sqrt{5}$ 因此其全部正整数解为

$$A_n = (-1+\sqrt{5})(9+4\sqrt{5})^n$$

$$B_n = (1+\sqrt{5})(9+4\sqrt{5})^n$$

$$C_n = (-4+2\sqrt{5})(9+4\sqrt{5})^n$$

$$D_n = (4+2\sqrt{5})(9+4\sqrt{5})^n$$

但是由于

$$(-4+2\sqrt{5})(9+4\sqrt{5}) = 4+2\sqrt{5}$$

所以方程 $x^2-5y^2=-4$ 实际上只有三个独立的结合类,其全部正整数解由

$$A_n = (-1+\sqrt{5})(9+4\sqrt{5})^n$$

$$B_n = (1+\sqrt{5})(9+4\sqrt{5})^n$$

$$C_n = (4+2\sqrt{5})(9+4\sqrt{5})^n$$

给出.

按照定理 6.2.10.6,其所有的整数解可由 $\dfrac{u_n+v_n\sqrt{5}}{2} = \left(\dfrac{1+\sqrt{5}}{2}\right)^n$ 确定. 容易证明,这两种方式给出的正整数解是相同的,事实上,当 $n=1,2,3,\cdots$ 时,$u_n+v_n\sqrt{5}$ 按照

$$B_1,C_2,A_2,B_2,C_3,A_3,B_3,C_3,A_4,\cdots$$

的顺序给出了方程 $x^2-5y^2=-4$ 的正整数解,而方程 $x^2-5y^2=-4$ 的所有解则由 $\pm u_n \pm v_n\sqrt{5}$ 给出.

**例 6.2.10.7** 求方程 $x^2-15y^2=61$ 的所有整数解.

287

**解** 方程 $x^2-15y^2=1$ 的基本解是 $4+\sqrt{5}$,设方程 $x^2-15y^2=61$ 的最小解是 $u_0+v_0\sqrt{2}$,则根据定理 6.2.10.4 可知

$$0\leqslant|u_0|\leqslant\sqrt{\frac{(4+1)\cdot 61}{2}}=\sqrt{\frac{305}{2}}=12.34\cdots$$

$$0\leqslant v_0\leqslant\sqrt{\frac{61}{2\cdot(4+1)}}\cdot 1=\sqrt{\frac{61}{10}}=2.46\cdots$$

经验证

$$u_{01}=11,v_{01}=2,u_{02}=-11,v_{02}=1$$

是方程 $x^2-15y^2=61$ 的符合上述条件的解.

因此方程 $x^2-15y^2=61$ 有两个结合类 $K_1,K_2$,其基本解分别为 $11+2\sqrt{15}$ 和 $11-2\sqrt{15}$,因此其全部正整数解为

$$A_n=(11-2\sqrt{15})(4+\sqrt{15})^n$$

和

$$B_n=(11+2\sqrt{15})(4+\sqrt{15})^n$$

而其全部整数解为 $\pm A_n$ 和 $\pm B_n$.

**例 6.2.10.8** 求方程 $x^2-6y^2=-29$ 的所有整数解.

**解** 方程 $x^2-6y^2=1$ 的基本解是 $5+2\sqrt{6}$,设方程 $x^2-6y^2=-29$ 的最小解是 $u_0+v_0\sqrt{2}$,则根据定理 6.2.10.4 可知

$$0\leqslant|u_0|\leqslant\sqrt{\frac{(5-1)\cdot 29}{2}}=\sqrt{58}=7.61\cdots$$

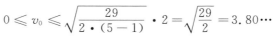

$$0\leqslant v_0\leqslant\sqrt{\frac{29}{2\cdot(5-1)}}\cdot 2=\sqrt{\frac{29}{2}}=3.80\cdots$$

经验证
$$u_{01}=5,v_{01}=3,u_{02}=-5,v_{02}=3$$
是方程 $x^2-6y^2=-29$ 的符合上述条件的解.

因此方程 $x^2-6y^2=-29$ 有两个结合类 $K_1,K_2$,其基本解分别为 $-5+3\sqrt{6}$ 和 $5+3\sqrt{6}$,因此其全部正整数解为
$$A_n=(5-3\sqrt{6})(5+2\sqrt{6})^n$$
和
$$B_n=(5+3\sqrt{6})(5+2\sqrt{6})^n$$
而其全部整数解为 $\pm A_n$ 和 $\pm B_n$.

**例 6.2.10.9**  求方程 $x^2-2y^2=119$ 的所有整数解.

**解**  方程 $x^2-2y^2=1$ 的基本解是 $3+2\sqrt{2}$,设方程 $x^2-2y^2=119$ 的最小解是 $u_0+v_0\sqrt{2}$,则根据定理 6.2.10.4 可知
$$0\leqslant|u_0|\leqslant\sqrt{\frac{(3+1)\cdot119}{2}}=\sqrt{238}=15.42\cdots$$
$$0\leqslant v_0\leqslant\sqrt{\frac{119}{2\cdot(3+1)}}\cdot2=\sqrt{\frac{119}{2}}=7.713\cdots$$
经验证
$$u_{01}=-11,v_{01}=1$$
$$u_{02}=11,v_{02}=1$$
$$u_{03}=-13,v_{03}=5$$
$$u_{04}=13,v_{04}=5$$
是方程 $x^2-2y^2=119$ 的符合上述条件的解.

因此方程 $x^2-2y^2=119$ 有四个结合类 $K_1,K_2,$

$K_3$,$K_4$,其基本解分别为 $11-\sqrt{2}$,$11+\sqrt{2}$,$13-5\sqrt{2}$ 和 $13+5\sqrt{2}$,因此其全部正整数解为

$$A_n = (11-\sqrt{2})(3+2\sqrt{2})^n$$
$$B_n = (11+\sqrt{2})(3+2\sqrt{2})^n$$
$$C_n = (13-5\sqrt{2})(3+2\sqrt{2})^n$$
$$D_n = (13+5\sqrt{2})(3+2\sqrt{2})^n$$

而其全部整数解为 $\pm A_n$,$\pm B_n$,$\pm C_n$ 和 $\pm D_n$.

**例 6.2.10.10** 求方程 $x^2 - 82y^2 = 23$ 的所有整数解.

**解** 方程 $x^2 - 82y^2 = 1$ 的基本解是 $163+18\sqrt{82}$,设方程 $x^2 - 82y^2 = 23$ 的最小解是 $u_0 + v_0\sqrt{82}$,则根据定理 6.2.10.4 可知

$$0 \leqslant |u_0| \leqslant \sqrt{\frac{(163+1)\cdot 23}{2}} = \sqrt{1\,886} = 43.42\cdots$$

$$0 \leqslant v_0 \leqslant \sqrt{\frac{23}{2\cdot(163+1)}} \cdot 18 = 9\sqrt{\frac{23}{82}} = 4.76\cdots$$

经验证 $y = 0,1,2,3,4$ 都不是方程

$$x^2 - 82y^2 = 23$$

的整数解,因此根据定理 6.2.10.5 可知方程

$$x^2 - 82y^2 = 23$$

不存在任何整数解.

下面,我们来研究一般的二次不定方程

$$f(x,y) = ax^2 + bxy + cy^2 + dx + ey + f = 0$$

的整数解.

**引理 6.2.10.9** 设 $D = b^2 - 4ac > 0$,且 $D$ 不是一

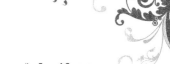

个完全平方数

$$\Delta = 4acf + bde - ae^2 - cd^2 - fb^2 \neq 0$$

则存在一个变量替换,可把

$$f(x,y) = ax^2 + bxy + cy^2 + dx + ey + f = 0$$

变换为方程

$$X^2 - DY^2 = M$$

**证明** 用 $D^2$ 乘方程 $f(x,y) = 0$ 的两边得

$$aD^2x^2 + bD^2xy + cD^2y^2 + dD^2x + eD^2y + fD^2 = 0$$

$$(6.2.10.25)$$

令

$$Dx = x' + 2cd - be, Dy = y' + 2ae - bd$$

$$(6.2.10.26)$$

把(6.2.10.26)代入(6.2.10.25)就得出

$$ax'^2 + bx'y' + cy'^2 = D\Delta$$

由于 $D$ 不是一个完全平方数,所以 $a \neq 0$(否则 $D = b^2$),不失一般性,可设 $a > 0$.在上式两端乘以 $4a$,再令

$$X = 2ax' + by', Y = y' \quad (6.2.10.27)$$

则方程 $ax'^2 + bx'y' + cy'^2 = D\Delta$ 在变换(6.2.10.27)下就变换成了方程

$$X^2 - DY^2 = M$$

其中 $M = 4aD\Delta \neq 0$.

**引理 6.2.10.10** 如果方程 $f(x,y) = ax^2 + bxy + cy^2 + dx + ey + f = 0$ 有一组整数解,则它就有无穷多组整数解.

**证法 1** 设方程

$$f(x,y) = ax^2 + bxy + cy^2 + dx + ey + f = 0$$

有一组整数解 $x_0,y_0$,则由引理 6.2.10.8 可知通过变换(6.2.10.26)

$$Dx_0 = x_0' + 2cd - be$$
$$Dy_0 = y_0' + 2ae - bd$$

可把上面的等式变换为

$$ax_0'^2 + bx_0'y_0' + cy_0'^2 = D\Delta$$

在上式两端乘以 $4a$ 就得出

$$(2ax_0' + by_0')^2 - Dy_0'^2 = 4aD\Delta$$
$$(2ax_0' + by_0' + y_0'\sqrt{D})(2ax_0' + by_0' - y_0'\sqrt{D}) = 4aD\Delta$$

再设 $x=u,y=v$ 是方程 $x^2 - Dy^2 = 1$ 的任意一组整数解,则

$$(u + v\sqrt{D})(u - v\sqrt{D}) = 1$$

将以上两式的两边分别相乘就得出

$$(2ax_0' + by_0' + y_0'\sqrt{D})(u + v\sqrt{D}) \cdot$$
$$(2ax_0' + by_0' - y_0'\sqrt{D})(u - v\sqrt{D}) = 4aD\Delta$$

令

$$X = x_0'u - bx_0'v - 2cy_0'v$$
$$Y = 2ax_0'v + y_0'u + by_0'v$$

就得出

$$(2aX + bY + Y\sqrt{D})(2aX + bY - Y\sqrt{D}) = 4aD\Delta$$

或

$$(2aX + bY)^2 - DY^2 = 4aD\Delta$$

或

$$aX^2 + bXY + cY^2 = D\Delta$$

这表示 $X,Y$ 也是方程 $ax'^2 + bx'y' + cy'^2 = D\Delta$,即

方程

$$f(x,y) = ax^2 + bxy + cy^2 + dx + ey + f = 0$$

的整数解. 由于 $D\Delta \neq 0$,所以

$$2aX + bY + Y\sqrt{D} \neq 0$$

$$2aX + bY - Y\sqrt{D} \neq 0$$

因此由不同的 $u,v$ 就得出不同的 $X,Y$. 由于方程 $x^2 - Dy^2 = 1$ 有无穷多组整数解,这就得出方程

$$f(x,y) = ax^2 + bxy + cy^2 + dx + ey + f = 0$$

有无穷多组整数解.

**证法 2** 由于 $D$ 不是完全平方数,所以

$$a \neq 0 \quad (否则 D = b^2)$$

不失一般性,不妨设 $a > 0$. 由引理 6.2.10.8 可知,在变换

$$X = 2aDx + bDy + dD, Y = Dy - 2ae + bd$$

$$(6.2.10.28)$$

下可将方程

$$f(x,y) = ax^2 + bxy + cy^2 + dx + ey + f = 0$$

化为方程

$$X^2 - DY^2 = M$$

其中 $M = 4aD\Delta \neq 0$. 由于方程 $f(x,y) = ax^2 + bxy + cy^2 + dx + ey + f = 0$ 有一组解 $x_0, y_0$,因此设

$$X_0 = 2aDx_0 + bDy_0 + dD, Y_0 = Dy_0 - 2ae + bd$$

就得到方程 $x^2 - Dy^2 = M$ 的一组解 $X_0, Y_0$. 因此根据定理 6.2.10.5 可知方程 $x^2 - Dy^2 = M$ 存在无穷多组整数解. 下面我们证明 $x^2 - Dy^2 = M$ 存在无穷多组整数解使得从这无穷多组整数解通过变换 (6.2.10.28)

而得出方程
$$f(x,y) = ax^2 + bxy + cy^2 + dx + ey + f = 0$$
的无穷多组整数解.

根据推论 6.2.9.3 可知,对 $2aD^2$,方程
$$x^2 - Dy^2 = 1$$
存在无穷多个解 $T_1 + U_1\sqrt{D}$ 使得
$$U_1 \equiv 0(\bmod 2aD^2)$$
因此 $T_1^2 \equiv 1(\bmod 2aD^2)$. 令
$$T + U\sqrt{D} = (T_1 + U_1\sqrt{D})^2$$
$$= T_1^2 + U_1^2 D + 2T_1 U_1\sqrt{D}$$
由此就得出
$$T \equiv 1(\bmod 2aD^2)$$
$$U \equiv 0(\bmod 2aD^2)$$
于是由方程 $x^2 - Dy^2 = 1$ 的无穷多组整数解 $T + U\sqrt{D}$ 就得出方程 $x^2 - Dy^2 = M$ 的无穷多组整数解
$$X + Y\sqrt{D} = (X_0 + Y_0\sqrt{D})(T + U\sqrt{D})$$
由上式可以解出
$$X = X_0 T + Y_0 UD$$
$$Y = X_0 U + Y_0 T$$
因此由变换(6.2.10.28)
$$X = 2aDx + bDy + dD$$
$$Y = Dy - 2ae + bd$$
就得出
$$\begin{cases} X_0 T + Y_0 UD = 2aDx + bDy + dD \\ X_0 U + Y_0 T = Dy - 2ae + bd \end{cases}$$

$$(6.2.10.29)$$

294

由于

$$T \equiv 1 (\bmod\ 2aD^2)$$

$$U \equiv 0 (\bmod\ 2aD^2)$$

因此在上式的两边取模 $2aD^2$ 就得出

$$\begin{cases} X_0 \equiv 2aDx + bDy + dD (\bmod\ 2aD^2) \\ Y_0 \equiv Dy - 2ae + bd (\bmod\ 2aD^2) \end{cases}$$

把

$$X_0 = 2aDx_0 + bDy_0 + dD$$

$$Y_0 = Dy_0 - 2ae + bd$$

代入上式就得出

$$\begin{cases} 2aD(x - x_0) + bD(y - y_0) \equiv 0 (\bmod\ 2aD^2) \\ D(y - y_0) \equiv 0 (\bmod\ 2aD^2) \end{cases}$$

由此推出

$$y - y_0 \equiv 0 (\bmod\ 2aD)$$

以及

$$x - x_0 + bD \frac{y - y_0}{2aD} \equiv 0 (\bmod\ D)$$

故由(6.2.10.29)确定的 $x, y$ 都是整数,因而从方程 $x^2 - Dy^2 = M$ 的无穷多组满足条件

$$T \equiv 1 (\bmod\ 2aD^2)$$

$$U \equiv 0 (\bmod\ 2aD^2)$$

的整数解通过变换(6.2.10.28)

$$X = 2aDx + bDy + dD$$

$$Y = Dy - 2ae + bd$$

就得到了方程

$$f(x, y) = ax^2 + bxy + cy^2 + dx + ey + f = 0$$

的无穷多组整数解.

**引理 6.2.10.11**　设 $D = b^2 - 4ac > 0$,不是完全平方数,则方程

$$ax^2 + bxy + cy^2 = 0$$

的整数解只有零解.

**证明**　这时有

$$[2ax + (b + \sqrt{D})y][2ax + (b + \sqrt{D})y] = 0$$

由于 $D > 0$ 且不是完全平方数,因此必有

$$2ax + (b + \sqrt{D})y = 0 \text{ 或 } 2ax - (b + \sqrt{D})y = 0$$

但只有 $x = 0, y = 0$ 才是上面两式的整数解.

**推论 6.2.10.2**　设 $D = b^2 - 4ac > 0$,且不是完全平方数,$k \neq 0$,则方程

$$ax^2 + bxy + cy^2 = k$$

或者没有整数解,或者有无穷多组整数解.

**证明**　由引理 6.2.10.9 和引理 6.2.10.10 立即得出.

**引理 6.2.10.12**　设 $D = b^2 - 4ac > 0$,且不是完全平方数,$x = x_0, y = y_0$ 是方程

$$ax^2 + bxy + cy^2 = k$$

的整数解,$u + v\sqrt{D}$ 是方程

$$x^2 - Dy^2 = 4$$

的整数解,则

$$X = \frac{u - bv}{2}x_0 - cvy_0, Y = avx_0 + \frac{u + bv}{2}y_0$$

都是整数.

**证明**　由于

$$u^2 - Dv^2 = 4, D = b^2 - 4ac$$

所以

$$u^2 - Dv^2 \equiv 0(\bmod 4), D \equiv b^2(\bmod 4)$$

因此

$$u^2 - b^2 v^2 \equiv 0(\bmod 4)$$

而

$$u^2 - b^2 v^2 = (u + bv)^2 - 2bv(u + bv)$$
$$= (u - bv)^2 + 2bv(u - bv)$$
$$\equiv 0(\bmod 4)$$

所以有

$$u + bv \equiv 0(\bmod 2), u - bv \equiv 0(\bmod 2)$$

这就证明了

$$X = \frac{u - bv}{2}x_0 - cvy_0, Y = avx_0 + \frac{u + bv}{2}y_0$$

都是整数.

**引理 6.2.10.13** 设 $D = b^2 - 4ac > 0$,且不是完全平方数,$x = x_0, y = y_0$ 是方程

$$ax^2 + bxy + cy^2 = k$$

的整数解,$u + v\sqrt{D}$ 是方程

$$x^2 - Dy^2 = 4$$

的整数解,则

$$X = \frac{u - bv}{2}x_0 - cvy_0, Y = avx_0 + \frac{u + bv}{2}y_0$$

也是方程

$$ax^2 + bxy + cy^2 = k$$

的整数解.

**证明** 由于 $a \neq 0$,所以有

297

$$(2ax_0 + by_0 + y_0\sqrt{D})(2ax_0 + by_0 - y_0\sqrt{D}) = 4ak$$

又由于 $u^2 - Dv^2 = 4$,因此又有

$$\frac{u + v\sqrt{D}}{2} \cdot \frac{u - v\sqrt{D}}{2} = 1$$

将上面两式的两边分别相乘就得出

$$(2ax_0 + by_0 + y_0\sqrt{D})\frac{u + v\sqrt{D}}{2} \cdot$$

$$(2ax_0 + by_0 - y_0\sqrt{D})\frac{u - v\sqrt{D}}{2} = 4ak$$

再利用

$$X = \frac{u - bv}{2}x_0 - cvy_0, Y = avx_0 + \frac{u + bv}{2}y_0$$

就得出

$$(2aX + bY + Y\sqrt{D})(2aX + bY - Y\sqrt{D}) = 4ak$$

这就是

$$aX^2 + bXY + cY^2 = k$$

因此由引理 6.2.10.11 可知 $X,Y$ 也是方程 $ax^2 + bxy + cy^2 = k$ 的整数解.

**定义 6.2.10.7** 设 $D = b^2 - 4ac > 0$ 不是完全平方数,$k \neq 0(x_0, y_0)$ 是方程 $ax^2 + bxy + cy^2 = k$ 的整数解,$u,v$ 是方程 $x^2 - Dy^2 = 4$ 的整数解,则称

$$X = \frac{u - bv}{2}x_0 - cvy_0$$

$$Y = avx_0 + \frac{u + bv}{2}y_0$$

是 $x_0, y_0$ 的伴随解.

**引理 6.2.10.14** 设 $D = b^2 - 4ac > 0$ 不是完全平

方数，$k \neq 0 (x_0, y_0)$ 是方程 $ax^2 + bxy + cy^2 = k$ 的整数解，$(X, Y)$ 是 $(x_0, y_0)$ 的伴随解，则

$$(2ax_0 + by_0 + y_0 \sqrt{D}) \frac{u + v\sqrt{D}}{2} = 2aX + bY + Y\sqrt{D}$$

$$(6.2.10.30)$$

反之，若上式成立，则 $(X, Y)$ 是 $(x_0, y_0)$ 的伴随解．

如果 $(X, Y)$ 是 $(x_0, y_0)$ 的伴随解，我们记

$$(X, Y) \sim (x_0, y_0)$$

**证明**　由引理 6.2.10.13 的证明得出．

**引理 6.2.10.15**　伴随是一种等价关系，即：

(1) $(x_0, y_0) \sim (x_0, y_0)$；

(2) 如果 $(X, Y) \sim (x_0, y_0)$，则 $(x_0, y_0) \sim (X, Y)$；

(3) 如果 $(x_1, y_1) \sim (x_0, y_0)$，$(x_2, y_2) \sim (x_1, y_1)$，则 $(x_2, y_2) \sim (x_0, y_0)$．

**证明**　(1) 由于 $u = 2, v = 0$ 是方程 $x^2 - Dy^2 = 4$ 的整数解，而

$$(2ax_0 + by_0 + y_0 \sqrt{D}) \cdot \frac{2 + 0\sqrt{D}}{2} = 2ax_0 + by_0 + y_0\sqrt{D}$$

因此由引理 6.2.10.13 就得出 $(x_0, y_0)$ 是 $(x_0, y_0)$ 的伴随解，这就证明了 (1)．

(2) 设

$$X + Y\sqrt{D} \sim x_0 + y_0\sqrt{D}$$

则根据引理 6.2.10.13 就有

$$(2ax_0 + by_0 + y_0 \sqrt{D}) \frac{u + v\sqrt{D}}{2} = 2aX + bY + Y\sqrt{D}$$

在上式的两端都乘以 $\dfrac{u-v\sqrt{D}}{2}$ 就得出

$$(2aX+bY+Y\sqrt{D})\cdot\dfrac{u-v\sqrt{D}}{2}=2ax_0+by_0+y_0\sqrt{D}$$

由于 $u-v\sqrt{D}$ 也是方程 $x^2-Dy^2=4$ 的整数解,所以由上式和引理 6.2.10.13 就得出

$$(x_0,y_0)\sim(X,Y)$$

这就证明了(2).

(3) 设

$$(x_1,y_1)\sim(x_0,y_0),(x_2,y_2)\sim(x_1,y_1)$$

则存在方程 $x^2-Dy^2=4$ 的整数解 $u_1+v_1\sqrt{D}$ 和 $u_2+v_2\sqrt{D}$ 使得

$$(2ax_0+by_0+y_0\sqrt{D})\cdot\dfrac{u_1+v_1\sqrt{D}}{2}$$

$$=2ax_1+by_1+y_1\sqrt{D} \qquad (6.2.10.31)$$

$$(2ax_1+by_1+y_1\sqrt{D})\cdot\dfrac{u_2+v_2\sqrt{D}}{2}$$

$$=2ax_2+by_2+y_2\sqrt{D} \qquad (6.2.10.32)$$

设 $(u_3,v_3)$ 由等式

$$\dfrac{u_1+v_1\sqrt{D}}{2}\cdot\dfrac{u_2+v_2\sqrt{D}}{2}=\dfrac{u_3+v_3\sqrt{D}}{2}$$

所确定,则根据引理 6.2.10.7 可知 $u_3,v_3$ 都是整数,并且 $u_3+v_3\sqrt{D}$ 也是方程 $x^2-Dy^2=4$ 的整数解.

把式(6.2.10.31)和(6.2.10.32)的两边分别相乘就得出

$$(2ax_0 + by_0 + y_0\sqrt{D}) \cdot \frac{u_3 + v_3\sqrt{D}}{2}$$

$$= 2ax_2 + by_2 + y_2\sqrt{D}$$

根据引理 $6.2.10.13$，这说明 $(x_2, y_2) \sim (x_0, y_0)$，这就证明了 $(3)$.

**引理 6.2.10.16**　设 $D = b^2 - 4ac > 0$ 不是一个完全平方数，$k \ne 0$，则方程

$$ax^2 + bxy + cy^2 = k$$

的任意一组整数解（如果存在）$(x_0, y_0)$ 都存在唯一的满足以下条件

$$\frac{u_0 + v_0\sqrt{D}}{2} > 2aX + bY + Y\sqrt{D} \geqslant 1$$

的伴随解 $(X, Y)$，其中 $u_0 + v_0\sqrt{D}$ 是方程

$$x^2 - Dy^2 = 4$$

的最小解，即使得 $y$ 值最小的正整数解.

**证明**　设 $(x_0, y_0)$ 是方程 $ax^2 + bxy + cy^2 = k$ 的任一组整数解，由于 $k \ne 0$，所以

$$2ax_0 + by_0 + y_0\sqrt{D} \ne 0$$

以下分两种情况讨论.

$(1)\, 2ax_0 + by_0 + y_0\sqrt{D} > 0.$

这时如果

$$2ax_0 + by_0 + y_0\sqrt{D} \geqslant \frac{u_0 + v_0\sqrt{D}}{2}$$

则由于

$$\frac{u_0 + v_0\sqrt{D}}{2} < \frac{u_1 + v_1\sqrt{D}}{2} < \cdots < \frac{u_n + v_n\sqrt{D}}{2} < \cdots$$

因此必存在正整数 $n$ 使得

$$\left( \frac{u_0 + v_0 \sqrt{D}}{2} \right)^{n+1} > 2ax_0 + by_0 + y_0 \sqrt{D}$$

$$\geqslant \left( \frac{u_0 + v_0 \sqrt{D}}{2} \right)^{n}$$

由于

$$\frac{u_n - v_n \sqrt{D}}{2} = \frac{(u_n - v_n \sqrt{D})(u_n + v_n \sqrt{D})}{2(u_n + v_n \sqrt{D})}$$

$$= \frac{4}{2(u_n + v_n \sqrt{D})}$$

$$= \frac{2}{u_n + v_n \sqrt{D}} > 0$$

所以在上式两端都乘以 $\dfrac{u_n - v_n \sqrt{D}}{2}$ 就得出

$$\frac{u_0 + v_0 \sqrt{D}}{2} > (2ax_0 + by_0 + y_0 \sqrt{D}) \cdot \frac{u_n - v_n \sqrt{D}}{2} \geqslant 1$$

设

$$(2ax_0 + by_0 + y_0 \sqrt{D}) \cdot \frac{u_n - v_n \sqrt{D}}{2} = 2ax_n + by_n + y_n \sqrt{D}$$

于是就有

$$\frac{u_0 + v_0 \sqrt{D}}{2} > 2ax_n + by_n + y_n \sqrt{D} \geqslant 1$$

由于 $u_n - v_n \sqrt{D}$ 是方程 $x^2 - Dy^2 = 4$ 的整数解,因此 $(x_n, y_n) \sim (x_0, y_0)$(即 $(x_n, y_n)$ 是 $(x_0, y_0)$ 的伴随解),且满足

$$\frac{u_0 + v_0 \sqrt{D}}{2} > 2ax_n + by_n + y_n \sqrt{D} \geqslant 1$$

如果

$$1 \leqslant 2ax_n + by_n + y_n\sqrt{D} < \frac{u_0 + v_0\sqrt{D}}{2}$$

那么 $(x_0, y_0) \sim (x_0, y_0)$，而解 $(x_0, y_0)$ 满足所给条件.

如果

$$0 < 2ax_0 + by_0 + y_0\sqrt{D} < 1$$

那么由于 $\dfrac{u_0 + v_0\sqrt{D}}{2} > 1$，所以必存在正整数 $n$ 使得

$$(2ax_0 + by_0 + y_0\sqrt{D}) \cdot \left(\frac{u_0 + v_0\sqrt{D}}{2}\right)^n \geqslant 1$$

设

$$(2ax_0 + by_0 + y_0\sqrt{D}) \cdot \left(\frac{u_0 + v_0\sqrt{D}}{2}\right)^n$$

$$= (2ax_0 + by_0 + y_0\sqrt{D}) \cdot \frac{u_n + v_n\sqrt{D}}{2}$$

$$= 2ax_n + by_n + y_n\sqrt{D}$$

由定理 6.2.10.7. 可知 $u_n + v_n\sqrt{D}$ 是方程

$$x^2 - Dy^2 = 4$$

的正整数解，因此 $(x_n, y_n) \sim (x_0, y_0)$，且有

$$2ax_n + by_n + y_n\sqrt{D} \geqslant 1$$

由前面的证明可知 $(x_n, y_n)$ 有满足条件

$$\frac{u_0 + v_0\sqrt{D}}{2} > 2aX + bY + Y\sqrt{D} \geqslant 1$$

的伴随解 $(X, Y)$，再根据伴随关系的传递性可知 $(X, Y) \sim (x_0, y_0)$，而 $(X, Y)$ 满足所给的条件.

(2) $2ax_0 + by_0 + y_0\sqrt{D} < 0$.

303

这时有

$$2a(-x_0) + b(-y_0) + (-y_0)\sqrt{D} > 0$$

由（1）的证明可知解$(-x_0, -y_0)$有满足所给条件的
伴随解$(X, Y)$，但由于$-2 + 0\sqrt{D}$是方程

$$x^2 - Dy^2 = 4$$

的整数解以及

$$(2ax_0 + by_0 + y_0\sqrt{D}) \cdot \frac{-2 + 0\sqrt{D}}{2}$$

$$= 2a(-x_0) + b(-y_0) + (-y_0)\sqrt{D}$$

所以$(-x_0, -y_0) \sim (x_0, y_0)$. 由此就得出有满足所给
条件的$(X, Y) \sim (x_0, y_0)$.

这样我们就证明了如果$D = b^2 - 4ac > 0$且不是
完全平方数，$k \neq 0$时，方程$ax^2 + bxy + cy^2 = k$的任何
整数解$(x_0, y_0)$都有满足条件

$$\frac{u_0 + v_0\sqrt{D}}{2} > 2aX + bY + Y\sqrt{D} \geqslant 1$$

的伴随解$(X, Y)$.

下面我们来证明唯一性.

设$(X_1, Y_1)$和$(X_2, Y_2)$均是方程

$$ax^2 + bxy + cy^2 = k$$

的整数解$(x_0, y_0)$的满足有条件

$$\frac{u_0 + v_0\sqrt{D}}{2} > 2aX + bY + Y\sqrt{D} \geqslant 1$$

的伴随解，则

$$\frac{u_0 + v_0\sqrt{D}}{2} > 2aX_1 + bY_1 + Y_1\sqrt{D} \geqslant 1$$

$$\frac{u_0 + v_0\sqrt{D}}{2} > 2aX_2 + bY_2 + Y_2\sqrt{D} \geqslant 1$$

由于 $(X_1,Y_1)$ 和 $(X_2,Y_2)$ 也互为伴随解，所以又有

$$(2aX_2 + bY_2 + Y_2\sqrt{D}) \cdot \frac{u + v\sqrt{D}}{2}$$

$$= 2aX_1 + bY_1 + Y_1\sqrt{D}$$

其中 $u + v\sqrt{D}$ 是方程 $x^2 - Dy^2 = 4$ 的整数解．由于

$$2aX_i + bY_i + Y_i\sqrt{D} \geqslant 1 \quad (i = 1,2)$$

所以 $\dfrac{u + v\sqrt{D}}{2} > 0$，从而有 $\dfrac{u - v\sqrt{D}}{2} > 0$．将这两个式

子相加就得出 $u > 0$. 如果 $v = 0$，则 $u = 2$，因此这时

$(X_1,Y_1) = (X_2,Y_2)$. 如果 $v > 0$，则由定理 6.2.10.7

可知

$$\frac{u + v\sqrt{D}}{2} = \left(\frac{u_0 + v_0}{2}\right)^n \geqslant \frac{u_0 + v_0}{2}\sqrt{D}$$

于是就有

$$2aX_1 + bY_1 + Y_1\sqrt{D}$$

$$\geqslant (2aX_2 + bY_2 + Y_2\sqrt{D}) \cdot \frac{u_0 + v_0\sqrt{D}}{2}$$

$$\geqslant \frac{u_0 + v_0\sqrt{D}}{2}$$

这与 $(X_1,Y_1)$ 所满足的条件矛盾．如果 $v < 0$，则 $-v >$

$0$，从而 $u - v\sqrt{D}$ 是方程 $x^2 - Dy^2 = 4$ 的正整数解．因

此存在正整数 $n$ 使得

$$\frac{u - v\sqrt{D}}{2} = \left(\frac{u_0 + v_0\sqrt{D}}{2}\right)^n$$

$$\geqslant \frac{u_0 + v_0\sqrt{D}}{2}$$

从而

$$2aX_2 + bY_2 + Y_2\sqrt{D}$$

$$\geqslant (2aX_1 + bY_1 + Y_1\sqrt{D}) \cdot \frac{u_0 + v_0\sqrt{D}}{2}$$

$$\geqslant \frac{u_0 + v_0\sqrt{D}}{2}$$

这与 $(X_2,Y_2)$ 所满足的条件矛盾.

综合以上三种情况的讨论就证明了满足条件的伴随解的唯一性.

**引理 6. 2. 10. 17** 设 $D = b^2 - 4ac > 0$ 不是一个完全平方数,$k \neq 0$,则方程

$$ax^2 + bxy + cy^2 = k$$

只有有限组满足以下条件的整数解 $(X,Y)$

$$\frac{u_0 + v_0\sqrt{D}}{2} > 2aX + BY + Y\sqrt{D} \geqslant 1$$

的整数解 $(X,Y)$. 其中 $u_0 + v_0\sqrt{D}$ 是方程 $x^2 - Dy^2 = 4$ 的最小解,即使得 $y$ 值最小的正整数解.

**证明** 将所给条件写成

$$\frac{2}{u_0 + v_0\sqrt{D}} < \frac{1}{2aX + bY + Y\sqrt{D}} \leqslant 1$$

将上式的分母有理化就得到

$$\frac{u_0 - v_0\sqrt{D}}{2} < \frac{2aX + BY - Y\sqrt{D}}{4ak} \leqslant 1$$

同理,可将

306

$$\frac{u_0 + v_0\sqrt{D}}{2} > 2ax + By + y\sqrt{D} \geqslant 1$$

改写成

$$\frac{u_0 - v_0\sqrt{D}}{2} < \frac{2ax + By - y\sqrt{D}}{4ak} \leqslant 1$$

由此可见，满足不等式

$$\frac{u_0 + v_0\sqrt{D}}{2} > 2aX + BY + Y\sqrt{D} \geqslant 1$$

的整点都位于由直线

$$x = \frac{u_0 - v_0\sqrt{D}}{2}, x = A, y = \frac{u_0 - v_0\sqrt{D}}{2}, y = A$$

（其中 $0 < |A| \leqslant 1$）所围成的矩形的内部或边界上，因此只有有限个，从而满足引理条件的整数解只有有限组.

**定理 6.2.10.9** 设 $D = b^2 - 4ac > 0$ 不是一个完全平方数，$k \neq 0$，则方程

$$ax^2 + bxy + cy^2 = k$$

如果有整数解，则可把这些解分成有限个伴随类使得属于同一伴随类的整数解都是互相伴随的，而属于不同的伴随类的整数解都不是互相伴随的.

**证明** 设 $u_0 + v_0\sqrt{D}$ 是方程 $x^2 - Dy^2 = 4$ 的最小解，则由引理 6.2.10.16 可知方程

$$ax^2 + bxy + cy^2 = k$$

的满足条件

$$\frac{u_0 + v_0\sqrt{D}}{2} > 2aX + BY + Y\sqrt{D} \geqslant 1$$

的整数解只有有限组，因此可在有限步内将它们全部

求出来.由引理 6.2.10.15 可知方程

$$ax^2 + bxy + cy^2 = k$$

的任意整数解必和这些解中的某一个互相伴随. 由引理 6.2.10.14 可知伴随关系是一种等价关系,因此可把所给方程的所有整数解分成有限个伴随等价类,使得属于同一等价类的整数解都是互相等价的,而属于不同等价类的整数解都不是互相等价的.

**例 6.2.10.11** 求方程 $x^2 + xy - y^2 = 19$ 的所有整数解.

**解** $D = 1 + 4 = 5 > 0$ 不是完全平方数,$k = 19 \neq 0$.

首先求出方程 $x^2 - 5y^2 = 4$ 的最小解是 $3 + \sqrt{5}$. 然后再求满足条件

$$\frac{3 + \sqrt{5}}{2} > 2x + y(1 + \sqrt{5}) \geqslant 1$$

即

$$\frac{3 - \sqrt{5}}{2} < \frac{2x + y(1 + \sqrt{5})}{76} \leqslant 1$$

的整数解 $(X, Y)$. 由于

$$\frac{3 + \sqrt{5}}{2} > 2x + y(1 + \sqrt{5}) \geqslant 1$$

$$38(\sqrt{5} - 3) > -2x - y(1 - \sqrt{5}) \geqslant -76$$

把上面两式相加就有

$$\frac{-227 + 77\sqrt{5}}{2} > 2\sqrt{5}\,y \geqslant -75$$

即

308

$$\frac{77-45\sqrt{5}}{4} > y \geqslant -\frac{15\sqrt{5}}{2}$$

由此得出 $y=-5,-6,\cdots,-16$,把这些 $y$ 值代入方程 $x^2+xy-y^2=19$,求出也是整数的 $x$,就可以求出方程 $x^2+xy-y^2=19$ 的满足条件

$$\frac{3+\sqrt{5}}{2} > 2x+y(1+\sqrt{5}) \geqslant 1$$

的 $y$ 值对应的整数解为

$$\begin{cases} x=11 \\ y=-6 \end{cases}, \begin{cases} x=-5 \\ y=-6 \end{cases}, \begin{cases} x=17 \\ y=-10 \end{cases}, \begin{cases} x=-7 \\ y=-10 \end{cases}$$

这其中满足条件

$$\frac{3+\sqrt{5}}{2} > 2x+y(1+\sqrt{5}) \geqslant 1$$

的整数解只有

$$\begin{cases} x=11 \\ y=-6 \end{cases} \text{和} \begin{cases} x=17 \\ y=-10 \end{cases}$$

因此,方程 $x^2+xy-y^2=19$ 的所有解可分成两个伴随类 Ⅰ 和 Ⅱ,其中 Ⅰ 类中的整数解与 $\begin{cases} x=11 \\ y=-6 \end{cases}$ 互相伴随,Ⅱ 类中的整数解与 $\begin{cases} x=17 \\ y=-10 \end{cases}$ 互相伴随.

设 $(u_n,v_n)$ 由关系式

$$\frac{u_n+v_n\sqrt{5}}{2} = \left(\frac{3+\sqrt{5}}{2}\right)^n$$

确定,那么根据定理 6.2.10.7 可知方程 $x^2-5y^2=4$ 的所有整数解就是 $(\pm u_n,\pm v_n)$.于是根据引理 6.2.10.12 和定义 6.2.10.3 可知

$$\begin{cases} x = \dfrac{11}{2}(\pm u_n \mp v_n) \mp 6v_n \\ y = \pm 8v_n \mp 3u_n \end{cases}$$

都和 $\begin{cases} x = 11 \\ y = -6 \end{cases}$ 互为伴随解,因此构成第 I 类的元素,而

$$\begin{cases} x = \dfrac{17}{2}(\pm u_n \mp v_n) \mp 10v_n \\ y = \pm 12v_n \mp 5u_n \end{cases}$$

都和 $\begin{cases} x = 17 \\ y = -10 \end{cases}$ 互为伴随解,因此构成第 II 类的元素.

最后,我们再给出一个 Pell 方程的解是 Fibonacci 数的例子

**例 6.2.10.12** 求方程 $x^2 + xy - y^2 = -1$ 的所有整数解.

**解** 由例 6.2.10.11 可知

$$\frac{u_n + v_n\sqrt{5}}{2} = \left(\frac{3+\sqrt{5}}{2}\right)^n$$

两边取共轭可得

$$\frac{u_n - v_n\sqrt{5}}{2} = \left(\frac{3-\sqrt{5}}{2}\right)^n$$

由此就得出

$$u_n = \left(\frac{3+\sqrt{5}}{2}\right)^n + \left(\frac{3-\sqrt{5}}{2}\right)^n$$

$$v_n = \left(\frac{3+\sqrt{5}}{2}\right)^n - \left(\frac{3-\sqrt{5}}{2}\right)^n$$

满足条件

$$\frac{3+\sqrt{5}}{2} > 2x + y(1+\sqrt{5}) \geqslant 1$$

310

的整数解只有

$$X = -1, Y = 1$$

因此方程 $x^2 + xy - y^2 = -1$ 的伴随类只有一类,因而它的全部整数解可由

$$\begin{cases} x = \dfrac{u-v}{2} \cdot (-1) + v = \dfrac{3v-u}{2} \\ y = v \cdot (-1) + \dfrac{u+v}{2} = \dfrac{u-v}{2} \end{cases}$$

给出,其中 $(u,v)$ 是方程 $x^2 - 5y^2 = 4$ 的任意一组整数解.

由于方程 $x^2 - 5y^2 = 4$ 的所有整数解为 $(\pm u_n, \pm v_n)$,所以

当 $u = u_n, v = v_n$ 时就有

$$\begin{cases} x = \dfrac{1}{\sqrt{5}} \left[ \left( \dfrac{1+\sqrt{5}}{2} \right)^{2n-2} - \left( \dfrac{1-\sqrt{5}}{2} \right)^{2n-2} \right] = F_{2n-2} \\ y = \dfrac{1}{\sqrt{5}} \left[ \left( \dfrac{1+\sqrt{5}}{2} \right)^{2n-1} - \left( \dfrac{1-\sqrt{5}}{2} \right)^{2n-1} \right] = F_{2n-1} \end{cases}$$

当 $u = u_n, v = -v_n$ 时就有

$$\begin{cases} x = -\dfrac{1}{\sqrt{5}} \left[ \left( \dfrac{1+\sqrt{5}}{2} \right)^{2n+2} - \left( \dfrac{1-\sqrt{5}}{2} \right)^{2n+2} \right] = -F_{2n+2} \\ y = \dfrac{1}{\sqrt{5}} \left[ \left( \dfrac{1+\sqrt{5}}{2} \right)^{2n+1} - \left( \dfrac{1-\sqrt{5}}{2} \right)^{2n+1} \right] = F_{2n+1} \end{cases}$$

当 $u = -u_n, v = v_n$ 时就有

$$\begin{cases} x = \dfrac{1}{\sqrt{5}} \left[ \left( \dfrac{1+\sqrt{5}}{2} \right)^{2n+2} - \left( \dfrac{1-\sqrt{5}}{2} \right)^{2n+2} \right] = F_{2n+2} \\ y = -\dfrac{1}{\sqrt{5}} \left[ \left( \dfrac{1+\sqrt{5}}{2} \right)^{2n+1} - \left( \dfrac{1-\sqrt{5}}{2} \right)^{2n+1} \right] = -F_{2n+1} \end{cases}$$

当 $u=-u_n,v=-v_n$ 时就有

$$\begin{cases} x=-\dfrac{1}{\sqrt{5}}\left[\left(\dfrac{1+\sqrt{5}}{2}\right)^{2n-2}-\left(\dfrac{1-\sqrt{5}}{2}\right)^{2n-2}\right]=-F_{2n-2} \\ y=-\dfrac{1}{\sqrt{5}}\left[\left(\dfrac{1+\sqrt{5}}{2}\right)^{2n-1}-\left(\dfrac{1-\sqrt{5}}{2}\right)^{2n-1}\right]=-F_{2n-1} \end{cases}$$

其中 $F_n$ 表示 Fibonacci 数. 因此方程

$$x^2+xy-y^2=-1$$

的全部整数解就是

$$\pm(F_{2n-2},F_{2n-1})$$
$$\pm(F_{2n+2},-F_{2n+1})$$

### 6.2.11　自同构

**定义 6.2.11.1**　称矩阵 $\gamma\in\mathrm{GL}_2(\mathbb{Z})$ 是整二次型

$$f=ax^2+2bxy+cy^2$$

的自同构，如果

$$\gamma^{\top}\cdot\begin{bmatrix} a & b \\ b & c \end{bmatrix}\cdot\gamma=\begin{bmatrix} a & b \\ b & c \end{bmatrix}$$

称 $\gamma$ 是真的，如果 $\det(\gamma)=1$；如果 $\det(\gamma)=-1$，则称 $\gamma$ 是非真的.

我们用 $\mathscr{A}\!ut(f)$ 表示 $f$ 的自同构群，用 $\mathscr{A}\!ut^+(f)$ 表示 $f$ 的真自同构群.

**定义 6.2.11.2**　设

$$f=ax^2+2bxy+cy^2$$

是一个判别式为 $\Delta\neq0$ 的整二次型，用下面的公式定义 $\alpha_f(u,v)\in\mathrm{GL}_2(\mathbb{Z})$

$$\alpha_f(u,v)=\begin{cases}\begin{bmatrix}u-bv & av \\ -cv & u+bv\end{bmatrix}\\ \quad 如果\ 4\Delta\equiv 0(\bmod\ 4)\\ \\ \begin{bmatrix}u+\dfrac{1-2b}{2}v & av \\ \\ -cv & u+\dfrac{1+2b}{2}v\end{bmatrix}\\ \quad 如果\ 4\Delta\equiv 1(\bmod\ 4)\end{cases}$$

注意,由于当 $4\Delta\equiv 0(\bmod\ 4)$ 时,$b$ 是一个整数,而当 $4\Delta\equiv 1(\bmod\ 4)$ 时,$2b$ 是一个奇数,所以 $\alpha_f(u,v)$ 的元素都是整数.计算表明 $\det(\alpha_f(u,v))=f_\Delta(u,v)$.可以用直接的但是烦琐的验证 $\alpha_f:\mathscr{P}\!ell^+(\Delta)\rightarrow\mathrm{GL}_2(\mathbb{Z})$ 是一个群的同态.

**定理 6.2.11.1** 设 $f$ 是一个判别式为 $\Delta\neq 0$ 的整二次型,则:

(1) 对所有的 $(u,v)\in\mathscr{P}\!ell(\Delta)$,$\alpha_f(u,v)\in\mathscr{A}\!ut^+(f)$;

(2) 如果 $f$ 是一个本原形式,那么 $\alpha_f:\mathscr{P}\!ell(\Delta)\rightarrow\mathscr{A}\!ut^+(f)$ 是一个群的同构.

**证明** (1)直接计算.

(2) 由于 $\alpha_f:\mathscr{P}\!ell(\Delta)\rightarrow\mathscr{A}\!ut^+(f)$ 是一个群的同态,因此显然它是一个单射,我们必须简单地表明,如果 $f$ 是本原的,则它是一个满射.

设 $f=ax^2+2bxy+cy^2$ 是一个判别式为 $\Delta\neq 0$ 的本原形式并设 $\boldsymbol{\gamma}=\begin{bmatrix}r & s\\ t & w\end{bmatrix}\in\mathscr{A}\!ut^+(f)$,那么

313

$$\gamma^{\mathrm{T}} \cdot \begin{bmatrix} a & b \\ b & c \end{bmatrix} \cdot \gamma = \begin{bmatrix} a & b \\ b & c \end{bmatrix}$$

或

$$\gamma^{\mathrm{T}} \cdot \begin{bmatrix} a & b \\ b & c \end{bmatrix} = \begin{bmatrix} a & b \\ b & c \end{bmatrix} \gamma^{-1}$$

或

$$\begin{bmatrix} r & t \\ s & w \end{bmatrix} \cdot \begin{bmatrix} a & b \\ b & c \end{bmatrix} = \begin{bmatrix} a & b \\ b & c \end{bmatrix} \cdot \begin{bmatrix} w & -s \\ -t & r \end{bmatrix}$$

从上面的式子可以得出三个等式

$$a(w-r) = 2bt \qquad (6.2.11.1)$$

$$ct = -as \qquad (6.2.11.2)$$

$$c(r-u) = -2bs \qquad (6.2.11.3)$$

如果 $a=0$，那么（容易，习题）得出

$$\gamma = \pm \begin{bmatrix} 1 & 0 \\ 0 & 1 \end{bmatrix} = \alpha_f(\pm(1,0))$$

下面假设 $a \neq 0$. 那么由 $(6.2.11.1)$ 和 $(6.2.11.2)$ 可知 $a \mid bt$ 以及 $a \mid ct$ 并且当然 $a \mid at$. 由于 $f$ 是本原的，所以 $(a,b,c)=1$，我们就得出 $a \mid t$. 因而存在 $v \in \mathbb{Z}$ 使得 $t=av$. 由 $(6.2.11.2)$ 就得出 $s=-cv$. 如果 $4\Delta$ 是偶数，设 $u=r+bv$，如果 $4\Delta$ 是奇数，设 $u=r-\dfrac{1-2b}{2}v$，无论在哪种情况下都有 $u \in \mathbb{Z}$. 从 $(6.2.10.1)$ 我们看出 $w=r+2bv$. 由此得出如果 $4\Delta$ 是偶数，那么 $w=u+bv$，如果 $4\Delta$ 是奇数，那么 $w=u+\dfrac{1+2b}{2}v$. 由此可以得出等式

$$1 = \det(\gamma) = f_\Delta(u,v)$$

314

这说明 $(u,v) \in \mathscr{P}\!ell(\Delta)$，因而 $\gamma = f_\Delta(u,v)$.

**推论 6.2.11.1** 设 $f$ 是一个判别式为 $\Delta \neq 0$ 的本原整二元二次型，则

$$\mathscr{A}\!ut^+(f) = \begin{cases} \mathbb{Z}/2\mathbb{Z} & \text{如果 } \Delta \text{ 是正的平方数或 } \Delta < -4 \\ \mathbb{Z}/4\mathbb{Z} & \text{如果 } \Delta = -4 \\ \mathbb{Z}/6\mathbb{Z} & \text{如果 } \Delta = -3 \\ \mathbb{Z}/2\mathbb{Z} \oplus \mathbb{Z} & \text{如果 } \Delta \text{ 是正的非平方数} \end{cases}$$

**证明** 利用定理 6.2.11.1 的 (2)，推论 6.2.11.1，其余作为习题.

定理 6.2.11.1 的 (2) 建议可能从二次型的自同构导出 Pell 方程的理论. 关于如何具体实现这一想法，可参看文献 [22]，Chap 4 第 9 节. 特别，在判别式 $\Delta$ 是负的非平方数的情况下，Pell 方程非平凡解的存在性将可从 Pell 形式 $f_\Delta$ 的非平凡真自同构的存在性得出.

非真的自同构也是有兴趣的，我们有

**定理 6.2.11.2** 设 $f$ 是一个具有非零判别式的整二元二次型，并设 $\gamma$ 是 $f$ 的非真的自同构，则 $\gamma^2 = I$ 并且对所有的 $\beta \in \mathscr{A}\!ut^+(f)$，成立 $\gamma\beta\gamma = \beta^{-1}$.

**证明** 我们证明对所有的 $f$ 的非真的自同构 $\gamma$ 成立 $\gamma^2 = I$. 由 Cayley(凯莱)-Hamilton(哈密尔顿)定理，$\gamma$ 满足特征方程 $\lambda^2 - \mathrm{tr}(\gamma)\lambda + \det(\gamma)I = 0$. 由于 $\det(\gamma) = -1$，因此只须证明 $\mathrm{tr}(\gamma) = 0$ 即可.

现在更一般的设 $\gamma = \begin{bmatrix} r & s \\ t & w \end{bmatrix} \in \mathbf{GL}_2(\mathbb{C})$ 以及 $\det(\gamma) = -1$ 和

$$\gamma^{\mathrm{T}} \cdot \begin{bmatrix} a & b \\ b & c \end{bmatrix} \cdot \gamma = \begin{bmatrix} a & b \\ b & c \end{bmatrix}$$

315

其中,$a,b,c \in \mathbb{C}$ 不全为零. 上式等价于

$$\boldsymbol{\gamma}^{\mathrm{T}} \cdot \begin{bmatrix} a & b \\ b & c \end{bmatrix} = \begin{bmatrix} a & b \\ b & c \end{bmatrix} \cdot \boldsymbol{\gamma}^{-1}$$

或

$$\begin{bmatrix} r & t \\ s & w \end{bmatrix} \cdot \begin{bmatrix} a & b \\ b & c \end{bmatrix} = \begin{bmatrix} a & b \\ b & c \end{bmatrix} \cdot \frac{1}{-1} \begin{bmatrix} w & -s \\ -t & r \end{bmatrix}$$

$$= \begin{bmatrix} a & b \\ b & c \end{bmatrix} \cdot \begin{bmatrix} -w & s \\ t & -r \end{bmatrix}$$

上面的矩阵等式给出数量方程 $a(r+w)=c(r+w)=0$ 以及 $2br=as-ct=-2bw$,从 $2br=as-ct$ 减去 $-2bw=as-ct$ 就得出 $2b(r+w)=0$,由于 $a,b,c \in \mathbb{C}$ 不全为零,因此就得出 $r+w=\mathrm{tr}(\boldsymbol{\gamma})=0$.

现在设 $f$ 是一个具有非零判别式的整二元二次型,并设 $\boldsymbol{\gamma}$ 是 $f$ 的非真的自同构,$\boldsymbol{\beta} \in \mathscr{A}ut^+(f)$,那么 $\boldsymbol{\gamma\beta}$ 是 $f$ 的非真的自同构,但$(\boldsymbol{\gamma\beta})(\boldsymbol{\gamma\beta})=\boldsymbol{I}$,由此就得出 $\boldsymbol{\gamma\beta\gamma}=\boldsymbol{\beta}^{-1}$.

## 6.3　Gauss 的遗产

### 6.3.1　引言

我们在 6.1 节中已经说过 Gauss 证明三平方和定理时还不知道 Dirichlet 的等差数列中的素数的定理. 因此他对三平方和定理的证明并不依赖于 Dirichlet 的等差数列中的素数的定理.

令人意想不到的是,Gauss 对三平方和定理的证

明在很大程度上取决于二元二次型的理论,即我们长期研究的两个变量的形式. 在这里,关键的事实也是 Gauss 发现的.

**定理 6.3.1.1** 具有给定的非零的判别式 $\Delta$ 的本原的整二元二次型的真等价类的集合可以用 Abel 群的下述结构给出:

如果类 $\mathscr{C}_1$ 和 $\mathscr{C}_2$ 可分别表示整数 $m_1$ 和 $m_2$,那么积类 $\mathscr{C}_1\mathscr{C}_2$ 可表示乘积 $m_1m_2$.

定理 6.3.1.1 建议存在某种类似于从本原始形式的真等价类的群到由类中的形式表示的整数集合的同态的东西. 这一想法是在 Gauss 构造二元形式的属理论时提出的. 粗略地说,用形式表示的整数集合被换成了在判别式模下同余类的集合. 两个判别式都是 $\Delta$ 的本原形式属于同一个类,如果它们表示的整数属于模 $\Delta$ 下相同的同余类. 属就可以完全地加以描述.

设 $f$ 和 $g$ 是具有相同判别式 $\Delta$ 的不属于同一个类的本原形式. 那么可被 $f$ 表示的素数在模 $\Delta$ 下不可能同余于可被 $g$ 表示的素数. $\Delta$ 是否应使得具有判别式 $\Delta$ 的不同等价类的本原形式属于不同的族? 即每个族中只有一个类,那么可以用模 $\Delta$ 下的等价条件来全面回答给定判别式 $\Delta$ 的形式代表哪个素数的问题. 例如,对 $\Delta=5$,恰有两个类和两个族,它们分别由 $x^2+5y^2$ 和 $2x^2+2xy+3y^2$ 代表.

### 6.3.2 类群

现在要介绍的理论是二平方和的积的公式的推广,尽管它是难于发现的,但是验证它是容易的.

317

**定理 6.3.2.1** 基本恒等式

$$(a_1x_1^2 + 2bx_1y_1 + a_2cy_1^2)(a_2x_2^2 + 2bx_2y_2 + a_1cy_2^2)$$
$$= a_1a_2x^2 + 2bxy + cy^2$$

其中 $x = x_1x_2 - cy_1y_2$, $y = a_1x_1y_2 + a_2x_2y_1 + 2by_1y_2$.

以下,我们将只关注具有非零判别式 $\Delta$ 的整二元二次型,并且固定一个 $\Delta$. 有时,我们将把形式 $ax^2 + 2bxy + cy^2$ 写成 $[a, 2b, c]$,当 $a \neq 0$ 时,可以把前面的符号简写成 $[a, 2b, *]$,由于 $c$ 可由判别式的定义等式 $\Delta = ac - b^2$ 确定.

**定义 6.3.2.1** 称两个判别式都是 $\Delta$ 的整二次型 $f_1 = [a_1, 2b_1, c_1]$ 和 $f_2 = [a_2, 2b_2, c_2]$ 是和谐的,如果下面的条件同时成立:

(1) $a_1a_2 \neq 0$;

(2) $b_1 = b_2$;

(3) $a_2 \mid c_1, a_1 \mid c_2$.

**定义 6.3.2.2** 两个判别式都是 $\Delta$ 的和谐的形式 $f_1, f_2$ 的复合 $f_1 * f_2$ 定义为形式 $[a_1a_2, 2b, c]$,其中 $b = b_1 = b_2, c = \dfrac{c_1}{a_2} = \dfrac{c_2}{a_1}$. 由于 $f_1 * f_2$ 的判别式也等于 $\Delta$,所以我们也可以写

$$[a_1, 2b, *] * [a_2, 2b, *] = [a_1a_2, 2b, *]$$

注意:在判别式 $\Delta$ 不是完全平方数的情况下,和谐性定义中的条件(1)自动满足. 此外在 $(a_1, a_2) = 1$ 的情况下,条件(3)是条件(1)和条件(2)的推论. 由于判别式的定义等式蕴含 $a_1c_1 = a_2c_2$.

和谐性和复合的定义足以保证下面的乘积法则

318

成立.

**定理 6.3.2.2**  如果互相和谐的形式 $f_1$ 和 $f_2$ 可分别表示整数 $m_1$ 和 $m_2$,则它们的复合 $f_1 * f_2$ 可表示乘积 $m_1 m_2$.

**证明**  从基本恒等式立即得出.

注意两个本原的和谐形式的复合仍然是本原的形式. Gauss 的最大的发现之一是复合可用来定义具有固定判别式的本原二次型的真等价类集合上的运算,这一运算使得这个集合成为一个 Abel 群. 这一节中的下面的内容就是表明如何做到这一点的. 我们将 $f \sim g$ 来表示形式 $f$ 和 $g$ 是真等价的.

我们从下面的有用的引理开始.

**引理 6.3.2.1**  设 $f = [a, 2b, c]$ 是一个本原的形式,$M$ 是一个非零的整数. 那么 $f$ 可表示一个与 $M$ 互素的非零的整数.

**证明**  令 $2M = \pm \prod m_i \prod p_j \prod q_k$,其中,$m_i$,$p_j$,$q_k$ 是使得 $m_i \nmid a, p_j \mid a, p_j \nmid c$ 以及 $q_k \mid a, q_k \mid c$ 的素数. 设 $r = \prod p_j$,$s = \prod m_i$,由于 $f$ 是本原的,所以 $q_k \nmid (2b)$,从而就得出

$$(f(r, s), 2M) = 1$$

**引理 6.3.2.2**  设 $\mathscr{C}_1$ 和 $\mathscr{C}_2$ 是具有判别式 $\Delta \neq 0$ 的两个真等价类,$M \neq 0 \in \mathbf{Z}$,那么存在一对和谐的形式 $f_j = [a_j, 2b, *] = \mathscr{C}_j$ 使得 $(a_1, a_2) = 1$,并且 $(a_1 a_2, M) = 1$.

**证明**  选 $F_1 = [a_1, 2b_1, *] \in \mathscr{C}_1$ 使得 $a_1 \neq 0$,并且 $(a_1, M) = 1$. 为此设 $f$ 是 $\mathscr{C}_1$ 中的任意一个元素,$r, s$

是一对使得 $a_1 = f(r,s) \neq 0$,并且 $(a_1, M) = 1$ 的互素的整数. 例如可取 $r,s$ 是引理 6.3.2.1. 证明中的整数.

设 $t,u \in \mathbf{Z}$ 使得 $\boldsymbol{\gamma} = \begin{bmatrix} r & s \\ t & u \end{bmatrix} \in \mathbf{SL}_2(\mathbf{Z})$,那么 $F_1 = \boldsymbol{\gamma}f = [a_1, 2b_1, *]$ 就是我们所需的形式.

类似的,可选 $F_2 = [a_2, 2b_2, *] \in \mathscr{C}_2$,使得 $a_2 \neq 0$,并且 $(a_1 a_2, M) = 1$.

下面,我们寻找整数 $n_1, n_2$ 使得 $2b_1 + 2a_1 n_1 = 2b_2 + 2a_2 n_2$,这个式子等价于 $a_1 n_1 - a_2 n_2 = b_2 - b_1$,由于 $(a_1, a_2) = 1$,所以解 $n_i$ 存在. 显然,形式

$$f_j = \begin{bmatrix} 1 & 0 \\ n_j & 1 \end{bmatrix} F_j = [a_j, 2b, *]$$

是和谐的,其中 $b = b_j + a_j n_j$.

**定理 6.3.2.3** 设 $\mathscr{C}_1, \mathscr{C}_2$ 是判别式为 $\Delta \neq 0$ 的本原形式的真等价类,$f_i \in \mathscr{C}_i$ 是一对和谐的形式,而 $g_j \in \mathscr{C}_j$ 是另一对和谐的形式,且 $f_j \sim g_j$,那么 $f_1 * f_2$ 真等价于 $g_1 * g_2$.

**证明** 令 $f_j = [a_j, 2b, c_j]$,$g_j = [a'_j, 2b', c'_j]$,证明将分以下几步给出.

第一步:$f_1 = g_1$,并且 $(a_1, a'_2) = 1$.

这时,$f_1$ 与 $f_2, g_2$ 都是和谐的,我们将证明 $f_1 * f_2 \sim f_1 * g_2$.

设 $\boldsymbol{\gamma} = \begin{bmatrix} r & s \\ t & u \end{bmatrix} \in \mathbf{SL}_2(\mathbf{Z})$ 使得 $\boldsymbol{\gamma}f_2 = g_2$,等价的矩阵方程是

$$\boldsymbol{\gamma} \begin{bmatrix} a_2 & b \\ b & c_2 \end{bmatrix} = \begin{bmatrix} a'_2 & b \\ b & c'_2 \end{bmatrix} (\boldsymbol{\gamma}^{-1})^{\mathrm{T}}$$

考虑上面方程的副对角线元素给出

$$sc_2 = -a'_2 t, \quad -sc'_2 = a_2 t$$

由于 $f_1$ 与 $f_2$ 和谐,所以 $a_1 \mid c_2$,$a_1 \mid ta'_2$,因此 $a_1 \mid t$. 由于 $\gamma f_2 = g_2$,因而根据式(4.2.1)见第 4 章我们就有

$$\begin{cases} a'_2 = a_2 r^2 + 2brs + c_2 s^2 \\ b = art + b(ts + ru) + csu \quad\quad (6.3.2.1) \\ c'_2 = a_2 t^2 + 2btu + c_2 u^2 \end{cases}$$

根据定义 6.3.2.2 可知 $f_1 * f_2 = \left[ a_1 a_2, 2b, \dfrac{c_2}{a_1} \right]$,

$f_1 * g_2 = \left[ a_1 a'_2, 2b, \dfrac{c_1}{a'_2} \right]$.

由于 $a_1 \mid t$,所以我们可构造一个变换如下

$$\gamma' = \begin{bmatrix} r & sa_1 \\ \dfrac{t}{a_1} & u \end{bmatrix} \in \mathbf{SL}_2(\mathbf{Z})$$

我们证明 $\gamma'(f_1 * f_2) = f_1 * g_2$. 仍根据式(4.2.1)可知,在变换 $\gamma'$ 下有

$$a_1 a_2 r^2 + 2br(a_1 s) + \frac{c_2}{a_1}(a_1 s)^2$$
$$= a_1 (a_2 r^2 + 2brs + c_2 s^2)$$
$$= a_1 a'_2$$

$$a_1 a_2 \left( \frac{t}{a_1} \right)^2 + 2b \left( \frac{t}{a_1} \right) u + \frac{c_2}{a_1} u^2$$
$$= \frac{1}{a_1}(a_2 t^2 + 2btu + c_2 u^2)$$
$$= \frac{c'_2}{a_1} = \frac{c_1}{a'_2}$$

这就说明 $\gamma'$ 把 $f_1 * f_2$ 中的 $a_1 a_2$ 变换为 $f_1 * g_2$ 中的

$a_1 a'_2$，把 $f_1 * f_2$ 中的 $\dfrac{c_2}{a_1}$ 变换为 $f_1 * g_2$ 中的 $\dfrac{c_1}{a_2}$．由于 $f_1 * f_2$ 和 $f_1 * g_2$ 的行列式相等，所以 $\boldsymbol{\gamma}'$ 也把 $f_1 * f_2$ 中的 $b$ 变换为 $f_1 * g_2$ 中的 $b$，从而 $\boldsymbol{\gamma}'(f_1 * f_2) = f_1 * g_2, f_1 * f_2 \sim f_1 * g_2$．

第二步：$b = b'$，并且 $(a_1, a'_2) = 1$．

第二步的假设蕴含 $f_1$ 和 $g_2$ 是和谐的，两次应用第一步的结果就得出 $f_1 * f_2 \sim f_1 * g_2 \sim g_1 * g_2$．

第三步：$(a_1 a_2, a'_1 a'_2) = 1$．

设 $2B, n, n' \in \mathbf{Z}$ 使得

$$2b + 2a_1 a_2 n = 2b' + 2a'_1 a'_2 n' = 2B$$

令

$$F_1 = \begin{bmatrix} 1 & 0 \\ a_1 n & 1 \end{bmatrix} f_1 = [a_1, 2B, *]$$

$$F_2 = \begin{bmatrix} 1 & 0 \\ a_1 n & 1 \end{bmatrix} f_2 = [a_2, 2B, *] \in C_2$$

又设 $H_1 = \begin{bmatrix} 1 & 0 \\ n & 1 \end{bmatrix} (f_1 * f_2) = [a_1 a_2, 2B, *]$．对 $H_1$ 应用判别式的定义等式得出 $a_1 a_2 \mid (B^2 + \Delta)$，从对 $F_1$ 和 $F_2$ 的判别式的定义等式得出，$F_1$ 和 $F_2$ 是和谐的．

类似的，形式 $G_j = [a'_j, 2B, *] \in \mathscr{C}_j$ 是和谐的并且 $H_2 = [a'_1 a'_2, 2B, *] \sim g_1 * g_2$．

对四种形式 $F_j, G_j \in \mathscr{C}_j$ 应用第二步的结论就推出

$$f_1 * f_2 \sim H_1 = F_1 * F_2 \sim G_1 * G_2 = H_2 \sim g_1 * g_2$$

最后一步．一般的叙述．

322

根据引理 6.3.2.2，存在和谐的形式 $F_j = [A_j,$ $2B，*] \in \mathscr{C}_j$ 使得 $(A_1 A_2，a_1 a_2 a'_1 a'_2) = 1$，两次应用第三步就得出

$$f_1 * f_2 \sim F_1 * F_2 \sim g_1 * g_2$$

根据引理 6.3.2.2 和定理 6.3.2.3 和谐形式的复合给出了具有固定的非零判别式的本原形式的真等价类集合上的一个良定义的称为复合或乘积的二元运算. 确切地说，设 $\mathscr{C}_1$ 和 $\mathscr{C}_2$ 都是判别式为 $\Delta \neq 0$ 的本原形式的真等价类，$f_j \in \mathscr{C}_j$ 是一对和谐的形式，那么 $\mathscr{C}_1$ 和 $\mathscr{C}_2$ 的复合 $\mathscr{C}_1 \mathscr{C}_2$ 就定义了一个形式 $f_1 * f_2$ 的真等价类.

**定义 6.3.2.3** 一个具有非零判别式 $\Delta$ 的主类 $\mathscr{C}_0$ 是由下面的公式定义的主形式 $f_0$ 的真等价类

$$f_0(x，y) = \begin{cases} x^2 + \Delta y^2 \\ \qquad \text{如果 } 4\Delta \equiv 0 (\bmod 4) \\ x^2 + xy + \dfrac{4\Delta + 1}{4} y^2 \\ \qquad \text{如果 } 4\Delta \equiv -1 (\bmod 4) \end{cases}$$

**定义 6.3.2.4** 一个 Gauss 形式是一个正定的具有非零判别式 $\Delta > 0$ 的整二元二次主形式.

称一个形式的真等价类是 Gauss 形式的，如果它包含一个 Gauss 形式.

注意：每个 Gauss 类中的形式都是 Gauss 形式.

现在我们可以叙述并证明这一节的中心结果.

**定理 6.3.2.4** 设 $\Delta$ 是一个非零的判别式.

(1) 一个判别式为 $\Delta$ 的本原的整二元二次主形式

的真等价类的集合在类的复合运算下构成一个有限的 Abel 群.

这个群的恒同元素是主类.

在本原形式 $f$ 的类的群中,一个元素的逆是任意不真等价于 $f$ 的形式的类.

(2) 具有判别式 $\Delta$ 的 Gauss 真等价类的集合是一个子群.

**证明**　(1) 类的复合的交换性. 从和谐形式的复合的定义 6.3.2.2 得出这是显然的.

恒同元素. 设 $\mathscr{C}$ 是定理中所说的等价类. 设 $f = [a, 2b, *] \in \mathscr{C}$,其中 $a \neq 0$. 由于 $2b \equiv 4\Delta \pmod{2}$,我们得出 $f_0 \sim [1, 2b, *]$,因而 $\mathscr{C}_0 \mathscr{C}$ 是 $[1, b, *] * [a, b, *] = f \in \mathscr{C}$ 的类,这就说明 $\mathscr{C}_0$ 是类的复合的恒同元素.

逆. 设 $\mathscr{C}$ 是一个类,那么存在一个形式 $[a, 2b, c] \in \mathscr{C}$ 使得 $ac \neq 0$,由于根据引理 6.3.2.1,我们可取 $a \neq 0$,然后考虑 $\begin{bmatrix} 1 & 0 \\ n & 1 \end{bmatrix} [a, 2b, *]$,其中 $n$ 是适当的整数. 每个不真等价于 $\mathscr{C}$ 中形式的形式都真等价于 $\begin{bmatrix} 0 & 1 \\ 1 & 0 \end{bmatrix} [a, 2b, c] = [c, 2b, a]$,它和 $[a, 2b, c]$ 是和谐的,计算表明 $[a, 2b, c] * [c, 2b, a] = [ac, 2b, 1] \sim f_0$,因而 $[c, 2b, a]$ 所属的类就是类 $\mathscr{C}$ 的逆.

结合性. 设 $\mathscr{C}_1, \mathscr{C}_2$ 和 $\mathscr{C}_3$ 是任意三个类. 这里的关键是得出形式 $f_j = [a, 2b, c] \in \mathscr{C}_j$ 使得系数 $a_j$ 是非零的并且是两两互素的. 为此,我们首先对 $g_j = [a_j, 2b_j, c] \in$

$\mathscr{C}_j$ 应用引理 6.3.2.2,使得 $a_1a_2a_3 \neq 0$,并且

$$(a_1,a_2)=(a_1a_2,a_3)$$

然后取

$$f_j = \begin{bmatrix} 1 & 0 \\ n_j & 1 \end{bmatrix} g_j$$

其中整数 $n_j$ 满足方程 $2b_j+2a_jn_j=2B$,而 $2B$ 是一个不依赖于 $j$ 的整数. 由于 $a_j$ 是两两互素的,并且 $2b_j$ 具有相同的奇偶性(留给读者作为习题),所以那种整数 $n_j$ 总是存在的. 最后,我们就算出

$$(f_1 * f_2) * f_3 = [a_1a_2,2B,*] * [a_3,2B,*]$$
$$= [a_1a_2a_3,2B,*] = f_1 * (f_2 * f_3)$$

这就证明了类的复合是结合的.

由于当且仅当 $a>0,\Delta>0$ 时,$[a,2b,*]$ 是正定的,因此当 $\Delta<0$ 时,从定义 6.3.2.1 可以看出当 $\Delta<0$ 时结论是显然的.

**定义 6.3.2.5** 非零判别式 $\Delta$ 的类群 $\mathscr{C}l(\Delta)$ 是具有判别式 $\Delta$ 的 Gauss 真等价类在类的复合运算下所组成的集合.

引理 6.3.2.1 和引理 6.3.2.2 的证明实际上给出了类的复合的计算方法. 我们用一个例子作为本节的结束.

**例 6.3.2.1** 确定 $\mathscr{C}l\left(\dfrac{39}{4}\right)$. 根据定理 4.2.2,$\mathscr{C}l\left(\dfrac{39}{4}\right)$ 的元素将对应于一个判别式等于 $\dfrac{39}{4}$ 的既约的 Gauss 形式. 容易将它们全部开列如下:$f_0 = [1,1,$

$10]$，$f_1=[2,1,5]$，$f_2=[3,3,4]$ 和 $f_3=[2,-1,5]$. 因而 $\mathscr{C}l\left(\dfrac{39}{4}\right)$ 是一个 4 阶群.

设 $\mathscr{C}_j$ 是 $f_j$ 的真等价类. 由于 $f_3=\begin{bmatrix}1 & 0\\0 & -1\end{bmatrix}f_1$，所以 $f_1$ 和 $f_3$ 不是真等价的. 因此 $\mathscr{C}_1^{-1}=\mathscr{C}_3$. 由于 $\mathscr{C}_1$ 的逆不是自身，因此它不可能是 2 阶的. 因而 $\mathscr{C}_1$ 是 $\mathscr{C}l\left(\dfrac{39}{4}\right)$ 的一个生成元，它是循环的：$\mathscr{C}_1^j=\mathscr{C}_j$.

另一种方法是直接计算
$$\mathscr{C}_1^2:[2,1,5]\sim[5,-1,2]$$
$$\begin{bmatrix}1 & 0\\2 & 1\end{bmatrix}[2,1,*]=[2,9,*]$$
而
$$\begin{bmatrix}1 & 0\\1 & 1\end{bmatrix}[5,-1,*]=[5,9,*]$$
因而 $\mathscr{C}_1^2$ 是 $[2,9,*]*[5,9,*]=[10,9,*]\sim f_2$ 的类，因此 $\mathscr{C}_1^2=\mathscr{C}_2$.

### 6.3.3　属群

**定义 6.3.3.1**　称一个整形式的等价类或真等价类可表示整数 $m$，如果可用这个类中的一个形式表示 $m$.

这一章的中心问题是描述用某个形式的等价类可表示的素数的集合. 通过把具有固定的非零判别式的 Gauss 形式的真等价类组织成类群 $\mathscr{C}l(\Delta)$，我们已经构造了我们的主要工具，剩下的只是使用这个工具.

定理 6.3.2.3 的乘积法则断言如果任意两个整数 $m_1$ 和 $m_2$ 可被两个本原的类 $\mathcal{C}_1$ 和 $\mathcal{C}_2$ 表示，则 $\mathcal{C}_1$ 和 $\mathcal{C}_2$ 的复合 $\mathcal{C}_1\mathcal{C}_2$ 可表示整数 $m_1$ 和 $m_2$ 的乘积 $m_1m_2$. 因而任意具有结合性质的把 $\mathcal{C}(\Delta)$ 的每个元素映到类所表示整数的集合的映射都有一种类似同态的性质. 对此稍加修改便可得出一个确切的群同态. 我们将把 $\mathcal{C}(\Delta)$ 的每个元素和被这个类所表示的整数在模 $4\Delta$ 下的同余类联系起来.

**定义 6.3.3.1** 对非零的判别式 $\Delta$ 定义一个 $U_{4\Delta}$ 的子群 $H_\Delta$, 它是所有使得下面条件满足的 $\bar{x} \in U_\Delta$ 的集合:

(1) 对所有 $4\Delta$ 的奇的素因子, 有 $\left(\dfrac{x}{p}\right) = 1$, 并且

$$(2)\, x \equiv \begin{cases} 1\,(\bmod\ 4) \\ \quad \text{如果 } 4\Delta \equiv 12\,(\bmod\ 16) \\ \quad \text{或 } 4\Delta \equiv 16\,(\bmod\ 32) \\ 1\,(\bmod\ 8) \\ \quad \text{如果 } 4\Delta \equiv 0\,(\bmod\ 32) \\ 1 \text{ 或 } 7\,(\bmod\ 8) \\ \quad \text{如果 } 4\Delta \equiv 8\,(\bmod\ 32) \\ 1 \text{ 或 } 3\,(\bmod\ 8) \\ \quad \text{如果 } 4\Delta \equiv 24\,(\bmod\ 32) \end{cases}$$

**定理 6.3.3.1** 设 $\Delta$ 是一个非零的判别式.

(1) 设 $\mathcal{C} \in \mathcal{C}(\Delta)$, $m, n$ 是可被 $\mathcal{C}$ 表示的整数, 并且 $m, n$ 与 $4\Delta$ 互素, 那么 $\bar{m} = \bar{n} \in U_{4\Delta}/H_\Delta$.

(2) 设由 $\omega_\Delta(\mathcal{C}) = \bar{m}$ 定义了函数 $\mathcal{C}(\Delta) \to U_{4\Delta}/H_\Delta$,

其中 $\mathscr{C}$ 和 $m$ 的意义如(1)中所示,那么 $\omega_\Delta$ 是一个群的同态.

**证明** (1)记 $m \equiv nx \pmod{4\Delta}$.我们证明 $\bar{x} \in H_\Delta$.由于 $mn \equiv n^2x \pmod{4\Delta}$ 以及 $\bar{n}^2 \in H_\Delta$(由于 $H_\Delta$ 包含所有的平方数),因此只要证明 $\bar{m}\,\bar{n} \in H_\Delta$ 即可.

设 $f$ 是 $\mathscr{C}$ 中的形式,并设 $r, s, t, u \in \mathbf{Z}$,使得 $f(r, s) = m$ 以及 $f(t, u) = n$.又设 $\boldsymbol{\gamma} = \begin{bmatrix} r & s \\ t & u \end{bmatrix}$.那么

$$\boldsymbol{\gamma} f = [m, 2l, n]$$

其中 $2l$ 是一个整数.判别式定义等式给出 $4mn - 4l^2 = 4\Delta D^2$,其中 $D = \det(\boldsymbol{\gamma})$.对 $4\Delta$ 的每个奇的素因子 $p$,我们有同余式 $4mn \equiv 4l^2 \pmod{p}$,这说明 $\left(\dfrac{mn}{p}\right) = +1$.因而 $mn$ 满足定义 6.3.3.1 中的(1).

现在,设 $4\Delta$ 是偶数.我们将验证 $mn$ 满足定义 6.3.3.1 中的(2)注意现在 $2l$ 是偶数(即现在 $l$ 和 $\Delta$ 都是整数),那么 $mn \equiv l^2 + \Delta D^2$.设 $4\Delta = 2^a d$,其中 $d$ 是一个奇数.由于 $mn$ 是奇数,所以当 $a \geqslant 3$ 时,$l$ 是奇数.现在结论即可从分别考虑下面的四个同余式得出

$$mn \equiv \begin{cases} l^2 + dx^2 \pmod{4} & \text{如果 } a = 2 \\ 1 + 2dD^2 \pmod{8} & \text{如果 } a = 3 \\ 1 + 4dD^2 \pmod{8} & \text{如果 } a = 4 \\ 1 \pmod{8} & \text{如果 } a \geqslant 5 \end{cases}$$

(2)引理 6.3.2.1 确保了定理 6.3.3.1 的(1)中整数 $m$ 的存在性.定理 6.3.3.1 的(1)证明了函数 $\omega_\Delta$ 是良定义的.$\omega_\Delta$ 是一个群同态可从定理 6.3.2.3 的乘积

法则平凡地得出.

对定理 6.3.3.1 的(1)的证明中的前两段做一点小的修改可将(1)加强为下面的定理.

**定理 6.3.3.2** 设 $\Delta$ 是一个非零的判别式, $p$ 是 $4\Delta$ 的一个奇的素因子, $\mathscr{C} \in \mathscr{C}(\Delta)$. 设 $m,n$ 是可被 $\mathscr{C}$ 表示, 并且与 $p$ 互素的整数, 则 $\left(\dfrac{m}{p}\right) = \left(\dfrac{n}{p}\right)$.

**定义 6.3.3.2** 对非零的判别式 $\Delta$ 定义 Gauss 符号 $\omega_\Delta$ 为定理 6.3.3.1 中构造的同态

$$\omega_\Delta : \mathscr{Cl}(\Delta) \to U_{4\Delta}/H_\Delta$$

**定义 6.3.3.3** 对非零判别式 $\Delta$ 定义属群(属的群) $\mathscr{G}_{en}(\Delta)$ 为商群 $\mathscr{G}_{en}(\Delta) = \mathscr{Cl}(\Delta)/\omega_\Delta$. $\mathscr{G}_{en}(\Delta)$ 中的恒同元素 $\mathscr{C}_0$ 称为主属. 因而称 Gauss 真等价类 $\mathscr{C}$ 和它所包含的形式是一个主属如果 $\omega_\Delta(\mathscr{C}) = 1$.

对非平方数 $4\Delta$ 精确地计算 Gauss 符号 $\omega_\Delta$ 会产生有关用判别式为 $\Delta$ 的形式表示的素数的信息, 这些信息有时会改进 Kronecker 符号 $\chi_\Delta$ 所给出的信息. Gauss 在他的《论文集》的精彩部分中确定了 $\omega_\Delta$ 的像和核. 我们在本节的结尾部分对这一主题进行了介绍, 并给出了说明的例子.

设 $\Delta$ 是一个使得 $4\Delta$ 为非平方数的判别式. Kronecker 符号 $\chi_\Delta$ 的核含有可以用判别式等于 $\Delta$ 的主形式表示的素数的同余类. Gauss 符号 $\omega_\Delta$ 的像可用判别式等于 $\Delta$ 的主形式表出的整数的同余类给出. 也许下面的事实并不令人惊讶, 那就是 $\omega_\Delta$ 的像和 $\chi_\Delta$ 的核是相等的. 这就是下面的结果.

**定理 6.3.3.3** 设 $\Delta$ 是一个使得 $4\Delta$ 为非平方数的判别式，则：

(1) $H_\Delta \subset \mathrm{Ker}\,\chi_\Delta$；

(2) $\mathrm{Im}\,\omega_\Delta = (\mathrm{Ker}\,\chi_\Delta)/H_\Delta$；

(3) $\mathcal{G}_{en}(\Delta) \simeq (\mathrm{Ker}\,\chi_\Delta)/H_\Delta$.

**证明** (1) 设 $4\Delta = 2^a d$，其中 $d$ 是一个奇数，并设 $\bar{x} \in H_\Delta$. $H_\Delta$ 的定义 6.3.3.2 中的条件 (1) 等价于 Jacobi 符号 $\left(\dfrac{x}{\mid d \mid}\right) = 1$.

如果 $4\Delta$ 是奇数，那么 $\chi_\Delta(x) = \left(\dfrac{x}{\mid d \mid}\right) = 1$.

如果 $4\Delta$ 是偶数，那么

$$\chi_\Delta(x) = (-1)^{\frac{d-1}{2}\frac{x-1}{2}} \left(\frac{2}{\mid x \mid}\right)^a \left(\frac{x}{\mid d \mid}\right)$$

$$= (-1)^{\frac{d-1}{2}\frac{x-1}{2}} \left(\frac{2}{\mid x \mid}\right)^a$$

利用定义 6.3.3.2 中的 (2) 容易验证 $\chi_\Delta$ 的最后的乘积中的两个因子除了情况

$$\Delta \equiv 24 (\mathrm{mod}\ 32)\ \text{和}\ x \equiv 3 (\mathrm{mod}\ 8)$$

之外都等于 1，而在这两种情况下，两个因子都等于 $-1$，因而不管在什么情况下，最后的乘积都等于 1.

(2) 我们首先证明 $\mathrm{Im}\,\omega_\Delta \subset (\mathrm{Ker}\,\chi_\Delta)/H_\Delta$.

设 $\mathscr{C} \in \mathcal{Cl}(\Delta)$，并设 $m$ 是一个可用 $\mathscr{C}$ 表示的与 $4\Delta$ 互素的奇的整数. 我们不妨设 $m > 0$. 如果 $\Delta > 0$，那么由于 $\mathscr{C}$ 是正定的，因此结论自动成立. 如果 $\Delta < 0$，那么容易看出 $\mathcal{Cl}(\Delta)$ 中的主类可表示一个与 $\Delta$ 互素的负的奇整数，因此定理 6.3.2.3 中的乘积可适用 $m > 0$ 的

情况. 设 $f \in \mathscr{C}$, 并设 $r, s \in \mathbf{Z}$, 使得 $f(r, s) = m$, 利用代换把 $r, s$ 和 $m$ 换成 $\dfrac{r}{g}, \dfrac{s}{g}$ 和 $\dfrac{m}{g^2}$, 其中 $g = (r, s)$, 我们可假设 $(r, s) = 1$.

设 $\boldsymbol{\gamma} = \begin{bmatrix} r & s \\ t & u \end{bmatrix} \in \mathbf{SL}_2(\mathbf{Z})$, $\boldsymbol{\gamma} f = [m, 2l, n]$, 则判别式的定义等式给出

$$-4\Delta = 4l^2 - 4mn \equiv 4l^2 \pmod{m}$$

因而

$$\chi_\Delta(m) = \left(\frac{4\Delta}{m}\right) = \left(\frac{2l}{m}\right)^2 = 1$$

因此 $\omega_\Delta(\mathscr{C}) = \bar{m} \in \mathrm{Ker}(\chi_\Delta)$.

最后, 我们证明 $\mathrm{Ker}(\chi_\Delta) \subset \mathrm{Im}(\omega_\Delta)$. 设 $\bar{m} \in \mathrm{Ker}(\chi_\Delta)$, 根据 Dirichlet 的等差数列中的素数的定理, 存在一个素数 $p$ 使得 $p \equiv m \pmod{\Delta}$. 由于 $\chi_\Delta(p) = 1$, 根据定理 6.2.8.1 存在一个判别式等于 $\Delta$ 的可表示 $p$ 的形式 $f$. 由于 $p \nmid \Delta$, 根据定理 6.2.8.3 可知, 形式 $f$ 是本原的, 因而 $\bar{m} = \bar{p} = \omega_\Delta(\mathscr{C}) \in \mathrm{Im} = (\omega_\Delta)$, 其中 $\mathscr{C}$ 是 $f$ 的真等价类.

(3) 就是同态的基本定理.

定理 6.3.3.3 中的包含关系 $\mathrm{Ker}(\chi_\Delta) / H_\Delta \subset \mathrm{Im}(\omega_\Delta)$ 是一个类的存在性的非常强的定理. 它将在定理 6.3.5.1 和定理 6.3.5.2 起着基本的作用. 这个包含关系的一个不依赖于 Dirichlet 的等差数列中的素数的定理的证明将在 6.3.4 中讨论.

**定义 6.3.3.4** 对非零的判别式 $\Delta$, 我们定义同态 $sq_\Delta : \mathscr{C}l(\Delta) \to \mathscr{C}l(\Delta)$ 为 $sq_\Delta(\mathscr{C}) = \mathscr{C}^2$.

**定义 6.3.3.5**　定义歧义类群 $\mathcal{A}mb$ 为 $sq_\Delta$ 的核.

**定义 6.3.3.6**　定义群 $\mathscr{F}_g(\Delta)$ 为 $sq_\Delta$ 的像，因而 $\mathscr{F}_g(\Delta) = \{\mathscr{C}^2 \mid \in \mathcal{C}l(\Delta)\}$.

**定理 6.3.3.4**（复制定理）　设 $\Delta$ 是一个非零的判别式，则 $\mathrm{Ker}(\omega_\Delta) = \mathscr{F}_g(\Delta)$.

**证明的开始部分**　包含关系 $\mathscr{F}_g(\Delta) \subset \mathrm{Ker}(\omega_\Delta)$ 是平凡的，由于 $U_\Delta/H_\Delta$ 的元素都是1阶或2阶的．证明反方向的包含关系需要相当不同的技巧，对此我们将在下一节中讨论，定理 6.3.3.4 的最终证明将在 6.3.7 中完成.

我们用 6.3.2 节例 6.3.2.1 中曾讨论过的判别式为 $\frac{39}{4}$ 的例子来解释前面的理论.

根据定理 6.2.1.9 我们发现 $H_{\frac{39}{4}} = \{1,4,10,16,22,25\} \subset U_{39}$．由于形式 $[a,b,c]$ 既可表示 $a$ 又可表示 $c$，我们就看出 $\omega_{\frac{39}{4}}(\mathscr{C}_0) = \omega_{\frac{39}{4}}(\mathscr{C}_2) = H_{\frac{39}{4}}$ 以及 $\omega_{\frac{39}{4}}(\mathscr{C}_1) = \omega_{\frac{39}{4}}(\mathscr{C}_3) = 2H_{\frac{39}{4}} = \{2,5,8,11,20,32\}$，注意这些结果在 $\Delta = \frac{39}{4}$ 的情况下验证了定理 6.3.3.3 和 6.3.3.4.

现在设 $p$ 是一个不等于 3 和 13 的素数，根据定理 6.2.8.1，一个判别式 $\Delta = \frac{39}{4}$ 的二形可表示 $p$ 的充分必要条件是 $\chi_{\frac{39}{4}}(p) = 1$ 或 $p$ 在模 39 下同余于一个 $H_{\frac{39}{4}} \bigcup 2H_{\frac{39}{4}}$ 中的元素．再考虑到 $f_1$ 和 $f_3$ 是等价的（尽管不是真等价的），因此可表示同样的整数这一事实，我们即可知道，$p$ 可被 $f_0$ 或 $f_2$ 表示的充分必要条件是 $p \equiv 2,5,8,11,20,32 \pmod{39}$．最后注意 3 和 13 可被 $f_2$

332

表示.

我们并没有给出 $f_0$ 或 $f_2$ 之中哪个形式可表示一个素数 $p \in H_{\frac{39}{4}}$ 的同余条件,并且事实上可以证明不存在那种判别条件.对使得 $\omega_\Delta$ 是一个单射的 $\Delta$,结果会变得更好,即对那种 $\Delta$ 在每个属中只存在一个等价类.但是即使对 $\Delta = \frac{39}{4}$,我们也已经得到了超出 Kronecker 符号所能给出的信息.

### 6.3.4 三个命题及它们之间的蕴含关系

在这一节中 $\Delta$ 始终表示一个使得 $4\Delta$ 为非平方数的判别式.

我们将讨论下面三个真命题之间的关系,其中每一个都有一个直接的证明.

Gauss 发现从下面的三个命题中的任意两个命题可以很容易地推出另外一个命题.

**定理 6.3.4.1** 以下三个命题之中,任何两个命题蕴含第三个

$$\mathrm{Im}(\omega_\Delta) = \mathrm{Ker}(\chi_\Delta)/H_\Delta \qquad (6.3.4.1)$$

$$\mathrm{Ker}(\omega_\Delta) = \mathrm{Im}(sq_\Delta) \qquad (6.3.4.2)$$

$$|\mathscr{A}mb(\Delta)| = \frac{1}{2}|U_\Delta/H_\Delta| \qquad (6.3.4.3)$$

**证明** 我们已经在定理 6.3.3.3 中叙述并证明了命题(6.3.4.1),其中包含关系 $\mathrm{Ker}(\chi_\Delta)/H_\Delta \subset \mathrm{Im}(\omega_\Delta)$ 依赖于 Dirichlet 的等差数列中的素数的定理,而这一定理我们并未加以证明.

命题(6.3.4.2)就是 Gauss 的复制定理,定理

333

6.3.3.4. 包含关系 $\mathrm{Ker}(\omega_\Delta) \subset \mathrm{Im}(sq_\Delta)$ 的最自然的证法是利用三个变量的整二次型的理论. 我们将在 6.3.7 中给出这个命题的证明.

我们将在 6.3.5 节中用分别计算等式两边的数目的方法来证明命题(6.3.4.3).

1790 年,Gauss 还不知道 Dirichlet 的等差数列中的素数的定理,因此他是利用命题(6.3.4.2)和命题(6.3.4.3)来证明命题(6.3.4.1)的.

我们认为两个包含关系 $\mathrm{Im}(\omega_\Delta) \subset \mathrm{Ker}(\chi_\Delta)/H_\Delta$ 和 $\mathrm{Im}(sq_\Delta) \subset \mathrm{Ker}(\omega_\Delta)$ 是简单的. 初等的证明已在 6.3.3 节中给出. 因此命题 (6.3.4.1) 和命题 (6.3.4.2)将可从下面的较弱的断言得出

$$| \mathrm{Im}(\omega_\Delta) | = | \mathrm{Ker}(\chi_\Delta)/H_\Delta | \qquad (6.3.4.1)'$$

$$| \mathrm{Ker}(\omega_\Delta) | = | \mathrm{Im}(sq_\Delta) | \qquad (6.3.4.2)'$$

我们现在必须证明命题(6.3.4.1)' (6.3.4.2)' 和 (6.3.4.3) 蕴含第三个. 利用下面的三个已知的等式 (6.3.4.4.1)—(6.3.4.4.3),这只不过是一道简单的习题.式(6.3.4.4.1)和(6.3.4.4.2)都是同态基本定理的另一种说法,而式(6.3.4.4.3)则是定理 6.3.3.3 的(1)和 6.2.7 节引理 6.2.7.2 中(4)的推论.

$$| \mathrm{Ker}(\omega_\Delta) | \cdot | \mathrm{Im}(\omega_\Delta) | = | \mathscr{Cl}(\Delta) |$$

$$(6.3.4.4.1)$$

$$| \mathscr{Aml}(\Delta) | \cdot | \mathrm{Im}(sq_\Delta) | = | \mathscr{Cl}(\Delta) |$$

$$(6.3.4.4.2)$$

$$| \mathrm{Ker}(\chi_\Delta)/H_\Delta | = \frac{1}{2} | U_\Delta/H_\Delta |$$

$$(6.3.4.4.3)$$

由于 $\mathscr{C}l(\Delta)$ 是一个有限的 Abel 群,因此存在同构 $\mathscr{C}l(\Delta) \simeq A \bigoplus_{i=1}^{r} C(2^{n_i})$,其中 $A$ 是奇数阶的,$C(n)$ 表示一个 $n$ 阶循环群,$n_i > 0, r \geqslant 0$.那样 $|\mathscr{A}mb(\Delta)| = 2^r$,因此,像在定理 6.3.4.1 的(3)中那样,计算 $|\mathscr{A}mb(\Delta)|$ 就给出了类群 $\mathscr{C}l(\Delta)$ 的结构的某些信息,而一般来说,我们对此所知甚少.

Gauss 注意到 6.2.5 节的定理 6.2.5.3,即二次互反律可从命题(6.3.4.3)单独推出.我们以 Gauss 对二次互反律所做的第二个证明结束本节.容易从二次型理论得出一个互反律的证明.

**定理 6.2.5.4 的证明(二次互反律的另一种证明)** 我们证明与其等价的陈述命题,定理 6.2.5.3 的(3)我们将仅需命题(6.3.4.3)的一个弱形式,即

$$|\mathscr{A}mb(\Delta)| \leqslant \frac{1}{2} |U_\Delta / H_\Delta| \quad (6.3.4.3)'$$

三个命题(6.3.4.3)′(6.3.4.1) 和(6.3.4.2)容易合并成一个平凡的包含关系 $sq_\Delta \subset \mathrm{Ker}(\omega_\Delta)$ 去产生一个作为这个证明起点的关系式,即

$$|\mathrm{Im}(\omega_\Delta)| \leqslant \frac{1}{2} |U_\Delta / H_\Delta| \quad (6.3.4.4)$$

设 $p$ 和 $q$ 是不同的奇素数.我们分以下两种情况讨论.

**情况 1** $\left(\dfrac{p^*}{q}\right) = 1$.我们将证明 $\left(\dfrac{q}{p}\right) = 1$.

设 $4\Delta = 4p^* \equiv 4 \pmod{16}$,那么根据 $H_\Delta$ 的定义(定义 6.3.3.1),映射 $T: U_\Delta / H_\Delta \to \{\pm 1\}$,$\bar{x} \mapsto \left(\dfrac{x}{p}\right)$ 是

335

一个群同构，根据式（6.3.4.4），我们有 $T(\mathrm{Im}(\omega_\Delta)) = \{+1\}$.

设 $b, c \in \mathbf{Z}$，使得 $p^* = b^2 - qc$，那么 $f = [q, 2b, c]$ 是一个判别式等于 $\Delta$ 的 Gauss 形. 由于 $f$ 可表示 $q$，所以我们可以算出 $1 = T(\omega_\Delta(f)) = T(\overline{q}) = \left(\dfrac{q}{p}\right)$，这就是我们要证的.

**情况 2** $\left(\dfrac{p^*}{q}\right) = -1$. 我们将证明 $\left(\dfrac{q}{p}\right) = -1$.

如果 $p$ 或 $q \equiv 1 \pmod 4$，那么 $\left(\dfrac{p^*}{q}\right) = \left(\dfrac{p}{q}\right)$，因而由情况 1 我们就有 $\left(\dfrac{q}{p}\right) = \left(\dfrac{q^*}{p}\right) = -1$.

现在假设 $p \equiv q \equiv 3 \pmod 4$. 设 $4\Delta = 4pq \equiv 4 \pmod{16}$. 考虑同态

$$T: U_\Delta / H_\Delta \to \{\pm 1\} \times \{\pm 1\}, \quad \overline{x} \mapsto \left(\left(\dfrac{x}{p}\right), \left(\dfrac{x}{q}\right)\right)$$

$H_\Delta$ 的定义（定义 6.3.3.1）表明 $T$ 是良定义的并且是一个单射，根据孙子定理（定理 6.2.1.7），$T$ 又是一个满射，因而 $T$ 是一个群同构. 根据式（6.3.4.4），我们有 $|\mathrm{Im}(\omega_\Delta)| \leqslant 2$. 由于

$$T(\omega_\Delta([-1, 0, pq])) = \left(\left(\dfrac{-1}{p}\right), \left(\dfrac{-1}{q}\right)\right) = (-1, -1),$$

我们可以推出 $T(\mathrm{Im}(\omega_\Delta)) = \{(1, 1), (-1, -1)\}$.

现在设 $m$ 是一个与 $4\Delta$ 互素的可被 $f = [q, 0, -p]$ 表示的整数. 利用定理 6.3.3.2 和 $f$ 可表示 $q$ 和 $-p$，我们可以求出

$$T(\omega_\Delta(f)) = \left(\left(\dfrac{m}{p}\right), \left(\dfrac{m}{q}\right)\right) = \left(\left(\dfrac{q}{p}\right), \left(\dfrac{-p}{q}\right)\right)$$

$$= \left(\left(\frac{q}{p}\right), \left(\frac{p^*}{q}\right)\right) \in \{(1,1),(-1,-1)\}$$

因此 $\left(\dfrac{p^*}{q}\right) = \left(\dfrac{q}{p}\right)$.

### 6.3.5 歧义类的计数

我们首先证明一个关于矩阵的简单的引理.

**引理6.3.5.1** （1）设 $\boldsymbol{\gamma} \in \mathbf{SL}_2(\mathbf{Z})$ 使得 $\det(\boldsymbol{\gamma}) = -1$，但是 $\boldsymbol{\gamma}^2 = \boldsymbol{I}$，则存在 $\boldsymbol{T} \in \mathbf{SL}_2(\mathbf{Z})$ 使得

$$\boldsymbol{T\gamma T}^{-1} = \begin{bmatrix} 1 & 0 \\ 0 & -1 \end{bmatrix} \text{ 或 } \begin{bmatrix} 1 & 0 \\ 1 & -1 \end{bmatrix}$$

（2）不存在 $\boldsymbol{T} \in \mathbf{SL}_2(\mathbf{Z})$ 使得

$$\boldsymbol{T} \begin{bmatrix} 1 & 0 \\ 0 & -1 \end{bmatrix} \boldsymbol{T}^{-1} = \begin{bmatrix} 1 & 0 \\ 1 & -1 \end{bmatrix}$$

（3）如果 $\boldsymbol{T} \in \mathbf{SL}_2(\mathbf{Z})$ 和 $\begin{bmatrix} 1 & 0 \\ 0 & -1 \end{bmatrix}$ 或 $\begin{bmatrix} 1 & 0 \\ 1 & -1 \end{bmatrix}$ 可

交换，则 $\boldsymbol{T} = \pm \begin{bmatrix} 1 & 0 \\ 0 & 1 \end{bmatrix}$.

**证明** 容易通过直接计算证明（2）和（3），因此我们只证明（1）.

设 $\boldsymbol{\gamma} \in \mathbf{SL}_2(\mathbf{Z})$ 满足 $\boldsymbol{\gamma}^2 = \boldsymbol{I}$，并且 $\det(\boldsymbol{\gamma}) = -1$.

$\boldsymbol{\gamma}$ 的特征值必须位于方程 $x^2 - 1 = 0$ 的两个根之间，并且两个特征值的乘积必须等于 $-1$. 因此 $\boldsymbol{\gamma}$ 的特征根是 1 和 $-1$（另一种证法是看出对任意 $w \in \mathbf{Z}^2$，$x = w \pm w\boldsymbol{\gamma}$ 满足方程 $x\boldsymbol{\gamma} = \pm x$）.

设 $\boldsymbol{u} = (p \quad q) \in \mathbf{Z}^2$ 满足 $\boldsymbol{u\gamma} = \boldsymbol{u}$，并且 $(p,q) = 1$. 选

$$v = \begin{bmatrix} r & s \end{bmatrix} \in \mathbf{Z}^2 \text{ 使得 } T = \begin{bmatrix} u \\ v \end{bmatrix} = \begin{bmatrix} p & q \\ r & s \end{bmatrix} \in \mathbf{SL}_2(\mathbf{Z}).$$ 由于 $v + v\gamma$ 是 $\gamma$ 的属于特征值 1 的特征向量,所以它必须是 $u$ 的倍数,不妨设 $v + v\gamma = au$,其中 $a \in \mathbf{Z}$. 把 $v$ 换成 $v + nu$ 后,$T$ 的行列式不变,其中 $n \in \mathbf{Z}$ 是适当的整数,我们不妨设 $a = 0$ 或 $1$,那么就有

$$T\gamma T^{-1} = \begin{bmatrix} u \\ au - v \end{bmatrix} T^{-1} = \begin{bmatrix} 1 & 0 \\ a & -1 \end{bmatrix} TT^{-1} = \begin{bmatrix} 1 & 0 \\ a & -1 \end{bmatrix}$$

**引理 6.3.5.2** 设 $\Delta$ 是一个非零的判别式,$r$ 是 $-4\Delta$ 的奇的素因子的数目,则

$$|U_\Delta/H_\Delta| = \begin{cases} 2^r & \text{如果 } 4\Delta \equiv -1 \pmod 4 \\ & \text{或} \equiv -4 \pmod{16} \\ 2^{r+1} & \text{如果 } 4\Delta \equiv -12 \pmod{16} \\ & \text{或} \equiv -8, -16 \text{ 或} -24 \pmod{32} \\ 2^{r+2} & \text{如果 } 4\Delta \equiv 0 \pmod{32} \end{cases}$$

**证明** 设 $p_1, \cdots, p_r$ 是 $-4\Delta$ 的不同的奇的素因子,$A = \{\pm 1\}^r$ 是一个 $2^r$ 阶的 Abel 群. 定义一个同态 $\phi : U_{4\Delta} \to A, \bar{x} \mapsto \left( \left( \dfrac{x}{p_1} \right), \cdots, \left( \dfrac{x}{p_r} \right) \right)$.

设 $B = \{1\}, \{\pm 1\}$ 或 $U_8$ 是一个阶为 $1, 2$ 或 $4$ 的 Abel 群,这使得 $|A \times B|$ 就等于 $|U_{4\Delta}/H_\Delta|$ 的值. 定义一个同态 $\psi : U_{4\Delta} \to B$ 如下:如果 $B = \{1\}$,那么当然 $\psi$ 就是平凡的,如果 $B = U_8$,那么 $\psi(\bar{x}) = \bar{x}$,如果 $B = \{\pm 1\}$,则定义 $\psi$ 的像就是它的核:$\psi(\bar{x}) = 1$ 当且仅当 (1)$x \equiv -1 \pmod 4$,也就是 $4\Delta \equiv -12 \pmod{16}$ 或

$4\Delta \equiv -16(\bmod 32)$，或 $(2) x \equiv -1$ 或 $-7 (\bmod 8)$，也就是 $4\Delta \equiv -8(\bmod 32)$，或 $(3) x \equiv -1$ 或 $-3(\bmod 8)$，也就是 $4\Delta \equiv -24(\bmod 32)$.

从 $H_\Delta$ 的定义（定义 6.3.3.1）可知 $H_\Delta$ 是同态 $\phi \times \psi : U_\Delta / H_\Delta \to A \times B$ 的核. 由于 $\phi$ 和 $\psi$ 的 $r$ 个投影都是满射，因此根据孙子定理（定理 6.2.1.7）就得出 $\phi \times \psi$ 是一个满射. 因而 $U_{4\Delta} / H_\Delta \simeq A \times B$，这就证明了我们要证命题.

$|\mathscr{A}mb(\Delta)|$ 的计算将更有意思些.

**定义 6.3.5.1**    称一个二次型 $f$ 是歧义形式，如果存在一个 $\boldsymbol{\gamma} \in \mathbf{SL}_2(\mathbf{Z})$，使得 $\boldsymbol{\gamma} f = f$，但是

$$\det(\boldsymbol{\gamma}) = -1$$

称一个形式 $f$ 是特殊歧义形式，如果下面两个条件之一成立：

(1) $\begin{bmatrix} 1 & 0 \\ 0 & -1 \end{bmatrix} f = f$（等价地，$f$ 是 $[a, 0, c]$ 形式的）；

(2) $\begin{bmatrix} 1 & 0 \\ 1 & -1 \end{bmatrix} f = f$（等价地，$f$ 是 $[a, a, c]$ 形式的）.

**定理 6.3.5.1**    设 $\Delta$ 是一个非零的判别式，则：

(1) 每一个判别式等于 $\Delta$ 的含有一个歧义形式的真等价类必至少含有一个特殊歧义的形式；

(2) 所有判别式等于 $\Delta$ 的歧义形式的真等价类包含同样数目的特殊歧义形式. 当 $\Delta < 0$ 或者 $4\Delta$ 是一个平方数时，这个数目等于 2，当 $\Delta > 0$ 并且 $4\Delta$ 是一个非

平方数时,这个数目等于 4.

（3）判别式等于 $\Delta$ 的本原的特殊歧义形式的数目由表 6.3.5.1 给出,其中 $r$ 表示 $4\Delta$ 的不同的奇的素因子的数目:

表 6.3.5.1

| $\Delta$ | $[a,0,c]$ | $[a,a,c]$ | 总数 |
|---|---|---|---|
| $4\Delta \equiv -1(\bmod\ 4)$ | | $2^{r+1}$ | $2^{r+1}$ |
| $4\Delta \equiv -4(\bmod\ 16)$ | $2^{r+1}$ | | $2^{r+1}$ |
| $4\Delta \equiv -12(\bmod\ 16)$ | $2^{r+1}$ | $2^{r+1}$ | $2^{r+2}$ |
| $4\Delta \equiv -8,-16$ 或 $-24(\bmod\ 32)$ | $2^{r+2}$ | | $2^{r+2}$ |
| $4\Delta \equiv 0(\bmod\ 32)$ | $2^{r+2}$ | $2^{r+2}$ | $2^{r+3}$ |

**证明** 设 $X=\left\{\begin{pmatrix}1 & 0 \\ 0 & -1\end{pmatrix},\begin{pmatrix}1 & 0 \\ 1 & -1\end{pmatrix}\right\}$.

（1）设 $\mathscr{C}$ 是判别式等于 $\Delta$ 的形式的真等价类,$f\in\mathscr{C}$,$\boldsymbol{\gamma}\in\mathbf{GL}_2(\mathbf{Z})$ 满足 $\boldsymbol{\gamma}f=f$ 以及 $\det(\boldsymbol{\gamma})=-1$. 由引理 6.3.5.1 和引理 6.3.5.1(1) 可知存在 $\boldsymbol{T}\in\mathbf{GL}_2(\mathbf{Z})$ 使得 $\boldsymbol{T}\boldsymbol{\gamma}\boldsymbol{T}^{-1}\in X$. 那么由等式 $\boldsymbol{T}\boldsymbol{\gamma}\boldsymbol{T}^{-1}\cdot\boldsymbol{T}f=\boldsymbol{T}f$ 可知 $\boldsymbol{T}f\in\mathscr{C}$ 是一个特殊歧义形式.

（2）设 $f$ 是一个判别式等于 $\Delta$ 的歧义形式,$\mathscr{C}$ 是它的真等价类,$G=\mathrm{Aut}^+(f)=\{\boldsymbol{\tau}\in\mathbf{GL}_2(\mathbf{Z})\mid\boldsymbol{\tau}f=f\}$,$H=\{\boldsymbol{\tau}^2\mid\boldsymbol{\tau}\in G\}$. 由于 $G$ 是一个交换群,因此 $H$ 是子群. 我们将证明 $\mathscr{C}$ 中的特殊歧义形式的数目就等于 $H$ 在 $G$ 中的指数$(G:H)$. 由第 6 章推论 6.2.11.1 可知如果 $\Delta<0$ 或 $-4\Delta$ 是一个平方数,那么 $G$ 是一个阶为 2,4 或 6 的循环群,因而$(G:H)=2$. 如果 $4\Delta$ 是一个正的

非平方数,那么 $G = \{\pm 1\} \times \mathbf{Z}$,因而 $(G:H) = 4$.

设 $\boldsymbol{\gamma}$ 是 $f$ 的一个固定的非真的自同态,那么存在 $\boldsymbol{T} \in \mathbf{SL}_2(\mathbf{Z})$ 使得 $\boldsymbol{A} = \boldsymbol{T\gamma\tau T}^{-1} \in X$. $\boldsymbol{T}f$ 是 $\mathscr{C}$ 中的特殊歧义形式. 如果 $\boldsymbol{S} \in \mathbf{SL}_2(\mathbf{Z})$,并且 $\boldsymbol{B} = \boldsymbol{S\gamma\tau S}^{-1} \in X$,那么由引理 6.3.5.1 中的(2)可知我们必须有 $\boldsymbol{A} = \boldsymbol{B}$. 因而

$$\boldsymbol{ST}^{-1}\boldsymbol{A}(\boldsymbol{ST}^{-1})^{-1} = \boldsymbol{S\gamma\tau S}^{-1} = \boldsymbol{B} = \boldsymbol{A}$$

根据引理 6.3.5.1 中的(3)就得出 $\boldsymbol{S} = \pm \boldsymbol{T}$,并且因此 $\boldsymbol{T}f = \boldsymbol{S}f$. 因此我们已经证明了存在一个良定义的从 $G$ 到 $\mathscr{C}$ 中的特殊歧义形式的集合的映射 $\phi : \tau \mapsto \boldsymbol{T}f$.

映射 $\phi$ 是满射. 设 $g$ 是一个 $\mathscr{C}$ 中的特殊歧义形式. $\boldsymbol{A} \in X$ 使得 $\boldsymbol{A}g = g$,$\boldsymbol{T} \in \mathbf{SL}_2(\mathbf{Z})$ 使得 $\boldsymbol{T}f = g$,那么 $\tau = \boldsymbol{\gamma}^{-1}\boldsymbol{T}^{-1}\boldsymbol{AT}$ 使得 $\phi(\tau) = \boldsymbol{T}f = g$.

映射 $\phi$ 在 $H$ 的陪集中是一个常映射. 设 $\tau, \sigma \in G$,$\boldsymbol{T} \in \mathbf{SL}_2(\mathbf{Z})$ 使得 $\boldsymbol{A} = \boldsymbol{T\gamma\tau T}^{-1} \in X$,那么

$$\boldsymbol{T\sigma\gamma\tau\sigma}^2(\boldsymbol{T\sigma})^{-1} = \boldsymbol{A}$$

(利用定理 6.2.11.2),因而 $\phi(\tau) = \boldsymbol{T}f = \boldsymbol{T\sigma}f = \phi(\tau\sigma^2)$.

映射 $\phi$ 在 $H$ 的陪集中是一个单射. 由于假设 $\phi(\tau) = \phi(\sigma)$,其中,$\tau, \sigma \in G$. 设 $\boldsymbol{T}, \boldsymbol{S} \in \mathbf{SL}_2(\mathbf{Z})$ 使得 $\boldsymbol{A} = \boldsymbol{T\gamma\tau T}^{-1}$ 和 $\boldsymbol{B} = \boldsymbol{S\gamma\tau S}^{-1}$ 都在 $X$ 中. $\boldsymbol{A}$ 和 $\boldsymbol{B}$ 都是 $\phi(\tau)$ 的自同态. 由于不存在既是 $\begin{bmatrix} 1 & 0 \\ 0 & -1 \end{bmatrix}$ 形式又是 $\begin{bmatrix} 1 & 0 \\ 1 & -1 \end{bmatrix}$ 形式的具有非零判别式的形式作为自同态,所以我们必须有 $\boldsymbol{A} = \boldsymbol{B}$. 注意 $\boldsymbol{T}f = \boldsymbol{S}f$ 蕴含 $\boldsymbol{S}^{-1}\boldsymbol{T} \in G$,我们就得出

$$\tau = \boldsymbol{\gamma}(\boldsymbol{T}^{-1}\boldsymbol{S})\boldsymbol{\gamma\sigma}(\boldsymbol{S}^{-1}\boldsymbol{T}) = \boldsymbol{\sigma}(\boldsymbol{S}^{-1}\boldsymbol{T})^2$$

341

因此 $\tau$ 和 $\sigma$ 在 $G$ 的 $H$ - 陪集中是相同的.

综上所述, $\phi$ 是 $G$ 中的 $H$ - 陪集的集合与 $\mathscr{C}$ 中的特殊歧义形式的集合之间的一个 $1-1$ 对应. 这正是我们要证的.

我们首先计数类型为 $[a,0,c]$ 的判别式等于 $\Delta$ 的本原形式的数目. 如果 $4\Delta$ 是奇数,显然没有这种形式. 因此我们假设 $4\Delta \equiv 0(\bmod 4)$,我们必须有 $ac = \Delta$ 和 $(a,c) = 1$. 整数 $a$ 可由它的符号和素因子的集合确定,这个集合可以是 $\Delta$ 的素因子集合的子集. 因此本原形式 $[a,0,c]$ 的数目就等于 $2^{t+1}$,其中 $t$ 表示 $4\Delta$ 的素因子的数目.

下面我们计数类型为 $[a,a,c]$ 的判别式等于 $\Delta$ 的本原形式的数目. 如果 $4\Delta$ 是奇数,那么 $4\Delta$ 的所有因子 $a$ 都对应一个整形式 $[a,a,c]$,由于 $c = \dfrac{a^2 + 4\Delta}{4a} \in \mathbf{Z}$. 从 $\dfrac{4\Delta}{a} = 4c - a$ 我们看出 $(a,c) = \left(a, \dfrac{4\Delta}{a}\right)$. 因此使得 $[a,a,c]$ 是本原形式的 $a$ 可由它们的符号和素因子的集合确定,而这些素因子可以是 $\Delta$ 的 $r$ 个素因子集合的任意子集. 因此那种 $a$ 的总数就是 $2^{r+1}$.

现在,假设 $\Delta$ 是偶数,如果 $[a,a,c]$ 是判别式等于 $\Delta$ 的本原形式,那么 $a$ 是偶数,$c$ 是奇数. 设 $a = 2x$,其中 $x$ 是奇数,那么 $\Delta = 2cx - a^2 \equiv 12(\bmod 16)$,如果 $4 \mid a$,那么 $4\Delta = 4ac - a^2 \equiv 0(\bmod 32)$,因此,除非 $\Delta \equiv 12(\bmod 16)$ 或 $\equiv 0(\bmod 32)$,在其他的情况下不可能存在本原的 $[a,a,c]$ 形式.

假设 $\Delta \equiv 12(\bmod 16)$,我们计数判别式等于 $\Delta$ 的

本原形式 $[a,a,c]=[2x,2x,c]$ 的数目. 本原性蕴含 $c$ 是奇数. 因而等式 $\dfrac{4\Delta}{4x}=2c-x$ 说明 $(x,c)=\left(x,\dfrac{4\Delta}{4x}\right)$. 因此 $x$ 可由它的符号和素因子确定, 而这些素因子都是 $\dfrac{4\Delta}{4}$ 的 $r$ 个素因子的某些个, 因此总共有 $2^{r+1}$ 个那种 $x$.

最后, 设 $4\Delta\equiv 0(\bmod 32)$, 我们计数判别式等于 $\Delta$ 的本原形式 $[4x,4x,c]$ 的数目. 从 $\dfrac{\Delta}{4x}=c-x$ 可知 $(4x,c)=\left(x,\dfrac{\Delta}{4x}\right)$, 由于 $x$ 可由它的符号和素因子确定, 而这些素因子都是 $\dfrac{\Delta}{16}$ 的 $r+1$ 个素因子的某些个, 因此总共有 $2^{r+2}$ 个那种 $x$.

下面是本节的主要结果.

**定理 6.3.5.2** 设 $\Delta$ 是一个非零的判别式, 那么

$$|\mathscr{A}mb(\Delta)|=\begin{cases}\dfrac{1}{2}\;|U_\Delta/H_\Delta| & \text{如果 } \Delta \text{ 是一个非平方数}\\[2mm] |U_\Delta/H_\Delta| & \text{如果 } \Delta \text{ 是一个完全平方数}\end{cases}$$

**证明** 联合引理 6.3.5.2 和定理 6.3.5.1, 并记住 $\Delta>0$ 时成员的数目, 那么由于 $[a,a,c]$ 是正定的充分必要条件是 $a>0$, 所以根据定理 6.3.5.1 中的(3), 只有一般的本原形式是 Gauss 型的.

### 6.3.6 加倍定理

**引理 6.3.6.1** 设 $f_0$ 是一个主形式, $m$ 是一个与 $\Delta$ 互素的整数, 且 $\overline{m}\in H_\Delta$, 则对每个可整除 $4\Delta$ 的素数 $p$ 和 $n>0$, 都存在整数 $x,y$ 使得 $f_0(x,y)\equiv m(\bmod p^n)$.

343

**证明**　对奇素数 $p$,由于 $f_0(x,0)=x^2$,并且 $\left(\dfrac{m}{p}\right)=1$,所以我们可以应用定理 6.2.1.8 中的(1) 而使结果成立.现在设 $p=2,4\Delta\equiv0(\bmod 4)$,我们解同余式 $x^2-\dfrac{\Delta}{4}y^2\equiv m(\bmod 2^n)$.如果 $\dfrac{\Delta}{4}\equiv1(\bmod 4)$,并且 $m\equiv3(\bmod 4)$,我们选 $x\in\{0,2\}$ 使得 $x^2-m\equiv\dfrac{\Delta}{4}(\bmod 8)$,并且根据定理 6.2.1.8 中的(2) 选 $x$.否则选 $y\in\{0,1,2\}$ 使得 $\dfrac{\Delta}{4}y^2+m\equiv1(\bmod 8)$,并且根据定理 6.2.1.8 中的(2) 选 $y$.由引理 6.2.1.6 可知存在 $x,y\in\mathbf{Z}$,使得 $f_0(x,y)\equiv m(\bmod\Delta)$.

**引理 6.3.6.2**　设 $\Delta$ 是一个非零的判别式,$f$ 是一个属于 $\mathscr{C}l(\Delta)$ 的主类的判别式等于 $\Delta$ 的 Gauss 形式,则:

(1) 存在 $x,y\in\mathbf{Z}$ 使得 $f(x,y)\equiv1(\bmod 4\Delta)$;

(2) 存在

$$\boldsymbol{\gamma}=\begin{bmatrix}r_1 & r_2 & r_3\\ s_1 & s_2 & s_3\\ t_1 & t_2 & t_3\end{bmatrix}\in\mathbf{GL}_3(\mathbf{Z})$$

使得

$$f(x,y)=(r_2x+s_2y)^2-(r_1x+s_1y)(r_3x+s_3y)$$

并且

$$(r_1s_2-r_2s_1,8\Delta)=1$$

(3) 形式 $f$ 可表示一个完全平方数 $m^2$,使得 $m\neq0$ 且与 $4\Delta$ 互素.

**证明** （1）设 $f$ 是命题中所述的形式，$n$ 是一个与 $4\Delta$ 互素的整数并且可被 $f$ 所属的真等价类 $\mathscr{C}$ 表示. 设 $m \in \mathbf{Z}$ 使得 $mn \equiv 1 (\mathrm{mod}\ 4\Delta)$. 由于 $f$ 是主类中的形式，所以我们有 $n \in H_\Delta$，因而也有 $m \in H_\Delta$. 由引理 6.3.6.1 可知，主类 $\mathscr{C}_0$ 可表示一个整数 $M$，其中 $M \equiv m(\mathrm{mod}\ 4\Delta)$. 因此 $\mathscr{C} = \mathscr{C}_0\mathscr{C}$ 可表示 $Mn$. 这就意味着 $f$ 可表示 $Mn$，而 $Mn \equiv 1(\mathrm{mod}\ 4\Delta)$.

（2）设 $f = [a, 2b, c]$

$$\boldsymbol{A} = \begin{bmatrix} a & b & l \\ b & c & m \\ l & m & n \end{bmatrix}$$

那么从（1）和 $\det(\boldsymbol{A}) = -\dfrac{1}{4}(f(2m, -2l) + 4n\Delta)$ 可知

存在整数 $2l, 2m, 2n$ 使得 $\det(\boldsymbol{A}) = -\dfrac{1}{4}$.

设 $\boldsymbol{M}$ 是 $y^2 - xz$ 的矩阵

$$\boldsymbol{M} = \begin{bmatrix} 0 & 0 & -\dfrac{1}{2} \\ 0 & 1 & 0 \\ -\dfrac{1}{2} & 0 & 0 \end{bmatrix}$$

根据定理 4.3.5 可知存在 $\tau \in \mathbf{GL}_3(\mathbf{Z})$ 使得 $\tau\boldsymbol{M}\tau^\top = \boldsymbol{A}$，设

$$\tau = \begin{bmatrix} r_1 & r_2 & r_3 \\ s_1 & s_2 & s_3 \\ t_1 & t_2 & t_3 \end{bmatrix}$$

计算

$$f(x,y)=(x,y,0)\boldsymbol{A}\begin{bmatrix}x\\y\\0\end{bmatrix}$$

$$=(x,y,0)\boldsymbol{\tau M}\left(\begin{bmatrix}x\\y\\0\end{bmatrix}\boldsymbol{\tau}\right)^{\mathrm{T}}$$

$$=(r_2x+s_2y)^2-(r_1x+s_1y)(r_3x+s_3y)$$

$$(6.3.6.1)$$

这几乎就是我们想要的结果,但是如果小行列式

$$\begin{vmatrix}r_1 & r_2\\s_1 & s_2\end{vmatrix}$$

和 $8\Delta$ 不互素,则我们就还必须修改 $\boldsymbol{\tau}$. 这时我们把 $\boldsymbol{\tau}$ 换成 $\boldsymbol{\tau}'=\boldsymbol{\tau\sigma}$,其中 $\boldsymbol{\sigma}\in\mathbf{GL}_3(\mathbf{Z})$ 是 $y^2-xz$ 的适当的自同态,即 $\boldsymbol{\sigma}$ 满足方程 $\boldsymbol{\sigma M\sigma}^{\mathrm{T}}=\boldsymbol{M}$.

对 $\boldsymbol{g}=\begin{bmatrix}\alpha & \beta\\\gamma & \delta\end{bmatrix}\in\mathbf{GL}_3(\mathbf{Z})$,设

$$\boldsymbol{\sigma}_g=\begin{bmatrix}\alpha^2 & \alpha\beta & \beta^2\\2\alpha\gamma & \alpha\delta+\beta\gamma & 2\beta\delta\\\gamma^2 & \gamma\delta & \delta^2\end{bmatrix}\quad(6.3.6.2)$$

计算表明 $\det(\boldsymbol{\sigma}_g)=1$,并且 $\boldsymbol{\sigma}_g$ 是 $y^2-xz$ 的自同态.

设 $\boldsymbol{\tau}'=\boldsymbol{\tau\sigma}_g$,其中 $g$ 待定. 我们用 $r'_i,s'_i,t'_i$ 表示 $\boldsymbol{\tau}'$ 的位置对应于 $\boldsymbol{\tau}$ 的元素. 看余因子矩阵

$$\overline{\boldsymbol{\tau}}'=\overline{\boldsymbol{\tau}}\,\overline{\boldsymbol{\sigma}}_g=\overline{\boldsymbol{\tau}}\begin{bmatrix}\cdot & \cdot & \gamma^2\\\cdot & \cdot & -\alpha\gamma\\\cdot & \cdot & \alpha^2\end{bmatrix}$$

346

因而 $r'_1 s'_2 - r'_2 s'_1 = T_1 \gamma^2 - T_2 \alpha\gamma + T_3 \alpha^2$，其中 $T_i$ 是 $\bar{\tau}$ 的底行的元素.按 $\bar{\tau}$ 的第三行展开计算 $\det(\tau) = \pm 1$，我们看出 $(T_1, T_2, T_3) = 1$.由引理 6.3.6.1，我们可选 $\alpha, \gamma$ 和 $g$ 使得 $(r'_1 s'_2 - r'_2 s'_1, 8\Delta) = 1$.式(6.3.6.1)对 $\tau'$ 和对 $\tau$ 同样有效，由于 $\tau' M(\tau')^{\mathrm{T}} = A$，这就完成了(2) 的证明.

(3) $f(-s_1, r_1) = (r_1 s_2 - r_2 s_1)^2$，其中，$r_1, r_2, s_1, s_2$ 的意义如(2).

**定理 6.3.6.1**（加倍定理）　设 $\Delta$ 是一个非零的判别式，则 $\mathrm{Ker}(\omega_\Delta) = \mathscr{I}_\gamma(\Delta)$.

**证明**　包含关系 $\mathscr{I}_\gamma(\Delta) \subset \mathrm{Ker}(\omega_\Delta)$ 是平凡的，由于 $U_\Delta/H_\Delta$ 中的元素都是 1 阶或 2 阶的.

反过来，设 $\mathscr{C} \in \mathscr{Cl}(\Delta)$ 使得 $\omega_\Delta(\mathscr{C}) = 1$.根据引理 6.3.6.2 中的(3)，所说的类含有一个形式 $[m^2, 2b, c]$，其中 $m$ 是一个与 $4\Delta$ 互素的正整数.由于 $(m, 2b) = 1$，形式 $[m, 2b, mc]$ 是 Gauss 形.显然 $\mathscr{C} = \mathscr{D}^2$，其中 $\mathscr{D} \in \mathscr{Cl}(\Delta)$ 是 $[m, 2b, mc]$ 的一个真等价类.因而

$$\mathrm{Ker}(\omega_\Delta) \subset \mathscr{I}_\gamma(\Delta)$$

### 6.3.7　三平方和定理的证明

**引理 6.3.7.1**　设 $a, 2b, c \in \mathbf{Z}$ 使得 $\Delta = ac - b^2$ 是非零的，则：

(1) 下面两个条件是等价的：

① 存在整数 $m, n, s$ 使得对称矩阵

$$\mathbf{R} = \begin{pmatrix} a & b & m \\ b & c & n \\ m & n & s \end{pmatrix}$$

的行列式等于 1.

② 存在整数 $M, N$ 满足下面的同余式组

$$-a \equiv N^2 (\bmod 4\Delta) \qquad (6.3.7.1)$$

$$b \equiv MN (\bmod 4\Delta) \qquad (6.3.7.2)$$

$$-c \equiv M^2 (\bmod 4\Delta) \qquad (6.3.7.3)$$

（2）如果此外有 $(a, 4\Delta) = 1$ 和 $4 \nmid 4\Delta$，那么（1）中的两个条件也等价于

（3）对所有整除 $4\Delta$ 的奇素数 $p$，成立

$$\left(\frac{a}{p}\right) = \left(\frac{-1}{p}\right)$$

**证明**　（1）①⇒②. 设 $\boldsymbol{R}$ 存在，则可设它的余因子矩阵为

$$\overline{\boldsymbol{R}} = \begin{pmatrix} A & B & M \\ B & C & N \\ M & N & u \end{pmatrix}$$

由关系式 $\overline{\overline{\boldsymbol{R}}} = \boldsymbol{R}$ 得出三个等式

$$a = -N^2 + 4C\Delta$$

$$b = MN - 4B\Delta \qquad (6.3.7.4)$$

$$c = -M^2 + 4A\Delta$$

由此立即得出式（6.3.7.1）—（6.3.7.3）

②⇒①. 设 $M$ 和 $N$ 满足同余式组（6.3.7.1）—（6.3.7.3），利用式（6.3.7.4）定义三个整数 $A, B, C$. 然后我们用下面的方程定义整数 $m, n, s$

$$m = BN - CM = \frac{-aM - bN}{u}$$

$$n = BM - AN = \frac{-bM - cN}{u} \qquad (6.3.7.5)$$

$$s = AC - B^2 = \frac{1 - mM - nN}{u}$$

设

$$R = \begin{pmatrix} a & b & m \\ b & c & n \\ m & n & s \end{pmatrix}$$

则易于验证 $R$ 的余因子矩阵的最后一列由

$$\overline{R} = \begin{pmatrix} \cdot & \cdot & M \\ \cdot & \cdot & N \\ \cdot & \cdot & u \end{pmatrix}$$

给出. 为证明 $\det(R) = 1$,可按 $R$ 的第三列展开并利用方程组($6.3.7.4$).

(2) 现在设 $(a, u) = 1$,并且 $4 \nmid 4\Delta$.

如果 ② 成立,那么显然对 $4\Delta$ 的奇的素因子 $p$ 有 $\left(\dfrac{-a}{p}\right) = 1$. 因此 $\left(\dfrac{a}{p}\right) = \left(\dfrac{-1}{p}\right)$.

现在设(3)成立,根据定理 $6.2.1.9$ 可知,存在 $N \in \mathbf{Z}$ 使得 $-a \equiv N^2 (\bmod 4\Delta)$. 由于 $(N, 4\Delta) = 1$,因此存在 $M \in \mathbf{Z}$,使得 $b \equiv MN (\bmod 4\Delta)$. 最后

$$-N^2 c \equiv ac \equiv b^2 \equiv M^2 N^2 (\bmod 4\Delta)$$

这说明 $-c \equiv M^2 (\bmod 4\Delta)$. 这样,我们就求出了同余式组($6.3.7.1$)—($6.3.7.3$) 的解,这就证明了(2)成立.

**引理 6.3.7.2** 设 $u \in \mathbf{Z}, n \equiv 1$ 或 $2 (\bmod 4)$,$-4\Delta$ 不是一个完全平方数,则对任意 $m \in U_\Delta$,存在 $x \in \mathrm{Ker}(\chi_\Delta)$,使得对 $-4\Delta$ 的任意奇的素因子 $p$ 成立

$$\left(\frac{x}{p}\right)=\left(\frac{m}{p}\right).$$

换句话说,在引理 6.3.5.2 的证明中定义的同态 $\phi:U_\Delta \to A$ 在 $\mathrm{Ker}(\chi_\Delta)$ 上的限制是一个满射或者说 $\phi(\mathrm{Ker}(\chi_\Delta))=A.$

**证明** 分别考虑三种情况

$$\Delta \equiv 12(\bmod\ 16)$$

$$\Delta \equiv 8(\bmod\ 32)$$

和

$$\Delta \equiv 24(\bmod\ 32)$$

可以证明 $\mathrm{Ker}(\phi)\bigcap \mathrm{Ker}(\chi_\Delta)=H_\Delta$,因而,设 $B$ 如引理 6.3.5.2 的证明中所述,我们就有

$$|\phi(\mathrm{Ker}(\chi_\Delta))|=|\mathrm{Ker}(\chi_\Delta)|/|\mathrm{Ker}(\phi)\bigcap \mathrm{Ker}(\chi_\Delta)|$$
$$=|\mathrm{Ker}(\chi_\Delta)|/|H_\Delta|$$
$$=\frac{1}{2}|A\times B|=|A|$$

**定理 6.3.7.1** 设 $n$ 是一个正整数,$n=4^a u$,其中 $4\nmid u$,并且 $u\not\equiv 7(\bmod\ 8)$,则存在三个整数 $x,y,z$,使得 $n=x^2+y^2+z^2.$

我们只要证明 $u=x^2+y^2+z^2$ 即可. 由于 $4\nmid u$,并且 $u\not\equiv 7(\bmod\ 8)$,所以

$$u\equiv 1,2,3,5,6(\bmod\ 8)$$

当 $u\equiv 1,2,5,6(\bmod\ 8)$ 时 $u\equiv 1$ 或 $2(\bmod\ 4)$,因此我们只要证明当 $u\equiv 1$ 或 $2(\bmod\ 4)$ 或 $u\equiv 3(\bmod\ 8)$ 时,$u$ 可表示成三个整数的平方和即可.

**证明** 首先设 $u\equiv 1$ 或 $2(\bmod\ 4)$.那么根据引理 6.3.7.2 和定理 6.3.3.3 可知存在 $\mathscr{C}\in \mathscr{Cl}(\Delta)$ 使得

$\phi(\omega_\Delta(\mathscr{C})) = \phi(-1)$. 设 $[a,2b,c] \in \mathscr{C}$，使得 $(a,4\Delta)=1$ 并且注意 $ac - b^2 = \Delta$. 由于 $\omega_\Delta(\mathscr{C}) = \overline{a}$，对 $4\Delta$ 的任意奇的素因子 $p$，我们有 $\left(\dfrac{a}{p}\right) = \left(\dfrac{-1}{p}\right)$. 因而根据引理 6.3.7.1 可知存在整数 $m,n,s$ 使得矩阵

$$\boldsymbol{R} = \begin{bmatrix} a & b & m \\ b & c & n \\ m & n & s \end{bmatrix}$$

的行列式等于 1，由于三元二次型

$$f = \frac{1}{a}(ax + by + cz)^2 + \frac{1}{au}(uy + (an - bm)z)^2 + \frac{1}{u}z^2$$

的矩阵是 $\boldsymbol{R}$，所以根据定理 4.3.4 可知，它等价于 $x^2 + y^2 + z^2$. 因此存在 $\boldsymbol{\gamma} \in \mathbf{GL}_3(\mathbf{Z})$ 使得 $\boldsymbol{\gamma\gamma}^\top = \boldsymbol{R}$，取余因子就得出 $\overline{\boldsymbol{\gamma}}\,\overline{\boldsymbol{\gamma}}^\top = \overline{\boldsymbol{R}}$，这说明三元二次型 $\overline{f}$（它的矩阵是 $\overline{\boldsymbol{R}}$）也等价于 $x^2 + y^2 + z^2$. 显然 $\overline{f}$ 可表示 $u$，即 $\overline{f}(0,0,1) = u$. 由于等价类中所有的形式可表示的整数是相同的，因此必存在整数 $x,y,z$，使得 $x^2 + y^2 + z^2 = u$.

现在设 $u \equiv 3(\mathrm{mod}\ 8)$. 论证类似于前面的情况. 设 $4\Delta = -u$，这是一个奇的判别式，并且

$$4\Delta \equiv 5(\mathrm{mod}\ 8)$$

由于 $\chi_\Delta(-2) = 1$，因此根据定理 6.3.3.3 可知存在 $\mathscr{C} \in \mathscr{C}l(\Delta)$，使得 $\omega_\Delta(\mathscr{C}) = -\overline{2}$. 设 $[a,2b,c] \in \mathscr{C}$ 使得 $(a,4\Delta) = 1$. 注意 $ac - b^2 = u$，对 $u$ 的奇的素因子 $p$，我们可算出

$$\left(\frac{a}{p}\right)=\left(\frac{-1}{p}\right)$$

因而根据引理 6.3.7.1 可知，存在整数 $m,n,s$ 使得

$$\det\begin{bmatrix} a & b & m \\ b & c & n \\ m & n & s \end{bmatrix}=1$$

剩下的证明和前面的情况一样.

定理 6.3.7.1 和同余式组（6.3.7.1）—（6.3.7.3）之间的关系类似于二平方和定理与同余式 $x^2\equiv-1(\mathrm{mod}\ 4)$ 之间的关系. 注意同余式组（6.3.7.1）—（6.3.7.3）的解的存在性要依赖于定理 6.3.3.3.

Gauss 证明了如何把一个正整数表示成三平和的方法的数目转化为计数同余式组（6.3.7.1）—（6.3.7.3）的解的数目，并且把这一计数结果应用于定理 6.3.7.1 的证明. 下面我们不加证明地叙述 Gauss 的这一结果，并将其作为本章的最后一个定理.

**定理 6.3.7.2** 设 $u$ 是一个不等于 $1,3$ 的正整数，并设

$$R(u)=\{(x,y,z)\in \mathbf{Z}^3\mid x^2+y^2+z^2=u,(x,y,z)=1\}$$

那么 $x^2+y^2+z^2=u$ 的本原解的数目是

$$\mid R(u)\mid=\begin{cases} 12\mid \mathcal{C}l(-4u)\mid & \text{如果 } u\equiv 1 \text{ 或 } 2(\mathrm{mod}\ 4) \\ 24\mid \mathcal{C}l(-u)\mid & \text{如果 } u\equiv 3(\mathrm{mod}\ 4) \\ 0 & \text{其他情况} \end{cases}$$

# Liouville 方法

第

7

章

## 7.1 引　　　言

　　数论几乎借用了所有数学分支中的研究工具. 许多最重要的问题都是通过几何方法以最自然的方式处理的, 而这些发展则构成了所谓的"数的几何". 解决算术问题的分析方法很多, 并且数论的各个方面所取得的杰出的进展几乎都是用分析方法取得的. 本书的写作宗旨和篇幅均不允许它包含所有的内容, 但涉及解析或几何方法的一些例外情况除外. 自从椭圆函数理论建立以后, 它一直是许多独特而有趣的算术定理的丰富来源. 当然, 我们在本书中不可能详细介绍椭圆函数. 幸运的是, 正如 Liouville(柳维尔, 1809—1882) 所

353

表明的那样,椭圆函数的应用可以被一些非常一般的
算术恒等式所代替,这些算术恒等式可以从椭圆函数
理论的各种扩展推导而来,或者可以以最基本的方式
直接建立.一旦确定了这些基本恒等式,就可以对其
进行特殊化和改造,以至于用非常简单的方法就可以
得到无数的特殊结果.在本章中,我们将只限于它的
一个应用,目的是显示这一方法的威力;这就是证明
三平方和定理.

## 7.2　任意的函数,奇偶性条件

下面,我们将处理定义在整数集合上的并服从某
些奇偶性条件的形如
$$F(x,y,z)$$
的任意函数.

**定义 7.2.1**　称 $F(x,y,z)$ 是关于 $x$ 的偶函数,如
果对所有的 $x,y,z$ 值都成立
$$F(-x,y,z)=F(x,y,z)$$
类似的,称 $F(x,y,z)$ 是关于 $x$ 的奇函数,如果对所有
的 $x,y,z$ 值都成立
$$F(-x,y,z)=-F(x,y,z)$$
称 $F(x,y,z)$ 是关于 $y,z$ 的偶函数或奇函数,如果对所
有的 $x,y,z$ 值都成立
$$F(x,-y,-z)=F(x,y,z)$$
或

$$F(x,-y,-z)=-F(x,y,z)$$

**引理 7.2.1** 如果 $F(x,y,z)$ 是关于 $x$ 的奇函数,则

$$F(0,y,z)=0$$

**证明** 令 $x=0$ 并利用奇函数的定义即可得出.

**例 7.2.1** 函数 $F(x,y,z)=xyz$ 对每个变量都是奇函数,但是对变量对 $y,z$ 是偶函数.

**例 7.2.2** 设

$$F(x,y,z)=\begin{cases} 0 & \text{如果 } x^2 \neq 1 \\ (y-z)^2 & \text{如果 } x^2 = 1 \end{cases}$$

则这个函数对于 $x$ 或变量对 $y,z$ 都是偶的,但是对于单独的 $y$ 或 $z$ 都既不是偶的也不是奇的.

## 7.3 第一基本恒等式

第一基本恒等式是关于取值在所有整数值上并满足下列奇偶性条件的任意函数 $F(x,y,z)$ 的

$$F(-x,y,z)=-F(x,y,z)$$

$$F(x,-y,-z)=F(x,y,z), F(0,y,z)=0$$

$$(7.3.1)$$

设 $n$ 是一个任意的正整数,$\lambda > \mu > 0$ 是两个正数.我们将考虑 $n$ 的以下类型的拆分

(a)$n = \lambda i^2 + \mu i + (\lambda \delta + \mu)d$.

(b)$n = \lambda i^2 - \mu i + (\lambda \delta - \mu)d$.

(c)$n = \lambda h^2 + \mu h + \lambda \Delta \Delta'$.

$$(d) n = \lambda \left(\frac{\Delta + \Delta'}{2}\right)^2 + \mu \cdot \frac{\Delta - \Delta'}{2}, \Delta \equiv \Delta' (\bmod 2).$$

$$(e) n = \lambda s^2 + \mu s.$$

在(a)和(b)中,$i$ 表示一个正整数,0 或负整数,而 $d$ 和 $\lambda$ 都是正整数.由条件 $\lambda > \mu > 0$ 可知,如果存在 (a) 和 (b) 形式的分拆,则这种分拆只有有限种.在(c)中 $h$ 表示一个正整数,0 或负整数,而 $\Delta$ 和 $\Delta'$ 都是正整数.显然,拆分(c) 也只可能有有限种.我们有

**定理 7.3.1**(第一基本恒等式) 对任意满足条件 (7.3.1) 的函数 $F(x,y,z)$ 成立以下恒等式

$$\sum_{(a)} F(\delta - 2i, d + i, 2d + 2i - \delta) +$$

$$\sum_{(b)} F(\delta - 2i, d + i, 2d + 2i - \delta)$$

$$= \sum_{(c)} F(\Delta + \Delta', h, \Delta - \Delta') + T - U$$

其中求和遍历所有可能的分拆,若其中某一种分拆不存在,则求和的对应项就是 0

$$U = \sum_{(d)} F\left(\Delta + \Delta', \frac{\Delta - \Delta'}{2}, \Delta - \Delta'\right)$$

$$T = \sum_{(e)} F(2 \mid s \mid - j, \mid s \mid, 2 \mid s \mid - j)$$

$$j = 1, 2, 3, \cdots, 2 \mid s \mid - 1$$

第一基本恒等式除了形式上显得有些复杂,其证明并不难.

**证明** 考虑的等式中的第一个和

$$S = \sum_{(a)} F(\delta - 2i, d + i, 2d + 2i - \delta)$$

并将其分成三部分 $S_1, S_2, S_3$,它们分别对应于分拆

356

（a）$n=\lambda i^2+\mu i+(\lambda \delta+\mu)d=\lambda i^2+\mu(d+i)+\lambda d\delta$

中使得 $2i+d-\delta>0,2i+d-\delta=0$ 和 $2i+d-\delta<0$ 的部分.

对（a）的每个使 $2i+d-\delta>0$ 的解 $i,d,\delta$,由以下公式

$$i'=\delta-i,d'=2i+d-\delta,\delta'=\delta$$

给出的 $i',d',\delta'$ 也属于（a）的同样类型的解. 由于我们有反转公式

$$i=\delta'-i',d=2i'+d'-\delta',\delta=\delta'$$

此外我们还有

$$\delta'-2i'=-\delta+2i,d'+i'=d+i$$
$$d'+2i'-\delta'=2d+2i-\delta$$

因此当 $i,d,\delta$ 遍历第一类的解时 $i',d',\delta'$ 也遍历第一类的解. 由此就得出

$$S_1=\sum F(\delta-2i,d+i,2d+2i-\delta)$$
$$=\sum F(\delta'-2i',d'+i',2d'+2i'-\delta')$$

但是

$$F(\delta'-2i',d'+i',2d'+2i'-\delta')$$
$$=F(-\delta+2i,d+i,2d+2i-\delta)$$
$$=-F(\delta-2i,d+i,2d+2i-\delta)$$

因此 $S_1=-S_1$,所以 $S_1=0$.

对（a）的每个使 $2i+d-\delta>0$ 的解 $i,d,\delta$,由以下公式

$$h=d+i,\Delta=d,\Delta'=\delta-d-2i$$

给出的 $h,\Delta,\Delta'$ 给出了（c）的一组使得 $\Delta'-\Delta+2h>0$

的解. 反过来, 我们有
$$i=h-\Delta, d=\Delta, \delta=\Delta'-\Delta+2h$$
因此每一组 $h, \Delta, \Delta'$ 给出了 (a) 的一组使得 $2i+d-\delta<0$ 的解, 所以
$$S_3=\sum F(\Delta+\Delta', h, \Delta-\Delta')$$
其中的求和遍历 (c) 的满足不等式 $\Delta'-\Delta+2h>0$ 的解.

最后我们考虑和 $S_2$, 它对应了 (a) 的使得 $2i+d-\delta=0$ 或使得
$$i=\frac{\delta-d}{2}$$
的解. 对这种 $i$, (a) 就成为
$$n=\lambda\left(\frac{d+\delta}{2}\right)^2+\mu\cdot\frac{d+\delta}{2}$$
因此
$$n=\lambda s^2+\mu s$$
其中 $s$ 是一个正整数. 因此除非 $S_2=0$, 我们就有
$$d+\delta=2s, \delta-2i=2s-\delta, d+i=s$$
$$2d+2i-\delta=2s-\delta$$
由于 $\delta$ 可以取到值 $1,2,3,\cdots,2s-1$ 中的每一个, 所以
$$S_2=\sum F(2s-j, s, 2s-j)$$
其中 $j$ 遍历 $1,2,3,\cdots,2s-1$.

和
$$S'=\sum_{(b)} F(\delta-2i, s+i, 2s+2i-\delta)$$
可以再被分成三部分 $S'_1, S'_2, S'_3$, 它们分别对应于 (b) 的使得 $2i+d-\delta>0, 2i+d-\delta=0, 2i+d-\delta<0$ 的

解 $i$ , $d$ , $\delta$ .

与前面的讨论同理可证

$$S'_1 = 0$$

以及

$$S'_3 = \sum F(\Delta + \Delta', -h, \Delta - \Delta')$$

上面的求和遍历所有使得 $\Delta' - \Delta + 2h > 0$ 的分拆（c）

$$n = \lambda h^2 - \mu h + \lambda \Delta \Delta'$$

但是当 $-h, \Delta', \Delta$ 像 $h, \Delta', \Delta$ 一样遍历（c）的解时，我们也有

$$S'_3 = \sum F(\Delta + \Delta', -h, \Delta' - \Delta)$$

或者由于 $F(x, y, z)$ 对 $y, z$ 是偶的，我们又有

$$S'_3 = \sum F(\Delta + \Delta', h, \Delta - \Delta')$$

上面的求和遍历所有使得 $\Delta' - \Delta + 2h < 0$ 的（c）的解.

最后，除非 $S'_2 = 0$ ，我们就有

$$n = \lambda s^2 - \mu s$$

其中 $s$ 是正整数，在这种情况下

$$S'_2 = \sum F(2s - j, s, 2s - j)$$

$$(j = 1, 2, 3, \cdots, 2s - 1)$$

从以上讨论就得出，要证的等式的左边就等于

$$S_3 + S'_3 + S_2 + S'_2$$

但是 $S_3 + S'_3$ 和 $\sum_{(c)} F(\Delta + \Delta', h, \Delta - \Delta')$ 不一致的地方仅发生在 $\Delta' - \Delta + 2h = 0$ 时，这时的差就是 $U$ ，同时显然有 $S_2 + S'_2 = T$ . 这就证明了第一基本恒等式.

# 7.4　第二基本恒等式

设

$$F(-x,y,z)=-F(x,y,z)$$
$$F(x,-y,-z)=-F(x,y,z)$$
$$F(0,y,z)=0 \qquad (7.4.1)$$

与第一基本恒等式证明的方法完全类似，但现在注意 $F(x,y,z)$ 对变量 $x$ 和变量对 $y,z$ 都是奇的，我们就得到下面的定理.

**定理 7.4.1**（第二基本恒等式）　对任意满足条件 (7.4.1) 的函数 $F(x,y,z)$ 成立以下恒等式

$$\sum_{(a)} F(\delta-2i,d+i,2d+2i-\delta)-$$
$$\sum_{(b)} F(\delta-2i,d+i,2d+2i-\delta)$$
$$=\sum_{(c)} F(\Delta+\Delta',h,\Delta-\Delta')+T_1-T_2-U$$

其中求和遍历所有可能的分拆，若其中某一种分拆不存在，则求和的对应项就是 0，

其中 $U$ 的含义与第一基本恒等中的 $U$ 相同，$T_1=0$ 除非

$$n=\lambda s^2+\mu s$$

其中 $s$ 是一个正整数，在上式成立的情况下

$$T_1=\sum F(2s-j,s,2s-j)$$
$$(j=1,2,3,\cdots,2s-1)$$

360

类似的，$T_2 = 0$，除非

$$n = \lambda s^2 - \mu s$$

其中 $s$ 是一个正整数，在上式成立的情况下

$$T_2 = \sum F(2s-j, s, 2s-j)$$

$$(j = 1, 2, 3, \cdots, 2s-1)$$

## 7.5  Euler 的递推公式

现在对特殊的 $F(x, y, z)$ 应用基本恒等式可以对著名的 Euler 因子和公式给予一个很简单的证明.

设

$F(x, y, z) = 0$，如果 $x$ 或者 $z$ 是偶数

$F(x, y, z) = (-1)^{\frac{x+z}{2}+y}$，如果 $x$ 和 $z$ 都是奇数

则

$$F(-x, y, z) = -F(x, y, z)$$

$$F(x, -y, -z) = -F(x, y, z)$$

$$F(0, y, z) = 0$$

令 $\lambda = \dfrac{3}{2}, \mu = \dfrac{1}{2}$，对上面的函数应用第二基本恒等式.

注意对我们所定义的函数有 $U = 0$，因此第二基本恒等式现在就成为

$$\sum_{(a)} (-1)^i - \sum_{(b)} (-1)^i = \sum_{(c)} (-1)^{h+\Delta} + T_1 - T_2$$

其中的求和所对应的拆分现在是：

(a) $n = \dfrac{3i^2 + i}{2} + \dfrac{3\delta + 1}{2}d, \delta$ 是奇数.

361

(b)$n = \dfrac{3i^2 - i}{2} + \dfrac{3\delta - 1}{2}d$,$\delta$ 是奇数.

(c)$n = \dfrac{3h^2 + h}{2} + \dfrac{3}{2}\Delta\Delta'$,$\Delta + \Delta'$ 是奇数.

由于对 $T_1 - T_2$,我们现在只须考虑一个可正可负的整数参数 $t$,它满足方程

$$n = \frac{3t^2 + t}{2}$$

在所有的情况下易于求出

$$T_1 - T_2 = 0$$

如果 $n$ 不是一个五边形数(即 $n \neq \dfrac{3s^2 + s}{2}$)

$$T_1 - T_2 = (-1)^{s-1}s$$

如果 $n = \dfrac{3s^2 + s}{2}$,$s > 0$ 或 $s < 0$.

在和

$$\sum_{(c)} (-1)^{h+\Delta}$$

中,对每一个项

$$(-1)^{h+\Delta}$$

可以对应一个项

$$(-1)^{h+\Delta'}$$

由于 $\Delta$ 和 $\Delta'$ 的奇偶性不同,所以

$$(-1)^{h+\Delta} + (-1)^{h+\Delta'} = 0$$

由此就得出

$$\sum_{(c)} (-1)^{h+\Delta} = 0$$

因而我们就得出下面的结果

$$\sum_{(a)}(-1)^i - \sum_{(b)}(-1)^i$$

$$= \begin{cases} 0 & \text{如果 } n \text{ 不是一个五边形数(即 } n \neq \dfrac{3s^2+s}{2}) \\ (-1)^{s-1}s & \text{如果 } n = \dfrac{3s^2+s}{2}, s>0 \text{ 或 } s<0 \end{cases}$$

$$(\text{A})$$

上面这个公式的算数解释将在后面给出.

再令

$$F(x,y,z)=0, \text{如果 } x \text{ 或 } z \text{ 是偶数}$$

$$F(x,y,z)=(-1)^{\frac{x+z}{2}+y}(2y-z), \text{如果 } x \text{ 和 } z \text{ 都是奇数}$$

那么

$$F(-x,y,z)=F(x,y,z)$$

$$F(x,-y,-z)=F(x,y,z)$$

$$F(0,y,z)=0$$

因此从第一基本恒等式就得出

$$\sum_{(a)}(-1)^i\delta + \sum_{(b)}(-1)^i\delta$$

$$= \sum_{(c)}(-1)^{h+\Delta}(2h+\Delta'-\Delta)+T$$

其中

$$T=0, \text{如果 } n \text{ 不是一个五边形数(即 } n \neq \frac{3s^2+s}{2})$$

$$T=(-1)^{s-1}s^2, \text{如果 } n = \frac{3s^2+s}{2}, s>0 \text{ 或 } s<0$$

与前面同理,我们有

$$\sum_{(c)}(-1)^{h+\Delta}h=0$$

因此前面的关系式可以加以简化并成为

363

$$\sum_{(a)} (-1)^i \delta + \sum_{(b)} (-1)^i \delta = \sum_{(c)} (-1)^{h+\Delta} (\Delta' - \Delta) + T$$

从上式和式(A)就得出

$$\sum_{(a)} (-1)^i \frac{3\delta+1}{2} + \sum_{(b)} (-1)^i \frac{3\delta-1}{2}$$

$$= \frac{3}{2} \sum_{(c)} (-1)^{h+\Delta} (\Delta' - \Delta) + V \qquad (B)$$

其中

$V = 0$,如果 $n$ 不是一个五边形数(即 $n \neq \frac{3s^2 + s}{2}$)

$V = (-1)^{s-1} \frac{3s^2 + s}{2}$,如果 $n = \frac{3s^2 + s}{2}, s > 0$ 或 $s < 0$

由于 $\delta$ 是奇数,因此我们可在(a)中令 $\delta = 2k-1$,而在(b)中令 $\delta = 2k+1$,因而(a)和(b)现在可以写成:

(a)$n = \frac{3i^2 + i}{2} + (3k-1)d$.

(b)$n = \frac{3i^2 - i}{2} + (3k+1)d$.

在(b)中把 $i$ 换成 $-i$,又可把(b)写成

(b)$n = \frac{3i^2 + i}{2} + (3k+1)d$.

分别用 $\sigma_0, \sigma_1, \sigma_2$ 来表示整数 $m$ 的 $\equiv 0, 1, -1 (\mathrm{mod}\ 3)$ 的因子和,那么

$$\sum_{(a)} (-1)^i \frac{3\delta+1}{2} = \sum (-1)^i \sigma_2 \left( n - \frac{3i^2 + i}{2} \right)$$

$$\sum_{(b)} (-1)^i \frac{3\delta-1}{2} = \sum (-1)^i \sigma_1 \left( n - \frac{3i^2 + i}{2} \right)$$

其中右边的和式遍历 $i$ 的所有使得

$$\frac{3i^2 + i}{2} < n$$

364

的正值,0 和负值. 下面,我们变换和式

$$\frac{3}{2} \sum_{(c)} (-1)^{h+\Delta} (\Delta' - \Delta)$$

在分拆

$$n = \frac{3h^2 + h}{2} + \frac{3}{2} \Delta \Delta'$$

中,$\Delta \Delta'$ 是一个偶数,因此可设 $\Delta \Delta' = 2^{\alpha+1} M$. 固定 $h$ 并考虑和式

$$\sum (-1)^{\Delta} (\Delta' - \Delta)$$

容易求出,它的值是

$$-2(2^{\alpha+1} - 1)\sigma(M)$$

因此

$$\frac{3}{2} \sum (-1)^{\Delta} (\Delta' - \Delta)$$

就是所有 $n - \dfrac{3h^2 + h}{2}$ 可被 3 整除的负的因子的和.

因此

$$\frac{3}{2} \sum_{(c)} (-1)^{h+\Delta} (\Delta' - \Delta) = -\sum \sigma_0 \left(n - \frac{3h^2 + h}{2}\right)$$

其中的求和遍历所有使得

$$\frac{3h^2 + h}{2} < n$$

的 $h$.

在(B)的右边的第一项中把 $h$ 换成 $i$,并且注意

$$\sigma_0(m) + \sigma_1(m) + \sigma_2(m) = \sigma(m)$$

我们就得出

$$\sum (-1)^i \sigma \left(n - \frac{3i^2 + i}{2}\right) = 0$$

如果 $n$ 不是一个五边形数（即 $n \neq \dfrac{3s^2 + s}{2}$）

$$\sum (-1)^i \sigma\left(n - \frac{3i^2 + i}{2}\right) = (-1)^{s-1} \frac{3s^2 + s}{2}$$

如果 $n = \dfrac{3s^2 + s}{2}, s > 0$ 或 $s < 0$.

这就是 Euler 的递推公式.

等式（A）也有简单的算数含义. 用 $\omega(m)$ 表示 $m$ 的形如 $3k+1$ 的因子数目和形如 $3k-1$ 的因子数目的差，那么（A）显然等价于下面的递推公式

$$\sum (-1)^i \omega\left(n - \frac{3i^2 + i}{2}\right) = 0$$

如果 $n$ 不是一个五边形数（即 $n \neq \dfrac{3s^2 + s}{2}$）

$$\sum (-1)^i \omega\left(n - \frac{3i^2 + i}{2}\right) = (-1)^s s$$

如果 $n = \dfrac{3s^2 + s}{2}, s > 0$ 或 $s < 0$.

**例 7.5.1**　设 $n = 10$，由于 10 不是一个五边形数，所以

$$\omega(10) - \omega(9) - \omega(8) + \omega(5) + \omega(3) = 0$$

实际上

$$\omega(10) = 0, \omega(9) = 1, \omega(8) = 0, \omega(5) = 0, \omega(3) = 1$$

$$0 - 1 - 0 + 0 + 1 = 0$$

**例 7.5.2**　设 $n = 12$，那么

$$\omega(12) = 1, \omega(11) = 0, \omega(10) = 0, \omega(7) = 2, \omega(5) = 0$$

$$\omega(12) - \omega(11) - \omega(10) + \omega(7) + \omega(5)$$

$$= 1 - 0 - 0 + 2 + 0 = 3$$

由于

$$12 = \frac{3 \cdot (-3)^2 + (-3)}{2}$$

所以,这与公式

$$\sum (-1)^i \omega \left(12 - \frac{3i^2 + i}{2}\right) = (-1)^3(-3)$$

所给出的结果完全一致.

## 7.6　基本恒等式的特殊情况

我们现在取 $\lambda = 1, \mu = 0$,那么第二基本恒等式就退化成了一个没有意义的平凡的恒等式,而第一基本恒等式则成为

$$2 \sum_{(a)} F(\delta - 2i, d + i, 2d + 2i - \delta)$$
$$= \sum_{(b)} F(\Delta + \Delta', h, \Delta - \Delta') + 2T - U \quad (A)$$

其中求和所涉及的分拆现在成为

$$(a) n = i^2 + d\delta$$
$$(b) n = h^2 + \Delta \Delta'$$

同时 $T$ 和 $U$ 都是 $0$,除非 $n = s^2 (s > 0)$. 在 $n = s^2$ $(s > 0)$ 的情况下

$$T = \sum F(2s - j, s, 2s - j) \quad (j = 1, 2, \cdots, 2s - 1)$$

$$U = \sum F(2s, j - s, 2j - 2s) \quad (j = 1, 2, \cdots, 2s - 1)$$

恒等式(A)尽管只是第一基本恒等式的一种特殊情况,但仍然是一个很重要的恒等式,并且在后面的

367

讨论和化简中起着基本的作用. 我们现在设

$$F(x,y,z)=0$$

如果 $x$ 或 $z$ 是偶数

$$F(x,y,z)=(-1)^{\frac{x+z}{2}+y}f(y)$$

如果 $x$ 和 $z$ 都是奇数. 其中 $f(y)$ 是任意一个 $y$ 的奇函数. 根据上面的定义就有

$$F(-x,y,z)=-F(x,y,z)$$
$$F(x,-y,-z)=F(x,y,z)$$
$$F(0,y,z)=0$$

再假设 $F(x,y,z)$ 是 $y$ 的奇函数,那么由于 $h$ 和 $-h$ 遍历同样的集合,所以

$$\sum_{(b)}F(\Delta+\Delta',h,\Delta-\Delta')=\sum_{(b)}F(\Delta+\Delta',-h,\Delta-\Delta')$$
$$=-\sum_{(b)}F(\Delta+\Delta',h,\Delta-\Delta')$$

所以有

$$\sum_{(b)}F(\Delta+\Delta',h,\Delta-\Delta')=0$$

此外 $U=T=0$,除非 $n$ 是一个完全平方数,即 $n=s^2$. 在这种情况下

$$T=(-1)^{s-1}sf(s)$$

因而

$$\sum_{(c)}(-1)^if(d+i)=\{(-1)^{s-1}sf(s)\} \qquad (B)$$

求和中的分拆(c)现在是

$$(c)n=i^2+d\delta,\delta \text{ 是奇数}$$

**其中的符号 $\{(-1)^{s-1}sf(s)\}$ 当 $n$ 不是一个完全平方数时等于 $0$,而当 $n=s^2$,$s>0$ 时等于 $(-1)^{s-1}sf(s)$.**

特别提醒一下,这里的 $f(x)$ 是一个任意的奇函数.

现在设

$$F(x,y,z)=0,如果 x 或 y 是奇数$$

又设 $n$ 是一个奇数.那么现在只须考虑 $\delta$ 是偶数,$i$ 是奇数,因此 $d$ 也是奇数的分拆(a)和 $h$ 是偶数的分拆(b)即可.根据这些条件,我们可把(A)中的 $\delta$ 换成 $2\delta$,把 $h$ 换成 $2h$,那么这时(A)中的分拆就成为:

(e)$n=i^2+2d\delta$,$d$ 是奇数.

(f)$n=4h^2+\Delta\Delta'$.

当 $x$ 或 $y$ 取偶数值时 $F(x,y,z)$ 可以定义成任何使得 $F(x,y,z)$ 满足通常的奇偶性条件的值.用 $f(t)$ 表示一个任意的奇函数,其中 $t$ 是整数.那么我们定义两个 $F(x,y,z)$,其中第一个是

$$F(x,y,z)=f\left(\frac{x}{2}\right)$$

如果 $x$ 或 $y$ 是偶数,第二个是

$$F(x,y,z)=(-1)^{\frac{y}{2}}f\left(\frac{x}{2}\right)$$

如果 $x$ 和 $y$ 是偶数.这时,所得的恒等式将成为

$$\sum_{(f)}f\left(\frac{\Delta+\Delta'}{2}\right)=2\sum_{(e)}f(\delta+i)+\{sf(s)\}\quad(C)$$

和

$$\sum_{(f)}(-1)^h f\left(\frac{\Delta+\Delta'}{2}\right)$$
$$=2\sum_{(e)}(-1)^{\frac{d-1}{2}+\frac{i-1}{2}}f(\delta+i)+\{(-1)^{\frac{s-1}{2}}f(s)\}\quad(D)$$

最后,我们需要一个(A)的更特殊的恒等式.这次我们设

$F(x,y,z)=0$,如果 $x$ 是奇数或者 $y$ 是偶数
而 $n\equiv 1(\bmod\ 4)$ 是一个奇数. 现在只须考虑 $\delta$ 是偶数,$i$ 是奇数,$d$ 是偶数的分拆(a) 和 $h$ 是奇数,而 $\Delta$ 和 $\Delta'$ 都是偶数的分拆(b) 即可. 根据这些条件,我们可把 $\delta$ 和 $d$ 分别换成 $2\delta$ 和 $2d$,把 $\Delta$ 和 $\Delta'$ 分别换成 $2\Delta$ 和 $2\Delta'$.那样,相应的分拆现在就成为

$$(\mathrm{g})n=i^2+4d\delta$$
$$(\mathrm{k})n=h^2+4\Delta\Delta'$$

对 $x$ 的奇数值和 $y$ 的偶数值,只要 $F(x,y,z)$ 满足所需的奇偶性条件即可任意定义. 我们可取 $F(x,y,z)=f\left(\dfrac{x}{2}\right)$,如果 $x$ 是偶数以及 $y$ 是奇数.

函数 $f(t)$ 是奇函数. 这时所得的恒等式就将是

$$2\sum_{(\mathrm{g})}f(\delta+i)=\sum_{(\mathrm{k})}f(\Delta+\Delta')+$$
$$\left\{2\sum_{k=1}^{s-1}f(k)-(s-1)f(s)\right\}\quad(\mathrm{E})$$

## 7.7 一个应用

通过在前面的恒等式以及很多类似性质的恒等式取任意选择的函数,我们可以得出许多有算术兴趣的结果. 在这一节,我们将只考虑其中一个应用. 在第6节的恒等式(B) 中取 $f(x)=x$,由于我们可通过搜集和

$$\sum_{(\mathrm{c})}(-1)^i d$$

中对应于相同的 $i$ 的项来计算这个和,所以显然有

$$\sum_{(c)} (-1)^i i = 0$$

设 $T(M)$ 表示 $M$ 的共轭因子是奇数的因子之和.换句话说,如果 $M = 2^\alpha m$,$m$ 是奇数,那么

$$T(M) = 2^\alpha \sigma(m)$$

利用这个记号,固定 $i$ 的求和可表示成

$$(-1)^i T(n - i^2)$$

设 $i$ 是所有的满足不等式 $i^2 < n$ 的整数值,那么和 $\sum_{(c)} (-1)^i d$ 就是

$$T(n) - 2T(n - 1^2) + 2T(n - 2^2) - \cdots$$

另一方面,(B) 的右边是

$$\{(-1)^{n-1} n\}$$

也就是说,当 $n$ 不是一个完全平方数时,和是 $0$,而当 $n$ 是一个完全平方数时,和是

$$(-1)^{n-1} n$$

因而,我们就得出了一个递推公式

$$T(n) - 2T(n - 1^2) + 2T(n - 2^2) - \cdots = \{(-1)^{n-1} n\}$$

$$(\text{A})$$

上式可看成是 $T(n)$ 和 $\sigma(n)$ 的表格化.下面是这个公式的另一个有趣的应用.设 $p \equiv 1 \pmod 4$ 是一个素数,则

$$T(p) = p + 1, \{(-1)^{p-1} p\} = 0$$

并且

$$T(p - 1^2) - T(p - 2^2) + T(p - 3^2) - \cdots = \frac{p+1}{2}$$

371

由于现在 $\dfrac{p+1}{2}$ 是一个奇数,因此在上述和式至少有一项必须是奇数. 显然,当且仅当 $m$ 是奇数时,$T(m)$ 才能是奇数. 此外,如果 $m$ 是奇数,则 $T(m)$ 与 $m$ 的因子和相等,而当且仅当 $m$ 是一个完全平方数时,其因子和是奇数. 反过来,如果 $p \equiv 1(\bmod 4)$ 是一个素数,则存在某个正整数 $b$ 和奇数的平方 $a^2$ 使得

$$p = a^2 + 4b^2$$

这样我们就得到了这个著名的公式的另一个极端简单的证明. 此外,我们还知道这个表达式是唯一的. 这也是一个可以用非常简单的方式直接证明的事实.

设 $p = a^2 + 4b^2 = a'^2 + 4b'^2$,其中 $a' \neq a$. 不妨设 $a' > a, b' < b$,因而可设

$$a' = a + 2x, \; b' = b - 2y$$

其中 $x, y$ 都是正整数. 把上面的式子代入 $p$ 的平方和表达式就得出

$$x(x + a) = y(2b - y)$$

设分数 $\dfrac{x}{y}$ 的既约分数是 $\dfrac{t}{u}$,则

$$x = rt, \; y = ru$$

$$x + a = su, \; 2b - y = st$$

因此

$$a = su - rt, \; 2b = ru + st$$

而

$$p = (su - rt)^2 + (ru + st)^2 = (r^2 + s^2)(t^2 + u^2)$$

由于 $r, s, t, u$ 都是正整数,所以 $r^2 + s^2 > 1, t^2 + u^2 > 1$. 因此 $r^2 + s^2$ 和 $t^2 + u^2$ 都是 $p$ 的真因数,这与 $p$ 是一个

素数的假设矛盾,所得的矛盾便证明了 $p$ 分解成上述平方和的方式是唯一的.

在公式(A) 中把 $n$ 换成 $n-i^2$,我们就得出

$$T(n-i^2) = 2\sum (-1)^{j-1} T(n-i^2-j^2) +$$
$$(-1)^{n-i-1} \{n-i^2\}$$
$$(j=1,2,3,\cdots)$$

把这个表达式代入(A) 中就得出下面的结果

$$T(n) = 4\sum (-1)^{i+j} T(n-i^2-j^2) +$$
$$(-1)^{n-1} \{n\} + 2(-1)^n \sum \{n-i^2\}$$

其中的双求和遍历所有使得 $i^2+j^2 < n$ 的正整数 $i,j$,而其中的单求和遍历所有使得 $i^2 < n$ 的正整数. 在双求和中,每一对使得 $i \neq j$ 的项,都对应于一个和它相等的项,这个项是在原来的项中交换 $i$ 和 $j$ 的位置而得出的. 因此,所有使得 $i \neq j$ 的项的和是一个偶数,去掉所有 8 的倍数后,我们就得出下面的同余式

$$T(n) \equiv 4\sum T(n-2i^2) + (-1)^{n-1} \{n\} +$$
$$2(-1)^n \sum \{n-i^2\} (\bmod 8)$$

现在设 $p$ 是一个形如 $8k+3$ 的素数. 由于那种数不可能是两个整数的平方和,所以对 $i=1,2,3,\cdots$,我们有

$$\{p-i^2\} = 0$$

同理有 $\{p\}=0$ 以及 $T(p)=8k+4$,因此

$$\sum T(p-2i^2) \equiv 1 (\bmod 2)$$

这表示对某个 $i,T(p-2i^2)$ 是一个奇数,那就是说,

$p-2i^2$ 是一个奇数 $j$ 的平方. 换句话说就是我们有

$$p = j^2 + 2i^2$$

现在设 $p$ 是一个 $8k+1$ 形的素数, 那么 $\{p\}=0$. 但是在和

$$\sum \{p-i^2\}$$

中, 恰有两个不等于 0 的项. 事实上, 由前面的证明可知只存在唯一的方式可把 $p$ 表示成

$$p = k^2 + l^2$$

其中 $k,l$ 都是正整数. 此外 $l$ 是偶数. 显然和

$$\sum \{p-i^2\}$$

可以化成两项

$$\{p-k^2\} + \{p-l^2\} = k^2 + l^2 \equiv 1 (\mathrm{mod}\, 8)$$

因此

$$2(-1)^n \sum \{p-i^2\} \equiv -2 (\mathrm{mod}\, 8)$$

由于

$$T(p) = 8k+2$$

我们再次得到

$$\sum T(p-2i^2) \equiv 1 (\mathrm{mod}\, 2)$$

因此存在某个整数 $j$ 使得

$$p - 2i^2 = j^2$$

或

$$p = j^2 + 2i^2$$

这就再次证明了一个形如 $8k+1$ 或 $8k+3$ 的素数 $p$ 一定可以表示成一个整数的平方与另一个整数的平方的 2 倍之和或一个三平方和.

## 7.8 Jacobi 定理

作为另一个重要应用, 我们将对 Jacobi 的把一个正整数表成四平方和的结果给出一个初等的证明. 设整数 $x, y, z, t$ 可取正的, 0 或负的值. 我们将考虑两个表达式

$$n = x^2 + y^2 + z^2 + t^2$$
$$n = x'^2 + y'^2 + z'^2 + t'^2$$

除非同时成立

$$x = x', y = y', z = z', \ t = t'$$

我们将认为上面的两个表达式是不同的. 在此约定下, 我们用 $N_4(n)$ 表示把 $n$ 表示成四平方和的全部数目. 那么 Jacobi 定理说

$$N_4(n) = \begin{cases} 8\sigma(n) & \text{如果 } n \text{ 是奇数} \\ 24\sigma(m) & \text{如果 } n \text{ 是偶数}, n = 2^a m, m \text{ 是奇数} \end{cases}$$

例如, 对 $n = 3$, 我们有

$$3 = 1^2 + 1^2 + 1^2 + 0^2$$
$$x = 1, y = 1, z = 1, t = 0$$

通过改变 $x, y, z$ 的符号和对 $x, y, z, t$ 做排列, 我们得到 $8 \cdot 4 = 32$ (种) 不同的表示方法, 而 $32 = 8\sigma(3)$.

再比如, 取 $n = 2$, 我们有

$$2 = 1^2 + 1^2 + 0^2 + 0^2$$
$$x = 1, y = 1, z = 0, t = 0$$

通过改变 $x, y$ 的符号和对 $x, y, z, t$ 做排列, 我们得到

$4 \cdot 6 = 24$（种）不同的表示方法,而 $24 = 24\sigma(1)$,这与定理的叙述一致.

Jacobi 定理有各种不同的证明方法,其中最简单的一种如下:通过相当初等的考虑可以得出

$$N_4(2n) = \begin{cases} 3N_4(n) & \text{如果 } n \text{ 是奇数} \\ N_4(n) & \text{如果 } n \text{ 是偶数} \end{cases}$$

首先假设 $n$ 是偶数,那么在方程

$$2n = x^2 + y^2 + z^2 + t^2 \qquad (\text{a})$$

中,$x, y, z, t$ 的奇偶性相同. 因此整数

$$\xi = \frac{x+y}{2}, \eta = \frac{x-y}{2}, \zeta = \frac{z+t}{2}, \theta = \frac{z-t}{2}$$

满足等式

$$n = \xi^2 + \eta^2 + \zeta^2 + \theta^2 \qquad (\text{b})$$

反过来,从方程(b)的每个解 $\xi, \eta, \zeta, \theta$,通过上述变换的逆变换

$$x = \xi + \eta, y = \xi - \eta, z = \zeta + \theta, t = \zeta - \theta$$

可以得出方程(a)的一组解,因而在方程(a)的解和方程(b)的解之间存在这一个 $1-1$ 对应,因此它们的解数是相同的,这就证明了

$$N_4(2n) = N_4(n)$$

现在设 $n$ 是奇数,那么根据

$$n \equiv 1(\mathrm{mod}\ 4)$$

还是

$$n \equiv 3(\mathrm{mod}\ 4)$$

可以得出方程(b)的解 $\xi, \eta, \zeta, \theta$ 中分别只有一个数是奇数或者偶数. 而方程(a)的解 $x, y, z, t$ 中有两个奇

数,两个偶数. 设 $P$ 表示在方程(a)中,$x$ 和 $y$ 是偶数,$z$ 和 $t$ 是奇数的解数,把偶的平方和奇的平方放置在所有可能的位置上,那么从 $P$ 的每个解就可得出 6 个(a)的解,因此

$$N_4(2n) = 6P$$

同理,设 $Q$ 表示方程(b)中使得 $\xi$ 和 $\eta$ 有相同的奇偶性而 $\zeta$ 和 $\theta$ 有不同的奇偶性的解数,那么容易得出

$$N_4(n) = 2Q$$

但是公式

$$x = \xi + \eta, y = \xi - \eta, z = \zeta + \theta, t = \zeta - \theta$$

建立了方程(a)中使得 $x$ 和 $y$ 是偶数的解和方程(b)使得 $\xi$ 和 $\eta$ 有相同的奇偶性的解之间的 $1-1$ 对应,所以就得出 $P = Q$,因而有

$$N_4(2n) = 3N_4(n)$$

现在考虑含有五个未知整数的方程

$$n = x^2 + y^2 + z^2 + t^2 + u^2$$

这个方程不一定有解,但是如果有解,在 $n \equiv 3 \pmod 4$ 的情况下,在 $x,y,z,t,u$ 中必有三个是奇数,两个是偶数.用 $R$ 表示 $x$ 是偶数时方程的解数,而用 $S$ 表示 $x$ 是奇数时方程的解数,那么容易看出

$$R = \frac{2}{3}S$$

但是另一方面,$R$ 和 $S$ 又可表示成下面的和式

$$R = \sum N_4(n - 4h^2) \quad (h = 0, \pm 1, \pm 2, \cdots)$$

$$S = \sum N_4(n - i^2) \quad (i = \pm 1, \pm 3, \pm 5 \cdots)$$

其中 $h$ 遍历所有使得和式中的表达式为非负的整数而

$i$ 遍历所有使得和式中的表达式为非负的奇数. 因而对 $n \equiv 3 \pmod 4$, 我们有

$$\sum N_4(n - 4h^2) = \frac{2}{3} \sum N_4(n - i^2) \qquad \text{(c)}$$

上面这个等式显然对方程

$$n = x^2 + y^2 + z^2 + t^2 + u^2 \qquad \text{(d)}$$

无解的情况(解数等于 0)也成立.

　　如果 $n \equiv 1 \pmod 4$, 那么在式(d)的五个变量 $x$, $y, z, t, u$ 中有一个奇数和四个偶数, 仅在 $n \equiv 5 \pmod 8$ 的情况下, 五个变量才都是奇数. 不管是否五个变量都是奇数, 我们看出当 $x$ 是偶数时(d)的解数恰是当 $x$ 是奇数时(d)的解数的 4 倍. 在 $n \equiv 1 \pmod 4$ 的情况下, 由此就得出以下关系式

$$\sum N_4(n - 4h^2) = 4 \sum N_4\left(\frac{n - i^2}{4}\right) \qquad \text{(e)}$$

其中的 $h$ 和 $i$ 分别遍历使得和式中的表达式为非负的整数和奇数.

　　利用 7.6 节中的恒等式(C)和(E)容易求出一个满足关系式(c)和(e)的先验的数值函数. 在恒等式(C)

$$\sum_{(\alpha)} f\left(\frac{\Delta + \Delta'}{2}\right) = 2 \sum_{(\beta)} f(\delta + i) + \{s f(s)\}$$

$$(\alpha) n = 4h^2 + \Delta \Delta'$$

$$(\beta) n = i^2 + 2d\delta, d \text{ 是奇数}$$

取 $f(x) = x$. 那么当 $n \equiv 3 \pmod 4$ 时, ($\beta$)中的 $d$ 和 $\delta$ 都是奇数. 当 $i$ 固定时, $\sum \delta$ 恰是 $n - i^2$ 的因子之和的三分之一. 而当 $h$ 固定时

$$\sum \frac{\Delta + \Delta'}{2}$$

就等于 $n-4h^2$ 的因子之和. 因此当 $n \equiv 3 \pmod 4$ 时我们就有

$$\sum \sigma(n-4h^2) = \frac{2}{3} \sum \sigma(n-i^2)$$

当 $n \equiv 5 \pmod 8$ 时, $\delta$ 是一个奇数的两倍, 因此当 $i$ 固定时, $\sum \delta$ 是 $\frac{n-i^2}{4}$ 的因数之和的两倍. 因此当 $n \equiv 5 \pmod 8$ 时, 我们就有

$$\sum \sigma(n-4h^2) = 4 \sum \sigma\left(\frac{n-i^2}{4}\right)$$

最后, 当 $n \equiv 1 \pmod 8$ 时, $\delta \mid 4$, 因此, 把 $\delta$ 换成 $4\delta$ 后, 我们将有

$$\sum \sigma(n-4h^2) = 4 \sum_{(\gamma)} 2\delta + \{n\} \qquad (f)$$

其中的 $(\gamma)$ 是下面的分拆

$(\gamma) n = i^2 + 8d\delta$, $d$ 是奇数.

这个关系式可以和 $(E)$ 合并成一个式子

$$\sum_{(k)} f(\Delta+\Delta') = 2 \sum_{(h)} f(\delta+i) + \left\{(s-1)f(s) - 2\sum_{k=1}^{s-1} f(k)\right\}$$

其中

$$(k) n = h^2 + 4\Delta\Delta'$$
$$(h) n = i^2 + 4d\delta$$

在上面的式子中取 $f(x) = (-1)^x x$, 上面的等式就成为

$$\sum_{(h)} \left[(-1)^{d+\delta}(d+\delta) + 2(-1)^\delta \delta\right] = \{-n+1\}$$

或者

379

$$2\sum_{(h)}(-1)^{\delta}\delta\big[(-1)^d+1\big]=\{-n+1\}$$

那些对应于 $d$ 的奇数值的项将变为 $0$,因此把 $d$ 换成 $2d$ 后,最后的结果就成为

$$4\sum_{(\varepsilon)}(-1)^{\delta}\delta=\{-n+1\} \tag{g}$$

其中的拆分($\varepsilon$) 是

$$(\varepsilon)n=i^2+8d\delta$$

也可把式(f) 写成

$$\sum\sigma(n-4h^2)=4\sum_{(\varepsilon)}\big[1-(-1)^d\big]\delta+\{n\}$$

上式可以和式(g) 合并成

$$\sum\sigma(n-4h^2)=4\sum_{(\varepsilon)}\big[1-(-1)^d-(-1)^{\delta}\big]\delta+\{1\}$$

现在,对固定的 $i$,容易验证和式

$$\sum_{(\varepsilon)}\big[1-(-1)^d-(-1)^{\delta}\big]\delta$$

就等于 $\dfrac{n-i^2}{8}$ 的因数之和的三倍, 或同样的, 等于

$\dfrac{n-i^2}{4}$ 的因数之和的三倍. 用 $\bar{\sigma}(m)$ 表示 $m$ 的奇数因数之和, 我们可把前面的关系式写成

$$\sum\sigma(n-4h^2)=12\sum\bar{\sigma}\left(\frac{n-i^2}{4}\right)+\{1\}$$

通过引入下面的函数

$$\chi(n)=(2+(-1)^n)\bar{\sigma}(n),\ \chi(0)=\frac{1}{8}$$

我们可以把对于 $n\equiv 3(\bmod\ 4),n\equiv 5(\bmod\ 8)$ 和 $n\equiv 1(\bmod\ 8)$ 的三个公式换成两个. 对 $n\equiv 3(\bmod\ 4)$ 的公式将成为

$$\sum \chi(n - 4h^2) = \frac{2}{3} \sum \chi(n - i^2) \qquad (c')$$

而情况 $n \equiv 1 \pmod 8$ 和情况 $n \equiv 5 \pmod 8$ 可以合并成情况 $n \equiv 1 \pmod 4$，对这种情况的公式是

$$\sum \chi(n - 4h^2) = 4 \sum \chi\left(\frac{n - i^2}{4}\right) \qquad (e')$$

注意在式（$e'$）的右边中 $i$ 遍历所有使得表达式 $\dfrac{n - i^2}{4}$ 为非负的奇数值. 设

$$N_4(n) - 8\chi(n) = \omega(n)$$

则比较（c）和（$c'$）,（e）和（$e'$）,我们就有

$$\sum \omega(n - 4h^2) = \frac{2}{3} \sum \omega(n - i^2), \ n \equiv 3 \pmod 4$$

$$(A)$$

$$\sum \omega(n - 4h^2) = 4 \sum \omega\left(\frac{n - i^2}{4}\right), n \equiv 1 \pmod 4$$

$$(B)$$

现在就几乎可以立即得出 Jacobi 定理了. 在上面第一个公式中

$$N_4(0) = 1, \ 8\chi(0) = 1, \ \omega(0) = 0$$

设 $m = 0, 1, 2, \cdots, n-1$ 使得 $\omega(m) = 0$,那么我们可以用下面的方式证明 $\omega(n) = 0$. 设 $n$ 和 $\dfrac{n}{2}$ 都是偶数,那么

$$N_4(n) = N_4\left(\frac{n}{2}\right), \chi(n) = \chi\left(\frac{n}{2}\right)$$

由于根据假设有 $\omega\left(\dfrac{n}{2}\right) = 0$,所以就得出

$$\omega(n) = \omega\left(\frac{n}{2}\right) = 0$$

381

设 $\dfrac{n}{2}$ 是奇数,则

$$N_4(n)=3N_4\left(\frac{n}{2}\right),\chi(n)=3\chi\left(\frac{n}{2}\right)$$

以及

$$\omega(n)=3\omega\left(\frac{n}{2}\right)=0$$

如果 $n$ 是 $n\equiv3(\bmod\ 4)$ 的奇数,则从式(A)得出 $\omega(n)=0$,如果 $n$ 是 $n\equiv1(\bmod\ 4)$ 的奇数,则从式(B) 仍得出 $\omega(n)=0$. 由于 $\omega(0)=0$,所以必须有 $\omega(1)=0$, $\omega(2)=0,\cdots$,因而对所有的 $n$ 都有

$$\omega(n)=0$$

或者

$$N_4(n)=8\chi(n)=8(2+(-1)^n)\overline{\sigma}(n)$$

特别,如果 $n=4m,m$ 是一个奇数,那么方程

$$4m=x^2+y^2+z^2+t^2$$

的解数就是 $24\sigma(m)$.但是 $x,y,z,t$ 或者都是偶数或者 都是奇数. $x,y,z,t$ 都是偶数的表示法的数目和把 $m$ 表示成四平方和的方法的数目一样,这个数目就是 $8\sigma(m)$.因此用四个奇数的平方和表示 $4m$ 的方法的数 目是 $16\sigma(m)$.如果要求这些数都是正的,那么表示的 方法的数目就减少到 $\sigma(m)$.换句话说用四个正奇数的 平方和表示 $4m$ 的方法的数目就等于 $m$ 的正因子 之和.

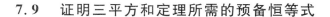

## 7.9　证明三平方和定理所需的预备恒等式

当我们考虑把一个整数表示成三个整数的平方和的问题时,我们将需要一个与第 6 节中的恒等式相当不同的恒等式.出人意料的是,这个恒等式可以用一种简单而雅致的方法得出.我们的出发点是第 6 节中的恒等式(B),我们现在把这个恒等式写成下面的形式

$$\sum_{(c)} (-1)^i \phi(d'+i) = \{(-1)^{s-1} s\phi(s)\} \quad (B)$$

其中的(c) 表示分拆

$$(c)n = i^2 + d'\delta' , \delta' \text{ 是奇数}$$

$\phi(x)$ 是一个任意的奇函数.设 $d''$ 和 $\delta''$ 是两个满足不等式

$$d''\delta'' < n$$

的正整数.设 $f(x)$ 是一个偶函数,则函数

$$\phi(x) = f(x - d'') - f(x + d'')$$

是一个奇函数.把 $n$ 换成 $n - d''\delta''$,并设 $\phi(x)$ 的意义如上,则我们有

$$\sum_{(c)} (-1)^i [f(d' - d'' + i) - f(d' + d'' + i)]$$
$$= \{(-1)^{s-1} s[f(s - d'') - (s + d'')]\}$$

其中的(c) 是分拆

$$(c)n - d''\delta'' = i^2 + d'\delta' , \delta' \text{ 是奇数}$$

上面的恒等式的右边等于 0,除非

$$n - d''\delta'' = s^2 \quad (s > 0)$$

在 $n - d''\delta'' = s^2$ 的情况下,上面的恒等式的右边是

$$(-1)^{s-1} s \left[ f(s - d'') - f(s + d'') \right]$$

让 $d'', \delta''$ 遍历所有满足条件 $d''\delta'' < n$( $\delta''$ 是奇数) 的整数并对每一个整数对 $d'', \delta''$ 取所有的恒等式的和,我们就得出

$$\sum_{(d)} (-1)^i \left[ f(d' - d'' + i) - f(d' + d'' + i) \right]$$

$$= \sum_{(e)} (-1)^i i f(i + d) \qquad (P)$$

其中的(d) 和(e) 分别是

$$(d) \, n = i^2 + d'\delta' + d''\delta'', \delta', \delta'' \text{ 是奇数}$$

$$(e) \, n = i^2 + d\delta, \delta \text{ 是奇数}$$

(P) 的右边可以用 7.6 节中的基本恒等式(A) 通过下面的方法加以变换. 设 $F(x, y, z) = 0$(如果 $x$ 或 $z$ 是偶数). 否则,则设

$$F(x, y, z) = (-1)^{\frac{x-1}{2} + \frac{2y-z-1}{2}} (2y - z) f(y)$$

或

$$F(x, y, z) = (-1)^{\frac{x-1}{2} + \frac{2y-z-1}{2}} y f(y)$$

那么我们就得出两个恒等式

$$2 \sum_{(e)} (-1)^i \delta f(d + i)$$

$$= \sum_{(f)} (-1)^{\Delta'-1+h} (2h + \Delta' - \Delta) f(h) +$$

$$2 \{ (-1)^{s-1} s^2 f(s) \}$$

$$2 \sum_{(e)} (-1)^i (d + i) f(d + i)$$

$$= \sum_{(f)} (-1)^{\Delta'-1+h} (2h + \Delta' - \Delta) h f(h) +$$

$$2\{(-1)^{s-1}s^2 f(s)\}$$

其中的分拆是

$$(e) n = i^2 + d\delta，\delta \text{ 是奇数}$$

$$(f) n = h^2 + \Delta\Delta'，\Delta + \Delta' \text{ 是奇数}$$

由于显然有

$$\sum_{(f)} (-1)^{\Delta'-1+h} h f(h) = 0$$

$$\sum_{(f)} (-1)^{\Delta'-1+h} (2h + \Delta' - \Delta) f(h)$$

$$= -2 \sum_{(e)} (-1)^i (d - \delta) f(i)$$

消去括号中的项后我们得到

$$\sum_{(e)} (-1)^i i f(d+i) = \sum_{(e)} (-1)^i (\delta - d) f(d+i) +$$

$$\sum_{(e)} (-1)^i (d - \delta) f(i)$$

现在可把(P) 写成下面的形式

$$\sum_{(d)} (-1)^i [f(d' - d'' + i) - f(d' + d'' + i)]$$

$$= \sum_{(e)} (-1)^i [(\delta - d) f(d+i) + (d - \delta) f(i)] \quad (Q)$$

设

$$\psi_i(x) = f(x+i) + f(x-i)$$

则对给定的 $i，\psi_i(x)$ 是 $x$ 的偶函数. 用 $\omega_i(n)$ 表示下面的差

$$\omega_i(n) = \sum_{(g)} [\psi_i(d' - d'') - \psi_i(d' + d'')] -$$

$$\sum_{(h)} (\delta - d) [\psi_i(d) - \psi_i(0)]$$

其中的分拆是

$$(g) n = d'\delta' + d''\delta''，\delta'，\delta'' \text{ 是奇数}$$

$$(h)n = d\delta, \delta \text{ 是奇数}$$

那么(Q)就等价于

$$\omega_0(n) + 2\sum (-1)^i \omega_i(n - i^2) = 0$$

其中 $i$ 遍历所有使得 $i^2 < n$ 的正整数. 由于这个恒等式对任意 $n \geq 1$ 成立,因此就得出

$$\omega_0(n) = 0$$

由此就可以得出下面的可值得注意的恒等式

$$\sum_{(g)} [f(d' - d'') - f(d' + d'')]$$
$$= \sum_{(h)} (\delta - d)[f(d) - f(0)] \qquad (R)$$

其中 $f(x)$ 是一个任意的偶函数.

现在设 $n$ 是一个偶数,$n = 2m$,且当 $x$ 是奇数时,$f(x) = 0$. 那么在分拆

$$(g)n = 2m = d'\delta' + d''\delta'', \delta', \delta'' \text{ 是奇数}$$

中,$d', d''$ 或者都是奇数或者都是偶数. 类似的,在分拆

$$(h)n = 2m = d\delta, \delta \text{ 是奇数}$$

中 $d$ 必须是偶数. 因此如果在上面的分拆中,把 $d$ 换成 $2d$,那么分拆(h) 将成为

$$(k)m = d\delta, \delta \text{ 是奇数}$$

如果 $d', d''$ 都是偶数,那么我们可把它们都换成 $2d'$,$2d''$,因此(R)的左边中对应的和将成为

$$\sum [f(2d' - 2d'') - f(2d' + 2d'')]$$

其中的求和遍历分拆

$$m = d'\delta' + d''\delta'', \delta', \delta'' \text{ 是奇数}$$

但是在公式(R)本身中 $f(x)$ 将被换成 $f(2x)$,因此我们有

$$\sum\left[f(2d'-2d'')-f(2d'+2d'')\right]$$

$$=\sum_{(k)}(\delta-d)[f(2d)-f(0)]$$

用（R）减去上式，我们就得出一个新的恒等式

$$\sum_{(l)}\left[f(d'-d'')-f(d'+d'')\right]=\sum_{(k)}d[f(0)-f(2d)]$$

$$(S)$$

其中（l）表示分拆

（l）$2m=d'\delta'+d''\delta''$，$d'$，$\delta'$ 和 $d''$，$\delta''$ 都是奇数

另外一个类似于（S）的公式可以推导如下：

设 $F(x)$ 是一个奇函数，正整数 $d''$，$\delta''$ 满足以下不等式

$$d''\delta''<n$$

其中 $\delta''$ 是奇数．把（B）中的 $n$ 换成 $n-d''\delta''$ 并设

$$\phi(x)=F(x-d'')+F(x+d'')$$

则对给定的 $d''$，它是 $x$ 的奇函数．用

$$(-1)^{\frac{\delta''-1}{2}}$$

乘以上面的方程并让 $d''$，$\delta''$ 以所有可能的方式变动，我们就得出下面的公式

$$\sum_{(d)}(-1)^{i+\frac{\delta''-1}{2}}\left[F(d'-d''+i)+F(d'+d''+i)\right]$$

$$=-\sum_{(e)}(-1)^{i+\frac{\delta-1}{2}}iF(i+d)$$

$$(T)$$

其中求和中的分拆（d）和（e）与前面相同．方程的右边

可用 7.6 节中的恒等式（A）加以变换．最后我们取

$$F(x,y,z)=\begin{cases}0 & \text{如果 } x \text{ 或 } z \text{ 是偶数}\\(-1)^{\frac{x-1}{2}}zF(y) & \text{其他情况}\end{cases}$$

经过一些明显的化简后，我们有

387

$$\sum_{(e)} (-1)^{i+\frac{\delta-1}{2}}(2d-\delta+2i)F(i+d) = \{(-1)^{s-1}sF(s)\}$$

另一方面,我们又有

$$\sum_{(e)} (-1)^{i}F(i+d) = \{(-1)^{s-1}sF(s)\}$$

因此就有

$$\sum_{(e)} (-1)^{i-1+\frac{\delta-1}{2}}iF(i+d)$$

$$= \sum_{(e)} \left(d-\frac{1}{2}\delta\right)(-1)^{i+\frac{\delta-1}{2}}F(i+d) -$$

$$\frac{1}{2}\sum_{(e)} (-1)^{i}F(i+d)$$

因而(T)就成为

$$\sum_{(d)} (-1)^{i}[F(d'-d''+i)+F(d'+d''+i)](-1)^{\frac{\delta'-1}{2}}$$

$$= \sum_{(e)} (-1)^{i}\left[(-1)^{\frac{\delta-1}{2}}d - \frac{1+(-1)^{\frac{\delta-1}{2}}\delta}{2}\right]F(i+d)$$

$$\tag{U}$$

如同从(Q)得出(R),我们可以从(U)得出下式

$$\sum_{(g)} (-1)^{\frac{\delta'-1}{2}}[F(d'-d'')+F(d'+d'')]$$

$$= \sum_{(h)} (-1)^{\frac{\delta-1}{2}}dF(d) -$$

$$\sum_{(h)} \frac{1+(-1)^{\frac{\delta-1}{2}}\delta}{2}F(d) \tag{V}$$

其中分拆(g)和(h)的意义与(R)中一样.最后就像我们从(S)得出(T)那样,我们从(V)可以得出下式

$$\sum_{(l)} (-1)^{\frac{\delta'-1}{2}}[F(d'-d'')+F(d'+d'')]$$

$$= \sum_{(k)} (-1)^{\frac{\delta-1}{2}}dF(2d) \tag{W}$$

388

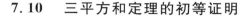

## 7.10    三平方和定理的初等证明

我们现在看 7.6 节中的恒等式(C) 和(D). 设 $n \equiv 3 \pmod 4$,那么(C) 和(D) 是

$$\sum_{(a)} F\left(\frac{d+\delta}{2}\right) = 2 \sum_{(b)} F(d' + i) \tag{C}$$

$$\sum_{(a)} (-1)^h F\left(\frac{d+\delta}{2}\right) = 2 \sum_{(b)} (-1)^{\frac{i-1}{2} + \frac{\delta'-1}{2}} F(d' + i)$$

$$\tag{D}$$

其中 $F(x)$ 是一个任意的奇函数,而其中的分拆是在分拆

$$(a) n = 4h^2 + d\delta$$

$$(b) n = i^2 + 2d'\delta'$$

中把 $n$ 换成

$$4n + 1 - 2d''\delta''$$

后所得的分拆,这里 $d''$,$\delta''$ 都是奇数,并且

$$2d''\delta'' < 4n + 1$$

设 $f(x)$ 是一个偶函数,则 $F(x)$ 也可写成

$$F(x) = f(x - d'') - f(x + d'')$$

于是上面的恒等式就成为

$$\sum_{(a)} \left[ f\left(\frac{d+\delta}{2} - d''\right) - f\left(\frac{d+\delta}{2} + d''\right) \right]$$

$$= 2 \sum_{(b)} [f(d' + i - d'') - f(d' + i + d'')]$$

$$\sum_{(a)} (-1)^h \left[ f\left(\frac{d+\delta}{2} - d''\right) - f\left(\frac{d+\delta}{2} + d''\right) \right]$$

389

$$= 2 \sum_{(b)} (-1)^{\frac{i-1}{2}+\frac{\delta'-1}{2}} \left[ f(d'+i-d'') - f(d'+i+d'') \right]$$

其中的分拆是

$$(a) 4n+1-2d''\delta'' = 4h^2 + d\delta$$

$$(b) 4n+1-2d''\delta'' = i^2 + 2d'\delta'$$

在上面的求和中让 $d''$,$\delta''$ 以所有可能的方式变动,则所得的结果显然可以写成

$$\sum_{(c)} \left[ f\left(\frac{d+\delta}{2} - d''\right) - f\left(\frac{d+\delta}{2} + d''\right) \right]$$

$$= 2 \sum_{(d)} \left[ f(d'+i-d'') - f(d'+i+d'') \right]$$

$$\sum_{(c)} (-1)^h \left[ f\left(\frac{d+\delta}{2} - d''\right) - f\left(\frac{d+\delta}{2} + d''\right) \right]$$

$$= 2 \sum_{(d)} (-1)^{\frac{i-1}{2}+\frac{\delta'-1}{2}} \left[ f(d'+i-d'') - f(d'+i+d'') \right]$$

其中的分拆是

$$(c) 4n+1 = 4h^2 + d\delta + 2d''\delta'', d'',\delta'' \text{ 是奇数}$$

$$(d) 4n+1 = i^2 + 2d'\delta' + 2d''\delta'', d',\delta',d'',\delta'' \text{ 是奇数}$$

注意 $i$ 和 $-i$ 遍历同样的数集,所以我们有

$$2 \sum_{(d)} \left[ f(d'-d''+i) - f(d'+d''+i) \right]$$

$$= \sum_{(d)} \left[ \psi_i(d'-d'') - \psi_i(d'+d'') \right]$$

其中对给定的 $i$

$$\psi_i(x) = f(x+i) + f(x-i)$$

是一个偶函数.对给定的 $i$,运用 7.9 节中的公式(S),我们立即得出

$$\sum_{(d)} \left[ \psi_i(d'-d'') - \psi_i(d'+d'') \right]$$

$$= 2 \sum_{(e)} d \left[ f(i) - f(i-2d) \right]$$

其中的(e) 表示分拆

$$(e) 4n + 1 = i + 4d\delta, \delta \text{ 是奇数}$$

同时我们又有

$$\sum_{(c)} \left[ f\left(\frac{d + \delta}{2} - d''\right) - f\left(\frac{d + \delta}{2} + d''\right) \right]$$

$$= 2 \sum_{(e)} d[f(i) - f(i - 2d)] \qquad (A)$$

类似的,我们求出

$$2 \sum_{(d)} (-1)^{\frac{i-1}{2} + \frac{\delta'-1}{2}} [f(d' - d'' + i) - f(d' + d'' + i)]$$

$$= \sum_{(d)} (-1)^{\frac{i-1}{2} + \frac{\delta'-1}{2}} [\phi_i(d' - d'') - \phi_i(d' + d'')]$$

其中

$$\phi_i(x) = f(x + i) - f(x - i)$$

对固定的 $i$,$\phi_i(x)$ 是一个奇函数. 用 7.9 节中的公式 (W) 对 $i$ 求和,我们就得出

$$\sum_{(d)} (-1)^{\frac{i-1}{2} + \frac{\delta'-1}{2}} [\phi_i(d' - d'') - \phi_i(d' + d'')]$$

$$= 2 \sum_{(e)} (-1)^{\frac{i-1}{2} + \frac{\delta'-1}{2}} df(i - 2d)$$

同时我们又有

$$\sum_{(c)} (-1)^h \left[ f\left(\frac{d + \delta}{2} - d''\right) - f\left(\frac{d + \delta}{2} + d''\right) \right]$$

$$= 2 \sum_{(e)} (-1)^{\frac{i-1}{2} + \frac{\delta'-1}{2}} df(i - 2d) \qquad (B)$$

其中(e) 的含义与前面一样.

(A) 和(B) 是把复杂的和变换成较简单的和的值得注意的公式. 为了我们的目的,我们定义 $f(x)$ 如下

$$f(x) = 0, \text{ 如果 } x^2 > 1$$

$$f(+1) = f(-1) = 1$$

那么在分拆(c)中,我们只须考虑满足以下条件的项

$$d'' = \frac{d+\delta}{2} \pm 1$$

对应地,如果我们用 $T(n)$ 表示下面两个方程的解数

$$4n + 1 = d\delta + (d + \delta - 2)\delta''$$

$$4n + 1 = d\delta + (d + \delta + 2)\delta''$$

其中 $d, \delta, \delta''$ 是正奇数并使得 $d + \delta \equiv 0 \pmod 4$,那么方程(A)和(B)的左边就可分别表示成和

$$\sum T(n - h^2) \quad \text{与} \quad \sum (-1)^h T(n - h^2)$$

其中的 $h$ 遍历所有使得 $n - h^2 > 0$ 的整数.下面我们将计算方程(A)和(B)的右边,为简单起见,我们只考虑 $n = 2m, 4m$ 的情况,其中 $m$ 是一个奇数.在(A)的右边,第一项是

$$2 \sum_{(e)} d f(i)$$

它可以化简成 $4 \sum d$,其中的 $n$ 遍历所有使得 $n = d\delta, \delta$ 是奇数的正整数.

如果 $n = 2m$,上面的和将等于 $8\sigma(m)$,而对于 $n = 4m$,上面的和将等于 $16\sigma(m)$.

再次,右边将出现项

$$-2 \sum d f(i - 2d)$$

但是现在,我们必须取 $i = 2d \pm 1$,从(e)得出

$$n = d(d + \delta \pm 1)$$

并且两个因子的奇偶性相同(即它们是同奇或同偶的).如果 $n = 2m$,上面的表达式是不可能成立的,因此在这种情况下就有

$$-2\sum df(i-2d)=0$$

同理

$$\sum_{(e)}(-1)^{\frac{\delta-1}{2}+\frac{i-1}{2}}df(i-2d)=0$$

因此对 $n=2m$ 我们就有

$$\sum T(2m-h^2)=8\sigma(m)$$

$$\sum (-1)^h T(2m-h^2)=0$$

因此就有

$$T(2m)+2T(2m-2^2)+2T(2m-4^2)+\cdots=4\sigma(m)$$
$$(\text{E})$$

$$T(2m-1^2)+2T(2m-3^2)+2T(2m-5^2)+\cdots=2\sigma(m)$$
$$(\text{F})$$

当 $n=4m$ 时,如果 $d$ 是偶数,那么方程

$$4m=d(d+\delta\pm1)$$

有可能成立. 因此我们可设 $d=2\Delta$,这时和

$$-2\sum df(d-2i)$$

可化简为 $-4\sum\Delta$,其中的求和遍历所有形如 $m=$
$\Delta\left(\Delta+\dfrac{\delta\pm1}{2}\right)$ 的 $m$.

类似的,和式

$$2\sum_{(e)}(-1)^{\frac{i-1}{2}+\frac{\delta-1}{2}}df(i-2d)$$

可化简成

$$4\sum_{(e)}(-1)^{\Delta+\frac{\delta\pm1}{2}}\Delta$$

由于

393

$$\Delta + \frac{\delta \pm 1}{2}$$

是奇数,所以 $-4\sum\Delta$ 可像前面一样遍历求和. 因此,取(A) 和(B) 的差,我们将有

$$T(4m-1^2) + T(4m-3^2) + T(4m-5^2) + \cdots = 4\sigma(m) \tag{G}$$

方程(E)(F) 和(G) 将快速地导出把整数表示成三个平方数的和的结果. 但是我们需要首先证明函数 $T(n)$ 定义了两个方程

$$4n+1 = d\delta + (d+\delta-2)\delta''$$

和

$$4n+1 = d\delta + (d+\delta+2)\delta''$$

的解的总数,其中 $d,\delta$ 是使得 $d+\delta \equiv 0 \pmod 4$ 的正奇数. 事实上,当 $n$ 是奇数时

$$d = 2n+1, \delta = 1, \delta'' = 1$$

是第一个方程的满足条件 $d+\delta \equiv 0 \pmod 4$ 的解. 而如果 $n$ 是偶数,则

$$d = 2n-1, \delta = 1, \delta'' = 1$$

是第二个方程的满足条件 $d+\delta \equiv 0 \pmod 4$ 的解.

根据 Jacobi 定理可知,方程

$$4m = i^2 + j^2 + k^2 + l^2$$

的解数是 $16\sigma(m)$,其中 $i,j,k,l$ 都是奇数. 一般用 $N_3(n)$ 表示把 $n$ 表示成三个平方数之和的方式的数目. 由于当且仅当

$$8\sigma(m) = N_3(4m-1^2) + N_3(4m-3^2) +$$
$$N_3(4m-5^2) + \cdots$$

成立时,一个 $\equiv 3(\bmod 4)$ 的数才能表示成三个奇数的平方和.将上面的式子和式(G)相比较就得出

$$2\big[T(4m-1^2)+T(4m-3^2)+\cdots\big]$$
$$=N_3(4m-1^2)+N_3(4m-3^2)+\cdots$$

上式对所有的奇数 $m$ 成立,因此我们必须有

$$N_3(4m-1)=2T(4m-1)$$

由于所有 $8N+3$ 形的数可表示成 $4m-1$ 形式的数,所以我们有

$$N_3(8N+3)=2T(8N+3)$$

因而这就证明了 $8N+3$ 可表示成三个奇数的平方和,即

$$8N+3=i^2+i'^2+i''^2$$

有整数解,其中 $i,i',i''$ 都是奇数,并且上面这个方程的解数为

$$\frac{1}{4}T(8N+3)$$

设

$$i=2x+1,i'=2y+1,i''=2z+1$$

我们就得出

$$N=\frac{x(x+1)}{2}+\frac{y(y+1)}{2}+\frac{z(z+1)}{2}$$

就像 Fermat 没有公布证明的命题所断言的那样,每个自然数都是三个三角形数之和.

根据 Jacobi 定理可知,当 $m$ 是奇数时,方程

$$2m=x^2+y^2+z^2+t^2$$

恰有 $6\sigma(m)$ 个解,其中 $t$ 是一个正奇数.因此

$$6\sigma(m)=N_3(2m-1^2)+N_3(2m-3^2)+\cdots$$

将上式与（F）相比较,我们就得出

$$3T(2m-1^2)+3T(2m-3^2)+\cdots$$
$$=N_3(2m-1^2)+N_3(2m-3^2)+\cdots$$

由于上式对所有的奇数 $m$ 成立,我们就必须有

$$N_3(2m-1)=3T(2m-1)$$

但是所有 $4N+1$ 形式的数都可表示成 $2m-1$ 的形式,所以就得出

$$N_3(4N+1)=3T(4N+1)$$

这表示每个 $4N+1$ 形式的数都可表示成三平方和,并且表法的数目是

$$3T(4N+1)$$

根据 Jacobi 定理可知,方程

$$2m=x^2+y^2+z^2+t^2$$

恰有 $12\sigma(m)$ 个解,其中 $x$ 是一个偶数,因此

$$12\sigma(m)=N_3(2m)+2N_3(2m-2^2)+$$
$$2N_3(2m-4^2)+\cdots$$

把上式与式（E）相比较就得出

$$3T(2m)+6T(2m-2^2)+\cdots$$
$$=N_3(2m)+2N_3(2m-2^2)+\cdots$$

由于上式对所有的奇数 $m$ 都成立,所以我们必须有

$$N_3(2m)=3T(2m)$$

因而,任意奇数的二倍都可表示成三平方和,并且表法的数目是 $3T(2m)$.

综上,我们已经用计算 $N_3(n)$ 的方法证明了下面的结果

**定理 7.10.1** 设 $m$ 是一个奇数,则 $4m-1,2m$ 和

$2m-1$ 都可表示成三个整数的平方和.

下面,我们就用这个定理来证明本章的主要结果:三平方和定理.

**定理 7.10.2** 设 $n$ 是一个正整数,$n=4^kN,k\geqslant 0$,其中 $4\nmid N$ 并且 $N\not\equiv 7(\bmod 8)$,则存在三个整数 $x,y,z$,使得 $n=x^2+y^2+z^2$.

**证明** 显然我们只须考虑 $N$ 何时可表示成三平方和的问题即可.由于 $4\nmid u$,所以

$$u\equiv 1,2,3,5,6,7(\bmod 8)$$

首先考虑 $8N+7$ 形式的数.

注意由于奇数的平方 $\equiv 1(\bmod 8)$,偶数的平方 $\equiv 0,4(\bmod 8)$,所以无论 $x,y,z$ 的奇偶性如何搭配(全是奇数,一个偶数,两个偶数或三个偶数)

$$x^2+y^2+z^2$$

都不可能 $\equiv 7(\bmod 8)$,因此 $8N+7$ 形式的数不可能表示成三平方和.

由于

$$8N+1=2(4N+1)-1=2m-1$$
$$8N+2=2(4N+1)=2m$$
$$8N+3=4(2N+1)-1=4m-1$$
$$8N+5=2(4N+3)-1=2m-1$$
$$8N+6=2(4N+3)=2m$$

其中 $m$ 是一个奇数,因此根据定理 7.10.1,除了

$$4^k(8N+7)\quad(k\geqslant 0)$$

形式的数之外,所有的正整数都可表示成三平方和.这就证明了定理 7.10.2.

397

　　这个著名的定理是由 Gauss 首先证明的. 这里给出的证明尽管有点长,但这个证明确实是初等的. 这个证明的思想是属于 Kronecker 的,他用复变函数的方法研究了椭圆函数.

# 三平方和定理的数的几何证法

第

8

章

在这一章中,我们将用一种数论中称为数的几何的方法取证明三平方和定理.数的几何是数论的一个分支,其原理和方法的特点是用几何的方法去解决数论问题.

## 8.1 关于面积和体积的重叠原理

以前(例如在 6.2.9 节讲 Pell 方程时),我们曾使用过抽屉原理,现在我们介绍另一种抽屉原理,即关于面积的抽屉原理.

考虑简单闭曲线，所谓简单闭曲线就是像圆和椭圆那样自身不相交的闭曲线，因此像 8 字形那样的曲线，例如图 8.1.1 中的双扭线就不是一条简单闭曲线。我们所说的关于面积的抽屉原理即下面的定理。

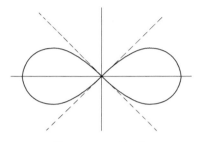

图 8.1.1　双扭线

**定理 8.1.1**　设平面上有 $n$ 个由简单闭曲线围成的图形 $\Phi_1, \Phi_2, \cdots, \Phi_n$，而 $\Phi$ 是一个固定的由简单闭曲线围成的图形。又设 $\Phi_1, \Phi_2, \cdots, \Phi_n$ 的面积 $S_{\Phi_1}, S_{\Phi_2}, \cdots, S_{\Phi_n}$ 的和大于 $\Phi$ 的面积 $S_\Phi$，即成立

$$S_{\Phi_1} + S_{\Phi_2} + \cdots + S_{\Phi_n} > S_\Phi$$

那么把 $\Phi_1, \Phi_2, \cdots, \Phi_n$ 都放到 $\Phi$ 中后，必至少有两个图形会产生重叠。（图 8.1.2）

**证明**　假如把 $\Phi_1, \Phi_2, \cdots, \Phi_n$ 都放到 $\Phi$ 中后，没有任何两个图形产生重叠，那么显然将有

$$S_{\Phi_1} + S_{\Phi_2} + \cdots + S_{\Phi_n} \leqslant S_\Phi$$

这与定理的条件矛盾，所得的矛盾便证明了定理。

用完全同样的方法，可以证明下面的关于体积的重叠原理

**定理 8.1.2**　设空间中有 $n$ 个由自身不相交的简单闭曲面围成的立体 $\Phi_1, \Phi_2, \cdots, \Phi_n$，而 $\Phi$ 是一个固定

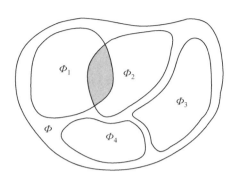

图 8.1.2

的由简单闭曲面围成的立体. 又设 $\Phi_1, \Phi_2, \cdots, \Phi_n$ 的体积 $V_{\Phi_1}, V_{\Phi_2}, \cdots, V_{\Phi_n}$ 的和大于 $\Phi$ 的体积 $V_\Phi$,即成立

$$V_{\Phi_1} + V_{\Phi_2} + \cdots + V_{\Phi_n} > V_\Phi$$

那么把 $\Phi_1, \Phi_2, \cdots, \Phi_n$ 都放到 $\Phi$ 中后,必至少有两个立体会产生重叠.

## 8.2    平面和空间中的 Minkowski 定理

**定义 8.2.1**    称一个围绕原点 $O$ 的由简单闭曲线围成的平面图形 $\Phi$ 关于原点是对称的,如果点 $P \in \Phi$ 蕴含点 $P' \in \Phi$. 其中点 $P'$ 是点 $P$ 关于原点的对称点,即点 $P'$ 是把 $PO$ 延长至 $P'$,且使得 $PO = OP'$ 所得的点.

**定义 8.2.2**    称一个围绕原点 $O$ 的由简单闭曲面围成的空间平面立体 $\Phi$ 关于原点是对称的,如果点 $P \in \Phi$ 蕴含点 $P' \in \Phi$. 其中点 $P'$ 是点 $P$ 关于原点的对

401

称点,即点 $P'$ 是把 $PO$ 延长至 $P'$,且使得 $PO = OP'$ 所得的点.

**定义 8.2.3** 称一个由简单闭曲线围成的平面图形 $\Phi$ 是凸的,如果任取两个位于 $\Phi$ 的内部或边界上的点 $P \in \Phi, Q \in \Phi$ 蕴含 $PQ \in \Phi$.

例如在图 8.2.1 中左边的图形是凸的,而右边的图形不是凸的.

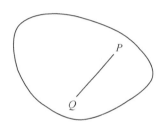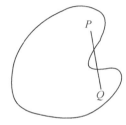

图 8.2.1

**定义 8.2.4** 称一个由简单闭曲面围成的空间立体 $\Phi$ 是凸的,如果任取两个位于 $\Phi$ 的内部或边界上的点 $P \in \Phi, Q \in \Phi$ 蕴含 $PQ \in \Phi$.

**定理 8.2.1**(二维(平面上)的 Minkowski 定理)

设 $\Psi$ 是一个围绕原点的由简单闭曲线围成的凸的关于原点对称的平面图形,如果 $\Psi$ 的面积 $S_\Psi > 4$,则在 $\Psi$ 的内部必至少含有一个除了原点之外的整点或格点(即坐标都是整数值的点).

**证明** 如图 8.2.2 所示,我们用互相的间距等于 2 的两组平行线把平面分成边长为 2 的大方格.

$\Psi$ 必与有限个这种大方格相交,设这些大方格中所包含的 $\Psi$ 的部分分别为 $\Phi_1, \Phi_2, \cdots, \Phi_n$,例如图 8.2.2

402

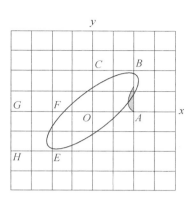

图 8.2.2

中的大方格 $EFGH$ 中就包含了一块 $\Psi$ 的如图 8.2.3 的如阴影部分所示的图形.

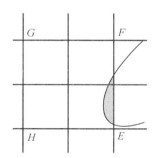

图 8.2.3

设 $\Phi$ 表示正方形 $OABC$,用平移的方法把包含 $\Psi$ 的大方格都与大方格 $OABC$ 重合,那么 $\Phi_1,\Phi_2,\cdots,\Phi_n$ 就都被放到了 $\Phi$ 中. 由于 $\Phi$ 的面积 $S_\Phi=4$,而 $\Phi_1$, $\Phi_2,\cdots,\Phi_n$ 的面积之和

$$S_{\Phi_1}+S_{\Phi_2}+\cdots+S_{\Phi_n}=S_\Psi>4$$

所以根据定理 8.1.1 可知,$\Phi_1,\Phi_2,\cdots,\Phi_n$ 之中必至少

403

要有两个会发生重叠,如图 8.2.4 所示(为清楚起见,图 8.2.4 只画出了发生重叠的两个大方格).

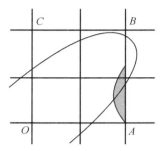

图 8.2.4

在平移每一个大方格时,我们可以先沿横轴方向再沿纵轴方向使这个大方格和 $OABC$ 重合,由于大方格的边长是 2,所以大方格在横轴方向和纵轴方向移动的距离都是 2 的倍数. 因此从 $\Phi_1,\Phi_2,\cdots,\Phi_n$ 中有两个图形有公共点可以得出 $\Psi$ 中必有两个点 $P$ 和 $Q$(图 8.2.5),使得它们的横坐标之差与纵坐标之差都是 2 的倍数.

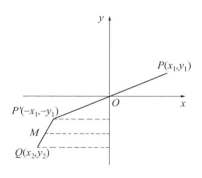

图 8.2.5

设 $P$ 的坐标是 $(x_1,y_1)$,$Q$ 的坐标是 $(x_2,y_2)$,那么 $P$ 关于原点的对称点 $P'$ 的坐标就是 $(-x_1,-y_1)$,并且 $x_2-x_1$ 和 $y_2-y_1$ 都是偶数,因而 $P'Q$ 的中点 $M$ 的坐标 $\left(\dfrac{x_2-x_1}{2},\dfrac{y_2-y_1}{2}\right)$ 都是整数. 由于 $\Psi$ 关于原点对称,所以 $P'\in\Psi$,又由于 $Q\in\Psi$,$\Psi$ 是凸图形,所以 $P'Q\in\Psi$,从而 $P'Q$ 的中点 $M\in\Psi$,又由于 $P,Q$ 是不同的两点,所以 $M\left(\dfrac{x_2-x_1}{2},\dfrac{y_2-y_1}{2}\right)$ 不是原点 $O(0,0)$,这就证明了 $\Psi$ 内至少含有一个不是原点的整点.

用完全类似的方法,我们可以证明下面的空间中 Minkowsky 定理.

**定理 8.2.2**(三维(空间中) 的 Minkowski 定理)

设 $\Psi$ 是一个围绕原点的由简单闭曲面围成的凸的关于原点对称的立体,如果 $\Psi$ 的体积 $V_\Psi>8$,则在 $\Psi$ 的内部必至少含有一个除了原点之外的整点或格点(即坐标都是整数值的点).

# 8.3  三平方和定理的证明(第一种证明)

### 8.3.1  三平方和定理的证明(第一种方法)

正像在 7.10 节中那样,我们可设 $n=4^k u$,其中 $4\nmid u$,且 $u\equiv 7\pmod 8$,因此只须证明当 $u\equiv 1,2,3,5,6\pmod 8$ 时,$n$ 都可以表示成三平方和即可. 我们将只对 $u=8N+3$ 的情况详细证明这一定理,由于其他情况的证明完全与此类似,因此我们将只给出证明的大意.

**定理 8.3.1.1** 设 $n = 4^k d^2 u$,其中 $4 \nmid u, u$ 不含平方因子,且 $u \not\equiv 7 (\mathrm{mod}\ 8), u \equiv 1,2,3,5,6 (\mathrm{mod}\ 8)$,则 $n$ 必可表示成三个整数的平方和.

**证明** 以 $u = 8N + 3$ 为例,设其素因子分解式为 $u = p_1 p_2 \cdots p_r$. 又设 $q$ 是一个满足以下条件的正素数

$$\left( \frac{-2q}{p_i} \right) = +1 \tag{8.3.1.1}$$

$$q \equiv 1 (\mathrm{mod}\ 4) \tag{8.3.1.2}$$

其中 $\left( \dfrac{a}{b} \right)$ 表示 Jacobi 符号. 那种素数的存在性可由 Dirichlet 的关于算术级数中存在无穷多个素数的定理得出. 由于(8.3.1.1)和(8.3.1.2)仅要求 $q$ 属于(mod 4)的某个同余类即可.

由于 $u \equiv 3 (\mathrm{mod}\ 8)$,因此我们有

$$1 = \prod_{j=1}^{r} \left( \frac{-2q}{p_i} \right)$$

$$= \prod_{j=1}^{r} \left( \frac{-2}{p_i} \right) \left( \frac{q}{p_i} \right)$$

$$= \left( \frac{-2}{u} \right) \prod_{j=1}^{r} \left( \frac{p_i}{q} \right)$$

$$= \left( \frac{-2}{u} \right) \left( \frac{u}{q} \right)$$

$$= \left( \frac{-2}{u} \right) \left( \frac{-u}{q} \right)$$

$$= \left( \frac{-u}{q} \right) \tag{8.3.1.3}$$

由于 $q$ 是一个奇素数,所以我们可以求出一个奇的整数 $b$ 使得

$$b^2 \equiv -u (\bmod q)$$

或者

$$b^2 - qh_1 = -u \qquad (8.3.1.4)$$

在上式两边取模 4 就得出

$$1 - h_1 = +1 (\bmod 4) \text{ 或 } h_1 = 4h$$

其中 $h$ 是一个整数. 因而有

$$b^2 - 4qh = -u \qquad (8.3.1.5)$$

利用式(8.3.1.1)我们可以求出一个整数 $t$ 使得

$$t^2 \equiv -\frac{1}{2q} (\bmod u) \qquad (8.3.1.6)$$

现在考虑由下面的不等式定义的空间中的立体 $\Phi$

$$\Phi : R^2 + S^2 + T^2 < 2u \qquad (8.3.1.7)$$

其中

$$R = 2tqx + tby + uz$$

$$S = (2q)^{\frac{1}{2}} x + \frac{b}{(2q)^{\frac{1}{2}}} y$$

$$T = \frac{u^{\frac{1}{2}}}{(2q)^{\frac{1}{2}}} y \qquad (8.3.1.8)$$

在 $(R,S,T)$ 空间内,式(8.3.1.7)定义了一个关于原点对称的凸体 $\Phi$,$\Phi$ 的体积是 $\frac{4}{3}\pi (2u)^{\frac{3}{2}}$,变换(8.3.1.8)的 Jacobi 行列式的值为 $u^{\frac{3}{2}}$,因此在 $(x,y,z)$ 空间中,式(8.3.1.7)表示一个体积等于 $\frac{2^{\frac{7}{2}}\pi}{3}$ 的关于原点对称的凸体 $\Psi$,通过计算可知

$$\frac{2^{\frac{7}{2}}\pi}{3} > 8$$

因此根据定理 8.2.2 可知，在 $\Psi$ 内至少存在一个不同于原点的整点，那就是说，存在满足式(8.3.1.7)和式(8.3.1.8)的不全为零的整数 $x_1, y_1, z_1$. 设 $R_1, S_1$ 和 $T_1$ 是 $R, S, T$ 的对应值，那么从式(8.3.1.8)和 $t$ 的选择(8.3.1.6)就得出

$$R_1^2 + S_1^2 + T_1^2$$

$$= (2tqx_1 + tby_1 + uz_1)^2 +$$

$$\left((2q)^{\frac{1}{2}}x_1 + \frac{b}{(2q)^{\frac{1}{2}}}y_1\right)^2 + \left(\frac{u^{\frac{1}{2}}}{(2q)^{\frac{1}{2}}}y_1\right)^2$$

$$\equiv t^2(2qx_1 + by_1)^2 + \frac{1}{2q}(2qx_1 + by_1)^2$$

$$\equiv 0 (\mathrm{mod}\ u) \qquad (8.3.1.9)$$

此外还有

$$R_1^2 + S_1^2 + T_1^2$$

$$= R_1^2 + \left((2q)^{\frac{1}{2}}x_1 + \frac{b}{(2q)^{\frac{1}{2}}}y_1\right)^2 + \left(\frac{u^{\frac{1}{2}}}{(2q)^{\frac{1}{2}}}y_1\right)^2$$

$$= R_1^2 + \frac{1}{2q}(2qx_1 + by_1)^2 + \frac{u}{2q}y_1^2$$

$$= R_1^2 + 2(qx_1^2 + bx_1y_1 + h_1^2) \qquad (8.3.1.10)$$

设 $v$ 是由下式定义的正整数

$$v = qx_1^2 + bx_1y_1 + hy_1^2 \qquad (8.3.1.11)$$

注意 $R_1$ 是一个整数，且由式(8.3.1.9)(8.3.1.10)和(8.3.1.11)可知 $u \mid (R_1^2 + 2v)$，但是由式(8.3.1.7)又有 $R_1^2 + 2v < 2u$，此外由于 $x_1, y_1, z_1$ 是不全为零的，因此由三角形变换(8.3.1.8)是非退化的又可知 $R_1^2 +$

$2v \neq 0$,因而就得出

$$R_1^2 + 2v = u \qquad (8.3.1.12)$$

设 $p$ 是一个使得 $p^{2n+1} \mid\mid u$ 的奇素数,如果 $p \nmid u$,那么由式(8.3.1.12)就得出

$$\left(\frac{u}{p}\right) = +1 \qquad (8.3.1.13)$$

由式(8.3.1.11)得出

$$4qv = (2qx_1 + by_1)^2 + uy_1^2 \quad (8.3.1.14)$$

如果 $p \mid q$,那么由式(8.3.1.5)就有

$$\left(\frac{-u}{p}\right) = 1$$

如果 $p \nmid q$,那么由式(8.3.1.14)就有

$$p^{2n+1} \mid\mid e^2 + uf^2$$

或者

$$\left(\frac{-u}{p}\right) = 1$$

因而在两种情况中都有

$$\left(\frac{-u}{p}\right) = +1 \qquad (8.3.1.15)$$

上式与式(8.3.1.13)联合起来就蕴含

$$\left(\frac{-1}{p}\right) = 1 \text{ 或 } p \equiv 1 \pmod 4 \qquad (8.3.1.16)$$

如果 $p \mid v, p \mid u$,那么由式(8.3.1.11)和(8.3.1.12)就得出

$$R_1^2 + 2v = u$$

或

$$R_1^2 + \frac{1}{2q}((2qx_1 + by_1)^2 + uy_1^2) = u$$

这蕴含 $p \mid R_1$, $p \mid (2qx_1 + by_1)$, 由于 $u$ 是无平方因子的整数, 所以用 $p$ 去除上式的两边就得出

$$\frac{1}{2q} \frac{u}{p} y_1^2 \equiv \frac{u}{p} (\bmod p)$$

或

$$y_1^2 \equiv 2q (\bmod p), \left(\frac{2q}{p}\right) = +1$$

这说明所有使得 $p^{2n+1} \| v$ 的奇素数都是 $\equiv 1 (\bmod 4)$ 的, 因而 $2v$ 是两个整数的平方和, 因此由式(8.3.1.12) 就得出 $u$ 是三个整数的平方和. 这就证明了 $u \equiv 3 (\bmod 8)$ 情况下的定理 8.3.1.

**8.3.2** $u \equiv 1, 2, 5, 6 (\bmod 8)$ **情况下定理** 8.3.1.1 **证明的大意**

设 $q$ 是一个素数, $\left(\frac{-q}{p_i}\right) = +1$, 其中 $p_i$ 表示 $u$ 的所有的奇的素因子. $q \equiv 1 (\bmod 4)$. 如果 $u$ 是奇数($u \equiv 1, 5 (\bmod 8)$), 则证明与 8.3 节中完全类似. 如果 $u$ 是偶数($u \equiv 2, 6 (\bmod 8)$), 那么 $u = 2u_1$, 其中 $u_1$ 是奇数. $\left(\frac{-2}{q}\right) = (-1)^{\frac{u_1 - 1}{2}}$, $t^2 \equiv -\frac{1}{q} (\bmod p_i)$, $t$ 是一个奇数. $b^2 - qh = -u$.

再设

$$R = tqx + tby + uz$$

$$S = q^{\frac{1}{2}} x + \frac{b}{q^{\frac{1}{2}}} y$$

$$T = \frac{u^{\frac{1}{2}}}{q^{\frac{1}{2}}} y$$

以后的证明就完全与 8.3.1 节中完全类似.

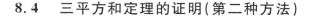

## 8.4 三平方和定理的证明(第二种方法)

**引理 8.4.1** 设 $x,y,z$ 是使得 $x^2+y^2+z^2$ 为整数的有理数,那么存在有理数 $a,b,c$ 使得

$$a^2+b^2+c^2=1$$

并且 $ax+by+cz$ 是一个整数.

**证明** 设 $x=\dfrac{x_1}{d},y=\dfrac{y_1}{d},z=\dfrac{z_1}{d}$,其中 $x_1,y_1,z_1,d$ 是互素的整数.设 $M$ 表示格 $(u+tx,v+ty,w+tz)$,$\Lambda$ 表示格 $(u,v,w)$,其中 $u,v,w,t,ux+vy+wz$ 都是整数,$0\leqslant t\leqslant d-1$.设 $d(M)$ 和 $d(\Lambda)$ 分别是 $M$ 和 $\Lambda$ 的行列式,$[M:\Lambda]$ 是 $\Lambda$ 在 $M$ 中的指标,那么显然有

$$[M:\Lambda]=d \qquad (8.4.1)$$

格 $\Lambda$ 可用同余式 $ux_1+vy_1+wz_1\equiv 0\pmod{d}$ 加以刻画,因此由式(8.4.1)和文献[29]第 I 章引理 1 中的公式(2)和[29]第 III 章的引理 9 就有

$$d(M)=\frac{d(\Lambda)}{[M:\Lambda]}=\frac{d(\Lambda)}{d}\leqslant 1$$

因而有

$$V=\frac{4}{3}\pi\,(\sqrt{2}\,)^3>8\geqslant 8d(M)$$

其中 $V$ 是球体

$$\Psi:\xi^2+\eta^2+\zeta^2=2$$

的体积.

因此,根据根据定理 8.2.2 可知在 $\Psi$ 内存在着一

411

个点 $(a,b,c)$ 使得

$$(a,b,c)=(u+tx,v+ty,w+tz)$$

$$0<a^2+b^2+c^2<2$$

由于

$$a^2+b^2+c^2=u^2+v^2+w^2+2t(ux+vy+wz)+$$
$$t^2(x^2+y^2+z^2)$$

是一个整数,因此从 $0<a^2+b^2+c^2<2$ 就得出

$$a^2+b^2+c^2=1$$

以及

$$ax+by+cz=ux+vy+wz+t(x^2+y^2+z^2)$$

是一个整数,这就证明了引理.

下面我们再次来证明

**定理 8.4.1** 设 $n=4^k d^2 u$,其中 $4\nmid u$,$u$ 不含平方因子,且 $u\not\equiv 7(\bmod 8)$,$u\equiv 1,2,3,5,6(\bmod 8)$,则 $n$ 必可表示成三个整数的平方和.

**证明** 设 $u=2^\alpha u_1$,其中 $\alpha=0$ 或 $1$,$u_1$ 是一个奇数,$u_1=p_1\cdots p_r$,$p_i$ 都是奇素数. 又设

$$\beta=\begin{cases}0 & \text{如果 } \alpha=0,u_1\equiv 1(\bmod 4) \text{ 或者 } \alpha=1\\ 1 & \text{如果 } \alpha=0,u_1\equiv 3(\bmod 8)\end{cases}$$

根据在等差数列中存在无穷多个素数的 Dirichlet 定理可知存在素数 $q$ 使得

$$\left(\frac{q}{p_i}\right)=\left(\frac{-2^\beta}{p_i}\right)$$

并且

$$q\equiv\begin{cases}1(\bmod 8) & \text{如果 } u_1\equiv 1(\bmod 4)\\ 5(\bmod 8) & \text{如果 } u_1\equiv 3(\bmod 4)\end{cases}$$

因此，根据二次互反律就有

$$\left(\frac{-2^{\beta}q}{p_i}\right)=1$$

$$\left(\frac{u}{q}\right)=\left(\frac{2}{q}\right)^{\alpha}\left(\frac{u_1}{q}\right)=\left(\frac{2}{q}\right)^{\alpha}\left(\frac{q}{u_1}\right)$$

$$=\left(\frac{2}{q}\right)^{\alpha}\left(\frac{q}{p_1}\right)\cdots\left(\frac{q}{p_r}\right)$$

$$=\left(\frac{2}{q}\right)^{\alpha}\left(\frac{-2^{\beta}}{p_1}\right)\cdots\left(\frac{-2^{\beta}}{p_r}\right)$$

$$=\left(\frac{2}{q}\right)^{\alpha}\left(\frac{-2^{\beta}}{u_1}\right)$$

$$=1$$

这蕴含同余式

$$x^2\equiv-2^{\beta}q\,(\mathrm{mod}\ p_i)$$

和同余式

$$x^2\equiv u\,(\mathrm{mod}\ q)$$

是可解的，因而同余式

$$x^2\equiv-2^{\beta}q\ (\mathrm{mod}\ u)$$

和同余式

$$x^2\equiv u\,(\mathrm{mod}\ 2^{\beta}q)$$

也是可解的. 所以根据 Legendre 定理就得出方程

$$ut^2-z^2-2^{\beta}qw^2=0$$

有整数解 $t,z,w$，其中 $t\neq0$（见文献［30］,157,158 页）. 另一方面，由于 $q$ 是一个素数

$$q\equiv1(\mathrm{mod}\ 4)$$

所以根据引理 2.1.10 可知 $q$ 是两个整数的平方和，因此 $2^{\beta}qw^2$ 是两个整数的平方和

$$ut^2-z^2=2^{\beta}qw^2=x^2+y^2$$

从而得出

$$u = \left(\frac{x}{t}\right)^2 + \left(\frac{y}{t}\right)^2 + \left(\frac{z}{t}\right)^2$$

即 $u$ 是 3 个有理数的平方和,于是根据推论 5.2.3 就得出 $u$ 是 3 个整数的平方和.

# 超几何级数与椭圆模函数方法

## 9.0 引　　言

设 $T = \{\cdots, t_{-m}, \cdots, t_{-2}, t_{-1}, t_0, t_1, t_2, \cdots, t_m, \cdots\}$ 是某种形式的数,比如平方数或三角形数(这时 $t_m = m^2$ 或 $t_m = \dfrac{m(m+1)}{2}$)所构成的有限的或无限的集合,考虑形式级数

$$F(x) = \sum_{m=-\infty}^{\infty} x^{t_m} \qquad (9.0.1)$$

那么

$$
\begin{aligned}
F(x)^k &= \left( \sum_{m=-\infty}^{\infty} x^{t_m} \right)^k \\
&= \sum_{\substack{-\infty < m_j < \infty \\ j=1,2,\cdots,k}} x^{t_{m_1} + t_{m_2} + \cdots + t_{m_k}} \\
&= \sum_n x^n \sum_{t_{m_1} + t_{m_2} + \cdots + t_{m_k} = n} 1 \\
&= \sum_n b_T(n) x^n \qquad (9.0.2)
\end{aligned}
$$

显然 $b_T(n)$ 就是把 $n$ 表示成 $T$ 中 $k$ 个元素之和的方法的数目. 到现在为止,式(9.0.2)还仅仅是一种纯形式的对象. 然而如果我们假设存在某个数 $\rho > 0$,使得当 $|x| \leqslant \rho$ 时,上述的级数都是收敛的,那么我们就能够实行上边的级数运算. 假设我们将 $F(x)^k$ 展开成单边无穷的或双边无穷的级数

$$F(x)^k = \sum_n a_n x^n \qquad (9.0.3)$$

那么根据级数展开的唯一性定理便可得出

$$b_T(n) = a_n \qquad (9.0.4)$$

如果我们用无论什么方法能证明 $a_n > 0$,那么我们就证明了 $n$ 必可表示成 $T$ 中 $k$ 个元素的和. 这就是用计数方法证明把 $n$ 拆分成某种特殊形式的数的和的原理.

特别,如果设

$$T = \{ \cdots, (-m)^2, \cdots, (-2)^2, (-1)^2,$$
$$0^2, 1^2, 2^2, \cdots, m^2, \cdots \}$$

我们就有

$$F(x) = \sum_{m=-\infty}^{\infty} x^{m^2} = 1 + 2 \sum_{m=1}^{\infty} x^{m^2}$$

这时式(9.0.3)就成为

$$F(x)^k = \sum_{n=0}^{\infty} a_n^{(k)} x^n = \left( 1 + 2 \sum_{m=1}^{\infty} x^{m^2} \right)^k$$
$$= 1 + \sum_{n=1}^{\infty} r_k(n) x^n$$

其中 $r_k(n)$ 表示把 $n$ 表示成 $k$ 个平方数的和的方法的数目,也就是方程

$$n = x_1^2 + x_2^2 + \cdots + x_k^2$$

的整数解的数目.

得出式(9.0.4)的几种有效的方法是 $\theta$ 一函数和椭圆模函数方法以及超几何函数方法,下面我们就来初步介绍这些方法并应用它们来得出我们所需的结果.

## 9.1 $\theta$ 一函数和基本椭圆模函数

设

$$\theta(x) = \sum_{m=-\infty}^{\infty} x^{m^2} = 1 + 2\sum_{m=1}^{\infty} x^{m^2}$$
$$= 1 + 2(x + x^4 + x^9 + x^{16} + \cdots) \quad (9.1.0)$$

上式中 $x^n$ 的系数恰好是方程 $x^2 = n$ 的整数解的个数. 事实上 $x^2 = 0$ 的整数解只有 $x = 0$,所以 $r_1(0) = 1$,当 $n$ 不是完全平方数时,$x^2 = n$ 没有整数解,所以 $r_1(n) = 0$,当 $n$ 是一个完全平方数 $m^2$ 时,$x^2 = n$ 恰有两个整数解,所以 $r_1(n) = 2$,这正好与上式右边的系数符合. 因此,$\theta(x)$ 恰好是 $r_1(n)$ 的生成函数,即

$$\theta(x) = 1 + \sum_{n=1}^{\infty} r_1(n) x^n \quad (9.1.1)$$

现在,我们计算 $\theta^2(x)$ 可以得出

$$\theta^2(x) = \Big(\sum_{m=-\infty}^{\infty} x^{m^2}\Big)\Big(\sum_{h=-\infty}^{\infty} x^{h^2}\Big) = \sum_{m,h=-\infty}^{\infty} x^{m^2+h^2}$$

将所有 $m^2 + h^2$ 相同的项收集在一起,那么对于每个正整数 $n$,使得 $m^2 + h^2 = n$ 的项数恰好是方程 $m^2 + h^2 = n$

417

的整数解的个数 $r_2(n)$，由于每项的系数都是 1，所以 $\theta^2(x)$ 中 $x^n$ 的系数恰好是 $r_2(n)$，即

$$\theta^2(x) = \sum_{m,h=-\infty}^{\infty} x^{m^2+h^2} = 1 + \sum_{n=1}^{\infty} \sum_{\substack{m,h=-\infty \\ m^2+h^2=n}}^{\infty} x^{m^2+h^2}$$

$$= 1 + \sum_{n=1}^{\infty} \sum_{\substack{m,h=-\infty \\ m^2+h^2=n}}^{\infty} x^n = 1 + \sum_{n=1}^{\infty} r_2(n) x^n$$

这就是说，$\theta^2(x)$ 是 $r_2(n)$ 的生成函数，即

$$\theta^2(x) = 1 + \sum_{n=1}^{\infty} r_2(n) x^n \qquad (9.1.2)$$

类似地可得 $\theta^k(x)$ 是 $r_k(n)$ 的生成函数，即

$$\theta^k(x) = 1 + \sum_{n=1}^{\infty} r_k(n) x^n$$

特别，我们有

$$\theta^3(x) = 1 + \sum_{n=1}^{\infty} r_3(n) x^n \qquad (9.1.3)$$

$$\theta^4(x) = 1 + \sum_{n=1}^{\infty} r_4(n) x^n \qquad (9.1.4)$$

下面我们来介绍四个椭圆模函数

$$q_0 = q_0(x) = \prod_{n=1}^{\infty} (1 - x^{2n})$$
$$= (1-x^2)(1-x^4)(1-x^6)(1-x^8)\cdots$$
$$= 1 - x^2 - x^4 + x^{10} + \cdots \qquad (9.1.5)$$

$$q_1 = q_1(x) = \prod_{n=1}^{\infty} (1 + x^{2n})$$
$$= (1+x^2)(1+x^4)(1+x^6)(1+x^8)\cdots$$
$$= 1 + x^2 + x^4 + 2x^6 + 2x^8 + 3x^{10} + \cdots$$

$$(9.1.6)$$

$$q_2 = q_2(x) = \prod_{n=1}^{\infty} (1 + x^{2n-1})$$
$$= (1+x)(1+x^3)(1+x^5)(1+x^7)\cdots$$
$$= 1 + x + x^3 + x^4 + x^5 + x^6 + x^7 + 2x^8 +$$
$$\quad 2x^9 + 2x^{10} + \cdots \tag{9.1.7}$$

$$q_3 = q_3(x) = \prod_{n=1}^{\infty} (1 - x^{2n-1})$$
$$= (1-x)(1-x^3)(1-x^5)(1-x^7)\cdots$$
$$= 1 - x - x^3 + x^4 - x^5 + x^6 - x^7 + 2x^8 -$$
$$\quad 2x^9 + 2x^{10} + \cdots \tag{9.1.8}$$

尽管这些函数都含有无穷多个乘积,但我们可以只从"形式"上来理解它们,而不需考虑它们的收敛性等问题,这是由于如果将它们按升幂展开后,对于每个正整数 $n$,$x^n$ 的系数只由前面有限个因式的乘积即可完全确定,例如要求 $q_0$ 的展开式中 $x^6$ 的系数,那么只须求

$$A = (1-x^2)(1-x^4)(1-x^6)$$

中 $x^6$ 的系数即可,这是由于

$$(1-x^2)(1-x^4)(1-x^6)(1-x^8)(1-x^{10})\cdots$$
$$= A(1-x^8)(1-x^{10})\cdots$$
$$= A - Ax^8(1-x^{10})\cdots$$

因此展开式中 $A$ 后面的项的次数都至少是 $8$,因而对 $x^6$ 的系数没有贡献. 而

$$A = (1-x^2)(1-x^4)(1-x^6)$$
$$= 1 - x^2 - x^4 + x^8 + x^{10} - x^{12}$$

中 $x^6$ 的系数等于 $0$,所以在 $q_0$ 的展开式中 $x^6$ 的系数就

等于 0. 正是在这个意义上，我们可以将无穷乘积 $\prod\limits_{n=1}^{\infty}(1-x^{2n})$ 展开成 $1+a_1x+a_2x^2+\cdots$，称为是关于 $x$ 的形式幂级数，对 $q_1,q_2,q_3$ 可以做类似的理解.

函数 $\theta^k$ 的展开式系数 $r_k(n)$ 的意义是 $k$ 平方和的数目，那么函数 $q_0,q_1,q_2,q_3$ 及其组合的展开式系数是否具有什么意义呢？回答是肯定的，因为这些系数与正整数的分拆数目有密切关系.

把一个正整数 $n$ 写成一些正整数的和，则这种和式就称为 $n$ 的一个分拆. 例如 5 共有以下 7 种分拆

$$5=4+1=3+2=3+1+1=2+2+1$$
$$=2+1+1+1=1+1+1+1+1$$

其中 $4+1$ 和 $1+4$ 等可以看成是同样的，通常我们用 $p(n)$ 表示 $n$ 的分拆的数目，因此就有 $p(5)=7$.

现在我们考虑无穷乘积

$$q_1=\prod_{n=1}^{\infty}(1+x^{2n})$$
$$=(1+x^2)(1+x^4)(1+x^6)(1+x^8)(1+x^{10})\cdots$$

从右边有限多个因子取出第二项，而其余的因子均取第一项 1 相乘便得到 $q_1$ 的展开式中的一个单项式. 例如取第一，三，五个因子中的第二项 $x^2$，$x^6$，$x^{10}$，其余因子均取第一项 1 相乘便得出 $q_1$ 的展开式中的一个单项式 $x^2\cdot x^6\cdot x^{10}=x^{2+6+10}=x^{18}$. $q_1$ 的展开式中的所有的项都可以这样得出. 把每一个次数是 18 的单项式合并起来，便得到 $q_1$ 的展开式中次数是 18 的项，不难发现，这种项的指数的组合方式共有 $18,2+16,4+14$，

$6+12,8+10,2+4+12,2+6+10,4+6+8$ 这 8 种，因此 $q_1$ 的展开式中次数是 18 的项就是 $8x^{18}$. 由于 $q_1$ 的展开式中所有因子的第二项的指数就是全体偶数，因此对每个正整数 $n$，展开式中单项式 $x^n$ 的个数就是把 $n$ 分拆成一些互相不同的正偶数之和的方法的数目，设此数为 $p'_0(n)$，那么 $q_1$ 的展开式中 $x^n$ 的系数就等于 $p'_0(n)$，因而

$$q_1 = 1 + \sum_{n=1}^{\infty} p'_0(n) x^n \qquad (9.1.9)$$

这就是说，$q_1$ 是 $p'_0(n)$ 的生成函数.

类似的，如果用 $p'_1(n)$ 表示将 $n$ 分拆成一些互相不同的正奇数的和的方法的数目，则 $q_2$ 是 $p'_1(n)$ 的生成函数，即

$$q_2 = \prod_{n=1}^{\infty} (1 + x^{2n-1}) = 1 + \sum_{n=1}^{\infty} p'_1(n) x^n$$

$$(9.1.10)$$

而

$$q_1 q_2 = \prod_{n=1}^{\infty} (1 + x^{2n-1})(1 + x^{2n}) = \prod_{n=1}^{\infty} (1 + x^n)$$

$$= (1+x)(1+x^2)(1+x^3)(1+x^4)\cdots$$

$$= 1 + \sum_{n=1}^{\infty} p'(n) x^n \qquad (9.1.11)$$

由于所有的正偶数指数和所有的正奇数指数恰好合并成所有的正整数指数，所以 $p'(n)$ 就表示把 $n$ 分拆成一些互相不同的正整数之和的方法的数目，而 $q_1 q_2$ 则是 $p'(n)$ 的生成函数.

现在再来看

$$q_0^{-1} = \prod_{n=1}^{\infty} (1 - x^{2n})^{-1}$$

$$= \prod_{n=1}^{\infty} (1 + x^{2n} + x^{2(2n)} + x^{3(2n)} + x^{4(2n)} + \cdots)$$

$$= (1 + x^2 + x^{2 \cdot 2} + x^{3 \cdot 2} + \cdots) \cdot$$

$$(1 + x^4 + x^{2 \cdot 4} + x^{3 \cdot 4} + \cdots) \cdot$$

$$(1 + x^6 + x^{2 \cdot 6} + x^{3 \cdot 6} + \cdots) \cdot$$

$$(1 + x^8 + x^{2 \cdot 8} + x^{3 \cdot 8} + \cdots) \cdot$$

$$(1 + x^{10} + \cdots) \cdots$$

如果我们从第一,二,四个括号中分别取 $x^{3 \cdot 2}$, $x^{2 \cdot 4}$ 和 $x^8$,而其他括号均取第一项 1 相乘,便得出 $q_0^{-1}$ 的展开式中的一个单项式 $x^{3 \cdot 2 + 2 \cdot 4 + 1 \cdot 8} = x^{22}$,我们可将它看成是把 22 分拆成 3 个 2,2 个 4 和 1 个 8 的和

$$22 = 2 + 2 + 2 + 4 + 4 + 8$$

即这里的分拆允许有重复的加数. 于是,合并同类项后 $q_0^{-1}$ 的展开式中 $x^n$ 的系数便等于把 $n$ 分拆成一些正偶数(允许加数重复)之和的方法的数目. 我们通常将此数目记成 $p_0(n)$,因而

$$q_0^{-1} = 1 + \sum_{n=1}^{\infty} p_0(n) x^n \qquad (9.1.12)$$

而 $q_0^{-1}$ 就是 $p_0(n)$ 的生成函数.

类似地,$q_3^{-1}$ 是 $p_1(n)$ 的生成函数,即

$$q_0^{-1} = \prod_{n=1}^{\infty} (1 - x^{2n-1})^{-1} = 1 + \sum_{n=1}^{\infty} p_1(n) x^n$$

$$(9.1.13)$$

$(q_0 q_3)^{-1}$ 是 $p(n)$ 的生成函数,即

$$(q_0 q_3)^{-1} = \prod_{n=1}^{\infty} (1-x^{2n-1})^{-1}(1-x^{2n})^{-1}$$

$$= \prod_{n=1}^{\infty} (1-x^n)^{-1}$$

$$= 1 + \sum_{n=1}^{\infty} p(n) x^n \qquad (9.1.14)$$

其中 $p(n)$ 就是我们前面定义的 $n$ 的分拆的数目.

下面我们给出一些函数 $q_0,q_1,q_2,q_3$ 和 $\theta$ 的性质以及它们之间的关系.

**引理 9.1.1**

$$q_1 q_2 q_3 = 1 \qquad (9.1.15)$$

**证明**　以下我们均承认对适当的 $x$(例如 $|x|<1$), $q_0,q_1,q_2,q_3$ 均是有意义的量,具体来说,就是对每个固定的 $x$ 它们都等于某个实数 $q_0(x),q_1(x),q_2(x),q_3(x)$,那么从

$$q_0 = \prod_{n=1}^{\infty}(1-x^{2n}) = \prod_{n=1}^{\infty}(1-x^n)(1+x^n)$$

$$= \prod_{n=1}^{\infty}(1-x^{2n})(1-x^{2n-1})(1+x^{2n})(1+x^{2n+1})$$

（把 $n$ 分成奇数和偶数）

$$= \left(\prod_{n=1}^{\infty}(1-x^{2n})\right)\left(\prod_{n=1}^{\infty}(1-x^{2n-1})\right) \cdot$$

$$\left(\prod_{n=1}^{\infty}(1+x^{2n})\right)\left(\prod_{n=1}^{\infty}(1+x^{2n})\right)$$

$$= q_0 q_1 q_2 q_3$$

由于 $|x|<1$,所以显然 $q_0 \neq 0$,因此就得出

$$q_1 q_2 q_3 = 1$$

用同样的方法,我们再证明一个以 Euler 的名字

命名的关于分拆数目的定理

**定理 9.1.1**（Euler 恒等式） 把正整数 $n$ 分拆成不同的加数的数目 $p'(n)$ 就等于把 $n$ 分拆成奇数个部分的数目 $p_{\text{odd}}(n)$，即

$$p'(n) = p_{\text{odd}}(n)$$

**证明** 我们有

$$\prod_{n=1}^{\infty}(1+q^n) = \prod_{n=1}^{\infty}\frac{1-q^{2n}}{1-q^n} = \prod_{n=1}^{\infty}\frac{1}{1-q^{2n-1}}$$

上式右边的乘积是 $p'(n)$ 的生成函数（见式(9.1.11)），而右边的乘积是 $p_{\text{odd}}(n)$ 的生成函数，这就证明了定理.

下面我们证明一个以 Jacobi 命名的恒等式.

**定理 9.1.2**（Jacobi 三乘积恒等式） 设 $|x|<1$，$z \neq 0 \in \mathbb{C}$，则

$$\prod_{n=1}^{\infty}(1-x^{2n})(1+x^{2n-1}z^2)\left(1+\frac{x^{2n-1}}{z^2}\right)$$

$$= 1 + \sum_{n=1}^{\infty}x^{n^2}\left(z^{2n}+\frac{1}{z^{2n}}\right)$$

$$= \sum_{n=-\infty}^{\infty}x^{n^2}z^{2n} \tag{9.1.16}$$

**证明** 由于 $|x|<1$，所以 $\prod(1-x^{2n})$，$\prod(1+x^{2n-1}z^2)$，$\prod\left(1+\frac{x^{2n-1}}{z^2}\right)$ 以及 $\sum_{n=1}^{\infty}x^{n^2}\left(z^{2n}+\frac{1}{z^{2n}}\right)$ 都是绝对收敛的，此外，对每个固定的 $|x|<1$，上面的级数和乘积在不含 $z=0$ 的 $z$ 平面上的紧致子集上是一致收敛的，所以式(9.1.16)的每一部分当 $z \neq 0$ 时都是 $z$ 的解析函数，对固定的 $z \neq 0$，它们对 $|x| \leqslant r < 1$ 也是一致收敛的，因此在 $|x|<1$ 内是 $x$ 的解析函数.

对固定的 $x, z \neq 0$, 设

$$F(z) = \prod_{n=1}^{\infty} (1 + x^{2n-1} z^2) \left(1 + \frac{x^{2n-1}}{z^2}\right)$$

$$(9.1.17)$$

则

$$\begin{aligned}
F(xz) &= \prod_{n=1}^{\infty} (1 + x^{2n+1} z^2) \left(1 + \frac{x^{2n-3}}{z^2}\right) \\
&= \left(1 + \frac{1}{xz^2}\right) \left(1 + \frac{x}{z^2}\right) \cdot \\
&\quad \prod_{n=2}^{\infty} (1 + x^{2n-1} z^2) \left(1 + \frac{x^{2n-1}}{z^2}\right)
\end{aligned}$$

所以

$$\begin{aligned}
xz^2 F(xz) &= xz^2 \left(1 + \frac{1}{xz^2}\right) \left(1 + \frac{x}{z^2}\right) \cdot \\
&\quad \prod_{n=2}^{\infty} (1 + x^{2n-1} z^2) \left(1 + \frac{x^{2n-1}}{z^2}\right) \\
&= xz^2 (1 + xz^2) \left(1 + \frac{x}{z^2}\right) \cdot \\
&\quad \prod_{n=2}^{\infty} (1 + x^{2n-1} z^2) \left(1 + \frac{x^{2n-1}}{z^2}\right) \\
&= \prod_{n=1}^{\infty} (1 + x^{2n-1} z^2) \left(1 + \frac{x^{2n-1}}{z^2}\right) \\
&= F(z)
\end{aligned}$$

这样,我们就证明了 $F(z)$ 满足函数方程

$$xz^2 F(xz) = F(z) \qquad (9.1.18)$$

设

$$G(z) = \prod_{n=1}^{\infty} (1 - x^{2n})(1 + x^{2n-1} z^2) \left(1 + \frac{x^{2n-1}}{z^2}\right)$$

$$(9.1.19)$$

425

则

$$G(z) = F(z) \prod_{n=1}^{\infty} (1 - x^{2n}) \qquad (9.1.20)$$

于是 $G(z)$ 也满足函数方程(9.1.18). 由于 $G(z)$ 是 $z$ 的偶函数,所以可设

$$G(z) = \sum_{n=-\infty}^{\infty} a_n z^{2n} \qquad (9.1.21)$$

其中 $a_n = a_n(x)$ 是一个依赖于 $x$ 的函数. 由于 $G(z) = G(z^{-1})$,所以 $a_{-n} = a_n$.

利用

$$G(z) = xz^2 G(xz)$$

我们就得出

$$\sum_{n=-\infty}^{\infty} a_n z^{2n} = G(z) = xz^2 G(xz)$$

$$= xz^2 \sum_{n=-\infty}^{\infty} a_n (xz)^{2n}$$

$$= \sum_{n=-\infty}^{\infty} a_n x^{2n+1} z^{2n+2}$$

$$= \sum_{n=-\infty}^{\infty} a_{n-1} x^{2n-1} z^{2n}$$

因此

$$a_n = x^{2n-1} a_{n-1}$$

$$= x^{2n-1} x^{2n-3} a_{n-2}$$

$$\vdots$$

$$= x^{2n-1} x^{2n-3} \cdots x a_0$$

$$= x^{1+3+\cdots+(2n-1)} a_0$$

$$= x^{n^2} a_0$$

把上式代入式(9.1.21)就得出

$$G(z) = a_0(x) \sum_{n=-\infty}^{\infty} x^{n^2} z^{2n} \qquad (9.1.22)$$

在上式中令 $x \to 0$ 就得出 $a_0(0) = 1$. 下面我们证明,对任何使上式有意义的 $x$ 都成立 $a_0(x) = 1$.

在式(9.1.21)中令 $z = \mathrm{e}^{\frac{\pi \mathrm{i}}{4}}$,那么

$$z = \cos 45° + \mathrm{i}\sin 45° = \frac{1}{\sqrt{2}}(1+\mathrm{i})$$

$$z^2 = \frac{1}{2}(1+\mathrm{i})^2 = \mathrm{i}$$

当 $n$ 是奇数时,我们有 $\mathrm{i}^n = -\mathrm{i}^{-n}$,所以从式(9.1.21)就得出

$$\frac{G(x, \mathrm{e}^{\frac{\pi \mathrm{i}}{4}})}{a_0(x)} = \sum_{n=-\infty}^{\infty} x^{n^2} \mathrm{i}^n = \sum_{n=-\infty}^{\infty} (-1)^n x^{(2n)^2} = \frac{G(x^4, \mathrm{i})}{a_0(x^4)}$$

$$(9.1.23)$$

由 $G(z)$ 的定义(式(9.1.19))可知

$$G(x, \mathrm{e}^{\frac{\pi \mathrm{i}}{4}}) = \prod_{n=1}^{\infty} (1 - x^{2n})(1 + x^{4n-2})$$

由于每一个偶数都是 $4n$ 或 $4n-2$ 形的,所以

$$\prod_{n=1}^{\infty} (1 - x^{2n}) = \prod_{n=1}^{\infty} (1 - x^{4n})(1 - x^{4n-2})$$

而

$$\begin{aligned} G(x, \mathrm{e}^{\frac{\pi \mathrm{i}}{4}}) &= \prod_{n=1}^{\infty} (1 - x^{2n})(1 + x^{4n-2}) \\ &= \prod_{n=1}^{\infty} (1 - x^{4n})(1 + x^{4n-2})(1 + x^{4n-2}) \\ &= \prod_{n=1}^{\infty} (1 - x^{4n})(1 - x^{8n-4}) \end{aligned}$$

427

（把 $4n=2 \cdot 2n$ 中的 $2n$ 再分成 $4n$ 和 $4n-2$）

$$= \prod_{n=1}^{\infty}(1-x^{8n})(1+x^{8n-4})(1+x^{8n-4})$$

$$= G(x^4, \mathrm{i})$$

所以从式（9.1.23）就得出

$$a_0(x) = a_0(x^4) = a_0(x^{4^2}) = \cdots = a_0(x^{4^k}) = \cdots$$

令 $k \to \infty$，则 $x^{4^k} \to 0$，由此就得出，对任何使得式（9.1.22）有意义的 $x$ 都成立

$$a_0(x) = a_0(0) = 1$$

因而

$$G(z) = \prod_{n=1}^{\infty}(1-x^{2n})(1+x^{2n-1}z^2)\left(1+\frac{x^{2n-1}}{z^2}\right)$$

$$= a_0(x)\sum_{n=-\infty}^{\infty}x^{n^2}z^{2n} = \sum_{n=-\infty}^{\infty}x^{n^2}z^{2n}$$

$$= \sum_{n=-\infty}^{-1}x^{n^2}z^{2n} + 1 + \sum_{n=1}^{\infty}x^{n^2}z^{2n}$$

$$= \sum_{n=1}^{\infty}x^{n^2}z^{-2n} + 1 + \sum_{n=1}^{\infty}x^{n^2}z^{2n}$$

$$= 1 + \sum_{n=1}^{\infty}x^{n^2}\left(z^{2n}+\frac{1}{z^{2n}}\right)$$

利用 Jacobi 恒等式，我们可以得出一大批有趣的恒等式.

**定理 9.1.3**　（1）$q_0 q_2^2 = \theta$；

（2）$q_0 q_3^2 = \displaystyle\sum_{n=-\infty}^{\infty}(-1)^n x^{n^2}$；

（3）$q_0 q_1^2 = \displaystyle\sum_{n=-\infty}^{\infty}x^{n^2+n}$；

（4）（Euler 的五边形数公式）

428

$$q_0 q_3 = \prod_{n=1}^{\infty} (1 - x^n)$$

$$= 1 - x - x^2 + x^5 + x^7 - x^{12} - x^{15} + \cdots$$

$$= \sum_{n=-\infty}^{\infty} (-1)^n x^{\frac{n(3n+1)}{2}}$$

$$= 1 + \sum_{n=1}^{\infty} (-1)^n (x^{\frac{n(3n-1)}{2}} + x^{\frac{n(3n+1)}{2}})$$

$$= 1 + \sum_{n=1}^{\infty} (-1)^n (x^{\omega(n)} + x^{\omega(-n)})$$

$$= \sum_{n=-\infty}^{\infty} (-1)^n x^{\omega(n)}$$

其中

$$\omega(n) = \sum_{k=0}^{n-1} (3k + 1) = \frac{3n^2 - n}{2}$$

$(5) q_0 q_1 q_2 = \dfrac{q_0}{q_3} = \sum_{n=0}^{\infty} x^{\frac{n(n+1)}{2}}.$

**证明** （1）在 Jacobi 恒等式中取 $z = 1$ 便得到

$$q_0 q_2^2 = \prod_{n=1}^{\infty} (1 - x^{2n})(1 + x^{2n-1})(1 + x^{2n-1})$$

$$= \sum_{n=-\infty}^{\infty} x^{n^2} = \theta(x)$$

（2）在 Jacobi 恒等式中取 $z = i$,便得到 $z^2 = -1$

$$q_0 q_2^2 = \prod_{n=1}^{\infty} (1 - x^{2n})(1 - x^{2n-1})^2 = \sum_{n=-\infty}^{\infty} (-1)^n x^{n^2}$$

（3）在 Jacobi 恒等式中取 $z = |x|^{\frac{1}{2}}$,便得到 $z^2 = x$

$$q_0 q_1^2 = \prod_{n=1}^{\infty} (1 - x^{2n})(1 + x^{2n})^2$$

$$= \frac{1}{2} \prod_{n=1}^{\infty} (1 - x^{2n})(1 + x^{2n-1}x) \cdot$$

429

$$(1 + x^{2n-1}x^{-1})$$

$$= \frac{1}{2}\left(1 + \sum_{n=1}^{\infty} x^{n^2}(x^n + x^{-n})\right)$$

$$= \frac{1}{2} \cdot \left(2 + 2\sum_{n=1}^{\infty} x^{n^2}x^n\right)$$

$$= 1 + \sum_{n=1}^{\infty} x^{n^2+n}$$

$$= \sum_{n=0}^{\infty} x^{n^2+n}$$

（4）在 Jacobi 恒等式中取 $x = -y^{\frac{3}{2}}, z^2 = y^{\frac{1}{2}}$ 便得到

$$q_0 q_3 = \prod_{y=1}^{\infty}(1 - y^{2n})(1 - y^{2n-1}) = \prod_{n=1}^{\infty}(1 - y^n)$$

$$= \prod_{n=1}^{\infty}(1 - y^{3n})(1 - y^{3n-1})(1 - y^{3n-2})$$

$$= \prod_{n=1}^{\infty}(1 - (-y^{\frac{3}{2}})^{2n})(1 + (-y^{\frac{3}{2}})^{2n-1}y^{\frac{1}{2}}) \cdot$$

$$(1 + (-y^{\frac{3}{2}})^{2n-1}y^{-\frac{1}{2}})$$

$$= \sum_{n=-\infty}^{\infty}(-y^{\frac{3}{2}})^{n^2}y^{\frac{n}{2}} = \sum_{n=-\infty}^{\infty}(-1)^n y^{\frac{n(3n+1)}{2}}$$

$$= 1 + \sum_{n=1}^{\infty}(-1)^n(x^{\frac{n(3n-1)}{2}} + x^{\frac{n(3n+1)}{2}})$$

（5）在 Jacobi 恒等式中把 $x$ 换成 $x^{\frac{1}{2}}$ 并令 $z^2 = x^{\frac{1}{2}}$ 便得到

$$q_0 q_1 q_2 = \prod_{n=1}^{\infty}(1 - x^{2n})(1 + x^{2n})(1 + x^{2n-1})$$

$$= \frac{1}{2}\prod_{n=1}^{\infty}(1 - x^n)(1 + x^n)(1 + x^{n-1})$$

$$= \frac{1}{2} \prod_{n=1}^{\infty} (1 - (x^{\frac{1}{2}})^{2n})(1 + (x^{\frac{1}{2}})^{2n-1} x^{\frac{1}{2}}) \cdot$$

$$(1 + (x^{\frac{1}{2}})^{2n-1} x^{-\frac{1}{2}})$$

$$= \frac{1}{2} \left( 1 + \sum_{n=1}^{\infty} (x^{\frac{1}{2}})^{n^2} (x^{\frac{n}{2}} + x^{-\frac{n}{2}}) \right)$$

$$= \frac{1}{2} \cdot 2 \sum_{n=1}^{\infty} x^{\frac{n^2 - n}{2}}$$

$$= \sum_{n=0}^{\infty} x^{\frac{n^2 + n}{2}}$$

最后我们再用 Jacobi 三乘积恒等式推导出一个以 Euler 的名字命名的也很著名的恒等式

**定理 9.1.4**(Euler 的立方乘积恒等式)

$$\prod_{n=1}^{\infty} (1 - x^n)^3 = \sum_{n=0}^{\infty} (-1)^n (2n+1) x^{\frac{n(n+1)}{2}}$$

$$= \sum_{n=-\infty}^{\infty} (-1)^n n x^{\frac{n(n+1)}{2}}$$

**证明**

$$(1 - z^{-1}) \prod_{n=1}^{\infty} (1 - y^{2n})(1 - y^{2n} z)(1 - y^{2n} z^{-1})$$

$$= \prod_{n=1}^{\infty} (1 - y^{2n})(1 - y^{2n} z)((1 - z^{-1}) \prod_{n=2}^{\infty} (1 - y^{2n} z^{-1}))$$

$$= \prod_{n=1}^{\infty} (1 - y^{2n})(1 - y^{2n} z)(\prod_{n=1}^{\infty} (1 - y^{2n-2} z^{-1}))$$

$$= \prod_{n=1}^{\infty} (1 - y^{2n})(1 + y^{2n-1}(-yz))(1 + y^{2n-1}(-yz)^{-1})$$

$$= 1 + \sum_{n=1}^{\infty} y^{n^2}((-yz)^n + (-yz)^{-n})$$

$$= \sum_{n=0}^{\infty} (-1)^n (y^{n^2+n} z^n + y^{n^2-n} z^{-n})$$

431

$$= 1 - (y^2 z + z^{-1}) + (y^6 z^2 + y^2 z^{-2}) -$$
$$(y^{12} z^3 + y^6 z^{-3}) + (y^{20} z^4 + y^{12} z^{-4}) - \cdots$$
$$= 1 - z^{-1} - (y^2 z - y^2 z^{-2}) + (y^6 z^2 - y^6 z^{-3}) -$$
$$(y^{12} z^3 - y^{12} z^{-4}) + (y^{20} z^4 - y^{20} z^{-5}) - \cdots$$
$$= \sum_{n=0}^{\infty} (-1)^n y^{n^2+n} (z^n - z^{-n-1})$$
$$= \sum_{n=0}^{\infty} (-1)^n y^{n^2+n} z^n (1 - (z^{-1})^{2n+1})$$
$$= (1 - z^{-1}) \sum_{n=0}^{\infty} (-1)^n y^{n^2+n} z^n (1 + z^{-1} +$$
$$(z^{-1})^2 + \cdots + (z^{-1})^{2n})$$

在上面的式子中两边约去 $1 - z^{-1}$ 后再令 $z = 1$ 就得出

$$\prod_{n=1}^{\infty} (1 - y^{2n})^3 = \sum_{n=0}^{\infty} (-1)^n (2n+1) y^{n^2+n}$$

再在上式中令 $y = x^{\frac{1}{2}}$ 就得出

$$\prod_{n=1}^{\infty} (1 - x^n)^3 = \sum_{n=0}^{\infty} (-1)^n (2n+1) x^{\frac{n(n+1)}{2}}$$
$$= \sum_{n=-\infty}^{\infty} (-1)^n n x^{\frac{n(n+1)}{2}}$$

## 9.2　超几何级数方法

我们将用两种方法得出关于三角形数和三平方和的结果.

### 9.2.1　方法 1 的预备知识

首先引进下列符号，以下均设 $|q| < 1$，这时下面

432

的符号中的无穷乘积都是收敛的,因而是有意义的

$$(a;q)_\infty = (a)_\infty = \prod_{n=0}^{\infty}(1-aq^n) \quad (9.2.1.1)$$

$$(a;q)_n = (a)_n = \frac{(a;q)_\infty}{(aq^n;q)_\infty}$$

$$(=(1-a)(1-aq)\cdots(1-aq^{n-1})$$

当 $n$ 是非负整数时) $\quad (9.2.1.2)$

**引理 9.2.1.1**(F. H. Jackson(文献[32]))

$$\sum_{n=0}^{\infty}\frac{(a)_n(1-aq^{2n})(y)_n q^{n^2}a^n y^{-n}}{(q)_n(1-a)\left(\dfrac{aq}{y}\right)_n} = \frac{(aq)_\infty}{\left(\dfrac{aq}{y}\right)_\infty}$$

$$(9.2.1.3)$$

**证明** 用 $f(a)$ 表示上式的左边,则

$$f(a) = \sum_{n=0}^{\infty}\frac{(a)_n((1-q^n)+(q^n-aq^{2n}))(y)_n q^{n^2}a^n y^{-n}}{(q)_n(1-a)\left(\dfrac{aq}{y}\right)_n}$$

$$= \sum_{n=1}^{\infty}\frac{(a)_n(y)_n q^{n^2}a^n y^{-n}}{(q)_{n-1}(1-a)\left(\dfrac{aq}{y}\right)_n} +$$

$$\sum_{n=1}^{\infty}\frac{(a)_{n+1}(y)_n q^{n^2+n}a^n y^{-n}}{(q)_n(1-a)\left(\dfrac{aq}{y}\right)_n}$$

$$= \sum_{n=0}^{\infty}\frac{(a)_{n+1}(y)_n q^{n^2+n}a^n y^{-n}}{(q)_n(1-a)\left(\dfrac{aq}{y}\right)_{n+1}} \cdot$$

$$\left((1-yq^n)q^{n+1}ay^{-1}+\left(1-\frac{aq^{n+1}}{y}\right)\right)$$

(在上式中我们把第一个和中的 $n$ 换成了 $n+1$)

$$= \frac{(1-aq)}{\left(1-\left(\dfrac{aq}{y}\right)\right)} \cdot$$

$$\sum_{n=0}^{\infty} \frac{(aq)_n (1-aq^{2n+1})(y)_n q^{n^2+n} a^n y^{-n}}{(q)_n (1-aq)\left(\dfrac{aq^2}{y}\right)_n}$$

$$= \frac{(1-aq)}{\left(1-\left(\dfrac{aq}{y}\right)\right)} f(aq)$$

反复迭代这个函数方程就得出

$$f(a) = \frac{(aq)_N}{\left(\dfrac{aq}{y}\right)_N} f(aq^N) \qquad (9.2.1.4)$$

由于 $f(0)=1$,因此在式(9.2.1.4)中令 $N \to \infty$,我们就得出式(9.2.1.3).

**引理 9.2.1.2**(Cauchy 文献[33],方程(15)和(16))

$$\sum_{n=0}^{\infty} \frac{(a)_n t^n}{(q)_n} = \frac{(at)_\infty}{(t)_\infty} \qquad (9.2.1.5)$$

$$\sum_{n=0}^{m} \frac{(q)_m (-z)^n q^{\binom{n}{2}}}{(q)_n (q)_{m-n}} = (z)_m \qquad (9.2.1.6)$$

**证明** 设 $g(t)$ 表示式(9.2.1.5)的左边,即设

$$g(t) = \sum_{n=0}^{\infty} \frac{(a)_n t^n}{(q)_n}$$

那么显然有 $(1-t)g(t)=(1-at)g(qt)$.由于 $g(t)$ 在 $0$ 点解析,并且 $g(0)=1$,因此可设 $g(t)$ 在 $0$ 点有幂级数展开式 $\sum_{n \geqslant 0} A_n t^n$,将此展开式代入上面的函数方程并比较两边 $t^n$ 的系数就得出

$$A_n - A_{n-1} = q^n A_n - aq^{n-1} A_{n-1}$$

或

$$A_n = \frac{1 - aq^{n-1}}{1 - q^n} A_{n-1}$$

反复利用此式并利用 $A_0 = g(0) = 1$ 就可得出

$$A_n = \frac{(a)_n}{(q)_n}$$

这就得出了式(9.2.1.5)左边的幂级数展开式.

在式(9.2.1.5)中令 $a = q^{-m}$ 和 $t = zq^m$，化简后即可得出式(9.2.1.6).

**引理 9.2.1.3**(E. Heine(文献 [34]107 页，方程(6)))

$$\sum_{n=0}^{\infty} \frac{(a)_n (b)_n \left(\frac{c}{ab}\right)^n}{(q)_n (c)_n} = \frac{\left(\frac{c}{a}\right)_\infty \left(\frac{c}{b}\right)_\infty}{(c)_\infty \left(\frac{c}{ab}\right)_\infty}$$

$$(9.2.1.7)$$

**证明**

$$\sum_{n=0}^{\infty} \frac{(a)_n (b)_n \left(\frac{c}{ab}\right)^n}{(q)_n (c)_n}$$

$$= \frac{(b)_\infty}{(c)_\infty} \sum_{n=0}^{\infty} \frac{(a)_n \left(\frac{c}{ab}\right)^n (cq^n)_\infty}{(q)_n (bq^n)_\infty}$$

$$= \frac{(b)_\infty}{(c)_\infty} \sum_{n=0}^{\infty} \sum_{m=0}^{\infty} \frac{(a)_n \left(\frac{c}{ab}\right)^n b^m q^{nm} \left(\frac{c}{b}\right)_m}{(q)_m}$$

（由式(9.2.1.5)）

$$= \frac{(b)_\infty}{(c)_\infty} \sum_{m=0}^{\infty} \frac{\left(\frac{c}{b}\right)_m b^m \left(\left(\frac{c}{b}\right)q^m\right)_\infty}{(q)_m \left(\frac{cq^m}{ab}\right)_\infty}$$

435

$$= \frac{(b)_{\infty} \left(\frac{c}{b}\right)_{\infty}}{(c)_{\infty} \left(\frac{c}{ab}\right)_{\infty}} \sum_{m=0}^{\infty} \frac{\left(\frac{c}{ab}\right)_m b^m}{(q)_m (q)_m}$$

$$= \frac{(b)_{\infty} \left(\frac{c}{b}\right)_{\infty} \left(\frac{c}{a}\right)_{\infty}}{(c)_{\infty} \left(\frac{c}{ab}\right)_{\infty} (b)_{\infty}}$$

从上式的分子和分母中约去 $(b)_{\infty}$ 即得出引理.

**引理 9.2.1.4**(反 Bailey 变换文献[35]) 设 $\alpha_0 = \beta_0 = 1$,而对 $n \geqslant 1$ 成立

$$\alpha_n = (1 - aq^{2n}) \sum_{j=0}^{n} \frac{(aq)_{n+j-1} (-1)^{n-j} q^{\binom{n-j}{2}} \beta_j}{(q)_{n-j}}$$

$$(9.2.1.8)$$

则

$$\sum_{n=0}^{\infty} (y)_n (-1)^n a^n y^{-n} q^{\binom{n+1}{2}} \beta_n$$

$$= \frac{\left(\frac{aq}{y}\right)_{\infty}}{(aq)_{\infty}} \sum_{n=0}^{\infty} \frac{(y)_n (-1)^n a^n y^{-n} q^{\binom{n+1}{2}} \alpha_n}{\left(\frac{aq}{y}\right)_n}$$

$$(9.2.1.9)$$

**证明** 把式(9.2.1.8)代入(9.2.1.9)的右边,那么式(9.2.1.9)的右边就成为

$$\frac{\left(\frac{aq}{y}\right)_{\infty}}{(aq)_{\infty}} \sum_{n=0}^{\infty} \frac{(y)_n (-1)^n a^n y^{-n} q^{\binom{n+1}{2}} (1 - aq^{2n})}{\left(\frac{aq}{y}\right)_n} \cdot$$

$$\sum_{j=0}^{\infty} \frac{(aq)_{n+h-1} (-1)^{n-j} q^{\binom{n-j}{2}} \beta_j}{(q)_{n-j}}$$

436

$$= \frac{\left(\dfrac{aq}{y}\right)_\infty}{(aq)_\infty} \sum_{j=0}^{\infty} \sum_{n=0}^{\infty} \frac{(y)_{n+j}\,(-1)^j a^{n+j} y^{-n-j} q^{\binom{n+j+1}{2}+\binom{n}{2}}}{\left(\dfrac{aq}{y}\right)_{n+j}\,(q)_n} \cdot$$

$$(1-aq^{2n+2j})\,(aq)_{n+2j-1}\beta_j$$

$$= \frac{\left(\dfrac{aq}{y}\right)_\infty}{(aq)_\infty} \sum_{j=0}^{\infty} \frac{(y)_j\,(-1)^j a^j y^{-j} q^{\binom{j+1}{2}}\beta_j\,(aq)_{2j-1}}{\left(\dfrac{aq}{y}\right)_j} \cdot$$

$$\sum_{n=0}^{\infty} \frac{(aq^{2j})_n(1-aq^{2j+2n})\,(yq^j)_n q^{n^2+nj} a^n y^{-n}}{(q)_n \left(\dfrac{aq^{j+1}}{y}\right)_n}$$

$$= \frac{\left(\dfrac{aq}{y}\right)_\infty}{(aq)_\infty} \sum_{j=0}^{\infty} \frac{(y)_j\,(-1)^j a^j y^{-j} q^{\binom{j+1}{2}}\beta_j\,(aq)_{2j-1}}{\left(\dfrac{aq}{y}\right)_j} \cdot$$

$$\frac{(aq^{2j})_\infty}{\left(\dfrac{aq^{j+1}}{y}\right)_\infty}$$

（根据（9.2.1.3)）

$$= \sum_{j=0}^{\infty} (y)_j\,(-1)^j a^j y^{-j} q^{\binom{j+1}{2}}\beta_j$$

**引理 9.2.1.5**（D. Shanks 文献［36］)

$$\frac{(q^2;q^2)_n}{(q;q^2)_n} \sum_{s=0}^{n} \frac{(q;q^2)_s q^{-(2s+1)n}}{(q^2;q^2)_s} = \sum_{s=0}^{2n} q^{-\binom{s+1}{2}}$$

$$(9.2.1.10)$$

**证明**　用 $S_n$ 表示上式的左边并用 $T_n$ 表示在求和号中把 $n$ 换成 $n-1$ 后所得的表达式. 那么显然有

$$S_n - T_n = q^{-\binom{2n+1}{2}} \qquad (9.2.1.11)$$

此外

$$T_n - S_{n-1} = \frac{(q^2;q^2)_{n-1}}{(q;q^2)_n} \cdot$$

$$\sum_{s=0}^{n-1} \frac{(q;q^2)_s q^{-(2s+1)n}\{(1-q^{2n})-q^{2s+1}(1-q^{2n-1})\}}{(q^2;q^2)_s}$$

$$= \frac{(q^2;q^2)_{n-1}}{(q;q^2)_n}\Big(\sum_{s=0}^{n-1} \frac{(q;q^2)_{s+1} q^{-(2s+1)n}}{(q^2;q^2)_s} -$$

$$\sum_{s=1}^{n-1} \frac{(q;q^2)_s q^{-(2s-1)n}}{(q^2;q^2)_{s-1}}\Big)$$

（其中我们已经把$\{\ \}$中的表达式合并为

$(1-q^{2s+1})-q^{2n}(1-q^{2s})$）

$$= \frac{(q^2;q^2)_{n-1}(q;q^2)_n q^{-\binom{2n}{2}}}{(q;q^2)_n(q^2;q^2)_{n-1}}$$

$$= q^{-\binom{2n}{2}} \tag{9.2.1.12}$$

（由于第二个求和号中的每一项和第一个求和号中的
相应的项互相抵消）

因而,联合式(9.2.1.11)和(9.2.1.12)就得出

$$S_n - S_{n-1} = q^{-\binom{2n+1}{2}} + q^{-\binom{2n}{2}}$$

由于 $S_0 = 1$,这就证明了引理.

### 9.2.2　方法 2 的预备知识

我们首先引进下面的符号

$$s(x) = s(x,q) = (x)_\infty \Big(\frac{q}{x}\Big)_\infty$$

那么众所周知,成立以下公式

$$\frac{s(xy)(q)_\infty^2}{s(x)s(y)} = \sum_{k=-\infty}^{\infty} \frac{x^k}{1-yq^k} \quad (\mid q \mid < \mid x \mid < 1)$$

$$\tag{9.2.2.1}$$

$$\sum_{n=-\infty}^{\infty} (-x)^n q^{\binom{n}{2}} = (q)_{\infty} (x)_{\infty} \left(\frac{q}{x}\right)_{\infty}$$

$$(9.2.2.2)$$

$$\sum_{n=-\infty}^{\infty} (-q)^{n^2} = \frac{(q)_{\infty}}{(-q)_{\infty}} \qquad (9.2.2.3)$$

$$\sum_{n=1}^{\infty} q^{\binom{n}{2}} = \frac{(q^2;q^2)_{\infty}}{(q;q^2)_{\infty}} \qquad (9.2.2.4)$$

$$\sum_{n=-\infty}^{\infty} (-1)^{n-1} n q^{\binom{n}{2}} = (q)_{\infty}^3 \qquad (9.2.2.5)$$

恒等式(9.2.2.1)可在 Ramanujan(拉马努金)的 $_1\phi_1$ 求和公式

$$\sum_{n=-\infty}^{\infty} \frac{(a)_n}{(b)_n} = \frac{\left(\frac{b}{a}\right)_{\infty} (ax)_{\infty} \left(\frac{q}{ax}\right)_{\infty} (q)_{\infty}}{\left(\frac{q}{a}\right)_{\infty} \left(\frac{b}{ax}\right)_{\infty} (b)_{\infty} (x)_{\infty}}$$

$$\left(\left|\frac{b}{a}\right| < |x| < 1\right) \qquad (9.2.2.6)$$

中令 $b = aq$ 而得出. 恒等式(9.2.2.2)就是著名的 Jacobi 三乘积公式,利用这个公式易于得出式(9.2.2.3) (9.2.2.4) 和(9.2.2.5)(对式(9.2.2.3) 和(9.2.2.4)可分别在式(9.2.2.2)中取 $x=\sqrt{q}$ 和 $x=-1$,式(9.2.2.5) 可先对 $x$ 微分再令 $x=1$). 式(9.2.2.6)的证明可见文献[38].

现在我们定义以下函数

$$f(x,y,z) = \sum_{k,l,m \geqslant 0} q^{kl+lm+mk} x^k y^l z^m$$

$$(|x|,|y|,|z| < 1)$$

$$g(x,y,z) = f(x,y,z) + \frac{q^3}{xyz} f\left(\frac{q^2}{x},\frac{q^2}{y},\frac{q^2}{z}\right)$$

$$(\mid q \mid^2 < \mid x \mid, \mid y \mid, \mid z \mid < 1)$$

$$h(x,y,z) = s(x)s(y)s(z)g(x,y,z)$$

我们解释一下定义 $f$ 和 $g$ 的动机. 为了证明下文中的定理 9.3.2.1，即

$$\left(\sum_{n=1}^{\infty} q^{\binom{n}{2}}\right)^3 = \sum_{k,l,m \geqslant 0} q^{2(kl+lm+mk)} \cdot$$
$$(q^{k+l+m} + q^{3(k+l+m+1)})$$

很自然地要引入变量 $x,y$ 和 $z$，这解释了为什么要引进 $f$. 现在看一下引进 $g$ 的动机，这是因为函数 $g$ 具有优美的性质，即其右边的差分就等于式 (9.2.2.1) 的右边.

**命题 9.2.2.1** (a) $f(x,y,z) - z(qx,qy,z) = \sum\limits_{k,l \geqslant 0} q^{kl} x^k y^l = \sum\limits_{k=0}^{\infty} \dfrac{x^k}{1 - yq^k}$;

(b) $g(x,y,z) - zq(qx,qy,z) = \sum\limits_{k=-\infty}^{\infty} \dfrac{x^k}{1 - yq^k}$;

(c) $h(x,y,z) - xyzh(qx,qy,z) = s(xy)s(z)(q)_{\infty}^2$;

(d) $h(x,y,q) = 0$;

(e) $h$ 可以延拓成 $\mathbb{C}^* \times \mathbb{C}^* \times \mathbb{C}^*$ 上对于 $x,y,z$ 全纯的函数.

**证明** (a) 我们有

$$f(x,y,z) = \sum_{\substack{k,l \geqslant 0 \\ m \geqslant 1}} q^{kl+lm+mk} x^k y^l z^m +$$
$$= \sum_{k,l,m \geqslant 0} q^{kl+(m+1)(k+l)} x^k y^l z^{m+1} +$$
$$\sum_{k,l \geqslant 0} q^{kl} x^k y^l$$
$$= zf(qx,qy,z) + \sum_{k,l \geqslant 0} q^{kl} x^k y^l$$

（b）两次应用（a）得出

$$g(x,y,z) - zg(qx,qy,z)$$

$$= \sum_{k,l \geqslant 0} q^{kl} x^k y^l + \frac{q^3}{xyz} f\left(\frac{q^2}{x},\frac{q^2}{y},\frac{q^2}{z}\right) - z\frac{q}{xyz} f\left(\frac{q}{x},\frac{q}{y},\frac{q^2}{z}\right)$$

$$= \sum_{k,l \geqslant 0} q^{kl}\left(x^k y^l - \frac{q}{xy}\left(\frac{q}{x}\right)^k \left(\frac{q}{y}\right)^l\right)$$

$$= \sum_{k \geqslant 0}\left[\frac{x^k}{1 - yq^k} - \frac{q}{xy} \cdot \frac{\left(\frac{q}{x}\right)^k}{\frac{1 - q^{k+1}}{y}}\right]$$

$$= \sum_{k \geqslant 0}\left(\frac{x^k}{1 - yq^k} + \frac{x^{-(k+1)}}{1 - yq^{-(k+1)}}\right)$$

$$= \sum_{k=-\infty}^{\infty} \frac{x^k}{1 - yq^k}$$

（c）由（b）和式（9.2.2.1）就得出

$$\frac{h(x,y,z)}{s(x)s(y)s(z)} - z\frac{h(qx,qy,z)}{s(qx)s(qy)s(z)} = \frac{s(xy)(q)_\infty^2}{s(x)s(y)}$$

利用关于 $s$ 的差分方程 $s(x) = -xs(qx)$，我们就轻松地求出了（c）.

（d）可直接从 $h$ 的定义和 $s(q) = 0$ 得出.

（e）根据 $h$ 的定义，$h$ 在

$$A = \{(x,y,z) \in (\mathbb{C}^*)^3:$$
$$|q|^2 < |x|,|y|,|z| < 1\}$$

上是全纯的. 设 $G$ 是由 $(q,q,1)$，$(q,1,q)$ 和 $(1,q,q)$ 生成的 $(\mathbb{C}^*)^3$ 的子群，那么容易看出 $(\mathbb{C}^*)^3$ 被所有的 $\gamma A$，$\gamma \in G$ 所覆盖. 现在根据（c）（记住 $h(x,y,z)$ 是关于 $x,y,z$ 对称的函数），$h$ 就可以全纯地延拓到 $(\mathbb{C}^*)^3$

上去.

我们仍用 $h$ 来表示 $h$ 的全纯延拓. 根据前面命题的（a）和（b），$f$ 和 $g$ 可以半纯地延拓到 $(\mathbb{C}^*)^3$ 上去，我们也仍然用 $f$ 和 $g$ 来表示它们的半纯延拓.

由于 $h$ 在 $(\mathbb{C}^*)^3$ 上是全纯的，所以 $h$ 有下面的 Laurent（罗朗）展开式

$$h(x,y,z)=\sum_{k,l,m}a_{klm}x^k y^l z^m \qquad (9.2.2.7)$$

下面我们来计算 $a_{klm}$.

**命题 9.2.2.2** （a）如果 $k,l$ 和 $m$ 是两两不同的指标，则 $a_{klm}=0$；

（b）$a_{kkl}=(-1)^{k+l}\dfrac{q^{\binom{k}{2}+\binom{l}{2}}}{1-q^{k-l}},k\neq l$；

（c）$a_{kkk}=(k+1)q^{2\binom{k}{2}}$；

**证明** （a）根据命题 1(c) 和式 (9.2.2.7)，我们有

$$\sum_{k,l,m}a_{klm}x^k y^l z^m - xyza_{klm}(qx)^k(qy)^l z^m$$
$$=s(xy)s(z)(q)_\infty^2$$

或者利用 Jacobi 的三乘积定理得出

$$\sum_{k,l,m}(a_{klm}-q^{k+l-2}a_{k-1,l-1,m-1})x^k y^l z^m$$
$$=\left(\sum_n(-xy)^n q^{\binom{n}{2}}\right)\left(\sum_n(-z)^n q^{\binom{n}{2}}\right)$$

$$(9.2.2.8)$$

现在设 $k,l,m\in\mathbb{Z}$ 是两两不同的. 比较式 (9.2.2.8) 中 $x^k y^l z^m$ 的系数和 $x^k y^m z^l$ 的系数，我们就看出（记住 $a_{klm}$ 关于 $k,l,m$ 是对称的）

$$a_{klm} - q^{k+l-2}a_{k-1,l-1,m-1} = 0$$

$$a_{klm} - q^{k+m-2}a_{k-1,l-1,m-1} = 0$$

由此即可得出 $a_{klm} = 0$.

（b）设 $k \neq l$，比较式（9.2.2.8）中 $x^k y^k z^l$ 的系数和 $x^k y^l z^k$ 的系数，就得出

$$a_{kkl} - q^{2k-2}a_{k-1,k-1,l-1} = (-1)^{k+l}q^{\binom{k}{2}+\binom{l}{2}}$$

$$a_{kkl} - q^{k+l-2}a_{k-1,k-1,l-1} = 0$$

解上面的方程组即可得出（b）.

（c）比较（9.2.2.8）式中 $(xyz)^k$ 的系数就得出

$$a_{kkk} - q^{2(k-1)}a_{k-1,k-1,k-1} = q^{2\binom{k}{2}}$$

这个递推公式的一般解是

$$a_{kkk} = (k+c)q^{2\binom{k}{2}}$$

为了求出常数 $c$，我们利用 $h(x,y,q) = 0$（命题 9.2.2.1(d)），由这个等式就得出

$$0 = h(x,y,q) = \sum_{k,l,m}a_{klm}x^k y^l q^m$$

$$= \sum_{k \neq l}a_{kkl}((xy)^k q^l + (yq)^k x^l + (qx)^k y^l) +$$

$$\sum_{k}(k+c)q^{2\binom{k}{2}}(xyq)^k$$

比较 $(xy)^{-1}$ 的系数，我们求出

$$\sum_{l \neq -1}a_{-1,-1,l}q^l + (c-1)q = 0$$

现在

$$\sum_{l \neq -1}a_{-1,-1,l}q^l = \sum_{l \neq -1}\frac{(-1)^{l+1}q^{1+\binom{l}{2}+l}}{1-q^{-1-l}} = \sum_{i \neq 0}\frac{(-1)^i q^{1+\binom{i}{2}}}{1-q^{-i}}$$

443

$$\sum_{i>0}(-1)^i q\left(\frac{q^{\binom{i}{2}+i}}{q^i-1}+\frac{q^{\binom{-i}{2}}}{1-q^i}\right)=0$$

这就求出 $c=1$.

**命题 9.2.2.3** (a) $\sum_{l\neq k}a_{kkl}q^{nl}=-(k+n)q^{2\binom{k}{2}+nk}$;

(b) $\sum_{k\neq l}a_{kkl}q^{nk}=(l+n-1)q^{2\binom{k}{2}+nl}$.

**证明** 令 $b_{kn}=\sum_{j\neq k}a_{kkl}q^{nl}$, 那么由于 $h(x,y,q)=0$, 我们就有

$$\sum_{k\neq l}a_{kkl}((xy)^k q^l+(qx)^k y^l+(qy)^k x^l)+$$

$$\sum_{k}(k+l)q^{2\binom{k}{2}}(qxy)^k=0$$

比较 $(xy)^k$ 的系数就得出

$$b_{k1}=-(k+1)q^{2\binom{k}{2}+k}\qquad (9.2.2.9)$$

此外, 我们还有

$$b_{kn}=\sum_{l\neq k}\frac{(-1)^{k+l}q^{\binom{k}{2}+\binom{l}{2}+nl}}{1-q^{k-l}}$$

$$=\sum_{i\neq 0}\frac{(-1)^i q^{\binom{k}{2}+\binom{k+i}{2}+n(k+i)}}{1-q^{-i}}$$

$$=\sum_{i\neq 0}\frac{(-1)^i q^{2\binom{k}{2}+\binom{i}{2}+ki+n(k+i)}}{1-q^{-i}}$$

$$=q^{2\binom{k}{2}+nk}\sum_{i\neq 0}\frac{(-1)^i q^{\binom{i}{2}+(n+k)i}}{1-q^{-i}}$$

注意最后的式子只依赖于 $n+k$. 因此利用 $(9.2.2.9)$ 就得出

$$b_{kn} = b_{k+n-1,1} q^{2\binom{k}{2}+nk-2\binom{n+k-1}{2}-(n+k-1)} = -(k+n)q^{2\binom{k}{2}+nk}$$

这就证明了(a).

(b) 这容易从(a)得出:我们有

$$a_{kkl}q^k = -a_{llk}q^l$$

由此就得出

$$\sum_{k \neq l} a_{kkl}q^{nk} = \sum_{k \neq l} -a_{llk}q^{(n-1)k+l}$$

$$= -q(-(l+n-1))q^{2\binom{l}{2}+(n-1)l}$$

$$= (l+n-1)q^{2\binom{l}{2}+nl}$$

## 9.3 Gauss 定理和三平方和 定理的证明

### 9.3.1 Gauss 定理的证明

**定理 9.3.1.1**(把整数表示成三个三角形数之和的方法的数目公式)

$$\left(\sum_{n=0}^{\infty} q^{\binom{n+1}{2}}\right)^3 = \sum_{n=0}^{\infty} \sum_{j=0}^{2n} \frac{q^{2n^2+2n-\binom{j+1}{2}}(1+q^{2n+1})}{1-q^{2n+1}}$$

$$(9.3.1.1)$$

**证明**   在引理 9.2.1.4 中把 $q$ 换成 $q^2$,再设 $a = q^2, y = q$ 以及

$$\beta_j = \frac{(-1)^j (q;q^2)_j q^{-j^2-j}}{(q^2;q^2)_j (q^3;q^2)_j} \qquad (9.3.1.2)$$

那么式(9.2.1.9)的左边就成为

$$\sum_{n=0}^{\infty} \frac{(q;q^2)_n q^n}{(q^2;q^2)_n} \frac{(q;q^2)_n}{(q^3;q^2)_n} = \frac{(q^2;q^2)_\infty^2}{(q^3;q^2)_\infty (q;q^2)_\infty}$$

（根据引理 9.2.1.3） （9.3.1.3）

为了计算式（9.2.1.9）的右边，我们必须先考虑式（9.2.1.8）

$$\alpha_n = \frac{(-1)^n(1-q^{4n+2})}{1-q^2} \cdot$$

$$\sum_{j=0}^n \frac{(q^2;q^2)_{n+j} (q;q^2)_j q^{n^2-n-2nj}}{(q^2;q^2)_{n-j} (q^2;q^2)_j (q^3;q^2)_j}$$

$$= \frac{(-1)^n q^{n^2-n}(1-q^{4n+2})(q^2;q^2)_n}{1-q^2} \cdot$$

$$\sum_{j=0}^n \frac{(q;q^2)_j q^{-2nj} (q^{2n+2};q^2)_j}{(q^2;q^2)_{n-j} (q^2;q^2)_j (q^3;q^2)_j}$$

$$= \frac{(-1)^n q^{n^2-n}(1-q^{4n+2})(q^2;q^2)_n}{1-q^2} \cdot$$

$$\sum_{j=0}^n \frac{(q;q^2)_j q^{-2nj}}{(q^2;q^2)_{n-j} (q^3;q^2)_j} \cdot$$

$$\sum_{h=0}^j \frac{(-1)^h q^{2nh+h^2+h}}{(q^2;q^2)_{j-h} (q^2;q^2)_h} \quad \text{（根据式（9.2.1.6））}$$

$$= \frac{(-1)^n q^{n^2-n}(1-q^{4n+2})}{1-q^2} \cdot$$

$$\sum_{j=0}^n \sum_{h=0}^j \frac{(q^{-2n};q^2)_j (-1)^{h+j} q^{2nh+h^2+h-j^2+j} (q;q^2)_j}{(q^3;q^2)_j (q^2;q^2)_{j-h} (q^2;q^2)_h}$$

$$= \frac{(-1)^n q^{n^2-n}(1-q^{4n+2})}{1-q^2} \cdot$$

$$\sum_{h=0}^n \sum_{\substack{j=0 \\ h+j \leqslant n}}^n \frac{(q^{-2n};q^2)_{j+h} (-1)^j q^{2nh-2jh-j^2+j+2h} (q;q^2)_{j+h}}{(q^3;q^2)_{j+h} (q^2;q^2)_j (q^2;q^2)_h}$$

$$= \frac{(-1)^n q^{n^2-n}(1-q^{4n+2})}{1-q^2} \cdot$$

$$\sum_{j=0}^{n} \frac{(q^{-2n};q^2)_j \ (q;q^2)_j q^{-j^2+j} \ (-1)^j}{(q^2;q^2)_j \ (q^3;q^2)_j} \cdot$$

$$\sum_{h=0}^{n-1} \frac{(q^{-2n+2j};q^2)_h \ (q^{2j+1};q^2)_h q^{2h(n-j+1)}}{(q^2;q^2)_h \ (q^{2j+3};q^2)_h}$$

$$= \frac{(-1)^n q^{n^2-n}(1-q^{4n+2})}{1-q^2} \cdot$$

$$\sum_{h=0}^{n} \frac{(q^{-2n};q^2)_j \ (q;q^2)_j q^{-j^2+j} \ (-1)^j}{(q^2;q^2)_j \ (q^3;q^2)_j} \cdot$$

$$\frac{(q^2;q^2)_{n-j}}{(q^{2j+3};q^2)_{n-j}} \quad \text{（根据引理 9.2.1.3）}$$

$$= \frac{(-1)^n q^{n^2-n}(1-q^{4n+2})}{1-q^2} \frac{(q^2;q^2)_n}{(q^3;q^2)_n} \sum_{j=0}^{n} \frac{(q;q^2)_j q^{-2nj}}{(q^2;q^2)_j}$$

$$= \frac{(-1)^n q^{n^2}(1+q^{2n+1})}{1+q} \sum_{j=0}^{2n} q^{-\binom{j+1}{2}} \quad (9.3.1.4)$$

现在我们可以用 9.2.1 节开始时定义的符号计算式(9.2.1.9) 的右边如下

$$\frac{(q^3;q^2)_{\infty}}{(q^4;q^2)_{\infty}} \sum_{n=0}^{\infty} \frac{(1-q)q^{n^2+2n}\ (-1)^n}{1-q^{2n+1}} \cdot$$

$$(-1)^n q^{n^2} \frac{1+q^{2n+1}}{1+q} \sum_{j=0}^{2n} q^{-\binom{j+1}{2}}$$

$$= \frac{(1-q)\ (q;q^2)_{\infty}}{(q^2;q^2)_{\infty}} \sum_{n=0}^{\infty} \sum_{j=0}^{2n} \frac{q^{2n^2+2n-\binom{j+1}{2}}(1+q^{2n+1})}{1-q^{2n+1}}$$

$$(9.3.1.5)$$

联合方程( 9.3.1.3) 和( 9.3.1.5) 并回忆

$$\frac{(q^2;q^2)_{\infty}}{(q;q^2)_{\infty}} = \sum_{r=0}^{\infty} q^{\binom{r+1}{2}}$$

(在引理 9.2.1.5,把 $q$ 换成 $q^{-1}$,并让 $n \rightarrow \infty$),我们就得出式(9.3.1.1),这就证明了定理.

**定理 9.3.1.2**(Gauss) 每一个正整数 $n$ 都可表示成三个三角形数之和.

**证明** 所谓三角形数是这样一种正整数 $n$,使得用 $n$ 个黑点可以摆成一个三角形,见图 9.3.1.1.它的一般形式是 $\dfrac{n(n+1)}{2}$,$n=1,2,\cdots$,由于 0 也可以表示成这种形式(取 $n=0$),因此广义地来说,也可以认为 0 也是一个三角形数.以下我们均是在广义的意义下理解三角形数,否则定理 9.3.1.2 就必须叙述成"每一个正整数 $n$ 都至多可表示成三个三角形数之和"(Gauss 原来的表述).

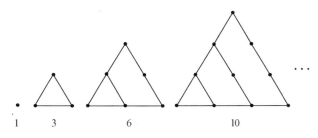

图 9.3.1.1 三角形数

在定理 9.3.1.1 中,左边的式子是

$$\left(\sum_{n=0}^{\infty} q^{\binom{n+1}{2}}\right)^{3}$$

因此括号中的级数就是三角形数的生成函数,因此根据式(9.0.3)可知,如果把上面的式子展开成幂级数

$$\sum_{n=0}^{\infty} a(n) g^{n}$$

那么 $g^{n}$ 的系数 $a(n)$ 就是把 $n$ 表示成三个三角形数之和的方法的数目.

现在在定理 9.3.1.1 中把 $j$ 换成 $2n-j$,我们就得出

$$\left(\sum_{n=0}^{\infty} q^{\binom{n+1}{2}}\right)^3 = \sum_{n=0}^{\infty} q^n \sum_{j=0}^{2n} \frac{q^{\frac{j(4n+1-j)}{2}}(1+q^{2n})}{1-q^{2n+1}}$$

$$(9.3.1.6)$$

显然,上式右边中第二个和号后面所有的项前面的系数都是正的,因而可算出的第一个和号中的第 $n$ 项 $q^n$ 前面的系数也是正的,即在 $\sum_{n=0}^{\infty} a(n)g^n$ 中,$a(n) > 0$,这就证明了总可把 $n$ 表示成三个三角形数之和.

### 9.3.2 三平方和定理的证明

**定理 9.3.2.1**

(a) $\left(\sum_{n=1}^{\infty} q^{\binom{n}{2}}\right)^3 = \sum_{k,l,m} q^{2(kl+lm+mk)}(q^{k+l+m} + q^{3(k+l+m+1)})$

$$(9.3.2.1)$$

(b) $\left(\sum_{n=-\infty}^{\infty} (-q)^{n^2}\right)^3 = 1 - 6\sum_{k,l>0} (-1)^{k+l}q^{kl} -$

$$4\sum_{k,l,m>0} (-1)^{k+l+m}q^{kl+lm+mk}$$

$$(9.3.2.2)$$

**证明** (a) 设 $r$ 是 $q$ 的两个根之一. 注意(a)等价于

$$g(r,r,r) = \left(\sum_{n\geqslant 1} r^{\binom{n}{2}}\right)^3$$

由命题 2 和命题 3,我们有

$$g(r,r,r)s(r)^3 = h(r,r,r)$$

$$= 3\sum_{l}\left(\sum_{k\neq l} a_{kkl}q^k r^l\right) + \sum_{k} a_{kkk} r^{3k}$$

$$= 3 \sum_l l q^{2\binom{l}{2}+l} r^l + \sum_k (k+1) q^{2\binom{k}{2}} r^{3k}$$

$$= \sum_k (4k+1) r^{4\binom{k}{2}+3k}$$

$$= \sum_k (4k+1) r^{2k^2+k}$$

因此剩下的事就是证明

$$\left( \sum_{n \geqslant 1} r^{\binom{n}{2}} \right)^3 s(r)^3 = \sum_k (4k+1) r^{2k^2+k}$$

而这可借助于式(9.2.2.4) 和(9.2.2.5) 来证明

$$\left( \sum_{n \geqslant 1} r^{\binom{n}{2}} \right)^3 s(r)^3$$

$$\overset{(9.2.2.4)}{=} \left( \frac{(q)_\infty}{(r)_\infty} \right)^3 (r)_\infty^6$$

$$= ((q)_\infty (r)_\infty)^3 = (r;r)_\infty^3$$

$$\overset{(9.2.2.5)}{=} \sum_n (-1)^{n-1} n r^{\binom{n}{2}}$$

$$= \sum_k \left( -2k r^{\binom{2k}{2}} + (2k+1) r^{\binom{2k+1}{2}} \right)$$

$$= \sum_k \left( -2k r^{2k^2-k} + (2k+1) r^{2k^2+k} \right)$$

$$= \sum_k (4k+1) r^{2k^2+k}$$

（b）我们有

$$h(-1,-1,-1)$$

$$= 3 \sum_l \left( \sum_{k \neq l} a_{kkl} (-1)^l \right) + \sum_k a_{kkk} (-1)^k$$

$$= 3 \sum_l (-1)^l (l-1) q^{l^2-l} +$$

$$\sum_k (-1)^k (k+1) q^{k^2-k}$$

$$= \sum_k (-1)^k (4k-2) q^{k^2-k}$$

$$= 4 \sum_k (-1)^k k q^{k^2-k}$$

$$\overset{(9.2.2.5)}{=} -4 (q^2;q^2)_\infty^3$$

因此

$$g(-1,-1,-1)$$

$$= \frac{h(-1,-1,-1)}{s(-1)^3}$$

$$= \frac{-4 (q^2;q^2)_\infty^3}{s(-1)^3}$$

$$= -\frac{1}{2} \prod_{n=1}^\infty \frac{(1-q^{2n})^3}{(1+q^n)^6}$$

$$= -\frac{1}{2} \prod_{n=1}^\infty \left( \frac{1-q^n}{1+q^n} \right)^3$$

$$\overset{(9.2.2.3)}{=} -\frac{1}{2} \left( \sum_n (-q)^{n^2} \right)^3 \qquad (9.3.2.3)$$

另一方面,根据 $g$ 的定义,我们又有

$$g(-1,-1,-1)$$

$$= \sum_{k,l,m>0} q^{kl+lm+mk} (-1)^{k+l+m} + 3 \sum_{k,l>0} q^{kl} (-1)^{k+l} +$$

$$3 \left( \lim_{x \to -1} \sum_{k>0} x^k \right) + 1 -$$

$$q^3 \sum_{k,l,m \geq 0} q^{kl+lm+mk} (-q^2)^{k+l+m}$$

$$= \sum_{k,l,m \geq 0} \{ q^{kl+lm+mk} (-q^2)^{k+l+m} +$$

$$q^{(k-1)(l-1)+(l-1)(m-1)+(m-1)(k-1)+2(k+l+m-3)} \cdot$$

$$(-1)^{k+l+m} \} +$$

$$3 \sum_{k,l>0} q^{kl} (-1)^{k+l} + 3 \left( \lim_{x \to -1} \frac{x}{1-x} \right) + 1$$

451

$$= 2 \sum_{k,l,m>0} q^{kl+lm+mk}(-1)^{k+l+m} +$$

$$3 \sum_{k,l>0} q^{kl}(-1)^{k+l} - \frac{1}{2}$$

将上式与式(9.3.2.2)相比较即可得出所需的结果.

**定理 9.3.2.2** 设 $n = 4^a u$, $4 \nmid u$, 则 $n$ 可表示成三个整数的平方和的充分要条件是 $u \neq 8m + 7$.

**证明** 像以前一样(见定理5.2.1, 定理6.3.7.1, 定理7.10.2证明一开始的说明), 我们只须证明当 $u \equiv 1, 2, 3, 5, 6 \pmod 8$ 时, $u$ 必可表示成三个整数的平方之和即可.

在式(9.3.2.2)中把 $q$ 换成 $-q$ 就得出

$$\left(\sum_n q^{n^2}\right)^3 = 1 + 6\sum_{k,l>0} q^{kl}(-1)^{(k+1)(l+1)} +$$

$$4 \sum_{k,l,m>0} q^{kl+lm+mk} \cdot$$

$$(-1)^{kl+lm+mk+k+l+m+1}$$

注意, 与三角形数的情况不一样的是, 在平方数的情况下, 从上面的公式中并不能明显看出展开式中的系数都是正的. 比如, 设 $n = 23 = 1 \cdot 3 + 3 \cdot 5 + 5 \cdot 1$, 那么 $1 \cdot 3 + 3 \cdot 5 + 1 \cdot 5 + 1 + 3 + 5 + 1 = 33$, 所以上述的级数展开式中有一项 $q^{23}$ 的系数是 $-1$. 事实上, 用初等的方法很容易证明 $r_3(8m + 7) = 0$.

我们将证明在定理的条件下指数为 $u$ 的项前面的系数都是正的, 那就是说, 我们要证明

$$kl = u \Rightarrow 2 \mid (k+1)(l+1) \quad (9.3.2.4)$$

$$kl + lm + mk = u$$

$$\Rightarrow 2 \mid (kl + lm + mk + k + l + m + 1) \quad (9.3.2.5)$$

由此立即可得出 $r_3(u) > 0$.

情况 $1:u \equiv 1 \pmod 8$. 假设 $kl = u$, 那么由于 $u \equiv 1 \pmod 8$, 所以 $u$ 是奇数, 因此 $k, l$ 都是奇数, 这就证明了式(9.3.2.3). 现在设

$$kl + lm + mk = u \equiv 1 \pmod 8 \equiv 1 \pmod 4$$

$$(9.3.2.6)$$

那么 $k, l, m$ 三个数不可能全是偶数, 否则将有

$$kl + lm + mk = u \equiv 0 \pmod 4$$

与式(9.3.2.5)不符合, 但同时 $k, l, m$ 三个数也不可能全是奇数. 不然可设

$$k = 2a + 1, l = 2b + 1, m = 2c + 1$$

但是这样一来就有

$$kl + lm + mk = 4(ab + bc + ca + a + b + c) + 3$$
$$\equiv 3 \pmod 4$$

这与式(9.3.2.5)矛盾, 因此 $k, l, m$ 之中必有一个是奇数, 还有一个是偶数, 由于

$$kl + lm + mk + k + l + m + 1$$
$$= (k+1)(l+1)(m+1) - klm$$

因为被减数和减数中都有偶数, 所以

$$2 \mid (kl + lm + mk + k + l + m + 1)$$

这就证明了式(9.3.2.4).

情况 $2:u \equiv 2 \pmod 8$. 假设

$$kl = u \equiv 2 \pmod 8$$

那么

$$kl = 4m + 2 = 2(2m + 1)$$

因此 $k, l$ 之中, 一个是 2, 一个是奇数, 这就证明了式(9.3.2.3). 现在设

$$kl + lm + mk = u \equiv 1(\bmod 8) \equiv 1(\bmod 4)$$
$$(9.3.2.7)$$

那么 $k,l,m$ 三个数不可能全是偶数,否则将有

$$kl + lm + mk = u \equiv 0(\bmod 4)$$

与式(9.3.2.5)不符合,但同时 $k,l,m$ 三个数也不可能全是奇数.不然可设

$$k = 2a + 1, l = 2b + 1, m = 2c + 1$$

但是这样一来就有

$$kl + lm + mk = 4(ab + bc + ca + a + b + c) + 3$$
$$\equiv 3(\bmod 4)$$

这与式(9.3.2.5)矛盾,因此 $k,l,m$ 之中必有一个是奇数,还有一个是偶数,由于

$$kl + lm + mk + k + l + m + 1$$
$$= (k + 1)(l + 1)(m + 1) - klm$$

因为被减数和减数中都有偶数,所以

$$2 \mid (kl + lm + mk + k + l + m + 1)$$

这就证明了式(9.3.2.4).

情况 3:$u \equiv 3(\bmod 8)$,因此 $u = 8m + 3$.由定理 9.3.1.2(Gauss)可知 $m$ 是三个三角形数之和,因而

$$m = \frac{x(x-1)}{2} + \frac{y(y-1)}{2} + \frac{z(z-1)}{2}$$

$$u = 8m + 3 = 8\left(\frac{x(x-1)}{2} + \frac{y(y-1)}{2} + \frac{z(z-1)}{2}\right) + 3$$
$$= (2x - 1)^2 + (2y - 1)^2 + (2z - 1)^2$$

这就证明了当 $u \equiv 3(\bmod 8)$ 时,$u$ 是三个平方数之和.

情况 $u \equiv 5,6(\bmod 8)$,那么由于

$$u \equiv 5,6(\bmod 8) \equiv 5,6(\bmod 4) \equiv 1,2(\bmod 4)$$

所以又回到了情况 1 和情况 2.综上,我们就证明了定理.

454

# 结尾：一个还未完全解决的公开问题

第 10 章

到第 9 章为止，我们已经介绍了把整数表示成平方和的所有结果以及解决这一问题的几种重要方法. 不过毕竟，比起学习一个已经解决的问题的知识来，解决一个未解决的问题是更有开创性的工作，因此我在本书的最后向愿意进一步研究的读者介绍一个到目前为止尚未完全解决的公开问题. 这就是与把整数表示成平方和十分类似的把整数表示成立方和的问题.

首先提请读者注意，所谓类似仅是形式上的类似，但在问题的性质上，还是有很大区别的，这种区别首先表现在一个整数的平方必定是一个非负数，但是一个整数的立方却是可正可负的，这一区别就必然会影响到解决问题的难度和解的数目上.

首先，我们介绍一下有关此问题的已获得的结果.

455

**命题 10.1** 3 可以用 3 种本质上不同的方式表示成三个整数的立方和.(注:所谓本质上不同的方式是指,仅次序不同的表示方法被认为是相同的,本质上不同的方式是三个加数所组成的集合是不同的.)

**证明**

$$3 = 1^3 + 1^3 + 1^3$$
$$= 4^3 + 4^3 + (-5)^3$$
$$= 569\ 936\ 821\ 221\ 962\ 380\ 720^3 -$$
$$569\ 936\ 821\ 113\ 563\ 493\ 509^3 -$$
$$472\ 715\ 493\ 453\ 327\ 032^3$$

**命题 10.2** $n^3$ 和 $2n^3$ 都可用无穷多种方式表示成三个整数的立方和.

**证明** 由下面的奥地利数学家 Mahler(马赫勒)和数学家 Were-Brusov(威尔布鲁索夫)分别给出的恒等式即可得知命题成立

$$1 = (9t^4)^3 + (3t - 9t^4)^3 + (1 - 9t^3)^3$$
$$2 = (1 + 6t^3)^3 + (1 - 6t^3)^3 + (-6t^2)^3$$

**引理 10.1** $(a+b)^3 + (a-b)^3 = 2(a^3 + 3ab^2)$.

**引理 10.2** 设 $m = n^3 - n$,则 $6 \mid m$,因此 $\dfrac{m}{6}$ 是一个整数.

**证明** $m = n^3 - n = (n-1)n(n+1)$,由于 $(n-1)n$ 或 $n(n+1)$ 是两个连续整数的乘积,所以 $2 \mid m$,又由于 $(n-1)n(n+1)$ 是三个连续整数的乘积,所以 $3 \mid m$.再由于 2 和 3 是互素的整数,所以 $2 \cdot 3 = 6 \mid m$,这就证明了引理.

**引理 10.3** 设 $n$ 是一个整数,则
$$n^3 \equiv 0, \pm 1 \pmod 9$$

**证明**　当 $n = 3k$ 时,$n^3 = 27k^3 \equiv 0 \pmod 9$;

当 $n = 3k + 1$ 时,$n^3 = 27k^3 + 27k^2 + 9k + 1 \equiv 1 \pmod 9$;

当 $n = 3k + 2$ 时,$n^3 = 27k^3 + 54k^2 + 36k + 8 \equiv -1 \pmod 9$.

这就证明了引理.

**定理 10.1**　所有 $9m \pm 4$ 形式的数都不可能表示成三个整数的立方和,换句话说,如果一个整数 $n$ 可以表示成三个整数的立方和,则它必不可能是 $9m \pm 4$ 形式的数.

**证明**　假设 $n$ 可以表示成三个整数的立方和,则 $n = x^3 + y^3 + z^3$,其中,$x,y,z$ 都是整数,因此由引理 10.3 可知

$$x^3 \equiv 0, \pm 1 \pmod 9$$
$$y^3 \equiv 0, \pm 1 \pmod 9$$
$$z^3 \equiv 0, \pm 1 \pmod 9$$

于是 $n \equiv 0, \pm 1, \pm 2, \pm 3 \pmod 9$ 都不是 $9m \pm 4$ 形式的数. 这就证明了 $9m \pm 4$ 形式的数不可能表示成三个整数的立方和.

**定理 10.2**　任何一个整数 $n$ 都可表示成五个整数的立方和.

**证明**　设 $n$ 是一个任意的整数,$m = n^3 - n$,则由引理 2 可知 $\dfrac{m}{6}$ 必是一个整数,因此由下面的恒等式可知 $n$ 可表示成五个整数的立方和

$$n = \left(-\frac{m}{6} + 1\right)^3 + \left(-\frac{m}{6} - 1\right)^3 + \left(\frac{m}{6}\right)^3 + \left(\frac{m}{6}\right)^3 + n^3$$

由定理 10.1 和定理 10.2 可知任何一个整数都可表示成五个整数的立方和,同时任何形如 $9m \pm 4$ 的整

457

数都不可能表示成三个整数的立方和，再结合目前的实验结果就形成了下面的一个公开问题和两个猜测.

**公开问题：给出一个给定的整数可表示成两个整数的立方和的充分必要条件.**

由于 $-n^3=(-n)^3$，所以我们在研究把一个整数表示成立方和的问题时，只须研究把正整数表示成立方和即可（但加数可以是负的）. 不难证明 3，4，5，6 都不可能表示成两个整数的立方和，但对于三个加数和四个加数的情况，问题就不那么简单，本人至今尚未见过有人证明一个不是 $9m\pm4$ 形式的整数不可能表示成三个整数的立方和或一个整数不可能表示成四个整数的立方和.

**猜想 10.1** 任何不是 $9m\pm4$ 形式的整数都可表示成三个整数的立方和.

**猜想 10.2** 任何整数都可表示成四个整数的立方和.

下面是人们已做过的实验数据：

对 1 000 以内的正整数都已做了研究，其中不是 $9m\pm4$ 形式的正整数，目前只剩下 114，165，390，579，627，633，732，906，921 和 975 还不知道是否能表示成三个整数的立方和. 其中 33 和 42 这两个数在很长一段时间内都不知道是否能表示成三个整数的立方和，直到 2019 年，人们用编程通过计算机搜索才发现了把它们表示成三个整数的立方和的方法，结果如下

$$33=8\ 866\ 128\ 975\ 287\ 528^3-$$
$$8\ 778\ 405\ 442\ 862\ 239^3-$$
$$2\ 736\ 111\ 468\ 807\ 040^3$$
$$42=80\ 435\ 758\ 145\ 817\ 515^3-$$

$$80\ 538\ 738\ 812\ 075\ 974^3\ +$$
$$12\ 602\ 123\ 297\ 335\ 631^3$$

还有人证明了如果 114 能表示成三个整数的立方和,则其中一个加数的绝对值必大于 $10^{16}$. 这就提示了想用计算机搜索的方法来解决此问题的规模不会太小.

在 网 页 https://www.sohu.com/a/349350409_701814 上给出了把小于 101 的正整数表示成三个整数的立方和的方法.

# 参 考 文 献

[1] LEGENDRE A M. Theorie des Nombres，Vol. I [M]. 3rd ed. Paris：Blanchard，1955.

[2] 冯贝叶. Gauss 的遗产——从等式到同余式[M]. 哈尔滨：哈尔滨工业大学出版社，2018.

[3] 冯贝叶. Euclid 的遗产——从整数到 Euclid 环 [M]. 哈尔滨：哈尔滨工业大学出版社，2018.

[4] 阿普斯托. 数论中的模函数与狄利克雷级数[M]. 冯贝叶，译. 2 版. 哈尔滨：哈尔滨工业大学出版社，2017.

[5] GROSSWALD， EMIL. Representation of integers as Sum of Squares[M]. New York：Springer-Verlag New York Inc. ，1985.

[6] 科佩尔 W A. 数论：数学导引[M]. 冯贝叶，译. 2 版. 哈尔滨：哈尔滨工业大学出版社，2018.

[7] 阿普斯托. 解析数论导引[M]. 唐太明，译. 哈尔滨：哈尔滨工业大学出版社，2016.

[8] LANDAU， EDMUND. Elementary Number Theory [M]. New York：Chelsea Publishing Co. ，1958.

[9] 潘承洞，潘承彪. 初等数论[M]. 北京：北京大学出版社，1992.

[10] DICKSON J E. History of Theory of Numbers，

3vols[M]. New York:Chelsea,1966.

[11] ANDRÉ WEIL. NUMBER THEORY:An approach through history from Hammurapi to Legendre[M]. Boston:Birkhäuser,1983.

[12] Rose H E. A course In Number Theory[M]. New York:Clarendon Press Oxford,1988.

[13] 曹珍富.不定方程及其应用[M].上海:上海交通大学出版社,2000.

[14] 曹珍富.丢番图方程引论[M].哈尔滨:哈尔滨工业大学出版社,2012.

[15] 柯召,孙琦.谈谈不定方程[M].哈尔滨:哈尔滨工业大学出版社,2011.

[16] 袁平之.Diophantus 方程 $x^2-Dy^2=-1$ 的可解性[J].长沙铁道学院学报,1994,12(1):107-108.

[17] 郑惠,杨仕椿.Pell 方程 $x^2-Dy^2=-1$ 可解性的一个判别条件[J].西南民族大学学报,自然科学版,2001,37(4):548-550.

[18] LIENEN V H. The quadratic form $x^2-2py^2=-1$[J]. J Number Theory,1978,10:10-15.

[19] 廖群英,张嵩,何青云,等.关于 Pell 方程 $x^2-Dy^2=-1$ 的一个注记[J].成都信息工程大学学报,2017,32(3):341-342.

[20] 曾荣,王玉.基础数论典型题解 300 例[M].长沙:湖南科学技术出版社,1982.

[21] IRELAND K,ROSEN M. A Classical Introduction to Modern Number Theory[M]. 2 nd ed. New York:Springer-Verlag,1990.

[22] SANIEL E FLASH. Introduction to Number Theory[M]. New York: A Wiley-Interscience publication, 1989.

[23] PETER D SCHUMER. Introduction to Number Theory[M]. Boston: PWS Publishing Company, 1996.

[24] ADAM GAMZON. The Hasse-Minkowski Theorem[M]. Storrs: University of Connecticut, 2006.

[25] RASHIDAH ISMAIL. REPRESENTATION OF INTEGERS AS SUM OF SQUARES[M]. Master Thesis, the Division of Mathematical and Physical Sciences EMPORIA STATE UNIVERSITY, 1989.

[26] UUSPENSKY J V, HEASLET M A. Elementary Number Theory [M]. New York: McGraw-Hill Book Company, Inc, 1939.

[27] DAVENPORT H. The geometry of numbers [J]. Mathematical Gazette, 1947(31):206-210.

[28] ANKENY N C. Sums of Three Squares[J]. Journal: Proceedings of the American Mathematical Society, 1957:316.

[29] CASSCLS J W S. An Introduction to the geometry of number [M]. Berlin: Springer-Velag, 1997.

[30] DAVENPORT H. The higher arithmetic, an introduction to the thery of numbers [M]. Cambridge: Cambridge University Press, 1999.

[31] JAN WÒJCIK. On sums of three squares[J]. Colloquium Mathematicum, 1971 (XXIV):

117-119.

[32] JACKSON F H. Summation of $q$-hypergeometric series[J]. Messenger of Math, 1921(50): 101-112.

[33] CAUCHY A. M&-moire sur les fonctions dont plusieurs valeurs sont likes entre elles par une kquation lineaire, et sur diverses transformations de produits composes d'un nombre indetini de facteurs[J]. C. R. Paris , 1983(17), 523; aEuvres (1), VIII, 42-50.

[34] HEINE E. Handbuch der Kugelfunctionen[M]. Berlin:Reimer,1878.

[35] ANDREWS G E. Multiple series Rogers-Ramanujan type identities[J]. Pacific J. Math. , 1984(114):267-283.

[36] SHANKS D. Two theorems of Gauss[J]. Pacific J. Math. ,1958(8):609-612.

[37] ANDREWS G E. EYPHKA! num $=\triangle+\triangle+\triangle$[J]. JOURNAL OF NUMBER THEORY, 1986(23):285-293.

[38] DAAN KRAMMER. Sums of Three Squares and q-Series[J]. Journal of Number Theory, 1993(44):244-254.

[39] 冯贝叶. 从阿基米德分牛问题得出的 Pell 方程的最小正整数解[J]. 应用数学进展,2021,10(8): 2733-2738.

# 冯贝叶发表论文、专著一览

## 一、论文

[L1] 冯贝叶,钱敏.分界线环的稳定性及其分支出极限环的条件[J].数学学报,28(1985),1:53-70.

[L2] FENG BEIYE. Condition of creation of limit cycle from the loop of a saddle-point separatrix [J]. ACTA. Math. Sinica（N. S），3（1987），4：55-70.

[L3] FENG BEIYE. Periodic traveling-wave solution of Brusselator[J]. ACTA. Appl. Math. Sinica,4(1988),4:324-332.

[L4] FENG BEIYE. Bifurcation of limit cycles from a center in the two-parameter system［J］. ACTA. Appl. Math. Sinica,6(1990),1:44-49.

[L5] 冯贝叶.临界情况下奇环的稳定性[J].数学学报,33(1990),1:113-134.

[L6] 冯贝叶.临界情况下 Heteroclinic 环的稳定性[J].中国科学,7A(1991):673-684.

[L7] FENG BEIYE. The stability of a heteroclinic cycle for the critical case[J]. Sciences in China,34(1991),8:920-934.

[L8] 冯贝叶,肖冬梅.奇环的奇环分支[J].数学学报,35(1992),6:815-830.

464

［L9］冯贝叶.无穷远分界线环的 Melnikov 判据及二次系统极限环的分布［J］.应用数学学报，16（1993），4：482-492.

［L10］冯贝叶.关于"三微弱同宿吸引子的判别准则"一文的反例［J］.科学通报，39（1994），2：187.

［L11］冯贝叶.同宿及异宿轨线的研究近况［J］.数学研究与评论，14（1994），2：299-311.

［L12］冯贝叶.无穷远分界线的稳定性和产生极限环的条件［J］.数学学报，38（1995），5：682-695.

［L13］冯贝叶.空间同宿环和异宿环的稳定性［J］.数学学报，39（1996），5：649-658.

［L14］FENG BEIYE. The heteroclinic cycle in the model of competition between n species and its stability ［J］. ACTA. Appl. Math. Sinica，14（1998），4：404-413.

［L15］冯贝叶.关于多项式系统的一个公开问题的解答［J］.应用数学学报，23（2000），2：314-315.

［L16］冯贝叶,胡锐.具有两点异宿环的二次系统［J］.应用数学学报，24（2001），4：481-486.

［L17］冯贝叶,曾宪武.蛙卵有丝分裂模型的定性分析［J］.应用数学学报，25（2002），3：460-468.

［L18］FENG BEIYE,ZHENG ZUOHUAN. Periodic Solution of a Simplified Model of Mitosis in Frog Eggs［J］. ACTA. Appl. Math. Sinica，18（2002），4：625-628.

［L19］ FENG BEIYE，HU RUI. A Survey On Homoclinic And Heteroclinic Orbits［J］. Applied Mathematics E-Notes，3（2003）：16-37.

〔L20〕 LIU SHI-DA，FU ZUN-TAO，LIU SHI-KUO，XIN GUO-JUN，LIANG FU-MING，FENG BEI- YE. Solitary Wave in Linear ODE with Variable Coefficients〔J〕. Commun. Theor. Phys. (Beijing,China),39(2003):643-846.

〔L21〕冯贝叶. 蛙卵有丝分裂模型的鞍结点不变圈及其分支〔J〕. 应用数学学报,27(2004),1:36-43.

〔L22〕 LIU ZHICONG，FENG BEIYE. Qualitative Analysis For A Class Of Plane Systems〔J〕. Applied Mathematics E-Notes,4(2004):74-79.

〔L23〕 LIU ZHICONG，FENG BEIYE. Qualitative Analysis For Rheodynamic Model of Cardiac Pressure Pulsations〔J〕. ACTA. Appl. Math. Sinica,20(2004),4:573-578.

〔L24〕胡锐,冯贝叶. 推广后继函数法研究第二临界情况下同宿环的稳定性〔J〕. 应用数学学报,28(2005),1:28-43.

〔L25〕FENG BEIYE. An simple elementary proof for the inequality $d_n < 3^n$ 〔J〕. Acta Mathematicae Applicatae Sinica, English Series, 21(2005), 3: 455-458.

〔L26〕冯贝叶. 四次函数实零点的完全判据和正定条件〔J〕. 应用数学学报,29(2006),3:454-466.

〔L27〕FENG BEIYE. A Trick Formula to Illustrate the Period Three Bifurcation Diagram of the Logistic Map〔J〕. 数学研究与评论,30(2010),2: 286-290.

〔L28〕冯贝叶. 从阿基米德分中问题得出的 Pell 方程

的最小正整数解.应用数学进展[J].应用数学进展,2021,10(8):2733-2738.

[L29] 冯贝叶.把正定六次多项式表为多项式的平方和的一种算法[J].应用数学进展,2020,9(3):271-276.

[L30] 冯贝叶.从阿基米德分牛问题得出的 Pell 方程的最小正整数解[J].应用数学进展,2021,10(8):2733-2738.

二、专著

[Z1] 李继彬,冯贝叶,稳定性.分支与混沌[M].昆明:云南科技出版社,1995.

[Z2] 张锦炎,冯贝叶.常微分方程几何理论与分支问题[M].第二次修订本.北京:北京大学出版社,2000.

[Z3] 冯贝叶.数学拼盘和斐波那契魔方[M].哈尔滨:哈尔滨工业大学出版社,2010.

[Z4] 冯贝叶.数学奥林匹克问题集[M].哈尔滨:哈尔滨工业大学出版社,2013.

[Z5] 佩捷,冯贝叶,王鸿飞.斯图姆定理——从一道"华约"自主招生试题的解法谈起[M].哈尔滨:哈尔滨工业大学出版社,2014.

[Z6] 佩捷,冯贝叶.IMO50 年第 1 卷:1959—1963[M].哈尔滨:哈尔滨工业大学出版社,2014.

[Z7] 佩捷,冯贝叶.IMO50 年第 2 卷:1964—1968[M].哈尔滨:哈尔滨工业大学出版社,2014.

[Z8] 佩捷,冯贝叶.IMO50 年第 3 卷:1969—1973[M].哈尔滨:哈尔滨工业大学出版社,2014.

[Z9] 佩捷,冯贝叶.IMO50 年第 4 卷:1969—1973

［M］.哈尔滨:哈尔滨工业大学出版社,2014.

［Z10］佩捷,冯贝叶.IMO50 年第 5 卷:1969—1973
　　　［M］.哈尔滨:哈尔滨工业大学出版社,2014.

［Z11］佩捷,冯贝叶.IMO50 年第 6 卷:1969—1973
　　　［M］.哈尔滨:哈尔滨工业大学出版社,2014.

［Z12］佩捷,冯贝叶.IMO50 年第 7 卷:1969—1973
　　　［M］.哈尔滨:哈尔滨工业大学出版社,2014.

［Z13］佩捷,冯贝叶.IMO50 年第 8 卷:1969—1973
　　　［M］.哈尔滨:哈尔滨工业大学出版社,2014.

［Z14］佩捷,冯贝叶.IMO50 年第 9 卷:1969—1973
　　　［M］.哈尔滨:哈尔滨工业大学出版社,2014.

［Z15］佩捷,冯贝叶.IMO50 年第 10 卷:1969—1973
　　　［M］.哈尔滨:哈尔滨工业大学出版社,2014.

［Z16］冯贝叶.Gauss 的遗产——从等式到同余式
　　　［M］.哈尔滨:哈尔滨工业大学出版社,2018.

［Z17］冯贝叶.Euclid 的遗产——从整数到 Euclid 环
　　　［M］.哈尔滨:哈尔滨工业大学出版社,2018.

**三、科普作品及译作校对**

［K1］冯贝叶.一个中学生的札记［J］.数学通报,1965
　　年第 9 期.

［K2］冯贝叶.神奇的魔方,一点不假［J］.数学译林,19
　　(2000),2:157-161.

［K3］冯贝叶.15 方块游戏的现代处理［J］.数学译林,
　　19(2000),2:162-168.

［K4］冯贝叶.第五十九届 William Lowell Putnan 数
　　学竞赛［J］.数学译林,19(2000),2:152-156.

［K5］冯贝叶.不动点和费尔马定理:处理数论问题的
　　一种动力系统方法［J］.数学译林,19(2000),4:

339-345.

［K6］冯贝叶.A.N.科尔莫果罗夫（Kolmogorov）［J］. 数学译林,20(2001),1:67-75.

［K7］冯贝叶.π,ln 2,ζ(2),ζ(3)的无理性证明中的类 似性［J］.数学译林,20(2001),3 ;256-265.

［K8］冯贝叶.模的奇迹［J］.数学译林,28(2009),1: 40-44.

［K9］冯贝叶.Fibonacci 时钟的长周期日［J］.数学译 林.28(2009),4：319-325.（以上有些译文发表时 用了徐秀兰等名字）

［K10］斯迈尔.函数方程及其解法［M］.冯贝叶,译.哈 尔滨:哈尔滨工业大学出版社,2005.

［K11］冯贝叶,许康,侯晋川,等.历届 PTN 美国大学 生数学竞赛试题集(1938—2007)［M］.哈尔滨:哈 尔滨工业大学出版社,2009.

［K12］内格特.数学奥林匹克问题集［M］.冯贝叶,译. 哈尔滨:哈尔滨工业大学出版社,2013.

［K13］冯贝叶.600 个世界著名数学征解问题［M］.哈 尔滨:哈尔滨工业大学出版社,2017.

［K14］阿普斯托.数论中的模函数与狄利克雷级数 ［M］.冯贝叶,译.2 版.哈尔滨:哈尔滨工业大学 出版社,2017.

［K15］科佩尔 W A.数论:数学导引［M］.冯贝叶,译. 2 版.哈尔滨:哈尔滨工业大学出版社,2018.